国家"十二五"规划重点图书
中国地质调查局
青藏高原1：25万区域地质调查成果系列

中华人民共和国
区域地质调查报告

比例尺 1：250 000

伯力克幅

(I44C001003)

项目名称： J44C004003(于田县幅)和I44C001003(伯力克幅)两幅1：25万区域地质调查
项目编号： 19991300009061
项目负责： 韩芳林　郝俊武
技术负责： 韩芳林　崔建堂　计文化　李海平
报告编写： 韩芳林　崔建堂　王炬川　边小卫　孟　勇　霍向光
编写单位： 陕西省地质调查院
单位负责： 宋小文(院长)
张栓厚(院总工程师)

中国地质大学出版社
ZHONGGUO DIZHI DAXUE CHUBANSHE

内容提要

新疆1：25万伯力克幅(I44C001003)区域地质调查，系国土资源部国土发(1999)509号文(任务书编号：0100161075)下达陕西省地质调查院的国土资源大调查项目。

从苏巴什蛇绿岩带中解体出来的震旦纪—寒武纪柳什塔格玄武岩具洋岛性质，说明存在一个始于震旦纪的原特提斯(秦-祁-昆)大洋。该大洋于奥陶纪开始向北俯冲消减，使柳什塔格洋岛拼贴于西昆仑地块，并发生大量花岗质岩浆侵入。

继承于原特提斯的晚古生代古特提斯洋进一步向北俯冲，形成沟-弧-盆构造体制，俯冲带堆积了二叠系黄羊岭岩群复理石；岛弧上形成石炭系阿拉勒塔什群钙碱性火山岩和火山沉积岩；弧后盆地扩张产生苏巴什小洋盆。中二叠世末，这种构造体制结束，发生弧陆碰撞，碰撞期后沉积了三叠系阿他木帕下组磨拉石建造。

晚二叠世到三叠世残留的特提斯洋不再扩张，残留盆地被大量陆源碎屑充填(巴颜喀拉山群)的同时由于冈瓦纳大陆裂离作用的挤压而被动俯冲，洋壳携带的巴颜喀拉山群在深部熔融，形成区内规模最大的晚三叠世—侏罗纪花岗岩带，同时发生斑岩型铜矿化。这一作用一直持续到新生代，形成大致围绕巴颜喀拉山群的深源火山喷发。

图书在版编目(CIP)数据

中华人民共和国区域地质调查报告·伯力克幅(I44C001003)：比例尺1：250 000/韩芳林等著. —武汉：中国地质大学出版社，2013.7

ISBN 978-7-5625-2981-1

Ⅰ.①中…

Ⅱ.①韩…

Ⅲ.①区域地质-地质调查-调查报告-中国②青藏高原-区域地质-地质调查-调查报告

Ⅳ.①P562

中国版本图书馆CIP数据核字(2012)第242514号

中华人民共和国区域地质调查报告
伯力克幅(I44C001003)　比例尺1：250 000　　**韩芳林　等著**

责任编辑：马新兵　刘桂涛　　责任校对：戴　莹

出版发行：中国地质大学出版社(武汉市洪山区鲁磨路388号)　　邮编：430074
电　话：(027)67883511　　传真：(027)67883580　　E-mail：cbb@cug.edu.cn
经　销：全国新华书店　　http://www.cugp.cug.edu.cn

开本：880毫米×1 230毫米 1/16　　字数：384千字　印张：12　　图版：4　附图：1
版次：2013年7月第1版　　印次：2013年7月第1次印刷
印刷：武汉中远印务有限公司　　印数：1—1 500册

ISBN 978-7-5625-2981-1　　定价：460.00元

前　言

青藏高原包括西藏自治区、青海省及新疆维吾尔自治区南部、甘肃省南部、四川省西部和云南省西北部，面积达 260 万 km^2，是我国藏民族聚居地区，平均海拔 4 500m 以上，被誉为地球第三极。青藏高原是全球最年轻、最高的高原，记录着地球演化最新历史，是研究岩石圈形成演化过程和动力学的理想区域，是“打开地球动力学大门的金钥匙”。

青藏高原蕴藏着丰富的矿产资源，是我国重要的资源后备基地。青藏高原是地球表面的一道天然屏障，影响着中国乃至全球的气候变化。青藏高原也是我国主要大江大河和一些重要国际河流的发源地，孕育着中华民族的繁生和发展。开展青藏高原地质调查与研究，对于推动地球科学研究、保障我国资源战略储备、促进边疆经济发展、维护民族团结、巩固国防建设具有非常重要的现实意义和深远的历史意义。

1999 年国家启动了“新一轮国土资源大调查”专项，按照温家宝总理“新一轮国土资源大调查要围绕填补和更新一批基础地质图件”的指示精神。中国地质调查局组织开展了青藏高原空白区 1∶25 万区域地质调查攻坚战，历时 6 年多，投入 3 亿多，调集 25 个来自全国省（自治区）地质调查院、研究所、大专院校等单位组成的精干区域地质调查队伍，每年近千名地质工作者，奋战在世界屋脊，徒步遍及雪域高原，完成了全部空白区 158 万 km^2 共 112 个图幅的区域地质调查工作，实现了我国陆域中比例尺区域地质调查的全面覆盖，在中国地质工作历史上树立了新的丰碑。

新疆 1∶25 万 I44C001003（伯力克幅）区域地质调查项目，由陕西省地质调查院承担，工作区位于新疆西昆仑山区。在该区进行 1∶25 万区域地质调查的目标任务是：通过填图提高昆仑山及其山前地区调查研究程度；进行地层学、生物组合和生物古地理、沉积学、构造运动和构造变形、岩浆活动等不同学科的调查研究；确定本区的构造发展历史，特别是前寒武纪和古生代时期的构造格局和演化过程，青藏高原北侧地壳隆升的过程，包括不同时期、不同阶段隆升的幅度和速度；进一步阐明各种地质作用对有关矿产资源的形成和分布、环境和气候的变化以及地质灾害发生等所起的控制作用。

I44C001003（伯力克幅）地质调查工作时间为 2000—2002 年，累计完成地质填图面积为 15 000km^2，实测剖面 73km，地质路线 2 030km，采集样品 1 430 件，全面完成了设计工作量。主要成果有：①对苏巴什蛇绿混杂岩带的组成、时代及演化进行了深入地解剖研究。与蛇绿岩共生的远洋沉积岩中放射虫时代为早、中二叠世，陆壳上沉积盖层的大化石时代为石炭纪—早、中二叠世，说明苏巴什蛇绿岩所代表的洋盆历史结束于中二叠世。该蛇绿混杂岩带向东可与康西瓦构造带相连，向西与木孜塔格北蛇绿岩相连。②对阿尔金断裂的研究有重大突破。查明了阿尔金断裂左旋活动与青藏高原隆升有关，阿尔金南缘断裂经区外库牙克段进入图区后追踪苏巴什蛇绿混杂岩带延至康西瓦以西，区内该断裂向北陡倾，并以此为核心，以北的新生代断裂向北逆冲，以南的断裂向南逆冲，为一正花状构造体系，这也是昆仑—喀喇昆仑新生代隆升及构造变形的基本体制。阿尔金（南缘）断裂的活动历史可以追溯到原特提斯洋形成时的震旦纪，一直为转换性质。③生物化石和沉积岩石特征显示测区在石炭纪—二叠纪均为暖水型沉积，在苏巴什蛇绿混杂岩带中的陆块上的灰岩极纯，大量出现生物灰岩和礁灰岩，生物的丰度和分异度之高极为罕见。其中，在下—中二叠统中发现了 3 个䗴及非䗴层孔虫新种。④建立了测区地层系统，详细划分了岩浆岩带和建立了图区构造格架。⑤深入研究了地质构造演化及大陆动力学过程，提出了全新的昆仑造山带演化模式，即源于巨型地幔柱的“多机制、多阶段、多岛洋”的观点。⑥对青藏高原隆升进行了较系统、深入的研究。

陕西省地调院1999年底接受任务后立即组建队伍，收集各种资料，编写了初步设计。据此，2000年4—10月进行了踏勘并基本完成了于田县幅填图和剖面测制，2000年11月在成都通过了设计评审，获良好级(89.81分)。2001年4—9月基本完成了两个图幅的填图及剖面测制，中国地调局西北项目办组织专家进行野外检查，该项目实际资料被评为优秀级(92.24分)。2002年4—5月进行了野外检查及补充工作，全面完成了设计工作量，2002年6月通过了野外资料验收，本图幅实际资料获优秀级(伯力克幅90.24分)。2003年4月15—19日，中国地调局组织专家在四川都江堰对项目进行最终成果验收，评审认为本项目出色完成了区调任务，成果十分显著，报告章节齐全，内容丰富，文图并茂，论证有据，经评审委员会认真评议，伯力克幅成果报告被评为优良级(89分)。

参加报告编写的主要有：韩芳林、崔建堂、王炬川、边小卫、计文化、孟勇、霍向光、郝俊武等，由韩芳林编纂定稿。先后参加野外工作的还有：罗乾周、李海平、尹宗义、陈高潮、张俊良、李博秦、刘曦朋、蔺新望、孔文年、张清盛、王洁明、阎振兴、谭苏敏、姚社、陈学、李治、李金杰、耿建宏、汪贵全等。

在整个项目实施和报告编写过程中，得益于许多单位和领导的大力协助、支持，尤其要感谢的是：中国地质调查局、西安地质矿产研究所、成都地质矿产研究所、新疆地矿局、乌鲁木齐工作总站、新疆自治区第一区调大队、湖北省地质调查院、山西省地质调查院。项目始终得到了肖序常、张国伟、张良臣、李荣社、翟刚毅、王克卓、赵书铭、潘桂裳、张栓厚等多方指导和帮助。地质图和报告插图计算机清绘由刘春华、许革新等同志完成，在此表示诚挚的谢意。

为了充分发挥青藏高原1∶25万区域地质调查成果的作用，全面向社会提供使用，中国地质调查局组织开展了青藏高原1∶25万地质图的公开出版工作，由中国地质调查局成都地调中心与项目完成单位共同组织实施。出版编辑工作得到了国家测绘局孔金辉、翟义青及陈克强、王保良等一批专家的指导和帮助，在此表示诚挚的谢意。

鉴于本次区调成果出版工作时间紧、参加单位较多、项目组织协调任务重以及工作经验和水平所限，成果出版中可能存在不足与疏漏之处，敬请读者批评指正。

“青藏高原1∶25万区调成果总结”项目组
2010年9月

目　录

第一章　绪　言 …………………………………………………………… (1)

第一节　目的任务 …………………………………………………………… (1)

第二节　自然地理、经济及交通 …………………………………………… (1)

第三节　前人研究程度 ……………………………………………………… (2)

第四节　工作完成情况 ……………………………………………………… (5)

第二章　地　层 …………………………………………………………… (7)

第一节　地层分区及岩石地层划分 ………………………………………… (7)

一、昆南地层分区 …………………………………………………………… (9)

二、苏巴什地层分区 ………………………………………………………… (9)

三、羌塘地层分区 …………………………………………………………… (9)

第二节　元古界 ……………………………………………………………… (9)

一、双雁山片岩(Pt_1s) ………………………………………………… (9)

二、浅粒岩组(Ch^{lnt}) ………………………………………………… (11)

三、阿拉玛斯岩群(JxA) ……………………………………………… (13)

第三节　震旦系柳什塔格玄武岩(Zl) ………………………………… (14)

第四节　上古生界 …………………………………………………………… (16)

一、月牙湖组(C_1y) …………………………………………………… (16)

二、塔斯坎萨依组(C_1t) ……………………………………………… (20)

三、龙门沟组($C_{1-2}l$) ………………………………………………… (21)

四、空喀山口组($P_{1-2}k$) ……………………………………………… (22)

五、再依勒克组($P_{1-2}z$) ……………………………………………… (25)

六、卡拉孔木组(P_2k) ………………………………………………… (28)

七、卡拉勒塔什岩群(PK) …………………………………………… (29)

八、黄羊岭岩群(PH) ………………………………………………… (31)

九、硫磺达坂砂岩(Pl^{ss}) ……………………………………………… (36)

第五节　中生界 ……………………………………………………………… (38)

一、阿他木帕下组(Ta) ………………………………………………… (38)

二、邦达错组(T_1b) …………………………………………………… (40)

三、巴颜喀拉山群(TB) ……………………………………………… (43)

四、叶尔羌群($J_{1-2}Y$) ………………………………………………… (49)

五、铁隆滩群(K_2T) …… (49)
第六节 新生界 …… (52)
一、阿尔塔什组(Ea) …… (52)
二、唢呐湖组(Ns) …… (54)
三、冰积层及现代冰雪 …… (54)
四、冲、洪积层 …… (56)
五、湖、沼沉积层 …… (56)
六、火山岩 …… (57)
第七节 沉积岩 …… (58)
一、陆源碎屑岩类 …… (58)
二、火山物源沉积岩 …… (62)
三、内源沉积岩 …… (64)
第三章 岩浆岩 …… (68)
第一节 侵入岩 …… (68)
一、前寒武纪变质深成侵入体 …… (68)
二、早古生代侵入岩 …… (72)
三、晚古生代侵入岩 …… (77)
四、中生代侵入岩(昆仑山构造-岩浆岩带) …… (86)
五、脉岩 …… (91)
第二节 火山岩 …… (94)
一、震旦纪—早古生代火山岩 …… (94)
二、晚古生代火山岩 …… (98)
三、新生代火山岩 …… (104)
第三节 苏巴什蛇绿岩 …… (112)
一、地质特征 …… (113)
二、蛇绿岩和相关沉积岩的岩石学特征 …… (114)
三、岩石化学及地球化学特征 …… (117)
第四章 变质岩 …… (123)
第一节 区域变质岩 …… (123)
一、低级变质岩类 …… (123)
二、中、高级变质岩类 …… (129)
三、原岩恢复及形成环境探讨 …… (132)
四、变质带、变质相系和变质作用特征 …… (135)
第二节 动力变质岩 …… (137)
一、岩石类型及岩石学特征 …… (137)
二、动力变质作用 …… (140)

第五章　构　造 ……………………………………………………………………………………… (141)
第一节　构造单元划分……………………………………………………………………………… (141)
一、构造单元划分的依据 ………………………………………………………………………… (141)
二、构造单元划分 ………………………………………………………………………………… (141)
第二节　基底构造…………………………………………………………………………………… (144)
第三节　原特提斯构造……………………………………………………………………………… (144)
第四节　古特提斯构造……………………………………………………………………………… (144)
一、苏巴什蛇绿混杂带构造 ……………………………………………………………………… (144)
二、卡拉勒塔什逆冲叠瓦构造带 ………………………………………………………………… (145)
三、阿克苏褶冲带 ………………………………………………………………………………… (146)
第五节　中生代构造域……………………………………………………………………………… (146)
一、三叠系褶冲带 ………………………………………………………………………………… (146)
二、侏罗纪陆内逆冲推覆构造 …………………………………………………………………… (148)
三、白垩纪宽缓褶皱 ……………………………………………………………………………… (149)
第六节　新生代构造………………………………………………………………………………… (149)
一、主要断裂构造 ………………………………………………………………………………… (150)
二、次级断裂构造及组合 ………………………………………………………………………… (152)
三、昆仑山-喀喇昆仑山的隆升…………………………………………………………………… (155)
第六章　地质演化 ……………………………………………………………………………………… (158)
第一节　事实与观点………………………………………………………………………………… (158)
一、基本事实 ……………………………………………………………………………………… (158)
二、前人观点 ……………………………………………………………………………………… (159)
三、本报告观点 …………………………………………………………………………………… (159)
第二节　前震旦纪地质演化………………………………………………………………………… (162)
一、古元古代 ……………………………………………………………………………………… (162)
二、中、新元古代…………………………………………………………………………………… (162)
第三节　原特提斯地质演化………………………………………………………………………… (163)
震旦纪—寒武纪:扩张阶段 ……………………………………………………………………… (163)
第四节　古特提斯地质演化………………………………………………………………………… (163)
一、泥盆纪—早二叠世:伸展扩张阶段…………………………………………………………… (164)
二、中二叠世 :消减挤压阶段 …………………………………………………………………… (164)
第五节　特提斯地质演化…………………………………………………………………………… (164)
第六节　昆仑山的隆升……………………………………………………………………………… (165)
第七章　矿产及其他国土资源概况 …………………………………………………………………… (166)
第一节　矿产资源概况……………………………………………………………………………… (166)
一、斑岩型铜矿成矿条件分析及成矿预测 ……………………………………………………… (166)

二、砂　金 …………………………………………………………………………………………（169）
第二节　其他国土资源概况……………………………………………………………………（170）
一、国土及生物资源 ……………………………………………………………………………（170）
二、水资源 ………………………………………………………………………………………（171）
三、旅游资源 ……………………………………………………………………………………（171）
第三节　环境概况………………………………………………………………………………（172）
一、地势及地貌概况 ……………………………………………………………………………（172）
二、河流概况 ……………………………………………………………………………………（172）
三、主要环境地质问题及防治措施 ……………………………………………………………（172）
第八章　结　语 ……………………………………………………………………………（174）
第一节　取得的主要成果、认识及意义 ………………………………………………………（174）
一、对苏巴什蛇绿混杂岩带的组成、时代及演化进行了深入地解剖研究………………………（174）
二、对阿尔金断裂的研究有重大突破 …………………………………………………………（174）
三、生物化石和沉积岩石特征显示测区在石炭纪—二叠纪均为暖水型沉积 …………………（175）
四、建立了测区岩石地层系统和与构造格架一致的地层分区 …………………………………（175）
五、建立了构造-岩浆岩带，进一步划分了不同成因类型的岩石组合 …………………………（176）
六、查明了图区昆仑-喀喇昆仑造山带的组成、结构，建立了构造格架…………………………（177）
七、深入研究了地质构造演化及大陆动力学过程，提出了全新的昆仑造山带演化模式…………（177）
八、发现了一个规模巨大的斑岩型 Cu－Ag 矿化区，为区域成矿作用研究和矿产勘查提供了重要线索 ………………………………………………………………………………………………（177）
第二节　存在的问题及今后工作的建议…………………………………………………………（177）
参考文献 ……………………………………………………………………………………（179）
图版说明及图版 ……………………………………………………………………………（181）
附件　1∶25 万伯力克幅(I44C001003)地质图及说明书

第一章　绪　言

I44C001003(伯力克幅)1∶25万区域地质调查为“J44C004003(于田县幅)和I44C001003(伯力克幅)两幅1∶25万区域地质调查”项目连测图幅之一。

中国地质调查局“关于发送2000年度第一批国土资源大调查地质调查项目任务书的通知”[中地调函(2000)27号]指出，根据国土资源部国土发(1999)509号文下达的“2000年国土资源大调查计划”，下达如下该区域地质调查项目任务书(编号:0100161075)。

项目编号:19991300009061

项目名称:J44C004003(于田县幅)和I44C001003(伯力克幅)两幅1∶25万区域地质调查

工作性质:基础地质调查

工作年限:1999年12月—2002年12月

承担单位:陕西省地质调查院

填图面积:24 984km^2

经费概算:总经费概算为572万元

中国地质调查局“关于发送1999年度第二批国土资源大调查地质调查项目任务书的函”[中国地调函(1999)50号]和“地质调查项目任务书”(任务书编号:0199161058)上该项目的编号为J6.1.11。

第一节　目的任务

0100161075号任务书指出该项目的目的任务:按照《1∶25万区域地质调查技术要求(暂行)》及其他有关规定、指南，参照造山带填图的新方法，应用遥感等新技术手段，以区域构造调查与研究为先导，合理划分测区的构造单元，不同的构造-地层单位采用不同的填图方法进行全面的区域地质调查。最终通过对沉积建造、变质变形、岩浆作用的综合分析，反演区域地质演化史，建立构造模式。

本着图幅带专题的原则，选择区内重大地质问题进行专题研究。

成果要求:最终成果除提交印刷地质图件、报告、说明书及专题报告外，还应提交ARC/INFO图层格式的数据光盘及图幅与图层描述数据、报告文字数据各1套。

同时要求:2002年7月提交野外验收成果，2002年12月提交最终验收成果。

0199161058号任务书指出，在该区进行1∶25万区域地质调查的目标任务是:通过填图提高昆仑山及其山前地区调查研究程度;进行地层学、生物组合和生物古地理、沉积学、构造运动和构造变形、岩浆活动等不同学科的调查研究;确定本区的构造发展历史，特别是前寒武纪和古生代时期的构造格局和演化过程;研究青藏高原北侧地壳隆升的过程，包括不同时期、不同阶段隆升的幅度和速度;进一步阐明各种地质作用对有关矿产资源的形成和分布、环境和气候的变化以及地质灾害发生等所起的控制作用。

第二节　自然地理、经济及交通

以昆仑山脊为界，1∶25万伯力克幅北部属新疆维吾尔自治区和田地区于田县和策勒县，南部属西藏自治区阿里地区日土县，均属无人区。地理坐标:东经81°00′—82°30′，北纬35°00′—36°00′。

西昆仑山脉唯在本项目工作区一带分解成南北两道山脊，北脊称柳什塔格山，位于北侧的于田县幅南部，南脊为其主脊，位于本图区中部。昆仑山主脊以南为藏北高原区，以昆仑山为界，北高南低，干枯平坦的湖积和湖滨沉积与宽阔的河床相连，构成高原开阔的基本地形格调，海拔一般为 5 100～5 250m。之上坐落着相对高差一般不大于 500m 的低山、丘陵，使高原在天地间变换着并不复杂的曲线，偶尔一峰突兀，高出 5 600m 的雪线，成为雪山。昆仑山主脊以北的区域由于新生代高原隆升过程中的多处断陷，成为夹于两道冰山之间的高山盆岭地貌，盆地海拔一般为 5 100～5 250m，盆地大小不等，形态多为弧形弯曲状，最大的阿什库勒盆地中则耸立着一座座巍峨的火山（锥）。盆地均被相对高差 1 500～2 000m 的高山及雪峰所围。

图区为高原寒带气候，昆仑山脊一带年降雨量达 80～90mm，但多集中于 6—8 月，时常有云便雨（间冰雹），有时一日有多次雷雨。

高原区河流向南或南西流入高原湖泊，图区内有郭扎错（约占 25%），紧邻图区南边有邦达错。由于充沛的克里雅冰盖水源供给，郭扎错北淡南咸，是青藏高原唯一没有太多收缩、基本保持早更新世原貌的一个湖泊。本图区湖泊众多，高原区上述湖泊较大。此外，北部的盆岭区为塔里木内流水系，南疆两条著名的河流玉龙喀什河和克里雅河均发源于本图区内的克里雅冰帽东端。北部盆岭区由于火山喷发堵塞形成了阿什库勒（盐湖）、乌鲁克库勒（大湖）、萨格斯库勒（多泥的湖），由于断裂活动形成了奈勒湖，在晚更新世和全新世冰碛垅间的小型湖泊则难计其数。

南北两区自然条件均极恶劣，绝大部分地区人迹未至，普遍缺氧 40%～60%，仅沿河边和湖滨生长稀疏的高原植物。高原野生动物比较丰富，有野牦牛、藏羚羊、黄羊、岩羊、野驴、野兔、雪豹、狼，偶见熊。图区交通极为不便。高原区经新藏公路可以到达，在 6 月上旬解冻之前大部分地区越野车均可艰难通行，6 月中、下旬解冻以后该地区几乎寸步难行，9 月份以后便大雪封山。北部的高山盆岭区汽车不能到达，工作及交通、运输全靠人力和毛驴，阿什库勒盆地及周围区域经北部的于田县普鲁村沿库拉甫河，过硫磺达坂可以到达。黄羊滩—阿他木帕下一带从民丰县与且末县交界处入库牙克断裂谷地可到达（图 1－1）。

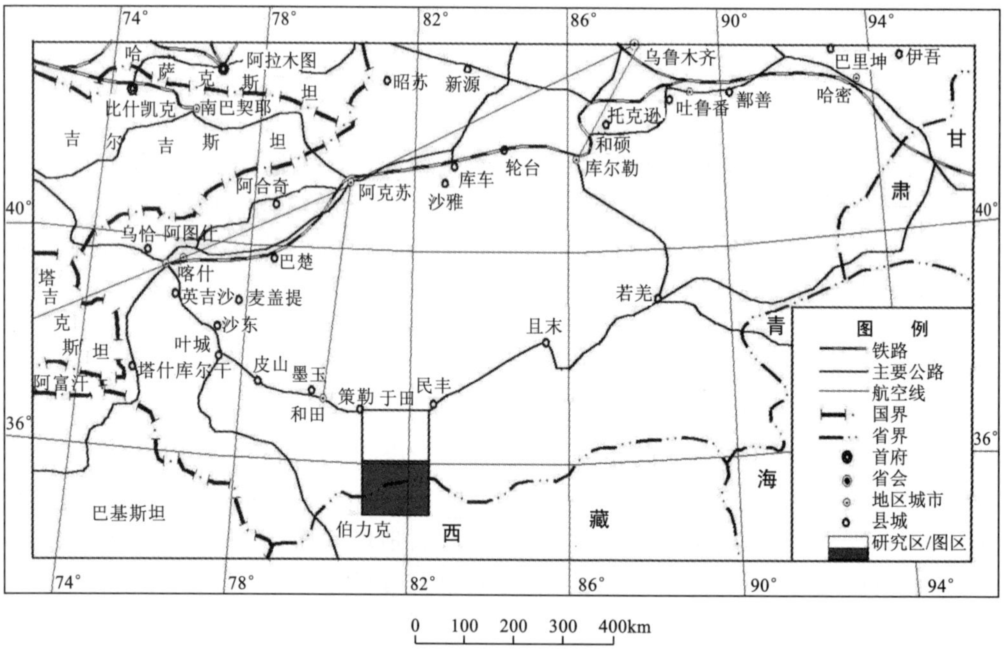

图 1－1　交通位置图

第三节　前人研究程度

测区所在的西昆仑地区地质调查起步不晚，清朝末期已有外国科考探险家进入，主要地质工作是解放以后，特别是 20 世纪 80 年代以后，前人工作概况见表 1－1。

表 1-1 测区及相邻地区地质调查历史简表

类别	调查时间(年)	成 果 名 称	作者单位及姓名	出版单位及时间
区调	1964	1∶100 万和田幅区调报告	新疆第一区调大队	内部资料,1964
矿产	1972	1∶100 万于田县以南昆仑山地质矿产调查报告	新疆地质局区测大队	内部资料
专著	1973—1992	昆仑山—喀喇昆仑山地区冰川与环境	苏珍等	科学出版社,1998
专著	1973—1992	青藏高原北部新生代板内火山岩	邓万明	地质出版社,1998
专著	1980—1983	昆仑开合构造	姜春发等	地质出版社,1992
区调	1986	1∶100 万日土幅区调报告	西藏区调队	内部资料,1986
综合	1986—1988	昆仑山—喀喇昆仑山地区综合科学考察	孙鸿烈等	内部资料
专著	1987—1989	喀喇昆仑山—昆仑山地区古生物	文世宣等	科学出版社,1998
专著	1987—1989	中国新疆古生代地壳演化及成矿	何国琦等	新疆人民出版社、香港文化教育出版社,1994
专著	1986 年前	新疆古生界(上、下册)	新疆地质矿产研究所、新疆第一区调大队	新疆人民出版社,1990
专著	1990—1993	塔里木板块周缘的沉积-构造演化	刘训等	新疆科技卫生出版社,1997
专著	1985 年前	中国西部第四纪冰川与环境	中国第四纪冰川与环境研究中心等	地质出版社,1991
编图	1987	1∶150 万青藏高原及邻区地质图	成都地质矿产研究所	地质出版社
修编	1989	和田地区 1∶50 万地质图、矿产图及说明书(新疆地区)	新疆第十地质大队	内部资料
专著	1991—1993	西昆仑造山带与盆地	丁道桂等	地质出版社,1996
总结	1993	新疆维吾尔自治区区域地质志	新疆地质矿产局	地质出版社,1993
专著	1978 年前	新疆昆仑山和阿尔金山前寒武系及叠层石	缪长泉	新疆科技卫生出版社,1993
专著	1992—1994	中国主要成矿区带矿产资源远景评价	陈毓川	地质出版社,1999
专著	1993	塔里木盆地及其周缘地区上第三系—第四系地层及晚新生代构造期次划分	滕志宏等	内部刊物,1994
专著		中国区域地质概论	程裕淇	地质出版社,1994
专著	1994—1996	新疆开合构造与成矿	陈哲夫等	新疆科技卫生出版社,1997
矿产	1995	西昆仑块状硫化物矿床成矿条件和成矿预测	贾群子	地质出版社,1999
总结	1995	1∶250 万中国西部火山岩地质图及说明书	叶茂泉	西安地图出版社,1996
专著	1999	阿尔金断裂系	崔军文等	地质出版社,1999
专著		青藏高原的结构演化与隆升机制	萧序常,李廷栋	广东科技出版社,2000
		1∶100 万和田地区初步解译修编地质图	新疆第十地质队	内部资料,1980
		1∶150 万西昆仑喀喇昆仑及帕米尔东缘地质图	尹集祥	内部资料,1992
		新疆地质图及说明书(1∶200 万)	陈哲夫	内部资料,1992

解放前有少数中外地质学家 S. Hedin、A. Henning、R. Norin、刘慎谔、H. A. Belyaevsry 等在调查区相邻地区进行过路线地质调查,获得了一些零散地质资料。

解放后至 20 世纪 70 年代新疆地质矿产局在调查区做了小区域矿产普查和区调简测。

1958—1960 年中国科学院组织进行过综合科学考察。

1964 年,新疆区域地质调查大队编绘了《和田幅》1∶100 万地质图及说明书,首次对包括测区北部的昆仑山北坡和塔里木盆地南缘进行了较全面的总结,划分出了前寒武纪地台结晶基底,古生代不同时期的沉积盖层,在昆仑山北麓划分出了中—新生代陆相沉积。但涉及本区的实际资料极少。

1972 年新疆地矿局区域地质测量大队完成了《于田县以南昆仑山地质矿产调查报告》(1∶100 万),工作范围包括了伯力克幅大部分,地理坐标:东经 81°00′—82°00′,北纬 34°40′—36°00′。报告系统总结了该区的地层、火山岩、构造和矿产，除第四纪火山岩外地层划分简单，对第四纪火山岩共划分了 8 个喷发中心，认为均沿断裂带分布，火山岩覆盖于新第三系(新近系)及第四系之上，出露于现代河床两侧的高阶地，火山机构类型为中心式，成分为基性和中一酸性。区域构造属于克里雅"弧形"构造，弧顶处应力集中，裂隙发育，动力变质显著，影响地壳深度大，火山群集，岩浆岩分布广，矿化线索较多。

20 世纪 80 年代以来，昆仑山地区地质调查和科学研究比较活跃，主要有：

1980—1983 年，中国地质科学院地质研究所姜春发等与青海、新疆区调大队联合对昆仑山进行野外地质调查，有许多重大进展，1992 年出版了《昆仑开合构造》研究专著，首次对昆仑山地质进行了系统深入地研究，对以后的各种工作有重要影响。

1981 年，新疆地质局、新疆石油管理局总结了昆仑山—阿尔金山一带地层，认为本区自中元古代—中生代以来地层都有不同程度出露，海陆变迁频繁，奥陶纪以后生物发育，侏罗纪为重要的成煤期，白垩纪为泻湖膏泥沉积，新生代受喜马拉雅运动影响，昆仑山隆起，在山区形成一些大小不同、互不相连的断陷盆地，沉积了第三系和第四系，同时在河流两岸、冰川脚下、湖泊等地理景观区也有各种类型沉积。虽然总结涉及本区实际资料不多，但认为本区地层构造概括性、对比性强。

1984—1985 年，新疆第一区调大队完成了该区新疆部分《和田幅》1∶100 万区调填图。在前人工作的基础上，通过路线调查和实测剖面，重新建立了地层和构造骨架。

1986 年，西藏自治区地质矿产局区域地质调查大队完成了该区西藏部分 1∶100 万日土幅区调。涉及本区的地质路线近 10 条，实测地质剖面 6 条(其中 4 条为 1971 年新疆区调队测制)，路线地质剖面 1 条，剖面控制地层主要为石炭系、二叠系及震旦系、寒武系。地层划分为传统的年代地层方法，地层时代的依据不足，顶底不全。

1986—1988 年，中国科学院青藏高原综合科学考察队(潘裕生等)深入图区，对地质、地理等进行了全面考察研究，1992 年出版了《青藏高原喀喇昆仑—昆仑山地区科学考察丛书》共 4 套。该项目研究耗资巨大，成果丰富，具有多学科、系统、深入等优势，是目前该地区研究的权威著作。有一条考察路线南北贯通全区，为我们提供了地质、地理和古生物等方面非常宝贵的实际资料和研究思路。但样品产地不明，调查对象位置的描述与实际吻合程度较差，经纬度有时相差数十千米。

1989 年，新疆地质局第十地质调查大队在 1964 年喀什地质大队编图的基础上，结合新的成果资料，重新编制了和田地区 1∶50 万地质图、矿产图及说明书，对测区(新疆区域)的岩石、地层、构造、侵入岩和矿产进行了系统的总结。以后的各项工作都不同程度地采用了此项成果。

1987—1991 年，中国科学院潘裕生、法国 P. Tapponnier 等在图区以西狮泉河—叶城、喀什—红其拉甫进行了路线考察。其成果认识对测区有一定指导意义。

1990—1993 年，刘训等在塔里木盆地进行了地质调查及剖面测制，1997 年出版了《塔里木板块周缘的沉积-构造演化》专著。

1991—1993 年，丁道桂、王道轩等也在图区以西进行了剖面调查，1996 年出版了《西昆仑造山带与盆地》专著，对西昆仑造山带的认识水平有明显提高。

1993 年，滕志宏等在塔里木盆地进行了地质调查，著有《塔里木盆地及其周缘地区上第三系—第四系地层及晚新生代构造期次划分》(内部刊物)。

1994—1996 年，陈哲夫等系统总结了新疆的地史演化与成矿，1997 年出版了《新疆开合构造与成矿》专著。

1995 年，由地矿部西安地质矿产研究所和新疆地勘局第二区调队联合承担了地质矿产部定向科研项目"西昆仑块状硫化物型铜(多金属)矿床成矿条件及成矿预测研究"，1999 年贾群子等出版了《西昆仑块状硫化物矿床成矿条件和成矿预测》专著，对成矿地质背景、海相火山岩岩石系列、岩石组合及成矿环境、块状硫化物矿床地质特征和类型、区域成矿条件和成矿规律、成矿带划分及成矿远景区等进行了较系统的论述。

由于自然条件所限，测区所在的西昆仑及藏北高原面积性工作只完成了 1∶100 万区域地质调查，完整的区域地球化学勘查工作与本项目同时进行。前人对西昆仑造山带在基础地质和矿产地质方面的工作程度在全国为最低，不过以科研院所为主开展的科学考察取得了可喜的成绩，对西昆仑造山带的认识水平也并不算低，这些认识对在测区进行 1∶25 万区调有指导意义，但实际资料依据不足，而这些有限的资料多集中于交通条件较好的新藏公路一线，虽然有些地段如库地一带的研究较为深入，但由于西昆仑造山带地质构造甚为复杂，这些资料不可能窥一斑而见全豹。从实际资料的角度上讲，除局部第四系外，本项目的工作基本上是从零开始。

第四节 工作完成情况

陕西省地调院落实“于田县和伯力克两幅 1∶25 万区调”项目由区调所具体实施，1999 年底接受任务后立即组建队伍，收集各种资料，编写了初步设计。据此，2000 年 4—10 月进行了踏勘并基本完成了于田县幅填图和剖面测制，2000 年 11 月在成都通过了设计评审，获良好(89.81 分)，根据专家组提出的意见，对项目总体设计进行了修改。2001 年 4—9 月基本完成了两个图幅的填图及剖面测制，中国地调局西北项目办组织专家进行野外检查，该项目实际资料被评为优秀(92.24 分)。2002 年 4—5 月进行了野外检查及补充工作，全面完成了设计工作量，2002 年 6 月通过了野外资料验收，两幅图实际资料均获优秀(于田县幅 93 分，伯力克幅 90.24 分)。在西宁和昆明举行的两次接图和成果汇报会上，该项目资料和成果也均取得了很高的评价。全项目和伯力克幅完成的实物工作量见表 1-2。

表 1-2 实物工作量完成表

名称	单位	全项目完成工作量			伯力克幅完成工作量	名称	单位	全项目完成工作量			伯力克幅完成工作量
		设计工作量	完成工作量	完成比例 ($\times 10^{-2}$)				设计工作量	完成工作量	完成比例 ($\times 10^{-2}$)	
填图面积	km^2	24 984	30 000	120.1	15 000	定量光谱	件	720	756	105	356
遥感解译面积	km^2	2 000	1 500	75	800	岩石化学	件	200	210	105	100
填图路线	km	4 100	4 120	100.5	1 960	人工重砂	件	40	33	82.5	8
踏勘路线	km	150	163	108.7	70.0	稀土分析	件	180	229	127.2	89
实测剖面 1∶2 000	km	20	10.50	53	8.0	同位素年龄	条	48	54	112.5	20
实测剖面 1∶5 000	km	100	99.64	99.64	39.0	大化石	处	150	165	110	117
实测剖面 1∶10 000	km	40	60.50	150	26.0	微古样	处	80	62	77.5	26
1∶5 万解剖区	km^2	150	300	200	200.0	化学分析样	件	100	78	78	4
地质点数	个	2 500	2 258	90	1 158	微金分析样	件	50	38	76	3
标本、薄片	件	1 700	1 600	94.1	700	粒度分析	件	30	27	90	17

I44C001003(伯力克幅)区域地质调查报告编写人员及分工为：

第一章 绪 言 韩芳林
第二章 地 层 第一节、第二节、第三节 崔建堂
第四节、第五节、第六节、第七节 边小卫
第三章 岩浆岩 第一节 侵入岩 王炬川
第二节 火山岩 王炬川
第三节 蛇绿岩 韩芳林
第四章 变质岩 崔建堂
第五章 构 造 郝俊武
第六章 地质演化 韩芳林
第七章 矿产及其他国土资源概况 孟 勇
第八章 结 语 韩芳林

全部报告由韩芳林总纂。

参加该项目工作的全体人员见表 1-3。

表 1-3　参加项目工作的主要人员名单

姓名	姓别	出生年月	技术职称	文化程度	职务	工作时间(年,月)	完成的工作
韩芳林	男	1960.3	教授级高工	博士	项目负责、技术负责	1999.12—2002	全面负责
崔建堂	男	1960.9	高级工程师	硕士	副技术负责	1999.12—2002	质量,变质岩
计文化	男	1968.5	工程师	博士	副技术负责	1999.12—2001	构造
郝俊武	男	1955.12	工程师	中专	副项目负责	1999.12—2001	后勤、行政、构造
李海平	男	1952.2	教授级高工	大学	副技术负责	1999.12—2000	质量
边小卫	男	1969	工程师	大学	大组长	1999.12—2002	地层、沉积岩
王炬川	男	1965	工程师	大学	大组长	1999.12—2002	岩浆岩
孟　勇	男	1955	高级工程师	中专	大组长	1999.12—2002	矿产
尹宗义	男	1960	高级工程师	大学	小组长	2001	地层
罗乾周	男	1963	高级工程师	大学	小组长	1999.12—2001	矿产
陈高潮	男	1965	工程师	大学	小组长	2000—2001	地层
张俊良	男	1966	工程师	大学	小组长	2000—2001	遥感
李博秦	男	1966	工程师	硕士	小组长	2000—2001	矿产
霍向光	男	1956	工程师	中专	小组长	2000—2002	地层、遥感
蔺新望	男	1968	工程师	大学	技术员	2000—2001	地层、岩石
孔文年	男	1965	工程师	大学	技术员	2000—2001	地层、岩石
王洁明	男	1965	工程师	中专	技术员	2000—2001	地层
张清盛	男	1966	工程师	中专	技术员	2001	遥感
刘曦鹏	男	1964	高级工程师	大学	技术员	2000—2001	岩石
阎振兴	男	1955	工程师	中专	技术员	2000—2001	岩石
谭苏敏	男	1964	高级工	高中	工人	2000—2001	司机
姚　社	男	1965	中级工	高中	工人	2000—2001	司机
陈　学	男	1957	中级工	高中	工人	2000—2001	司机
李　治	男	1968	中级工	高中	工人	2000—2001	炊事员
李金杰	男	1952	政工师	高中	干部	2000	炊事员
耿建宏	男	1960	中级工	高中	工人	2001	炊事员
汪贵全	男	1960	医师	大学	干部	2001	医生

第二章　地　层

第一节　地层分区及岩石地层划分

调查区位于塔里木板块南缘，西昆仑造山带、东昆仑造山带与阿尔金构造带的结合部位，地层发育比较齐全，地层从古元古界到第四系均有不同程度出露，地层类型有中深变质变形的构造-岩石地层、浅变质和未变质的岩石地层，也有大量未固结的地层。形成环境有深海、浅海，也有大量陆相地层。成因上有变质地层、沉积地层，也有大量火山地层。伯力克幅地层以上古生界和中生界为主。

依据地层划分与构造区划的一致性和中国地质调查局在“云南会议”西北项目片确定的地层区划，测区（包括于田县幅）属华南地层大区，分塔里木（Ⅰ）和昆仑（Ⅱ）两个地层区。昆仑地层区以其曼于特和苏巴什两个蛇绿混杂岩带为界分 3 个地层分区。塔里木地层区以南、其曼于特缝合带以北为昆北地层分区（$Ⅱ_1$）；其曼于特缝合带以南、苏巴什缝合带以北为昆南地层分区（$Ⅱ_2$）；苏巴什缝合带以南为羌塘地层分区（$Ⅱ_4$）；苏巴什蛇绿混杂岩带宽达数十千米，除蛇绿岩外，还有 3 大套沉积地层，与两侧地层分区完全不同，也将其划分为一个地层分区（$Ⅱ_3$）。其曼于特蛇绿混杂岩带出露很窄，且以蛇绿岩及相关沉积岩为主，在地层区划中以断层对待，未单独划出。在地层分区中以主体地层的发育时代、地层特征进一步划分地层小区，调查区包括于田县幅，地层区划见图 2－1，各地层分区总体特征列于表 2－1。

表 2－1　各地层区特征简表

<table>
<tr><th>区</th><th>分区</th><th>小区</th><th colspan="4">地　层　特　征</th></tr>
<tr><td>塔里木</td><td>塔南</td><td></td><td colspan="4">区内为第四系松散沉积，邻区和钻探资料反映古元古代为结晶基底，中、上元古界变质很浅，震旦纪以后为稳定沉积，且较连续</td></tr>
<tr><td rowspan="10">昆仑—喀喇昆仑</td><td rowspan="3">昆北</td><td>博斯坦</td><td>昆仑山前一带巨厚的更新统冲、洪积及火山岩</td><td>拉分盆地</td><td rowspan="3">大量发育元古界基底，古元古界与塔里木地层区相似，中元古界变质较深</td><td rowspan="10">与塔里木地层区的区别是震旦纪以后基本一直为剧烈的活动性沉积、变质、火山岩建造</td></tr>
<tr><td>铁克萨依</td><td>以发育震旦—寒武系变质碎屑岩地层为特征</td><td>被动边缘</td></tr>
<tr><td>阿羌</td><td>大量发育以基性火山岩为主的上古生界，以剥离断层与前震旦纪基底接触</td><td>裂谷盆地</td></tr>
<tr><td rowspan="2">昆南</td><td>喀什塔什</td><td>大量发育含中酸性火山岩的上古生界，以断层与基底地层接触</td><td>裂陷盆地</td><td rowspan="2">以产和田玉的中深变质的蓟县系为基底</td></tr>
<tr><td>阿拉玛斯</td><td>以出露下古生界为特点</td><td>活动边缘</td></tr>
<tr><td rowspan="2">苏巴什</td><td>柳什塔格</td><td>震旦系玄武岩</td><td>洋岛</td><td rowspan="2">震旦—古生代洋盆，含大量小型陆块</td></tr>
<tr><td>再依勒克</td><td>上古生界以碳酸盐岩为主，发育二叠系复理石</td><td>弧前盆地</td></tr>
<tr><td rowspan="3">羌塘</td><td>阿克苏</td><td>二叠系基性和中酸性火山岩、火山碎屑及陆源碎屑复理石</td><td>活动边缘</td><td rowspan="3">具甜水海地块型基底，古元古界为深变质，中上元古界为浅变质。古生界为连续的稳定台地</td></tr>
<tr><td>胜利达坂</td><td>三叠系复理石</td><td>残留盆地</td></tr>
<tr><td>郭扎错</td><td>古生代和三叠纪为连续的台地相，侏罗系和白垩系为以活动性前陆源碎屑为主的沉积</td><td>台地</td></tr>
</table>

依据全国地层多重划分对比研究、新疆维吾尔自治区岩石地层（1998）成果以及中国科学院、中国地质科学院近年来在该地区的最新研究成果，结合区域地质填图、剖面资料对比研究，对测区地层进行了全面划分和厘定，并建立了新的（构造）岩石地层单位（表 2－2）。

表2-2　地层区划及岩石地层系统

时代	博斯坦地层小区	阿羌地层小区	铁克萨依地层小区	阿拉玛斯地层小区	喀什塔什地层小区	苏巴什地层分区	卡拉勒塔什地层小区	阿克苏地层小区	胜利达坂地层小区	郭扎错地层小区	构造演化阶段	构造演化	构造演化
Qh	新疆群(戈壁群)	冲积、洪积、风积、湖积、坡积、残积、人工堆积等		崇测冰碛层			阿什库勒火山岩(南)				板内构造演化	青藏高原隆升	青藏高原隆升
Qp_3	新疆群(戈壁群)			田里冰碛层			阿什库勒(南)阿他木帕下火山岩						
Qp_2	乌苏群			布拉克巴什冰碛层			阿什库勒(中)火山岩						
Qp_1	康苏拉克组			玉龙喀什冰碛层			阿什库勒(北)火山岩 普鲁火山岩						
Qp_1	西域组												
N	阿图什组						哨呐湖组						
E	阿克塔什组												昆仑山隆起
K_2										铁隆滩群 灰岩组			
K_1	克孜勒苏群									铁隆滩群 砂岩组			
J	叶尔羌群												
T						阿他木帕下组			巴颜喀拉山群	邦达错组	板块构造演化阶段	特提斯洋演化 磨拉石	
P_3		苏克塔堙克组			托库孜达坂岩组							古特提斯洋演化	
P_{1-2}		阿羌火山岩			托库孜达坂岩组	再依勒克组、卡拉孔木组、硫磺达坂砂岩	卡拉勒塔什岩群	黄羊岭岩群		空喀山口组			
C_2		皮什盖萨依组				龙门沟组				月牙湖组			
C_1		皮什盖萨依组				塔斯坎萨依组				月牙湖组			
D_3		奇自拉夫组										磨拉石	
O				库拉甫河岩群								原特提斯洋演化	
∈			阿拉叫依岩群	库拉甫河岩群									
Z			阿拉叫依岩群			柳什塔格玄武岩							
Qn	丝路岩组										过渡性基底		
Jx	流水岩组			阿拉玛斯岩群							过渡性基底		
Ch	卡羌岩群						浅粒岩组				过渡性基底		
Pt_1	木兰岩群					双雁山片岩					结晶基底		
	博斯坦地层小区	阿羌地层小区	铁克萨依地层小区	阿拉玛斯地层小区	喀什塔什地层小区		卡拉勒塔什地层小区	阿克苏地层小区	胜利达坂地层小区	郭扎错地层小区			
	昆北地层分区			昆南地层分区		苏巴什地层分区	羌塘地层分区						
						昆仑—喀喇昆仑地层区							

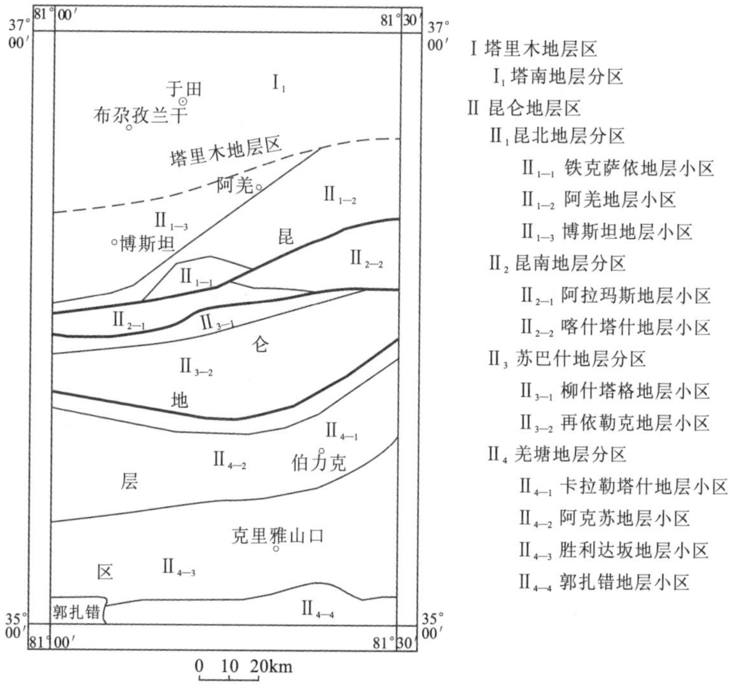

图 2－1　地层分区略图

《伯力克幅》出露的地层为昆仑地层区的羌塘地层分区、苏巴什地层分区及少量昆南地层分区的阿拉玛斯地层小区。

一、昆南地层分区

昆南地层分区在图区出露很局限，仅出露有少量蓟县系阿拉玛斯岩群（Jx*A*）（构造）岩石地层单位。

二、苏巴什地层分区

出露地层主要有古元古界双雁山片岩（Pt_1s），长城系浅粒岩组（Ch^{lnt}），震旦系柳什塔格玄武岩（*Zl*），石炭系塔斯坎萨依组（C_1t）、龙门沟组（$C_{1-2}l$），二叠系再依勒克组（$P_{1-2}z$）、卡拉孔木组（P_3k）、硫磺达坂砂岩（Pl^{ss}），三叠系阿他木帕下组（T*a*）。

三、羌塘地层分区

位于苏巴什缝合带以南，图区地层分布较广泛，构造线方向呈近 EW—NEE 展布。该区地层变质变形较弱，但其构造置换、糜棱岩面理发育。出露地层主要有石炭系月牙湖组（C_1y），二叠系卡拉勒塔什岩群（*PK*）、黄羊岭岩群（*PH*）、空喀山口组（$P_{1-2}k$），三叠系阿他木帕下组（T*a*）、巴颜喀拉山群（T*B*）、邦达错组（T_1b），侏罗系叶尔羌群（$J_{1-2}Y$），白垩系铁隆滩群（K_2T）等（构造）岩石地层单位。

第二节　元古界

图区元古界主要分布在苏巴什地层分区和少量昆南地层分区及羌塘地层分区，其中苏巴什地层分区出露的古元古界地层为双雁山片岩（Pt_1s），羌塘地层分区出露中元古界长城系浅粒岩组（Ch^{lnt}），而昆南地层分区仅出露少量中元古界蓟县系阿拉玛斯岩群（Jx*A*）（构造）岩石地层单位。现将各岩石地层单位分述如下。

一、双雁山片岩（Pt_1s）

双雁山片岩是本次区调新建立的非正式（构造）岩石地层单位，它代表了宽大的苏巴什蛇绿混杂岩带中所夹持的陆壳型基底碎块，岩石组合主要为一套副变质的片岩、粒岩、石英岩、片麻岩夹大理岩及斜长角闪岩等建造。其变质程度明显高于图区以南甜水海一带的长城系，与区域上西部乔尔天山一带出露的古元古界地层特征相似，故将其时代厘定为古元古界。

苏巴什蛇绿混杂带中被蛇绿岩带分隔的较大的陆壳碎块有 4 个，但其组成特点相同，可以完全对比，与上覆石炭系及三叠系沉积盖层呈断层或不整合接触关系。图区出露面积为 368km^2。

（一）地层特征

双雁山片岩在图区构造变形强烈，多呈构造岩块或岩片状展布。

岩石组合主要为一套灰—浅灰色二云石英片岩，浅灰色石英岩夹大理岩，灰色含钙石榴石浅粒岩，局部夹条带状斜长角闪岩及黑云斜长片麻岩等。

现以于田县苏巴什一带双雁山片岩实测剖面(图 2－2)由北向南列述如下。

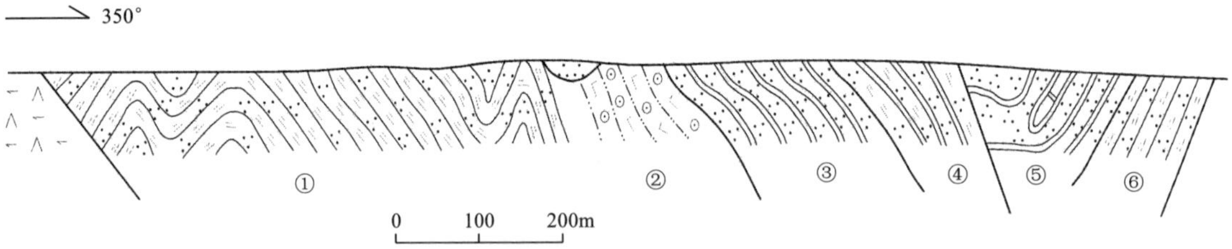

图 2－2　于田县苏巴什一带双雁山片岩实测剖面图

北侧：苏巴什蛇绿混杂岩带中的蛇纹岩

═══════ 韧性断裂 ═══════

双雁山片岩(Pt_1s)	**649.31m**
①灰色绢云石英片岩	260.75m
②灰色含钙石榴石浅粒岩	35.65m
③浅灰色石英岩	86.45m
④浅灰色十字二云石英片岩夹石英岩	96.85m

═══════ 断　层 ═══════

⑤浅灰色石英岩夹大理岩	120.86m
⑥灰色二云石英片岩	48.75m

═══════ 韧性断裂 ═══════

南侧：苏巴什蛇绿混杂岩带中的橄榄辉石岩

剖面未见顶、底，其内部断层带发育，呈构造岩片状叠置，剖面叠置厚度为 649.31m。剖面由北往南依据岩石组合可划分为 3 部分，下部主要为灰色二云石英片岩；中部主要为一套灰色含钙石榴石浅粒岩、石英岩夹十字石二云石英片岩，偶夹大理岩；上部为一套灰色绢云石英片岩。

双雁山片岩在横向上岩性变化较小，在图区西部再依勒克一带夹有黑云斜长片麻岩和斜长角闪岩，在北邻于田县幅双雁山一带岩石组合为一套灰—灰黄色石榴石二云石英片岩、灰色斜长变粒岩、灰色厚层状变质长石石英砂岩夹大理岩，局部地段夹条带状斜长角闪岩。

（二）岩石化学及地球化学特征

1. 岩石化学特征

双雁山片岩原岩具有两种岩石类型，既有沉积细碎屑岩，又有变质基性火山岩，主体为一套副变质的细碎屑岩夹少量碳酸盐岩沉积。其中变质基性火山岩岩石化学成分列于表 2－3。

表 2-3 双雁山片岩岩石化学成分含量表

样品	岩石名称	氧化物含量(%)														
		SiO_2	TiO_2	Al_2O_3	Fe_2O_3	FeO	MnO	MgO	CaO	K_2O	Na_2O	P_2O_5	H_2O^+	H_2O^-	LOSS	Σ
D892/1GS*	斜长角闪岩	51.45	0.78	16.30	1.17	5.14	0.15	8.98	10.95	1.25	2.35	0.05	0.82	0.03	0.97	100.39
D1135/1GS	斜长角闪岩	49.36	1.60	15.79	4.60	7.28	0.18	5.83	10.09	1.55	2.93	0.29			0.76	100.28
世界基性岩维氏值		50.00	1.29	16.08	4.22	6.80	0.36	6.30	9.75	1.24	2.78	0.36				

* 样品采自北邻于田县幅

由表可见，与世界基性岩维氏值相比较，岩石化学成分基本接近。岩石以富含 MgO、CaO，且 Fe_2O_3<FeO、MgO<CaO、K_2O<Na_2O 为特征。根据岩石化学计算，利用(al+fm)-(c+alk)-Si 图解恢复原岩，均投影到火山岩区，进一步利用(Al+Fe+Ti)-(Ca+Mg)图解恢复原岩，均投影到玄武岩区(详见第四章变质岩)，利用 A-F-M 三角图解判别，变质基性火山岩显示为拉斑玄武岩系列。依据常量元素 TFeO/MgO-TiO_2图解和 TFeO-MgO-Al_2O_3 图解判别构造环境，其变质基性火山岩构造环境主体为洋脊拉斑玄武岩。

双雁山片岩中变质细碎屑岩夹碳酸盐岩的沉积，根据岩石组合及野外产出特征分析，其原岩可能主要为成熟度较低的杂砂岩、岩屑粉砂岩、硅泥质岩及灰岩等。

2. 微量元素特征

双雁山片岩的微量元素含量列于表 2-4(本报告微量元素和稀土元素由北京大学地质系实验室测试，方法为多接收器 ICP-Ms，后同)。由表可见，变质碎屑岩的微量元素含量变化较小，其平均值与地壳克拉克(维氏)平均值相比较，其中过渡性不活泼元素 Sc、Cr、Co、Ni、V 和 Ga 等元素显示不同程度的明显富集，而其余元素均显示不同程度的亏损，其中大离子活泼元素 Sr、Rb、Ba、Ta、Nb、Zr 等含量显示强亏损。变质基性火山岩的微量元素含量平均值与世界基性玄武岩平均值相比较，显示比较复杂。其中 Rb、Ta、Hf、Sc、Co、V、Ga、U 等元素含量显示不同程度的明显富集，而 Sr、Ba、Ti、Cr、Ni 等元素含量显示不同程度的亏损，其余组分则显示较接近。变质碎屑岩微量元素平均值与 Bhatia(1986)的不同构造环境中的杂砂岩微量元素特征值相比较，则显示比较复杂，主体属于活动陆缘型(详见第四章变质岩)。而变质基性火山岩的微量元素特征值图解，则显示主体为洋脊拉斑玄武岩，兼具岛弧玄武岩的特性(详见第四章变质岩)。

3. 含矿元素特征

双雁山片岩 Au、Ag、Cu、Pb、Zn 五种主要成矿元素含量如表 2-4 所示。由表可见，Au、Ag 含量变化较小且含量较低，Au 最高值仅有 2.9×10^{-9}，与地壳克拉克值相比较，均显示不同程度的亏损；Cu、Pb 含量变化较大，Cu 最高值为 74.3×10^{-6}，Pb 为 67.9×10^{-6}，与地壳克拉克值相比较，大多数 Cu 含量显示稍富集或接近，少数显示亏损，而 Pb 含量绝大多数显示不同程度的富集，仅有个别显示亏损；Zn 含量变化较大，最高值可达 106.4×10^{-6}，与地壳克拉克值相比较，显示稍富集，其余元素含量均显示不同程度的亏损。

(三)关于形成时代

双雁山片岩为一套高绿片岩相—角闪岩相变质地层，岩石内部变质变形强烈，其变质程度远高于南部区域上长城系甜水海群。另外，双雁山片岩中有同变质的花岗岩体，故暂将其时代置于早元古代。

二、浅粒岩组(Ch^{lnt})

浅粒岩组是本次区调新发现并建立的组，非正式岩石地层单位，其含义是指在羌塘地块苏巴什以南一带呈断块出露于二叠系弧后盆地火山碎屑复理石建造背斜核部，以浅粒岩为主，夹堇青石二云石英片岩和石榴石角闪斜长变粒岩等岩石组合。该套组合与图区以南长城系甜水海群岩石组合相似，故将其时代厘定为长城系。

表 2-4　双雁山片岩微量元素特征表（$\times10^{-6}$）

序号	样品号	岩石名称	Sr	Rb	Ba	Th	Ta	Nb	Zr	Ti（$\times10^{-2}$）	Hf	Y	Sc
1	D1433/9g	石英岩	28.44	45.5	195.4	8.92	0.04	6.03	21.24		0.43	20.25	12.48
2	D1433/8g	石榴石浅粒岩	162.9	67.42	411.5	19.37	0.16	9.73	33.4		1.02	25.35	20.28
3	D1433/10g	十字石二云石英片岩	122.1	119.8	720.3	11.72	0.93	17.01	26.28		0.67	28.95	29.64
4	D1431/8g	绢云石英粒岩	78.8	60.91	237.3	10.24	0.16	7.5	42		1.32	18.54	14.82
5	D1431/9g	绢云石英粒岩	75.25	75.13	295.8	10.4	0.05	5.49	56.8		1.7	27.85	21.84
6	D1431/10g	绢云石英片岩	101.3	117.9	522.9	11.15	0.35	11.86	66.51		2.14	28.63	29.64
7	D892/1g	斜长角闪岩	115.2	28.15	116.5	40.35	5.25	41.25	150.4	0.47	5.85	20.36	38.36
8	D1135/1g	斜长角闪岩	208	30.47	41.09	0.8	0.15	2.17	47.89	0.96	1.65	21.35	49.14
变质碎屑岩平均值			94.8	81.11	397.2	11.97	0.28	9.6	41.04		1.21	24.94	16.95
变质基性火山岩平均值			161.1	29.31	78.8	20.58	2.7	21.71	99.13	0.72	3.75	20.86	43.75
地壳克拉克（维氏）值			340	150	650	13	2.5	20	170	0.45	1	29	10
世界基性玄武岩平均值			440	4.5	300	3	0.48	20	100	0.9	1	20	2.4

序号	样品号	岩石名称	Cr	Co	Ni	V	Ga	U	Au（$\times10^{-9}$）	Ag（$\times10^{-9}$）	Cu	Pb	Zn
1	D1433/9g	石英岩	75.19	30.81	28.06	65.09	42.24	0.56	0	15	45.1	33.4	25.3
2	D1433/8g	石榴石浅粒岩	113.1	37.99	42.59	125.4	65.66	2.61	0.1	22	52.2	47.7	40.1
3	D1433/10g	十字石二云石英片岩	159.2	54.62	81.81	228.3	70.26	1.64	0.1	21	64.6	67.9	62
4	D1431/8g	绢云石英粒岩	254.6	35.72	117.6	100.2	34.12	1.59	0.1	28	45	36	36.1
5	D1431/9g	绢云石英粒岩	305.6	38.37	132.5	132.4	37.93	1.58	0	20	57.5	40	47.4
6	D1431/10g	绢云石英片岩	284.9	48.57	176.5	182	50.79	2.06	0.1	23	74.3	62.9	67.5
7	D892/1g	斜长角闪岩	216.5	33.56	98.65	256.4	22.35	2.56	2.9	18	8.76	24.51	34.92
8	D1135/1g	斜长角闪岩	114.3	62.83	71.4	341.4	30.78	0.43	0.5	19	73.2	9.8	106.4
变质碎屑岩平均值			198.8	41.01	96.51	138.9	50.17	1.67	0.1	21.5	56.62	47.98	46.4
变质基性火山岩平均值			165.4	48.2	85.03	298.9	26.57	1.5	1.9	18.5	40.98	46.27	54.56
地壳克拉克（维氏）值			83	18	58	90	19	2.5	4	80	63	12	94
世界基性玄武岩平均值			200	45	160	200	18	0.5					

浅粒岩组在图区分布极其局限，仅在苏巴什以南阿克苏河见及，出露面积约 5.8km²。该组合呈断块状出露，夹于二叠系黄羊岭岩群火山碎屑复理石建造之间，二者呈构造断裂接触关系。

（一）地层特征

浅粒岩组在图区变质变形较强烈，岩石组合主要为一套浅粒岩。现以图区阿克苏河长城系浅粒岩组实测剖面图（图 2-3）列述如下。

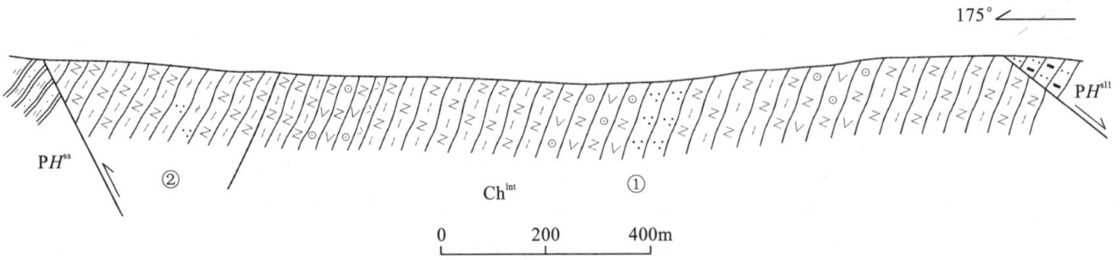

图 2-3　阿克苏河长城系浅粒岩组实测剖面图

南侧：二叠系黄羊岭岩群(PH^{sl1})粉砂绢云母板岩夹长石石英砂岩

═══════ 断　裂 ═══════

浅粒岩组(Ch^{lnt}) **1 907mm**

②浅灰—灰色浅粒岩夹堇青石二云石英片岩 1 390mm

①浅灰色浅粒岩夹石榴石角闪斜长变粒岩、石英岩，局部夹英安岩 517mm

═══════ 断　裂 ═══════

北侧：二叠系黄羊岭岩群(PH^{sl1})粉砂绢云母板岩夹晶屑岩屑凝灰岩

剖面未见顶、底，其岩石组合主要为一套浅粒岩，夹石榴石角闪斜长变粒岩、堇青石二云石英片岩、石英岩。该套地层由于出露很局限，横向变化不大。

（二）关于形成时代

浅粒岩组为一套高绿片岩相变质地层，岩石内部变质变形较强，其岩石组合及变质程度相当于图区南部区域上长城系甜水海群，故将其时代暂置于长城系。

三、阿拉玛斯岩群(JxA)

阿拉玛斯岩群是昆南地块上出露的最老地层，高绿片岩相—低角闪岩相变质，普遍发生了混合岩化作用。可分 3 个岩组：Ⅰ、Ⅱ岩组分布于北部于田县幅，为一套副变质地层；Ⅲ岩组分布于南部，为一套角闪质正变质地层，之间被寒武系—奥陶系库拉甫河岩群分隔，本图区仅出露Ⅲ岩组局部。分布于昆南地层小区，图区出露极少，仅分布在图区西北角苏巴什缝合带北侧。地层走向呈近 EW 展布，后期被奥陶系花岗岩体侵入破坏，出露面积约 15km²。

（一）地层特征

阿拉玛斯岩群在图区岩石组合主要为一套深灰—灰绿色斜长角闪岩、角闪斜长片麻岩等。其岩石组合横向变化较大，岩石变质变形较强烈，变质达角闪相，并发生轻微的混合岩化。

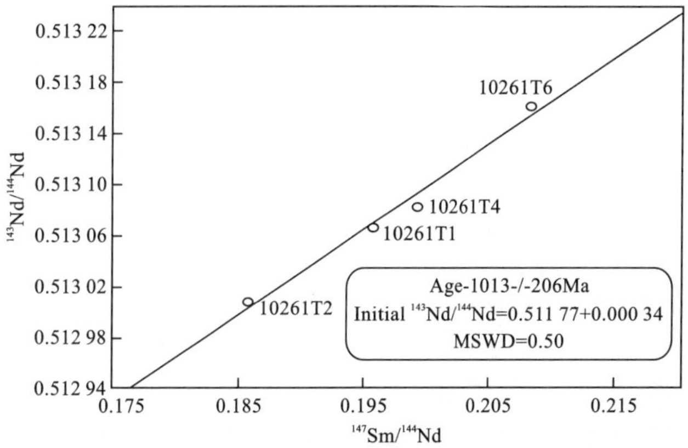

图 2-4　阿拉玛斯岩群变质基性火山岩 Sm-Nd 同位素等时线图

（二）关于形成时代

阿拉玛斯岩群为一套高绿片岩相变质地层，前人一直将其划归蓟县系，本次区调在该岩群变质基性火山岩中采集了 Sm-Nd 同位素等时线样品，经中国科学院地质与地球物理研究所分析(图 2-4，表 2-5)，其年龄值 $t=$1 013Ma，其时代应置于蓟县系。

表 2-5　阿拉玛斯岩群斜长角闪岩 Sm-Nd 同位素分析结果表

Sample	Sm	Nd	^{147}Sm/^{144}Nd	^{143}Nd/^{144}Nd	2sigma	Tchur	T_{DM}	EpsilonO
10261T1	1.946	6.333	0.185 8	0.513 009	11.000 000	0	779	7.24
10261T2	1.973	6.095	0.195 8	0.513 006	9.000 000	0	728	7.35
10261T3	1.983	5.847	0.205 1	0.513 222	10.000 000	10 243	0	11.4
10261T4	2.367	7.191	0.199 1	0.513 081	12.000 000	25 793	736	8.64
10261T5	2.022	5.859	0.208 7	0.513 228	12.000 000	7 314	0	11.5
10261T6	2.067	5.994	0.208 5	0.513 161	12.000 000	6 606	0	10.2

第三节　震旦系柳什塔格玄武岩(*Zl*)

图区内震旦系出露较少,仅见柳什塔格玄武岩,出露于苏巴什地层分区的柳什塔格一带,局部被冰雪覆盖。该玄武岩不同程度变质,呈断块夹于昆南地块和晚古生代苏巴什构造带之间。

柳什塔格玄武岩为本次地质调查工作新命名的岩石地层单位,定义为苏巴什蛇绿混杂岩带中的一个特殊独立块体,岩石组合以玄武岩为主,上部为少量的硅质岩、凝灰岩、灰岩等,时代为震旦纪。图区内该地层单元主要分布于柳什塔格西一带,面积约 95km^2,出露宽度一般 4～6km。变质变形较弱,岩性单调,可分性差。图区内该火山岩与昆南地块上的阿拉玛斯岩群及库拉甫河岩群均为断层接触。

(一)地层描述

剖面上该套岩石内部面理构造发育,向北中等角度倾斜,根据其中的熔岩、火山角砾岩韵律及岩枕构造判别为倒转层序。可分为上、下两个岩性段(图 2-5),顶、底均被岩体侵入,出露不全。

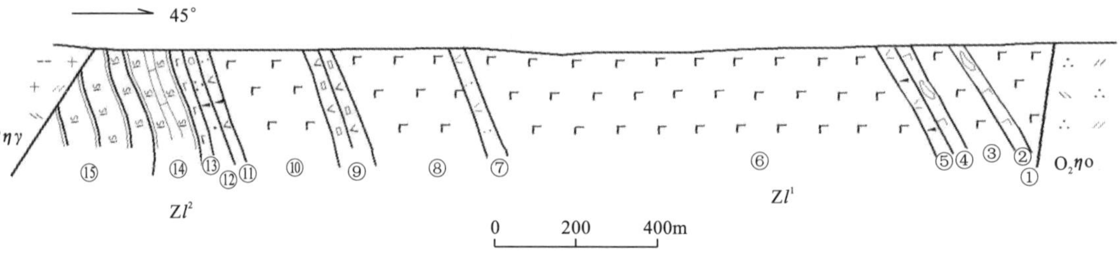

图 2-5　于田县苏巴什柳什塔格玄武岩实测剖面图

南侧:早石炭世中细粒黑云母花岗岩

┈┈┈┈┈ 侵　入 ┈┈┈┈┈

柳什塔格玄武岩(Zl)	**1 842.02m**
上段	**188.32m**
⑮深灰色硅质板岩	37.78m
⑭深灰色硅质板岩夹灰岩	118.43m
⑬灰色钙质板岩夹灰岩	18.90m
⑫杂色砾岩、砂砾岩、粗粒岩屑石英砂岩、含粉砂绢云板岩	13.61m
下段	**1 653.70m**
⑪安山质岩屑晶屑凝灰岩	39.30m
⑩灰绿色蚀变块状玄武岩	211.00m
⑨浅黄绿色黄铁矿化蚀变安山岩	57.00m
⑧灰绿色蚀变块状玄武岩	270.00m
⑦灰绿色凝灰质熔岩	16.70m
⑥灰绿色蚀变块状玄武岩	807.00m
⑤灰绿色蚀变火山角砾岩	5.20m
④灰绿色蚀变枕状玄武岩	7.30m
②灰绿色蚀变块状玄武岩	60.30m
②灰绿色蚀变枕状玄武岩	6.90m
①灰绿色蚀变块状玄武岩	173.00m

═══════ 断层接触(保留侵入关系) ═══════

北侧:早奥陶世角闪黑云石英闪长岩

剖面上柳什塔格玄武岩可分为上、下两个岩性段,下段岩性以基性火山熔岩为主夹少量安山岩、火山角砾岩及凝灰岩等，叠置厚度 1 653.7m。剖面底部显示枕状熔岩-块状玄武岩清晰的火山喷发韵律，往上为块状玄武岩-凝灰质岩石的韵律。岩枕大小 30～40cm，多为一边平、一边凸的椭球状（图 2-6），中间矿物结晶较粗，而边部较细且沿突起边有气孔-杏仁构造，为火山水下喷发活动的标志。

上段岩性主要为一套碎屑岩，有硅质板岩、钙质板岩、石英砂岩及含粉砂绿泥板岩、砾岩等。叠置厚度 188.32m，自下而上由砾岩、砂岩-钙质板岩-硅质板岩组成。

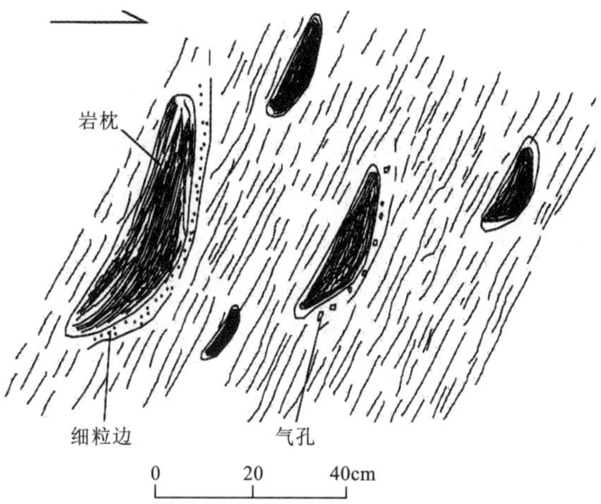

图 2-6 苏巴什柳什塔格玄武岩中的枕状构造素描图

（二）岩石化学、地球化学特征

（详见第三章第二节）

柳什塔格玄武岩主体为一套钙碱性系列基性火山岩，稀土总量很高，轻稀土富集，轻、重稀土分馏均不明显，Eu 具较弱的正异常，其特征近似于大洋拉斑玄武岩。火山岩微量元素特征反映出亲大陆的性质。没有与火山岩相配套的其他铁镁质、超铁镁质岩石，说明它不具洋中脊蛇绿岩性质。火山岩地球化学特征表明主要来源于地幔玄武岩浆，形成于拉张环境下的不成熟洋壳及其洋岛环境。

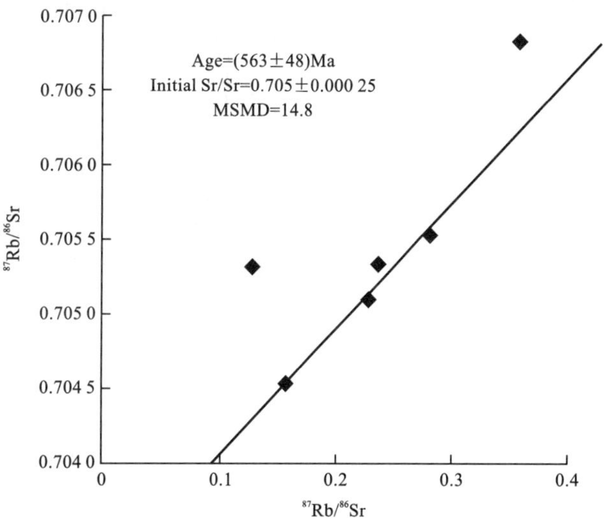

图 2-7 柳什塔格玄武岩全岩 Rb-Sr 等时线图

（三）时代讨论

该玄武岩中我们采集了 Rb-Sr 等时线年龄样，经中国科学院地质与地球物理研究所实验室分析，结果为（563±48）Ma（分析数据见表 2-6，等时线见图 2-7）。6 个样品中D1028/3-1的$^{87}Sr/^{86}Sr$等于0.706 804，大于 0.705 5，可能为地壳成分混染，其余 5 个样品中 4 个样品进行线性回归，可以得到一条“近似等时线”，对应的年龄值为（563±48）Ma，初始锶比值为 0.705。结合侵入其中的花岗岩年龄为（460.8±5.2）Ma（许荣华等，2000），我们认为该值是可信的。因此将该玄武岩时代定为震旦纪，为对应于其曼于特带代表的大洋裂解早期的残留。

（四）含矿性

该套火山岩中见明显铜矿化，矿化体产于玄武岩中，矿石矿物为黄铜矿，偶见孔雀石，黄铁矿含量不均匀，经化学样品分析铜含量 0.01%～0.05%（新疆区测队，1972），品位虽较低，但矿化规模大，尚具一定找矿潜力。

表 2-6 柳什塔格玄武岩全岩 Rb-Sr 测定结果

Sample	Rb(ppm)	Sr(ppm)	$^{87}Rb/^{86}Sr$	$^{87}Sr/^{86}Sr$
1028/3-1	15.36	123.0	0.360 6	0.706 804
1028/3-2	18.56	190.4	0.281 5	0.705 506
1028/3-3	8.007	146.0	0.158 3	0.704 519
1028/3-4	13.24	167.0	0.228 9	0.705 098
1028/3-5	15.48	188.4	0.237 2	0.705 322
1028/3-6	5.750	129.3	0.128 4	0.705 320

第四节 上古生界

图区内上古生界地层出露广泛，是本区地层的主体，主要发育石炭系和二叠系，未见泥盆系。图区内石炭系地层主要分布于甜水海陆块及苏巴什构造带中，均为浅海碳酸盐岩、碎屑岩建造，但两地岩石组合、生物组合及时代有一定差异。本次工作将苏巴什带中陆壳碎块（简称陆岛）上石炭统划为塔斯坎萨依组和龙门沟组，将郭扎错地层小区甜水海微陆块上石炭统划为月牙湖组。二叠系分布较广，沉积建造多种多样，既有海沟内复理石沉积又有岛弧沉积，有弧后盆地沉积，也有陆岛盖层沉积，时代从早二叠世到中二叠世均有出露。

一、月牙湖组(C_1y)

该组由西藏区调队1975年创名，命名地在西藏日土县拉竹龙东月牙湖附近。1987年西藏区调队将双陷达坂—月牙湖一带的石炭系划分为下石炭统月牙湖组和双陷达坂组，将其上的上石炭统划为恰提尔群。1997年《西藏自治区岩石地层》编者将月牙湖组含义扩大，包括双陷达坂组和其上的恰提尔群底部灰岩。本报告采用修订后组名及含义，在该组中进一步划分出下部砂岩段及上部灰岩段。

测区内月牙湖组主要分布于郭扎错断裂以南的甜水海微陆块上，出露面积约451km²。

地层总体变形较强，断裂及紧闭褶皱发育。砂岩段岩性以石英砂岩夹少量灰岩为主；灰岩段主要为细晶灰岩、结晶灰岩、白云质灰岩等，含丰富的腕足类、腹足类、珊瑚等化石。

（一）地层描述

剖面测制于顺利达坂南甜水海微陆块本部，位于向北倒转背斜构造的北翼。主要控制地层为石炭系月牙湖组下部砂岩组，该套地层剖面上未见底，剖面地层厚度大于1 204.99m（图2-8）。

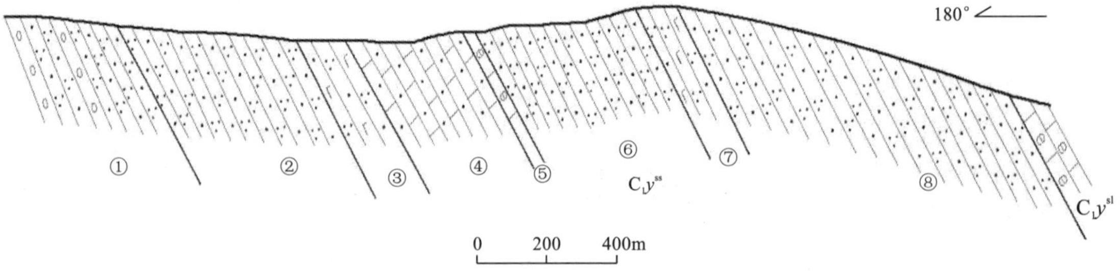

图2-8 日土县顺利达坂石炭系月牙湖组实测剖面图

上覆：灰岩段(C_1y^{sl}) 灰色厚层状生物灰岩

———————— 整 合 ————————

砂岩段(C_1y^{ss})	**1 204.99m**
⑧灰白色厚层状细粒石英砂岩	358.07m
⑦灰色厚层状细粒石英砂岩	58.61m
⑥灰白色中厚层状细粒石英砂岩	175.82m
⑤深灰色中薄层状生物微晶灰岩	4.33m
④土黄色厚层状含岩屑砂质灰岩	163.4m
③浅灰色厚层状细粒钙质石英砂岩	71.71m
②浅灰色厚层状细粒岩状砂岩	215.98m
①浅灰色厚层状中细粒石英砂岩偶夹薄层状砾岩，含化石	157.07m

（未见底）

拉竹龙北剖面地层主要为月牙湖组砂岩段，其上被白垩系铁隆滩组（图2-9）不整合覆盖。剖面地层厚度1 262m，砂岩段岩性以板岩为主。

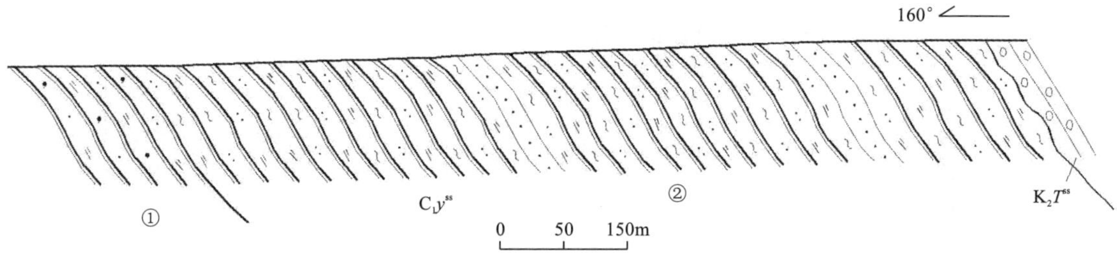

图 2－9　日土县拉竹龙北石炭系月牙湖组实测剖面图

上覆：铁隆滩群砂岩组（K_2T^{ss}）紫红色砂砾岩、砂岩

～～～～～～～～不整合接触～～～～～～～～

砂岩段（C_1y^{ss}） **681.79m**

②灰色粉砂绿泥绢云母板岩夹薄层状细砂岩 623.18m

①灰色斑点状含砂质绢云母板岩 58.61m

（未见底）

月牙湖组砂岩段横向变化较大，在郭扎错东以板岩为主，为灰色粉砂绿泥绢云母板岩夹薄层状砂岩；东边的双陷达坂附近以石英砂岩为主，夹少量灰岩，由砂岩-灰岩构成的沉积旋回清楚。单个旋回底部为砂岩、砾岩等，往上碎屑粒度由粗变细，钙质成分逐渐增高，杂基减少，顶部为生物灰岩，为向上变细的海侵旋回。砂岩中砂屑分选良好—中等，磨圆度差，反映为成分成熟度高、结构成熟度低的特点。

受露头状况限制，灰岩段无实测剖面。现以顺利达坂南路线剖面介绍如下（图 2－10）。

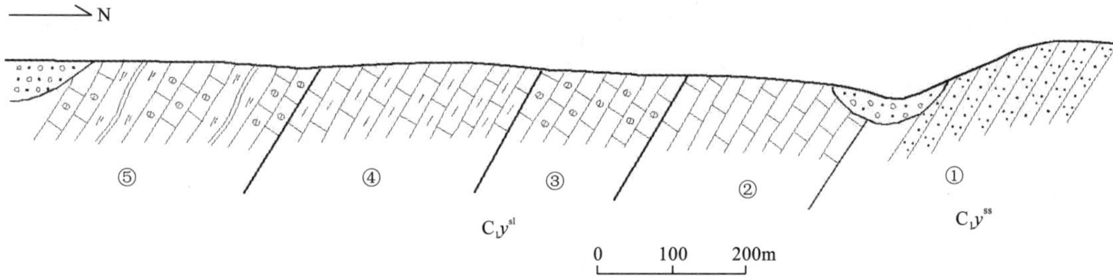

图 2－10　顺利达坂南月牙湖组灰岩段路线地质剖面图

（未见顶）

灰岩段（C_1y^{sl}）

⑤灰—浅灰色砾屑灰岩、生屑灰岩夹少量钙质板岩

④浅灰色—灰黄色泥质灰岩

③浅灰色中厚层状生物灰岩

②深灰色—灰黑色中厚层状灰岩

———————— 整合接触 ————————

砂岩段（C_1y^{ss}）

①灰白色厚层状细粒石英砂岩

（未见底）

灰岩段与砂岩段为岩性渐变过渡关系，未见顶。岩石主要为生物灰岩、泥质灰岩、砾屑灰岩夹少量板岩，岩石以碳酸盐岩为主，局部含丰富的珊瑚、腕足类、海百合茎化石。

（二）地球化学特征

月牙湖组中碳酸盐岩化学分析结果见表 2－7，与碳酸盐岩平均值（涂和费）相比，该组灰岩中的 SiO_2、MgO、MnO、CaO 含量较低，而 K_2O 含量较高，其余则相差不大，其中 $K_2O>Na_2O$。岩石化学成分主要为 CaO 和 CO_2，占岩石的 95％以上，表明灰岩中陆源碎屑含量较少。

表 2-7　合肥市月牙湖组中碳酸盐岩化学分析结果一览表($\times 10^{-2}$)

样品号	岩石名称	SiO_2	Al_2O_3	Fe_2O_3	FeO	CaO	MgO	MnO	TiO_2	P_2O_5	Na_2O	K_2O	CO_2	SUM
D4402/1CS	中粗晶灰岩	1.46	0.35	0.24	0.11	55.53	0.71	0.01	0.03	0.03	0.04	0.18	41.75	100.46
D4402/4CS	细晶灰岩	1.09	0.26	0.15	0.15	54.39	0.63	0.02	0.02	0.03	0.06	0.14	42.64	99.56
D4402/5CS	细晶灰岩	1.05	0.34	0.14	0.16	52.30	2.26	0.02	0.02	0.03	0.08	0.18	42.98	99.57
平均值		1.2	0.32	0.18	0.14	54.07	1.20	0.02	0.02	0.03	0.06	0.17	42.46	
碳酸盐岩平均值(涂和费)		5.19	0.81	0.15	0.16	42.01	7.9	0.12	0.06	0.03	0.036	0.025	42.25	

月牙湖组微量元素分析结果见表 2-8。该组中碳酸盐岩微量元素含量总体变化不大，与碳酸盐岩平均值(涂和费)相比，Sr、Ni 含量偏低，Rb、Ba、Ta、Sc、Cr 含量偏高，其余则相差不大。碎屑岩微量元素均值与地壳克拉克值相比，过渡性不活泼元素 Hf、Cr、Co、V、Ga 偏高，其余均明显偏低，其中 Sr、Zr 亏损明显。石英砂岩微量元素总量明显低于绢云母板岩，表现为微量元素总体亏损。

表 2-8　月牙湖组微量元素含量特征一览表($\times 10^{-6}$)

序号	样品号	岩石名称	Sr	Rb	Ba	Th	Ta	Nb	Zr	Hf	Sc	Cr
1	D4402/2G	粉晶灰岩	209.5	27.09	49.91	2.80	0.12	3.19	34.56	0.65	5.54	24.68
2	D4402/6G	细晶灰岩	114.9	8.48	31.75	1.13	0.05	0.89	13.67	0.24	5.54	19.72
3	D4443/1G	细晶灰岩	295.3	3.63	26.50	0.38	0.03	0.51	7.92	0.14	1.39	21.49
4	D4443/6G	微晶灰岩	149.3	6.76	49.51	1.09	0.05	1.61	39.99	0.74	2.77	21.67
平均值			192.25	11.49	39.42	1.35	0.06	1.55	24.04	0.44	3.81	21.89
碳酸盐岩平均值(涂和费)			610.0	3.00	10	1.70	0.0n	0.3	19.00	0.30	1.00	11.00
序号	样品号	岩石名称	Co	Ni	V	Ga	U	Au(ppb)	Ag	Cu	Pb	Zn
1	D4402/2G	粉晶灰岩	6.75	3.30	23.98	9.01	0.43	0.40	0.03	18.05	15.18	18.51
2	D4402/6G	细晶灰岩	6.62	8.82	18.07	8.62	0.32	0.50	0.03	14.42	16.94	31.83
3	D4443/1G	细晶灰岩	5.27	3.87	17.44	8.32	1.75	0.40	0.03	15.72	8.06	14.75
4	D4443/6G	微晶灰岩	6.75	7.33	20.39	8.28	0.75	0.40	0.04	15.84	11.53	23.49
平均值			6.35	5.83	19.97	8.56	0.82	0.43	0.03	16.01	12.93	22.15
碳酸盐岩平均值(涂和费)/地壳克拉克值			0.10	20.00	20.00	4.00	2.20	4.00	0.08	63.00	12.00	94.00
序号	样品号	岩石名称	Sr	Rb	Ba	Th	Ta	Nb	Zr	Hf	Sc	Cr
1	D4400/1G	绢云母板岩	161.8	134.6	679.0	18.42	1.18	21.67	95.38	3.19	24.18	144.9
2	D4400/2G	绢云母板岩	155.8	115.2	614.9	13.69	1.22	20.34	75.83	2.37	23.40	124.1
3	D4400/3G	绢云母板岩	126.8	140.1	627.9	16.48	1.09	19.37	89.50	3.05	24.18	133.0
4	D4400/4G	绢云母板岩	121.5	137.0	645.1	16.48	1.14	23.07	97.67	3.20	18.72	130.5
5	D4401/1G	绢云母板岩	309.9	28.37	181.1	6.94	2.36	34.21	78.41	2.20	21.06	70.30
6	D4443/2G	石英砂岩	20.15	7.19	39.47	2.28	0.01	6.16	31.28	0.82	6.24	46.76
7	D4443/4G	富钙石英砂岩	68.14	12.27	95.67	5.20	0.06	7.36	25.23	0.67	6.24	51.35
8	D4443/5G	石英砂岩	38.51	14.63	113.3	7.51	0.02	11.04	69.91	2.10	0.68	58.99
9	D4444/1G	钙质石英砂岩	64.74	29.98	120.1	4.90	0.03	3.53	128.6	3.81	2.77	43.99
10	D4444/2G	钙质石英砂岩	119.7	30.52	171.4	5.70	0.04	7.43	81.05	2.16	10.14	65.10
11	D4444/5G	石英砂岩	34.37	17.57	97.99	2.78	0.06	9.33	36.86	0.87	6.24	58.68
12	D4445/1G	钙质石英砂岩	126.2	36.42	217.3	3.04	0.03	8.50	46.65	1.13	0.78	69.38
平均值			112.3	58.66	300.27	8.62	0.6	14.33	71.37	2.13	12.05	83.09
地壳克拉克值			340.0	150.00	650	13.00	2.50	20	170.00	1.00	10.00	83.00

续表 2-8

序号	样品号	岩石名称	Co	Ni	V	Ga	U	Au(ppb)	Ag	Cu	Pb	Zn
1	D4400/1G	绢云母板岩	31.94	72.01	156.1	41.52	2.77	0.20	0.05	42.46	50.82	153.3
2	D4400/2G	绢云母板岩	30.43	61.86	139.4	38.65	2.00	0.20	0.13	41.58	49.04	77.12
3	D4400/3G	绢云母板岩	38.93	65.24	152.7	45.76	2.51	0.20	0.02	42.46	51.39	80.15
4	D4400/4G	绢云母板岩	34.96	59.84	152.0	44.04	2.17	0.20	0.03	43.35	49.04	79.20
5	D4401/1G	绢云母板岩	74.08	47.33	273.0	136.3	0.78	0.40	0.02	92.88	44.60	103.2
6	D4443/2G	石英砂岩	1.57	5.07	13.29	10.20	0.35	0.00	0.03	13.27	7.75	12.29
7	D4443/4G	富钙石英砂岩	2.84	14.54	42.94	12.86	0.46	0.00	0.03	4.42	8.96	23.82
8	D4443/5G	石英砂岩	8.69	16.23	37.15	19.83	0.90	0.00	0.02	19.46	8.24	25.14
9	D4444/1G	钙质石英砂岩	14.44	17.72	42.33	10.00	1.71	0.50	0.03	32.16	9.49	24.16
10	D4444/2G	钙质石英砂岩	13.04	13.18	44.30	21.91	1.48	0.00	0.02	26.54	12.04	31.76
11	D4444/5G	石英砂岩	7.37	13.52	37.15	12.36	0.52	0.00	0.02	9.12	7.43	20.98
12	D4445/1G	钙质石英砂岩	9.26	14.20	49.07	25.72	0.91	0.00	0.02	19.46	11.63	46.12
平均值			22.3	33.4	94.95	34.93	1.38	0.14	0.03	32.26	25.87	56.44
地壳克拉克值			18.00	58.00	90.00	19.00	2.50	4.00	0.08	63.00	12.00	94.00

该组中主要成矿元素 Au、Ag、Cu、Pb、Zn 均未见富集，与地壳克拉克值相比较(表 2-7)，Au 明显偏低，几乎差一个数量级，Cu 稍低，Ag、Pb、Zn 则相差不大。该组中 Au 亏损可能预示在其附近形成富集，甚至成矿。

(三)时代讨论

月牙湖组灰岩中化石丰富，本次工作所采化石经中国地质大学(北京)王训练教授鉴定有：珊瑚 *Neokoninckophyllum* sp.，*Neozaphrentis* sp.，腕足类 *Balkhonia kokdaschlensis* (Grober)，*Gigantoprductus* sp.(大长身贝腹壳印痕)，苔藓虫 *Stenopora* sp. 等。其中 *Balkhonia kokdaschlensis* (Grober)曾见于我国天山、希夏邦马门穹、前苏联库兹巴斯、马来西亚等地的维宪-纳缪尔底(C_1)，*Gigantoprductus* sp. 广泛分布于世界各地，时代为地中海区下石炭统上部(维宪阶)，*Neozaphrentis* sp. 为早石炭世分子，*Neokoninckophyllum* sp. 可延至晚石炭世，*Stenopora* sp. 时代为石炭纪—二叠纪。综上所述，月牙湖组时代应为早石炭世无疑。此外，这些化石均反映其生长于暖水的温暖环境。

(四)沉积相及横向变化

测区内该组总体为一套浅海相沉积。砂岩段出露较广，以石英砂岩为主，横向常相变为板岩夹砂岩，砂岩局部见交错层理，具潮坪相(滨岸浅水沉积环境，局部具水道)沉积特征。灰岩段仅在东部零星出露，以生物灰岩、泥灰岩为主，上部出现砾屑灰岩、板岩等，为浅海碳酸盐岩台地相。

该组横向变化较大，总体由西向东泥、砂质增多，地层厚度加大。测区内该组以碎屑岩为主，灰岩段较薄。在月牙湖附近以碳酸盐岩为主，为生物灰岩、泥灰岩间夹钙质页岩、钙质粉砂岩、粉砂岩，厚度大于 1 150m。向东至日湾茶卡附近，岩性以泥质灰岩为主夹砂质灰岩、页岩、粉砂岩、石英砂岩等。日湾茶卡东山碎屑岩几乎占整个地层厚度的 1/2，且夹较多复成分砾岩、含砾粗砂岩。

对该组中的砂岩采粒度样进行环境分析，得到的砂岩的粒度分析参数见表 2-9，概率曲线见图 2-11，累计频率曲线见图 2-12，由表 2-9 中可以看出粒度平均值 M 为 2.380～3.1Φ，属细砂岩类；标准差 SD 值为 0.386 3～0.736 9，表明分选程度较好；偏度 SK 值为 0.384 7～7.799，表明频率曲线为正极偏，主要粒度集中在较粗部分；尖度 K 值为 2.650～4.465，表明峰态为很窄—极窄。粒度曲线变化较小，大多在 1.5～3.5Φ 之间，分选较好，仅有一个样品为平缓双峰曲线，反映沉积环境变化不大。累积概率曲线主要由跳跃次总体和悬浮次总体组成，个别有一个含量很低的牵引次总体，次总体斜度陡，分选较好，两个次总体间为突变关系，无混合现象。

表 2-9　月牙湖组中砂岩粒度分析参数一览表

粒度参数＼样号	D4443/2L	D4443/4L	D4443/5L	D4444/2L	D4444/3L	D4444/4L	D4444/5L
平均值 M	2.599	2.771	2.915	2.801	3.100	2.380	2.420
标准差 SD	0.396 6	0.478 8	0.434 2	0.386 3	0.522 3	0.431 2	0.736 9
偏度 SK	0.384 7	0.570 1	0.404 1	0.705 7	7.105	0.782	7.799
尖度 K	3.591	3.466	3.462	4.334	3.402	4.465	2.650

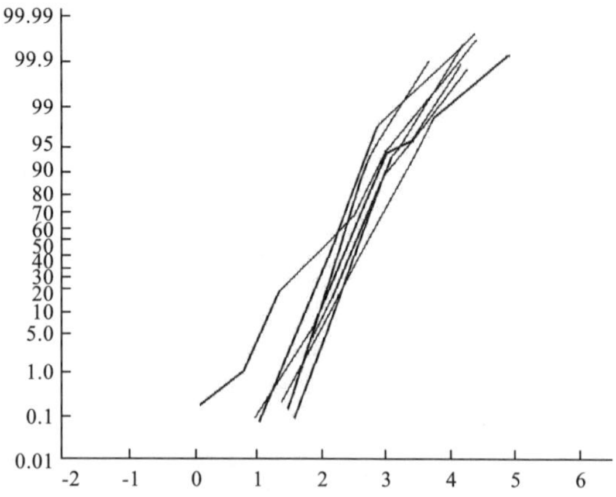

图 2-11　月牙湖组砂岩粒度分布正态累计概率曲线图

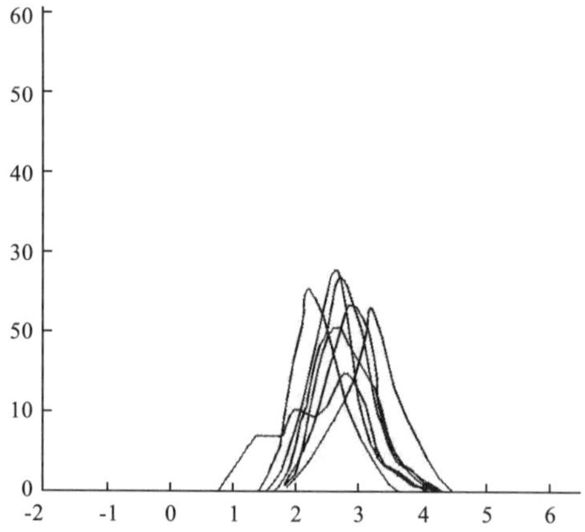

图 2-12　月牙湖组砂岩粒度百分频率曲线图

综上所述，月牙湖组砂岩具滨岸沙坝特征，形成于滨岸浅水—浅水陆棚环境。灰岩段以生物灰岩、泥灰岩为主夹少量石英砂岩，上部出现砾屑灰岩、板岩等，灰岩中含大量珊瑚、腕足类等海相化石，为浅海碳酸盐岩台地相沉积，形成于温暖浅海环境。

二、塔斯坎萨依组(C_1t)

该组为本次地调工作新建的岩石地层单位，定义为出露于苏巴什蛇绿混杂带中，为洋陆岛盖层沉积，岩性主要为一套浅变质的石英细砂岩夹少量绢云母板岩，与下伏双雁山片岩为断层接触，与上覆龙门沟组为整合接触，时代为早石炭世。图区内该组主要出露于黄羊滩及以西地区，呈近东西向带状展布，总面积约 143km^2。该组和古元古界双雁山片岩为断层接触，与上覆龙门沟组为整合接触。

(一)地层描述

以于田县塔斯坎萨依路线地质剖面为例(图 2-13)，剖面上构造简单，主要以宽缓的开阔向背斜褶皱为主，次为变形相对较强的紧闭向背斜褶皱。开阔褶皱特征：两翼对称，倾角小，枢纽产状平缓为 200°∠(20°～40°)，比较稳定；紧闭褶皱特征：一种为两翼对称，产状较陡，层间可见牵引褶皱，在剖面的北部可见到，另一种为强挤压变形形成的尖棱-倒转褶皱，主要见于剖面南部，反映晚期地层的强变形特征。

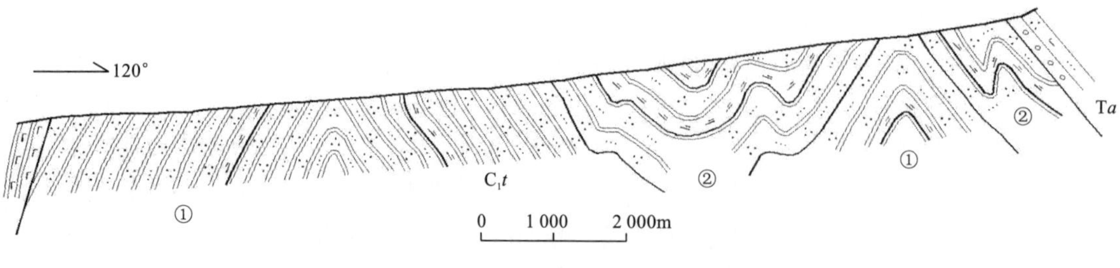

图 2-13　于田县塔斯坎萨依组路线剖面图

上覆地层：三叠系阿他木帕下组（Ta）灰色厚层状砾岩

～～～～～～～～～～～ 角度不整合 ～～～～～～～～～～～

塔斯坎萨依组（C_1t）

②灰色中厚层状变石英细砂岩夹绢云母板岩

①灰色中厚层状变质石英细砂岩，偶夹绢云板岩

（未见底）

剖面上岩性比较简单，上部以灰色中厚层状变石英细砂岩夹绢云母板岩为主，偶夹中粗粒变石英砂岩。岩石单层厚度变化较大，石英砂岩 50～100cm 均可见，板岩出露厚度 30cm 左右，偶见 1m 厚单层。地层中石英砂岩相对集中，与板岩组成相比韵律变化不明显；下部以灰色中厚层状变石英细砂岩为主，偶夹绢云母板岩。岩石单位厚度变化：石英砂岩一般为 100cm 左右，局部相对集中，绢云母板岩一般为 20cm 左右，占地层的 10%左右。区域上砂岩组上部见少量砾岩、灰岩及含砾砂岩等。

该组中由石英砂岩和板岩构成的沉积韵律（基本层序）极为清楚，单个韵律厚度 1～2m，由砂岩开始，到板岩结束，为海侵序列的产物。剖面自下而上板岩明显增多，上部出现灰岩。

（二）地球化学特征及含矿性

该组中微量元素样品较少，含量特征见表 2－10。微量元素均值与地壳克拉克值相比，Sr、Rb、Ta 明显偏低，而 Sc、Ga 明显偏高，其余则相差不大，微量元素总量略偏低。

主要成矿元素 Au、Ag、Cu、Pb、Zn 均未见明显富集（矿化），与地壳克拉克值相比较（表 2－10），Au 明显偏低，Pb 则明显高于克拉克值，Ag、Cu、Zn 与之相差不大。Au 含量低于克拉克值近 40 倍，可能预示附近某地的富集成矿。

表 2－10　塔斯坎萨依组中碎屑岩微量元素含量特征一览表（$\times10^{-6}$）

序号	样品号	岩石名称	Sr	Rb	Ba	Th	Ta	Nb	Zr	Hf	Sc	Cr	Co	Ni	V	Ga	U	Au (ppb)	Ag	Cu	Pb	Zn
1	D1081/1G	变砂岩	100.1	54.70	548.9	19.25	0.21	9.00	26.71	0.69	21.06	124.7	34.21	52.74	135.3	50.21	2.46	0.10	0.02	55.73	49.69	95.08
2	D1081/2G	变细砂岩	113.2	90.78	574.5	9.31	0.31	10.62	20.49	0.55	17.16	90.78	27.97	44.28	98.49	35.06	1.14	0.10	0.02	46.88	43.47	60.30
平均值			106.65	72.74	561.7	14.28	0.26	9.81	23.61	0.62	19.11	107.74	31.09	48.51	116.9	42.64	1.8	0.1	0.02	51.31	46.58	77.69
地壳克拉克值			340.0	150.00	650	13.00	2.50	20	170.00	1.00	10.00	83.00	18.00	58.00	90.00	19.00	2.50	4.00	0.08	63.00	12.00	94.00

（三）地层时代

路线剖面上未见砂岩组含生物化石，但在相邻路线上该组下部采到腹足类化石，经中国地质大学（北京）王训练教授鉴定有 *Lophophyllum chengqianggouense* Wang et Yu，时代为早石炭世晚期 C_1v（维宪期），据此我们将砂岩组时代定为早石炭世。化石反映其为温暖浅水环境。

三、龙门沟组（$C_{1-2}l$）

该组为本次地调工作新建的岩石地层单位，定义为出露于苏巴什蛇绿混杂岩带中，为陆岛盖层沉积，岩性以细晶灰岩为主夹少量千枚岩，与下伏塔斯坎萨依组为整合接触，与上覆再依勒克组为平行不整合接触，时代为早石炭世晚期。

该组主要出露于阿克苏河北及柳什塔克东一带，另在再依勒克河上游有少量出露，总面积约 110km²。岩性主要为灰色泥晶灰岩、厚层状细晶灰岩夹少量石英绢云千枚岩（原岩可能为英安岩），与下伏砂岩组为

整合渐变关系。

(一)地层描述

该组工作区内尚无实测剖面，以于田县克里雅代牙路线地质剖面(图 2-14)为例描述如下。

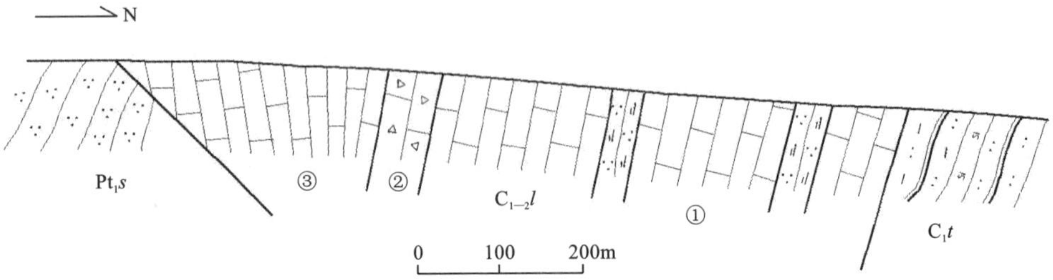

图 2-14　于田县克里雅代牙龙门沟组路线地质剖面图

南侧：古元古界双雁山片岩(Pt_1s)黄色二云石英片岩

═══ 断　层 ═══

龙门沟组($C_{1-2}l$)

③灰色厚层状细晶灰岩

②角砾状灰岩(岩溶角砾岩)

①灰色厚层状细晶灰岩夹石英绢云千枚岩

——— 整　合 ———

塔斯坎萨依组：粉砂质板岩、细砂岩

剖面上灰岩组岩性以细晶灰岩为主，下部灰岩中夹少量石英绢云千枚岩(原岩可能为英安岩)，灰岩和千枚岩的比例为 6∶1；上部以细晶灰岩为主，局部见岩溶角砾岩，为岩石被抬升至地表遭受淡水溶蚀作用所致。

(二)地层时代

该组整合于有化石依据的塔斯坎萨依组(时代为 C_1)之上，阿克苏河以北该组见大量珊瑚、腕足类化石，经中国地质大学(北京)王训练教授鉴定有：珊瑚 *Arachnolasma sinensis* (Yabe et Hayasaka), *Gangamophyllum hammiensis yamansuense*, *Neoclisiophyllum* sp., *Lithostrotion portilocki* (Bronn), *Arachnolasma sinensis* (Yabe et Hayasaka), *Caninia* sp.；腕足类 *Gigantoproductus tilensis* var. *kasakstanensis* Andr 等，其时代均为早石炭世晚期。据此我们将该组时代定为早石炭世晚期(C_1^2)，划归下石炭统。

(三)横向变化

该岩组岩性总体以灰岩为主，但横向变化较大。在柳什塔格东一带夹少量千枚岩(原岩为英安岩)；在阿克苏河北一带为薄层灰岩、灰白色生物灰岩、礁灰岩等，含大量生物化石；在再依勒克河上游一带为浅灰—灰白色块状灰岩，未见生物化石。这种横向上的差异可能因所处碳酸盐岩台地不同部位所致，也可能由于其分属不同的陆岛块体的缘故，在同一时间段不同块体在洋中处于不同位置，其运动方式也可能不同，从而导致其上沉积建造的差异。

四、空喀山口组($P_{1-2}k$)

空喀山口组由新疆区调队命名(1982)，地点在空喀山口东北约 5km 处，时代为早二叠世。新疆第一区域地质调查队(1984)将其进一步划分为加温达坂组和空喀山口组。日土幅 1∶100 万区调成果沿其组名，据化石将其划为下—中二叠统，本次工作沿用该组名及划分。

图区内该组仅见于邦达错北一带，其间褶皱、断裂发育，地层较为破碎，总面积约 91km²。岩石以灰岩、白云岩为主，夹少量石英砂岩、砂砾岩、板岩等。

(一)地层描述

现以邦达错北剖面为例描述(图 2 - 15)，剖面上该组与下伏月牙湖组为断层接触，与上覆邦达错组为平行不整合接触图 2 - 16)，总厚度为 326.7m。

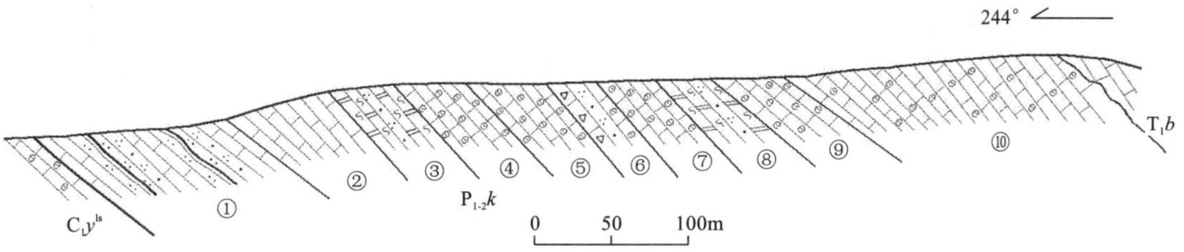

图 2 - 15 日土县邦达错空喀山口组实测剖面图

上覆：邦达错组(T_1b)灰黄—紫红色泥灰岩夹泥岩

------------------- 平行不整合 -------------------

空喀山口组($P_{1-2}k$)	**326.7m**
⑩灰色生物灰岩夹含生物碎屑微晶灰岩	52.9m
⑨灰—深灰色中厚层状生物灰岩	33.9m
⑧含燧石条带白云岩夹细晶灰岩及薄层砂岩	29.8m
⑦深灰色中厚层状生物灰岩	18.5m
⑥杂色灰岩、角砾状灰岩夹少量石英砂岩	18.8m
⑤浅灰色生物灰岩	32.1m
④灰红色生物灰岩	22.9m
③燧石条带白云岩夹少量砂砾岩	25.5m
②灰色含生物屑粉晶灰岩	37.0m
①生物灰岩夹石英砂岩、板岩	55.3m

═══════ 断 层 ═══════

月牙湖组(C_1y)含砂屑生屑细晶灰岩 >10.6m

该组岩石总体以灰岩、白云岩为主，夹少量石英砂岩、砂砾岩、板岩等。剖面上可见 4 个较大的沉积旋回，单个旋回底部为生物灰岩、生物碎屑微晶灰岩，向上渐变为硅质条带白云岩，顶部为砂岩、板岩等，为向上变浅的退积层序，厚度 40～80m。该组顶部为一明显的暴露侵蚀面。白云岩层间往往夹有硅质条带(团块)，常见呈串珠状排列的古溶洞，其间充填有次生方解石和岩溶角砾岩，可作为暴露标志。

生物灰岩中含大量生物化石，有䗴、珊瑚、腕足类等。其中䗴尤其繁盛，不但种属多而且个体均较大，局部岩石中含量达 30%～40%，具典型碳酸盐岩滩沉积特点；珊瑚有单体和群体之分，局部群体珊瑚构成生物骨架，形成珊瑚点礁。

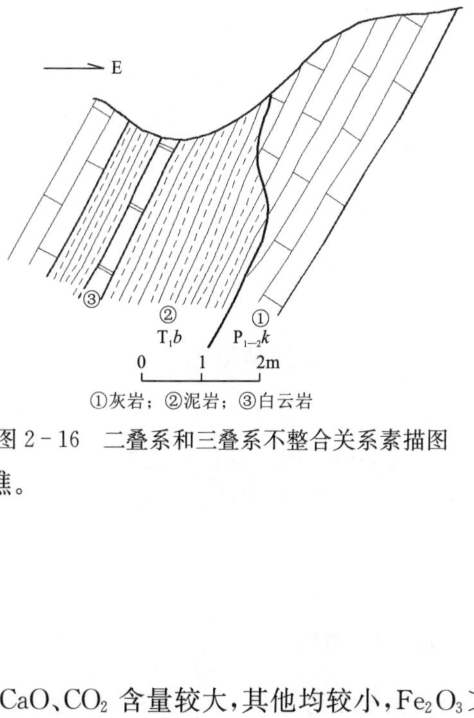

图 2 - 16 二叠系和三叠系不整合关系素描图

(二)地球化学特征及含矿性

1. 岩石化学特征

该组中灰岩化学分析结果见表 2 - 11，由表中可以看出，CaO、CO_2 含量较大，其他均较小，Fe_2O_3 >

FeO，K_2O＞Na_2O。平均值与碳酸盐岩平均值（涂和费）相比，Fe_2O_3、CaO、K_2O 明显偏大，SiO_2、MgO、MnO 明显偏小，其余则相差不大，说明碳酸盐岩较纯净，陆源碎屑物含量较少。

表 2－11　空喀山口组中碳酸盐岩化学分析结果一览表（$\times10^{-2}$）

样品号	岩石名称	SiO_2	Al_2O_3	Fe_2O_3	FeO	CaO	MgO	MnO	TiO_2	P_2O_5	Na_2O	K_2O	CO_2	SUM
D3187/3CS	亮晶团粒灰岩	2.67	0.70	0.35	0.10	53.72	0.51	0.03	0.06	0.02	0.10	0.23	41.51	100.00
D3191/1CS	微晶灰岩	1.44	0.54	0.64	0.22	52.86	0.55	0.03	0.04	0.03	0.07	0.23	43.65	100.30
D3191/6CS	粉晶灰岩	2.27	0.70	0.34	0.10	52.20	0.52	0.03	0.03	0.03	0.05	0.31	43.79	100.39
平均值		2.12	0.65	0.45	0.14	52.92	0.53	0.03	0.04	0.03	0.08	0.25	42.99	
碳酸盐岩平均值(涂和费)		5.19	0.81	0.15	0.16	42.01	7.9	0.12	0.06	0.03	0.036	0.025	42.25	

2. 微量元素特征

该组中灰岩微量元素含量见表 2－12，由表中可以看出，微量元素含量变化较大，其中 Ba 为（28.25～128.8）$\times10^{-6}$，Nb 为（0.83～4.71）$\times10^{-6}$，Sc 为（0.25～4.68）$\times10^{-6}$，Cr 为（3.52～28.58）$\times10^{-6}$，Co 为（0.57～13.53）$\times10^{-6}$，Ni 为（8.57～81.87）$\times10^{-6}$，Ga 为（0.34～13.15）$\times10^{-6}$。平均值与碳酸盐岩平均值（涂和费）相比，Sr、Th、U 等明显偏小，显示亏损，Rb、Ba、Ta、Nb、Co 等明显偏大，显示富集，其他则相差不大。

表 2－12　空喀山口组微量元素含量特征一览表（$\times10^{-6}$）

序号	样品号	岩石名称	Sr	Rb	Ba	Th	Ta	Nb	Zr	Hf	Sc	Cr
1	D3186/2G	细晶白云岩	172.4	13.86	29.72	0.65	0.05	4.71	17.72	0.18	4.68	17.73
2	D3186/3G	细晶白云岩	112.3	4.81	28.25	0.53	0.12	1.24	13.80	0.23	0.26	6.54
3	D3191/3G	粉晶灰岩	157.3	13.63	128.8	0.86	0.08	1.44	9.82	0.17	0.25	3.52
4	D3191/5G	砂屑细晶灰岩	249.6	7.40	40.22	0.45	0.02	0.83	5.17	0.10	4.15	28.58
平均值			172.9	9.92	56.75	0.74	0.06	2.06	11.63	0.17	2.36	14.09
碳酸盐岩平均值(涂和费)			610.0	3.00	10	1.70	0.0n	0.3	19.00	0.30	1.00	11.00
序号	样品号	岩石名称	Co	Ni	V	Ga	U	Au(ppb)	Ag	Cu	Pb	Zn
1	D3186/2G	细晶白云岩	0.57	20.28	26.24	13.15	1.42	0.00	0.03	12.38	5.49	165.8
2	D3186/3G	细晶白云岩	13.53	81.87	7.98	0.71	0.70	0.60	0.03	40.92	7.63	39.14
3	D3191/3G	粉晶灰岩	5.72	41.16	3.63	0.34	1.10	0.50	0.03	23.71	12.52	13.41
4	D3191/5G	砂屑细晶灰岩	4.73	8.57	32.20	8.19	0.87	0.40	0.06	20.90	10.87	32.77
平均值			6.14	37.97	17.51	5.6	1.02	0.38	0.04	24.48	9.13	62.78
碳酸盐岩平均值(涂和费)/地壳克拉克值			0.10	20.00	20.00	4.00	2.20	4.00	0.08	63.00	12.00	94.00

3. 主要成矿元素特征

由表 2－11 可以看出，主要成矿元素均未见明显富集（矿化），Zn 含量变化较大，为（13.14～165.8）$\times10^{-6}$。其均值与地壳克拉克值相比均偏小，普遍亏损。Au 亏损尤为显著，平均值仅为 0.38ppb，与克拉克值相差一个数量级，可能已经富集提取。

（三）地层时代及生物特征

1. 地层时代

该组中生物化石丰富，所采化石经中国地质大学（北京）王训练和聂泽同教授鉴定有：珊瑚 *Protom-*

ichelinia qinghaiense(sp. nov)(P_1)；腕足类 *Cleiothyridina* sp.，*Athyris* sp. 等；䗴 *Polydiexodina* sp.，*Verbeekina* sp.，*Codonofusiella* Liu sheng，*Afghanella* cf. *schencki* Thompson，*Pseudofusulina* sp.，*Schwagerina* sp.，*Schubertella* sp.，*Yangchienia* sp.，*Rugososchwagerina fosteri*(Thompson et Miller)，*Rugososchwagerina zanzensis* Wang，Sheng et Zhang，*Nankinella* sp. 等，其中䗴类组合时代均为中二叠世晚期。结合珊瑚和腕足类时代将空喀山口组时代确定为早—中二叠世。

2. 生物特征

该组中䗴类主要分子为 *Polydiexodina* sp.，*Afghanella* cf. *schencki* 等，常见分子为 *Verbeekina* sp.，*Rugososchwagerina* sp.，*Yangchienia* sp. 等，一般分子为 *Pseudofusulina* sp.，*Schwagerina* sp.，*Schubertella* sp. 等。上述以 *Polydiexodina* 为代表的䗴类动物群与昆仑山区新疆阿尔拉山喀尔瓦组的 *Polydiexodina* 动物群层位相当，生物面貌基本一致，但本区䗴类及有孔虫大量繁盛，分异度及丰度均高。另外，本组中还发育 *Rugososchwagerina fosteri* 和 *Rugososchwagerina zanzensis*，是盛产于中二叠世晚期的化石。

(四)横向变化及对比

空喀山口组广泛分布于喀喇昆仑地层区内，纵、横向上岩性变化较大。测区西边的空喀山口及加勒万河一带，该组岩性以砂岩、粉砂岩为主夹少量灰岩、硅质岩等；图区内该组出露虽少，但变化明显，在郭扎错东一带主要为灰—深灰色灰岩，含少量珊瑚、腕足类化石，未见白云岩及砂岩；在邦达错北一带岩性为生物灰岩、白云岩夹石英砂岩；在图幅东南角一带岩性主要为灰岩、白云岩等。

图区内该组总体为浅海碳酸盐岩台地相沉积，碳酸盐岩生物礁及礁滩沉积特征明显，沉积建造与命名地(较深水沉积)虽有较大差异，但从形成时代及大地构造位置(同属羌塘北缘)来讲，用同一组名较为合理。

剖面上的空喀山口组构成一个高水位体系域，其顶部为一层序界面(HST)。该组中基本层序主要为向上变浅的退积模式。该组中亦可识别出 6 个相当于五级旋回的基本层序组，其下部以灰岩为主，上部为白云岩、砂岩、板岩等。

五、再依勒克组($P_{1-2}z$)

该组为本次区调工作新建的岩石地层单位，定义为出露于苏巴什蛇绿混杂岩带内，为洋中陆岛盖层，主要为一套海相灰岩和陆相碎屑岩交互出现的特殊地质体，与上覆卡拉孔木组为整合接触，与下伏龙门沟组为平行不整合或断层接触，时代为早—中二叠世。

图区内该组主要出露于阿克苏河北及卡拉孔木达坂一带，总面积约 390km^2。图区内该组主要为苏巴什洋中的陆岛上沉积，其岩性、岩相变化较大。西平沟附近岩性有生物灰岩、微晶灰岩、含砾灰岩、砂岩、板岩等；硫磺达坂东一带为海相灰岩和河流相粗碎屑岩频繁交替的特殊地层单位。

(一)地层描述

现以阿什库勒北剖面为例(图 2-17)，剖面上该组未见底，和上覆卡拉孔木组为整合接触。

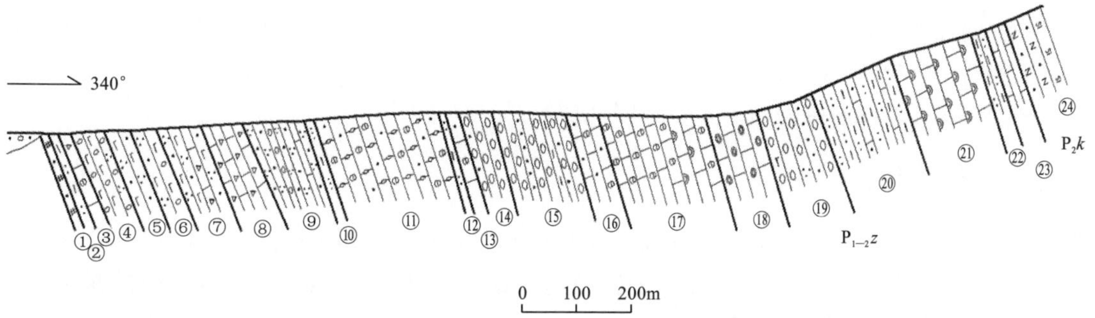

图 2-17　于田县阿什库勒北二叠系再依勒克组剖面图

上覆：卡拉孔木组(P_2k)

㉔绿色中薄层状中粒长石砂岩、含放射虫硅质岩	45.2m

——————整　合——————

再依勒克组($P_{1-2}z$)	**2 212.5m**
㉓灰色薄层灰岩	54.6m
㉒浅灰白色泥质粉砂岩	103.6m
㉑浅灰白色生物(礁)灰岩	197.2m
⑳泥质粉砂岩夹薄层砂岩及砂泥质灰岩	189.3m
⑲紫红色砾岩、砂岩	77.4m
⑱浅灰白色块状生物灰岩	38.7m
⑰浅灰白色含生物砂屑灰岩、礁灰岩、灰色中厚层状含䗴灰岩	354.0m
⑯黑色砂质灰岩夹生物灰岩夹生物碎屑灰岩	119.1m
⑮紫红色砾岩夹砂岩、砂质泥灰岩	140.5m
⑭紫红色砾岩	70.2m
⑬灰—深灰色角砾状含生物灰岩	34.8m
⑫粉沙质泥岩、生屑灰岩、泥质灰岩	6.4m
⑪亮晶含生物砂屑灰岩	243.8m
⑩泥质粉砂岩夹灰色细晶灰岩	13.3m
⑨石英粗砂岩夹紫红色砾岩、灰岩	161.3m
⑧角砾状灰岩	106.9m
⑦钙质石英砂岩夹砂质灰岩、角砾状灰岩	127.2m
⑥钙质石英砂岩夹砾岩	65.8m
⑤紫红色钙质石英砂岩	70.0m
④灰质砾岩(下部)、石英质砾岩(上部)	15.0m
③角砾状生物灰岩	17.9m
②粉砂质泥岩夹薄层钙质砂岩	3.9m
①含海绿石砂岩	1.6m

(未见底)

剖面再依勒克组总厚度大于2 212.5m，岩性、岩相变化极大，表现为同一地层单元内陆相和海相的频繁交替变化。海相地层主要由生物灰岩、礁灰岩、角砾状灰岩等组成，灰岩中富含䗴(图版Ⅰ,5)、腕足类、腹足类、珊瑚等化石。陆相地层主要为河流相砾岩、砂岩等(图版Ⅰ,3)，一般呈紫红色，砾岩中砾石成分以灰岩为主，另有少量砂岩及石英质砾石。砾石磨圆度一般较好，但分选较差，胶结物主要为钙质、砂质等，杂基颗粒支撑。由于碳酸盐岩易受淡水溶蚀，加之陆岛的快速升降，使陆相地层和海相地层之间常有剧烈的侵蚀面(图2-18、图2-19)。这种侵蚀作用一般持续时间较短，和地质历史时期长时间地层缺失的不整合面有一定区别。陆块上地形起伏较大，使得剖面上灰岩和碎屑岩厚度变化较大，有时横向突然消失。

黄羊滩南地质调查路线上该组可分为两部分：下部以碎屑岩为主，岩性主要为灰—深灰色长石石英砂岩夹板岩及少量含砾灰岩；上部以灰岩为主，为灰—浅灰色生物灰岩，浅灰—肉红色生屑灰岩等；顶部被早三叠世紫红色陆相磨拉石不整合覆盖，灰岩中含大量䗴、腕足类、珊瑚等化石。再依勒克一带该组为一套巨厚的富含生物化石的浅水碳酸盐岩，未见陆相沉积。

(二)岩石化学特征

该组灰岩的化学分析结果见表2-13，由表中可以看出岩石化学组分以CaO和CO_2为主，约占岩石的97%。其均值与碳酸盐岩平均值(涂和费)相比，SiO_2、MgO、MnO明显偏低，而CaO明显偏高，说明岩石中的陆源碎屑物含量较少，灰岩成分较纯。

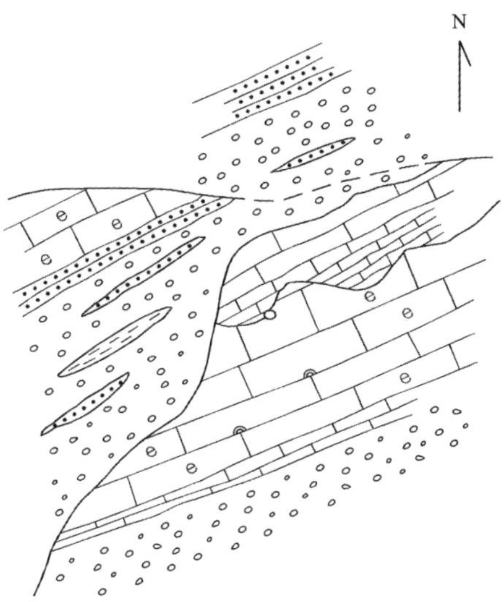

图 2－18　再依勒克组地层切割关系平面素描图

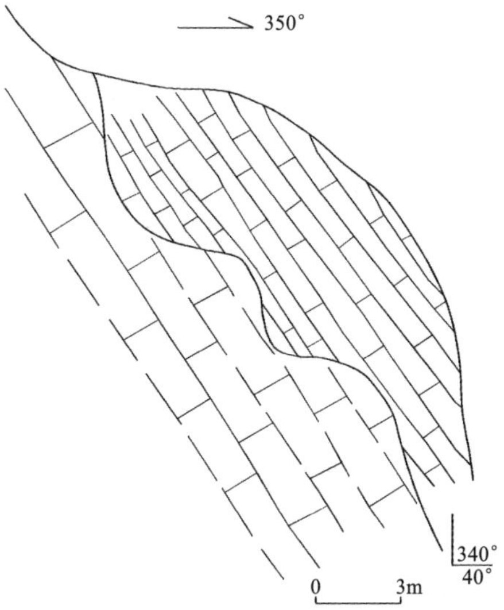

图 2－19　再依勒克组地层切割关系剖面素描图

表 2－13　再依勒克组中碳酸盐岩化学分析结果一览表（$\times 10^{-2}$）

样品号	岩石名称	SiO_2	Al_2O_3	Fe_2O_3	FeO	CaO	MgO	MnO	TiO_2	P_2O_5	Na_2O	K_2O	CO_2	SUM
D154/3CS	亮晶砂屑灰岩	1.59	0.45	0.15	0.16	55.14	0.53	0.01	0.02	0.02	0.07	0.11	41.96	100.21
D154/10CS	亮晶砂屑灰岩	0.83	0.19	0.05	0.10	55.21	0.64	0.00	0.01	0.02	0.04	0.06	42.83	100.00
平均值		1.22	0.32	0.10	0.13	55.25	0.59	0.01	0.02	0.02	0.06	0.09	42.40	200.21
碳酸盐岩平均值(涂和费)		5.19	0.81	0.15	0.16	42.01	7.9	0.12	0.06	0.03	0.036	0.025	42.25	

（三）生物地层划分及时代讨论

1. 地层时代

剖面上化石丰富，经中国地质大学（北京）王训练和聂泽同教授鉴定有：腕足类 *Cleiothyridina* cf. *royssi* (Evelle)，*Hustedia indica* (Waaggen)，*Speriferella* sp.，*Cleothyridina leiothyridina capillata* (Waagen)，*Cleiothyridina subexpansa* (Waagen)，*Marginifera*；珊瑚 *Thomasiphyllum major* (X. xu)，*Thomasiphyllum rotiforme* (sp. nov)，*Thomasiphyllum spongofoiium* (Smith)；䗴 *Minojapanella* sp.，*Verbeekina* sp.，*Pseudofusulina* sp.，*Schubertella* sp.，*Eoparafusulina* sp.，*Eoparafusulin a pamirensis* Leven，*Misellina* cf. *ovalis* (Deprat)，*Kahlerina pockytheca* Kochansky Devide et Ramovs，*Schwagerina* sp.，*Pseudofusulina paralpina* (Chen)，*Codonofusiella* sp.，*Misellina ovalis* (Deprat)，*Misellina* sp.，*Verbeekina heimi* Thompson et Faster，*Neoschwagerina* sp.，*Neoschwagerina* cf. *cheni* Sheng，*Neoschwagerina simplex* Ozawa，*Kahlerina* sp.，*Reichelina* sp.，*Eoverbeekina* sp.，*Nankinella* sp.，*Yangchienia* sp.，*Verbeekina verbeeki* (Geinitz)，*Yabeina* sp.，*Dunbarula nana* Kochansky，Deride et Ramovs，*Dunbarula* sp.，*Ozawanella* sp.，*Colania* sp.，*Neoschwagerina cheni* Sheng，*Neoschwagerina colaniae* Ozawa，*Schwagerina* cf. *quasiqixiaensis* Sheng et Sun，*Schubertella* sp.，*Rugososchwagerina* sp.，*Polydiexodina douglasi* Lloyd，*Polydiexodina* sp.，*Afghanella schencki* Thompson，*Afghanella* sp.，*Yangchienia haydeni* Thompson，*Parafusulina* cf. *rothi* Dunbar et Skinner，*Parafusulina gruperaensis* (Thompson et Miller)，*Parafusulina splendes* Dunbar et Skinner，*Rauserella* cf. *erratuca* Dunbar，*Polydiexodina praecursor* Lloyd，*Polydiexldina ruoqiangensis* Sun，Sheng et Zhang，*Schubertella lata* Lee et Chen，*Dunbarula nana* Kochansky，Ceviloe et Ramovs，*Chusenella absidata*

Wang, Sheng et Zhang, *Schubertella simplex* Lange, *Verbeekina sphaera* Ozawa, *Pseudofusulina vulgaris* Schellwien, *Schwagerina chihsiaensis regularis* Chen。蜓类组合时代从早二叠世晚期延至中二叠世晚期。综上所述，再依勒克组时代应为早—中二叠世。

区内该组地层岩性、岩相变化较大，地层特征与组的定义不相符，但考虑到其特殊的构造环境(洋中陆岛盖层)，且时代一致不能再分，故将其归置于一个组内，以便于区域对比及构造演化研究。

2. 生物特征

该组下部蜓类以 *Misellina* 属为主要分子，*Eoparafusulina* 属次之。*Misellina claudiae* 带是栖霞亚统的底部化石带，本区新产的 *Misellina ovalis* 是该带的主要分子，两者经常共生。*Misellina ovalis* 曾在藏东妥坝、芒康的莽错组中发现，在昆仑山区、阿尔格山的碧云山组中也有发现，其层位是相当的，均属于栖霞亚统的产物。本区新发现的蜓类及非蜓有孔虫以巨大的分异度和丰度为特征。*Eoparafusulina* 属出现时代为船山世晚期至栖霞期，*Eoparafusulina pamirensis* 见于帕米尔喀拉克塔什萨克马尔阶。综上所述，该组下部时代应为早二叠世晚期至中二叠世早期。

该组上部蜓类以 *Neoschwagerina* 属和 *Verbeekina* 属为主要分子，一般分子尚有 *Pseudofusulina* sp.，*Schwagerina* sp.，*Reichelina* sp.，*Eoverbeekina* sp.，*Schubertella* sp.，*Nankinella* sp.，*Minojapanella* sp. 等，上述分子与华南 *Neoschwagerina*－*Verbeekina* 带分子相似，应与中二叠世晚期层位相当。

(四)沉积环境及沉积相

图区内该组主要出露于苏巴什构造带中，为洋中陆岛盖层沉积。陆岛为大洋开裂时形成的陆块碎片，与陆块相比规模较小，且有时置身大洋腹地，对海平面变化、构造运动等有特殊的敏感性，加之自身沉积加厚诸因素的影响，常表现为暴露、沉没的频繁交替，且幅度很大，反映在剖面上则为陆相、海相的交替出现，形成特殊的沉积物组合。海相地层为浅海相碳酸盐岩沉积，陆相沉积以紫红色为主要外观特征，应为炎热气候条件下的河流相沉积。

六、卡拉孔木组(P_2k)

该组为本次地调工作新厘定的岩石地层单位，定义为出露于苏巴什带中的陆岛上，岩性以砂岩、粉砂岩为主夹少量凝灰岩、泥质灰岩等，与下伏空喀山口组为整合接触，时代为晚二叠世。以灰绿色砂岩、粉砂岩、硅质岩、凝灰岩出现为其划分标志。

图区内该组主要出露于卡拉孔木达坂南、黄羊滩北、硫磺达坂东一带，面积约 111.5km²。该组下部为中薄层状中粗粒长石砂岩、脱玻化玻屑凝灰岩、放射虫硅质岩、硅质钙质泥板岩等；上部为薄层-叶片状泥质粉砂岩、粉砂质板岩夹薄层状泥质灰岩。再依勒克一带出现大量砾岩，砾石成分主要为灰岩，具清楚的韵律层构造，并夹较多基性到酸性火山岩、火山碎屑岩。

(一)地层描述

以阿克苏河剖面为例(图 2－20)，剖面上卡拉孔木组地层变形较强，岩石破碎，形成一系列轴面北倾的同斜褶皱，与下伏再依勒克组为整合接触，未见顶。

(未见顶)

卡拉孔木组(P_2k)

②灰绿色硅质、钙质泥板岩夹薄板状泥质灰岩

①灰绿色中粗粒长石砂岩、脱玻化玻屑凝灰岩、硅质岩、硅质钙质泥板岩

———— 整合接触 ————

再依勒克组($P_{1-2}z$)中厚层状灰色生物灰岩

剖面上该组底部主要为一套碎屑岩，有长石砂岩、凝灰岩、泥板岩及硅质岩等，凝灰岩中由粗变细的韵

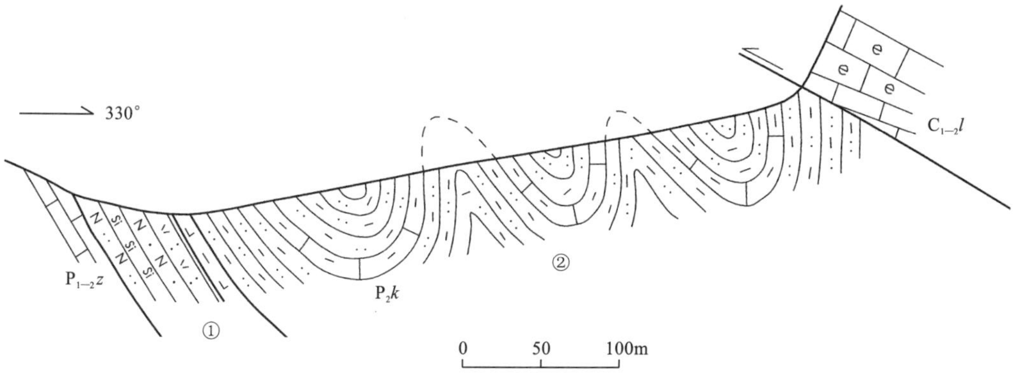

图 2-20　于田县阿什库勒北二叠系卡拉孔木组实测剖面图

律清楚。上部岩性主要为硅质、钙质泥板岩夹薄层状泥质灰岩。该组横向上变化较大，再依勒克一带上部主要为浅灰色砂砾岩和深灰色砂岩，砾岩中砾石成分有石英质、灰岩质、凝灰质岩石等，分选较好，但磨圆差，砾径 2cm 左右；在黄羊滩西该组上部主要为砂岩、砂砾岩夹少量灰岩，砂岩为细粒长石石英砂岩、石英砂岩等，砂砾岩中砾石成分复杂，主要有石英岩屑、硅质岩屑、粉砂岩屑、花岗岩、灰岩等，分选磨圆均较差，应为水下滑塌、碎屑流等快速堆积的产物。顶部主要为含砾灰岩夹长石石英砂岩、板岩等。

（二）时代讨论

卡拉孔木组化石稀少，它整合于再依勒克组（时代为早—中二叠世）之上，再依勒克组上部采到典型的中二叠世晚期䗴类组合。在阿克苏河上游路线上卡拉孔木组中采到珊瑚化石，经中国地质大学（北京）王训练教授鉴定有 *Waagenophyllum indicum*（Waagen et Wentzel），时代为中二叠世早期（P_2^1），鉴于䗴类组合时代具很高的准确性和可靠性，我们将卡拉孔木组时代定为中二叠世。

（三）沉积环境及沉积相

该组下部岩石中既有长石砂岩，又有放射虫硅质岩、英安岩、安山岩等，应为活动的较深水海相沉积；上部出现泥灰岩、含砾灰岩、砂砾岩、砂岩等，局部为生物灰岩，砂岩多为长石石英砂岩，韵律清楚，具水下滑塌成因特点，为活动的浅海沉积。二叠纪苏巴什洋进入俯冲消减阶段，受其影响，洋中陆岛起伏不定，活动性较强，卡拉孔木组便是在这种大洋闭合背景下的海相沉积。

七、卡拉勒塔什岩群(PK)

该岩群为本次区调工作新厘定的岩石地层单位，定义为紧邻苏巴什蛇绿混杂岩带南侧分布的一套岛弧火山岩建造，岩性以中酸性和中基性火山岩为主，夹火山碎屑岩及火山沉积岩，与两侧地层均为断层接触，时代为二叠纪。

该群近东西向贯通图区，面积约 348km²。可进一步划分为上、下两个岩组。下岩组以中—酸性火山岩为主，主要为英安岩、石英安山岩及凝灰岩、凝灰质砂岩等；上岩组主要为中—基性火山岩，如玄武安山岩、安山岩及砂质岩屑晶屑凝灰岩、沉凝灰岩等。地层总体变形较强，表现为强劈理化、透镜化等，为一套典型岛弧火山岩建造。

（一）地层描述

以新疆于田县阿克苏河卡拉勒塔什岩群实测剖面为例（图 2-21），剖面上该岩群未见底，顶部以韧性剪切带与黄羊岭岩群接触，地层总体南倾单斜，由晶屑凝灰岩与粉砂岩组成的粒序韵律（图 2-22）判断地层南倾正常。

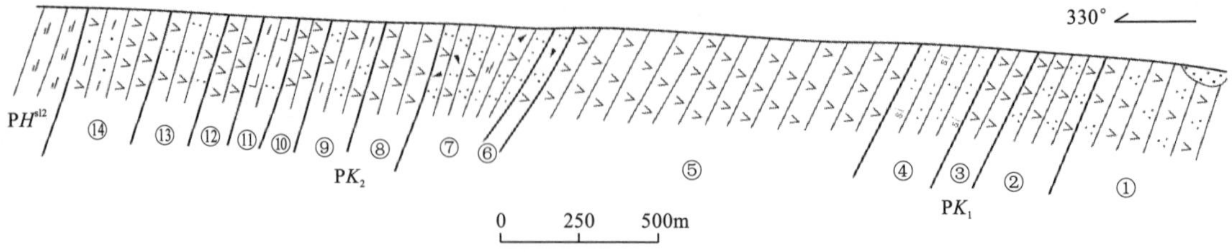

图 2-21　于田县阿克苏河卡拉勒塔什岩群实测剖面图

上覆:黄羊岭岩群(*PH*)含粉砂泥质板岩夹晶屑凝灰岩

………………… 韧性剪切带 …………………

卡拉勒塔什岩群(PK)	**3 697.5m**
上岩组(PK_2)	**1 815.2m**
⑭紫红色强蚀变安山岩(上部为强片理化带)	1 086.4m
⑬岩屑晶屑凝灰岩夹凝灰质粉砂岩及砂岩	171.3m
⑫淡绿色蚀变安山岩	83.9m
⑪淡绿灰色—深灰色含钙凝灰质粘土板岩夹砂岩	76.1m
⑩绿色蚀变安山岩	73.1m
⑨淡绿灰色糜棱岩化凝灰质板岩夹砂岩	157.1m
⑧灰绿色—绿色蚀变安山岩	167.3m
下岩组(PK_1)	**1 882.3m**
⑦浅灰色—淡绿灰色英安质岩屑晶屑凝灰岩夹含粉砂粘土质板岩	337.0m
⑥浅灰绿色—浅灰色石英安山质晶屑凝灰岩	21.0m
⑤灰绿色蚀变安山岩	943.0m
④灰色—深灰色硅质粉砂岩夹砂岩	207.0m
③灰色安山岩夹沉凝灰岩	107.0m
②石英安山岩夹安山质晶屑凝灰岩	97.0m
①灰色石英安山岩	170.3m

(未见底)

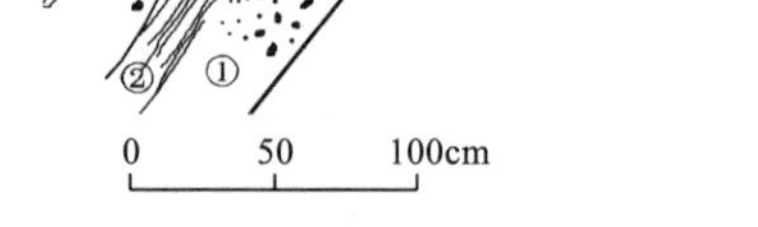

图 2-22　卡拉勒塔什岩群凝灰岩中粒序层素描图
①岩屑晶屑凝灰岩;②含凝灰质粉砂岩

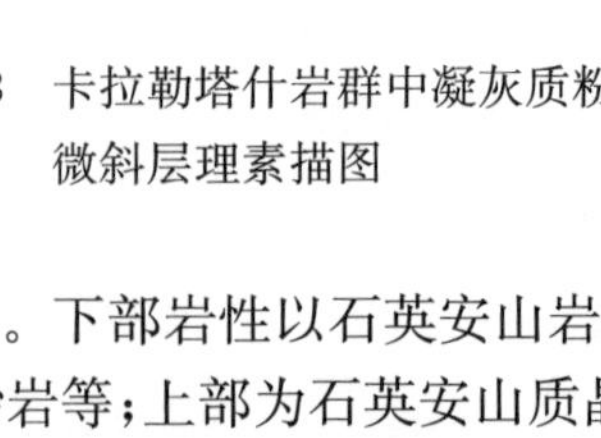

图 2-23　卡拉勒塔什岩群中凝灰质粉砂岩中微斜层理素描图

下岩组:未见底,厚度大于 1 882.3m,与上岩组为整合接触。下部岩性以石英安山岩为主夹石英安山质晶屑凝灰岩;中部以安山岩为主夹沉凝灰岩、硅质粉砂岩及砂岩等;上部为石英安山质晶屑凝灰岩、英安质岩屑晶屑凝灰岩夹含粉砂粘土质板岩等。该岩组中由晶屑凝灰岩与粉砂岩组成粒序韵律清楚,另在较厚的粉砂岩中发育更细小的韵律,较厚的细砂质层中保存有完好的微小斜层理(图 2-23)。凝灰岩中有粉砂岩的角砾。

上岩组:与下岩组为整合关系,顶部以韧性剪切带和阿克苏岩群接触,厚度大于 1 815.2m。该岩组岩性以淡灰绿色安山岩、岩屑晶屑凝灰岩及凝灰质板岩、砂岩为主，顶部为紫红色强蚀变安山岩(具强劈理化特征)。凝灰质粉砂岩粒度极细小，经变质作用形成较多的绢云母和绿泥石。该岩组中砂岩均被压扁拉长成透镜状。

(二)地球化学特征及含矿性

该群中碎屑岩微量元素含量见表 2-14，由表中可见该群碎屑岩微量元素含量总体变化不大，其均值与地壳克拉克值相比，过渡性不活泼元素 Hf、Co、Ga 偏高，而大离子活泼元素 Sr、Ta、Nb、Zr 明显偏低，其余则相差不大，总体未见明显的富集或亏损。

主要成矿元素 Au、Ag、Cu、Pb、Zn 均未见明显富集(矿化)，与地壳克拉克值相比除 Pb 略高外，其余均偏低，其中 Au 相差近两个数量级，表现为明显的亏损，可能预示附近某地的富集成矿。

该群中火山岩地球化学特征详见第三章第二节。

表 2-14　卡拉勒塔什岩群中碎屑岩微量元素含量特征一览表 ($\times 10^{-6}$)

序号	样品号	岩石名称	Sr	Rb	Ba	Th	Ta	Nb	Zr	Hf	Sc	Cr	Co	Ni	V	Ga	U	Au (ppb)	Ag	Cu	Pb	Zn
1	D138/2G	硅质粉砂岩	237.6	189.5	893.1	21.51	0.16	14.32	143.2	4.69	14.04	72.74	24.57	41.58	86.90	32.69	4.52	0.10	0.04	32.73	44.68	58.22
2	D138/4G	晶屑凝灰岩	189.6	109.4	834.5	10.97	0.11	6.20	79.87	2.81	18.72	49.21	16.06	20.96	61.34	25.93	2.36	0.10	0.03	20.35	40.32	59.35
3	D138/5G	晶屑凝灰岩	171.8	72.60	695.7	9.93	0.16	7.56	64.67	2.05	12.48	55.32	15.69	24.00	54.18	24.14	2.18	0.00	0.02	32.73	37.33	60.11
4	D138/6G	粉砂粘土板岩	131.5	171.3	705.9	16.56	0.45	13.05	95.50	3.13	21.06	76.72	26.46	34.48	112.5	33.04	3.58	0.10	0.03	53.96	51.87	86.00
5	D139/2G	凝灰质板岩	139.2	122.2	476.5	18.91	1.07	21.20	149.7	4.90	24.18	151.6	41.77	83.84	183.7	43.60	3.31	0.20	0.03	108.8	50.50	97.54
6	D139/4G	粘土板岩	168.3	50.80	289.8	11.76	0.13	8.32	78.53	2.37	15.60	52.57	21.73	26.37	60.32	24.64	2.29	0.10	0.03	36.27	40.07	50.09
7	D137/3G	晶屑凝灰岩	203.8	61.75	657.6	9.57	0.05	7.16	60.04	2.11	4.68	65.10	18.33	26.03	66.79	26.58	1.51	0.00	0.02	21.23	38.05	52.93
平均值			177.4	111.08	650.44	14.17	0.3	11.12	95.93	3.15	15.82	74.75	23.52	36.75	89.39	30.09	2.82	0.09	0.03	43.72	43.26	66.32
地壳克拉克值			340.0	150.00	650	13.00	2.50	20	170.00	1.00	10.00	83.00	18.00	58.00	90.00	19.00	2.50	4.00	0.08	63.00	12.00	94.00

(三)时代讨论

日土幅 1∶100 万区调工作将该套地层划归寒武系黑黑孜岩群($\in Hh$)，但无确切时代依据。本次工作重新厘定了苏巴什蛇绿岩带，苏巴什蛇绿混杂岩带南侧构造面明显具有南倾逆冲运动特点，而卡拉勒塔什岩群紧邻其南侧分布，又具典型岩浆弧火山岩特点。大量事实证明苏巴什蛇绿岩所代表的晚古生代洋盆早二叠世开始俯冲消减，中二叠世末已完全消失，故此，我们认为该套地层时代应为二叠纪，而非寒武纪。

(四)沉积环境及沉积相

该岩群总体以中性安山岩夹凝灰岩、碎屑岩为主，火山岩环境判别结果为岛弧火山岩(详见第三章)。Winchester & Max(1989)通过对爱尔兰西北部晚元古代页岩中微量元素的研究，总结了不同构造环境下形成的页岩微量元素蛛网图的特征(图 2-24)。将该群中泥岩微量元素标准化配分曲线与之比较(图 2-25)，可以看出其与 B(大陆岛弧+活动陆缘)有着相似的特征。综上所述，卡拉勒塔什岩群应为大陆岛弧沉积环境。

八、黄羊岭岩群(*PH*)

黄羊岭岩群为新疆地矿局第一区调大队齐德义等(1986)在琼木孜塔格西独高山、黄羊岭一带创建，并

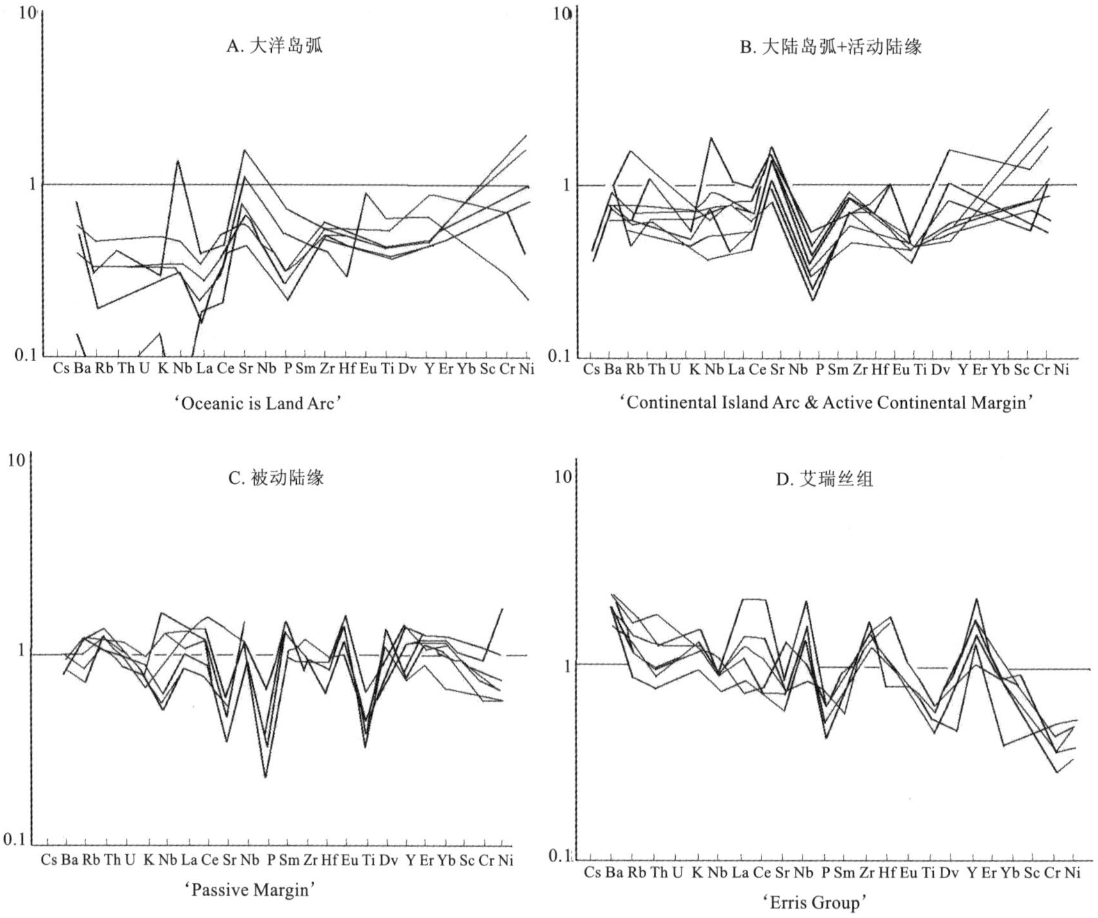

图 2-24　不同构造背景下的页岩微量元素蛛网图

(Winchester & Max,1989)

分上、中、下三亚群。《新疆维吾尔自治区岩石地层》编写组将黄羊岭群降为黄羊岭岩组，并分为上、下两个亚组，本次地调工作沿用其名，但命名为岩群，并将其进一步划分为4个岩组，时代定为二叠纪。

图区内该组主要出露于昆仑山脊北侧，横贯测区，宽度约40km，面积约1 221km²。总体构成一南倾北倒的同斜背斜，背斜核部局部出露长城系浅粒岩组基底变质岩石。两翼地层特征并不对称，北翼多火山物质，出现规模巨大的粗粒火山碎屑岩、中酸性火山岩；南翼多沉积物质，出现一套巨厚的深色砂岩、粉砂岩夹硅质岩。该岩群可进一步划分为下板岩岩组、凝灰岩岩组、上板岩岩组、砂岩岩组等4个岩组。

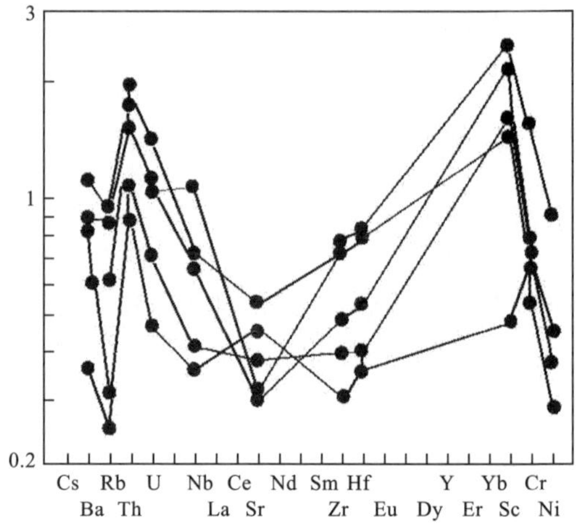

图 2-25　卡拉勒塔什岩群泥岩微量元素标准化配分曲线图

(一)地层描述

以于田县阿克苏河黄羊岭岩群实测剖面为例描述(图 2-26)，该剖面贯通背斜两翼。

剖面上该群与下伏长城系及北侧卡拉勒塔什岩群均为断层接触。从地层中层理与劈理关系及火山沉积韵律判断，背斜北翼地层南倾为倒转。

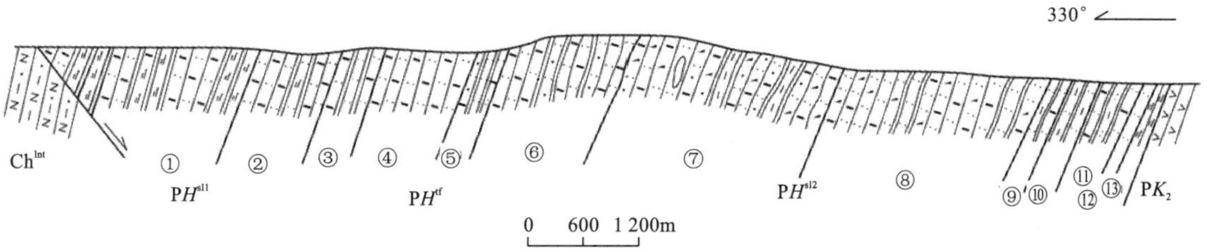

图 2-26 于田县阿克苏河黄羊岭岩群实测剖面图

上覆:卡拉勒塔什岩群强蚀变安山岩

---------- 韧性剪切带 ----------

黄羊岭岩群(P*H*)	**8 045.9m**
上板岩岩组(PH^{sl2})	**879.3m**
⑬灰—深灰色斜长绢云千枚岩夹砂岩透镜体	176.3m
⑫淡绿灰色晶屑凝灰岩夹凝灰质粉砂岩	63.0m
⑪灰—深灰色含粉砂泥板岩夹淡绿灰色晶屑凝灰岩	383.0m
⑩淡绿灰色凝灰质泥板岩	127.0m
⑨淡绿灰色凝灰质泥板岩夹淡绿灰色晶屑凝灰岩	130.0m
凝灰岩岩组(PH^{tf})	**4 594.5m**
⑧淡绿灰色含砂质晶屑凝灰岩夹少量含砾岩屑晶屑凝灰岩及凝灰质板岩	1 243.5m
⑦淡绿灰色晶屑凝灰岩、沉钙质凝灰岩夹(互)含砂凝灰质板岩	1 830.3m
⑥淡绿灰色晶屑凝灰岩夹(互)凝灰质板岩	1 310.1m
⑤淡绿灰色沉晶屑凝灰岩夹(互)绢云母板岩和少量沉含砾岩屑凝灰岩	317.2m
④淡绿灰色晶屑凝灰岩	1 130.3m
③淡绿灰色变质沉晶屑凝灰岩夹少量粉砂质绢云板岩	410.1m
下板岩岩组(PH^{sl1})	**2 572.1m**
②淡绿灰色沉晶屑凝灰岩夹粉砂质绢云母板岩	271.0m
①灰—淡绿灰色中粒凝灰质岩屑石英杂砂岩、粉砂质绢云母板岩、沉晶屑凝灰岩	2 301.1m

═════ 断 层 ═════

下伏:长城系浅粒岩组石榴角闪斜长变粒岩夹石英岩、红柱石长英质片岩

以阿克苏河剖面黄羊岭岩群砂岩组为例(图 2-27),描述如下。

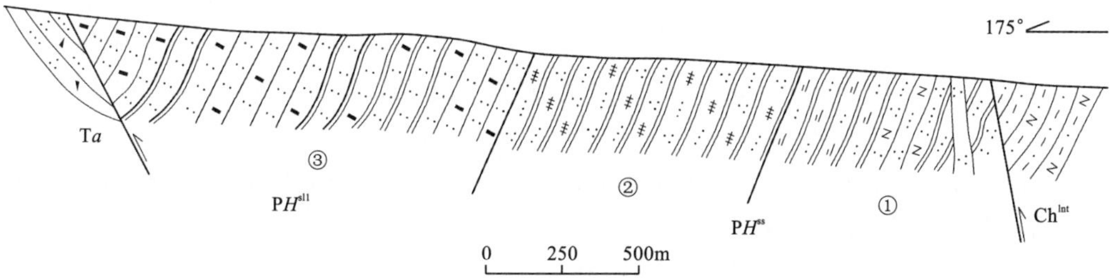

图 2-27 于田县阿克苏河黄羊岭岩群砂岩组、下板岩组实测剖面图

上覆:阿他木帕下组(T*a*)紫红色钙质长石石英粉砂岩夹少量中粒岩屑石英砂岩

═════ 断 层 ═════

下板岩岩组(P_1H^{sl1})	**1 430.7m**
③淡绿灰色沉晶屑凝灰岩夹互凝灰质粉砂质板岩	1 430.7m

———— 整 合 ————

砂岩岩组(PH^{ss})	**1 320.1m**
②淡绿灰色含凝灰质粉砂质板岩夹糜棱岩化凝灰质长石石英砂岩	790.0m
①浅灰—深灰色变质细粒凝灰质砂岩	530.1m

════ 断 层 ════

下伏:长城系浅粒岩组石榴角闪斜长变粒岩夹石英岩、红柱石长英质片岩

下板岩岩组:以粉砂质绢云母板岩、凝灰质岩屑石英杂砂岩为主,夹沉晶屑凝灰岩,与下伏长城系浅粒岩组为断层接触,与上覆凝灰岩组为整合渐变关系,出露厚度2 572m。该岩组中由凝灰岩和板岩、砂岩组成的沉积韵律极为清楚,单个韵律层顶部有厚0.5～1.3m的灰色及淡绿灰色含凝灰粉砂质绢云母板岩。

凝灰岩岩组:该岩组以淡绿灰色晶屑凝灰岩、含砂质晶屑凝灰岩、沉钙质凝灰岩为主夹少量的粉砂质绢云母板岩、含砂凝灰质板岩、含砾岩屑晶屑凝灰岩等,出露厚度6 241.5m。该岩组中由含砾岩屑晶屑凝灰岩-晶屑凝灰岩-凝灰质板岩构成的韵律极为清楚,单个韵律厚一般2～7m,少数不足1m,韵律层中的板岩或含砾岩屑晶屑凝灰岩常可缺失。晶屑凝灰岩内部的粒序层较为发育(图2-28)。毫无疑问,一个韵律便代表一次火山喷发活动。

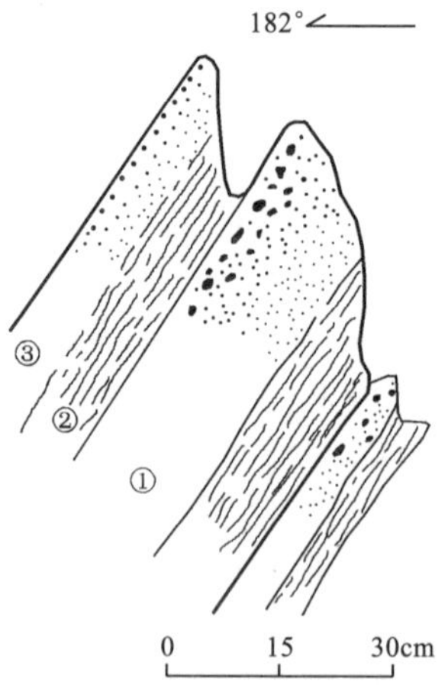

图2-28 黄羊岭组中沉积韵律及粒序层素描图

①含砾凝灰岩;②含凝灰质板岩;③砾质凝灰岩

上板岩岩组:岩性以淡绿灰色凝灰质泥板岩、含粉砂质泥板岩为主,夹有晶屑凝灰岩、凝灰质粉砂岩等,顶部为灰—深灰色斜长绢云千糜岩夹砂岩透镜体,出露厚度879.3m。该岩组中凝灰岩和粉砂岩、板岩常分别集中成以凝灰岩为主的"凝灰岩段",以粉砂岩、板岩为主的"粉砂岩段"。在"凝灰岩段"中见层厚由厚变薄的韵律层。"粉砂岩段"中由泥质板岩和粉砂质板岩组成韵律层。单个韵律层厚一般仅1～4cm,层面上见重荷模构造(图版Ⅰ,2),剖面上该岩组以韧性剪切带与卡拉勒塔什岩群接触(图版Ⅲ,4),和其下的凝灰岩组为渐变过渡关系。

砂岩岩组:仅见于背斜南翼,与长城系为断层接触,与下板岩岩组为整合接触,出露厚度1 320.1m,图区内多被花岗岩侵吞。岩性为浅灰—深灰色变质细粒凝灰质砂岩,在玉龙喀什河周围岩性以变质中细粒长石石英砂岩为主夹云英石英千枚岩。该岩组中由细砂岩和粉砂岩(千枚岩)构成的韵律层清楚,单个韵律厚度一般3～5cm,似为鲍马序列的D、E段。砂岩层中常可见粒序层,底部不平整,与粉砂岩为突变关系。该岩组具水下密度流成因特征。

(二)地球化学特征及含矿性

该岩组中碎屑岩微量元素含量见表2-15,由表中可见,除Sr、Ba、Zr外含量变化均不大,其中Sr为$(65.18 \sim 522.0)\times10^{-6}$、Ba为$(122.1 \sim 1\,107)\times10^{-6}$、Zr为$(26.84 \sim 122.5)\times10^{-6}$。微量元素均值与克拉克值相比大离子活泼元素Sr、Rb、Ta、Zr明显偏低,过渡性不活泼元素Hf、Sc、Co明显偏高,其余则相差不大。

主要成矿元素Au、Ag、Cu、Pb、Zn均未见明显富集(矿化),与地壳克拉克值相比,Au、Ag明显偏低,Pb偏高且变化较大,Cu、Zn相差不大。

(三)时代讨论

图区内黄羊岭岩群时代目前尚无直接化石及同位素年龄依据,与之有关的相邻地层均与其为断层接触,侵入其中的含电气石花岗岩年龄为176Ma(Rb-Sr)。该组与上覆巴颜喀拉山群(与云雾岭群相当)为断层接触。图区内该套地层日土幅1∶100万区调工作将其划为寒武系黑黑孜岩群,但无确切依据。本次区调工作仔细对比认为,图区内苏巴什南侧出露的地层与东侧的黄羊岭岩群完全一致,东侧卧龙岗一带该套地层上部产中二叠世*Neoschwagerina-Polydiexodina*䗴类动物群,时代应为早二叠世。综合该岩群形成环境和区域地质演化,将其时代划归二叠纪。

表 2-15　黄羊岭岩群中碎屑岩微量元素含量特征一览表（$\times 10^{-6}$）

序号	样品号	岩石名称	Sr	Rb	Ba	Th	Ta	Nb	Zr	Hf	Sc	Cr
1	D141/1G	粉砂质片糜岩	116.1	68.10	366.9	9.63	0.22	8.54	83.14	2.60	11.70	100.9
2	D141/2G	晶屑凝灰岩	172.4	49.72	262.9	6.99	0.19	7.67	67.76	2.27	15.60	90.47
3	D141/3G	含粉砂泥板岩	98.95	115.8	473.2	11.94	0.61	10.99	121.1	3.80	24.96	100.6
4	D141/4G	凝灰质泥板岩	120.3	158.8	521.1	14.89	0.85	15.53	128.2	3.94	27.30	109.7
5	D141/5G	晶屑凝灰岩	120.3	60.52	233.1	9.04	0.15	10.89	84.95	2.56	18.72	81.91
6	D142/1G	沉岩屑凝灰岩	65.18	71.16	281.9	8.00	0.12	10.70	77.32	2.39	8.58	105.4
7	D143/1G	晶屑凝灰岩	189.0	86.97	364.1	11.56	0.86	21.30	144.5	4.23	21.84	138.2
8	D143/3G	粘土板岩	95.99	133.1	525.7	13.09	0.53	12.81	109.8	3.34	17.94	103.3
9	D144/1G	晶屑凝灰岩	132.7	60.52	307.4	9.49	0.18	7.89	69.85	2.07	17.16	112.5
10	D144/2G	凝灰质板岩	83.54	203.4	661.8	19.66	1.23	21.97	142.5	4.20	28.08	110.6
11	D145/2G	沉晶屑凝灰岩	105.5	38.84	197.4	9.62	0.16	6.19	52.17	1.61	8.58	83.13
12	D145/4G	沉晶屑凝灰岩	366.2	63.23	301.9	8.25	0.19	8.45	48.01	1.43	16.38	77.33
13	D145/5G	沉晶屑凝灰岩	124.4	90.34	407.8	11.18	0.16	8.76	64.75	1.92	17.16	95.97
14	D146/1G	沉晶屑凝灰岩	263.1	58.23	178.3	12.08	0.23	11.80	77.56	2.34	18.72	108.2
15	D146/2G	绢云板岩	174.8	155.7	456.5	11.06	0.18	9.23	75.60	2.34	24.18	120.4
16	D146/4G	绢云板岩	224.6	66.04	414.3	8.10	0.15	9.00	51.65	1.42	21.06	92.92
17	D146/6G	沉晶屑凝灰岩	184.3	64.34	298.2	8.10	0.12	7.03	39.91	1.17	18.72	104.8
18	D146/7G	绢云板岩	141.0	146.8	638.6	14.37	1.11	16.70	57.35	2.98	25.74	117.1
19	D149/1G	长石石英砂岩	522.0	44.84	1107	9.74	0.14	9.01	44.46	1.56	17.16	113.7
20	D151/1G	沉晶屑凝灰岩	83.54	62.63	661.8	15.11	0.22	6.34	60.92	1.78	28.08	110.6
21	D152/1G	石英砂岩	77.03	29.96	122.1	7.01	0.05	6.18	26.84	0.77	8.58	92.00
22	D152/2G	粉砂岩	215.1	103.0	487.2	10.70	0.64	12.00	70.93	2.25	20.28	132.0
平均值			167.09	87.81	421.33	10.89	0.38	10.86	77.24	2.41	18.93	104.62
地壳克拉克值			340.0	150.00	650	13.00	2.50	20	170.00	1.00	10.00	83.00

序号	样品号	岩石名称	Co	Ni	V	Ga	U	Au(ppb)	Ag	Cu	Pb	Zn
1	D141/1G	粉砂质片糜岩	32.32	47.67	125.7	39.15	1.92	0.10	0.04	55.73	45.00	70.69
2	D141/2G	晶屑凝灰岩	27.78	37.19	118.6	30.53	1.89	0.10	0.02	46.00	38.62	79.96
3	D141/3G	含粉砂泥板岩	35.91	55.10	159.1	35.41	2.46	0.10	0.03	70.77	49.61	94.32
4	D141/4G	凝灰质泥板岩	29.67	57.81	177.2	35.49	2.80	0.20	0.03	91.12	56.72	91.49
5	D141/5G	晶屑凝灰岩	22.87	29.75	102.9	26.87	2.23	0.10	0.03	30.96	37.65	60.49
6	D142/1G	沉岩屑凝灰岩	20.79	48.34	93.72	23.78	2.16	0.10	0.03	26.54	33.29	54.63
7	D143/1G	晶屑凝灰岩	189.0	86.97	364.1	11.56	0.86	21.30	144.5	4.23	21.84	138.2
8	D143/3G	粘土板岩	95.99	133.1	525.7	13.09	0.53	12.81	109.8	3.34	17.94	103.3
9	D144/1G	晶屑凝灰岩	132.7	60.52	307.4	9.49	0.18	7.89	69.85	2.07	17.16	112.5
10	D144/2G	凝灰质板岩	83.54	203.4	661.8	19.66	1.23	21.97	142.5	4.20	28.08	110.6
11	D145/2G	沉晶屑凝灰岩	105.5	38.84	197.4	9.62	0.16	6.19	52.17	1.61	8.58	83.13
12	D145/4G	沉晶屑凝灰岩	366.2	63.23	301.9	8.25	0.19	8.45	48.01	1.43	16.38	77.33
13	D145/5G	沉晶屑凝灰岩	124.4	90.34	407.8	11.18	0.16	8.76	64.75	1.92	17.16	95.97
14	D146/1G	沉晶屑凝灰岩	263.1	58.23	178.3	12.08	0.23	11.80	77.56	2.34	18.72	108.2
15	D146/2G	绢云板岩	174.8	155.7	456.5	11.06	0.18	9.23	75.60	2.34	24.18	120.4
16	D146/4G	绢云板岩	34.59	50.03	122.0	39.80	1.35	0.10	0.02	53.08	54.62	76.18
17	D146/6G	沉晶屑凝灰岩	29.67	34.48	112.5	39.44	1.47	0.00	0.02	55.73	43.87	78.44
18	D146/7G	绢云板岩	44.41	59.50	179.3	47.27	2.17	0.20	0.03	91.12	3.40	110.2
19	D149/1G	长石石英砂岩	28.16	44.28	111.4	41.45	2.02	0.10	0.02	46.00	42.82	62.00
20	D151/1G	沉晶屑凝灰岩	32.70	62.20	163.9	42.96	1.85	0.00	0.02	81.38	44.19	100.4
21	D152/1G	英砂岩	23.81	46.31	77.70	26.29	1.06	0.00	0.01	49.54	28.12	52.36
22	D152/2G	粉砂岩	39.12	76.06	154.7	41.02	2.47	0.50	0.03	69.00	49.77	96.21
平均值			28.44	50.68	128.01	35.81	2.07	0.12	0.03	82.63	41.81	82.55
地壳克拉克值			18.00	58.00	90.00	19.00	2.50	4.00	0.08	63.00	12.00	94.00

（四）沉积环境及沉积相

测区内该群在靠近岛弧一侧以火山碎屑岩为主，靠近甜水海陆块一侧则以陆源碎屑岩为主，沉积盆地物源具明显双向性，具弧后盆地建造特征。Winchester & Max(1989)通过对爱尔兰西北部晚元古代页岩中微量元素的研究，总结了不同构造环境下形成的页岩微量元素蛛网图的特征（图 2－24）。将黄羊岭岩群中泥岩微量元素标准化配分曲线与之比较（图 2－29），可以看出其与 B(大陆岛弧＋活动陆缘)有着相似的特征。Floyd 等(1991)通过对世界范围内显生宙和元古界的不同构造背景下所形成的杂砂岩微量元素数据的分析发现，利用杂砂岩微量元素分析数据经上地壳平均值标准化后作出的多元素模式图（图 2－30）可有效地区分出形成的不同构造背景，将黄羊岭岩群砂岩微量元素蛛网图与之比较（图 2－31），可看出其与大陆岛弧＋活动陆缘环境下砂岩蛛网图特征相似，V、Cr、Ni 弱富集，Ta 亏损，其余则变化不大，曲线总体较平直。综上所述，黄羊岭岩群为弧后盆地沉积无疑。

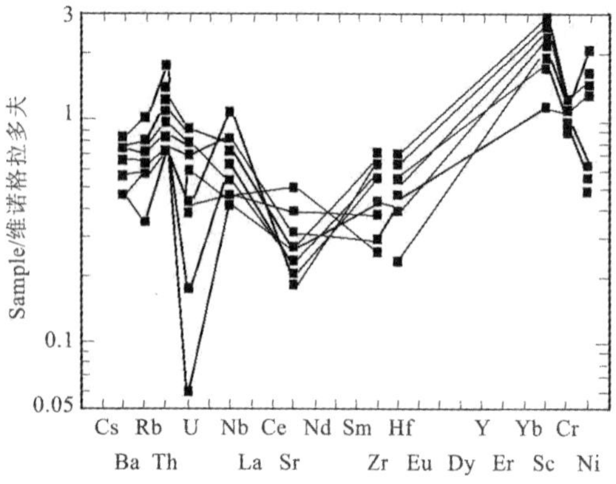

图 2－29　黄羊岭岩群泥岩微量元素标准化配分曲线图

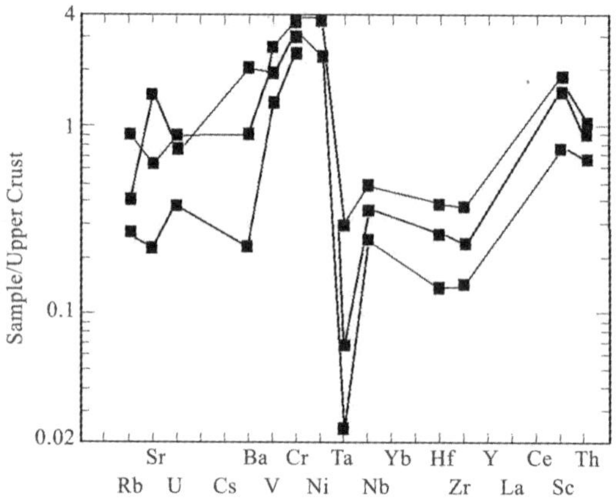

图 2－31　黄羊岭组砂岩微量元素标准化配分曲线图

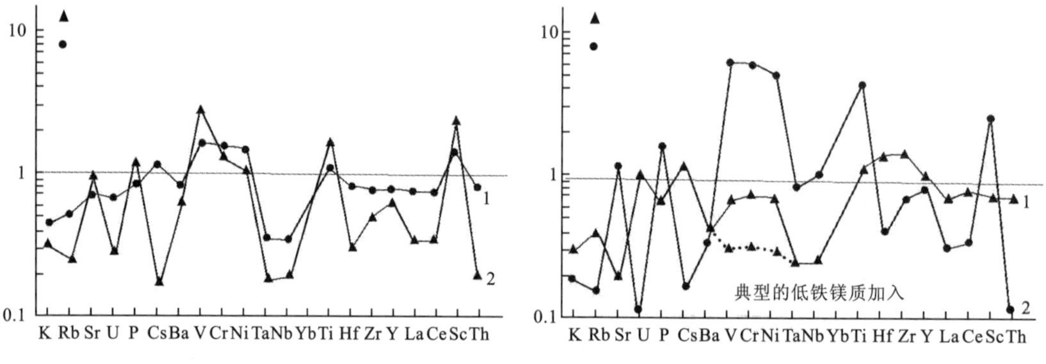

图 2－30　不同构造背景下杂砂岩的微量元素分布模式图(Floyd 等,1991)

左图:1. 大陆岛弧＋活动陆缘;2. 大洋岛弧　右图:1. 被动陆缘;2. 大洋板块内部

九、硫磺达坂砂岩（Pl^{ss}）

硫磺达坂砂岩为本次地调工作新发现建立的组级非正式岩石地层单位，定义为出露于苏巴什蛇绿混杂岩带中的一套弧前复理石建造，岩性以长石石英砂岩、粉砂质板岩、泥质硅质岩为主，夹有少量砾岩、含砾砂岩、灰岩等。与蛇绿岩密切共生，地层中韵律清楚，紧闭褶皱发育，变形极强，时代为二叠纪。

该套地层主要出露于苏巴什混杂岩带中，呈断块（片）状，总面积约 158km²。测区内该套地层顶、底未见，变形强烈，表现为紧闭同斜褶皱。

(一)地层描述

在于田县阿克苏河南侧路线上,该套地层出露较全,虽然其间有岩体、岩脉贯入破坏,但层序恢复较易,地层总体南倾正常(图 2-32),可分为 A、B、C、D 四个岩段。

A 段:路线上出露宽度约为 1km,岩性主要为灰黑色含炭泥岩夹薄层硅质岩、长石石英砂岩。其间夹有一定量灰岩滑块,已成透镜状,大小一般 2m×5m~3m×10m。该段褶皱发育,为深海—半深海相沉积。

B 段:路线上出露宽度约 2.5km,岩性主要为浅灰色细粒长石石英砂岩、灰色含砾岩屑砂岩夹含炭泥岩。砾石成分为石英质、岩屑等,含量 10%~30%,砾径 1~10mm 不等,分选、磨圆均差。地层中由含砾砂岩-砂岩或砂岩-含炭泥岩构成的韵律极为清楚,表现为快速堆积的密度流成因特点。

C 段:路线上出露宽度 1km,岩性为灰—浅灰色长石石英砂岩。该段夹大量灰岩透镜体。

D 段:未见顶,出露宽度大于 1.5km,岩性为紫红色石英砂岩、灰黑色中粒硅质岩屑长石砂岩。该段以碎屑岩为主,以紫红色为主要特征,砂岩具快速堆积特点。

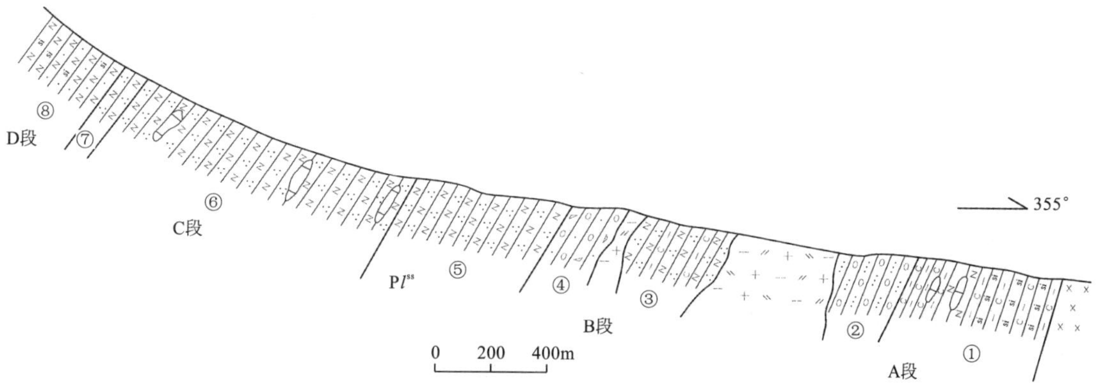

图 2-32 于田县阿克苏河中游南侧硫磺达坂砂岩路线地质剖面图

D 段 (未见顶)

⑧ 黑色中粒硅质长石砂岩

⑦ 紫红色长石石英砂岩

C 段

⑥ 灰—浅灰色长石石英砂岩夹中晶灰岩透镜体

B 段

⑤ 灰—浅灰色细粒长石石英砂岩

④ 灰色厚层状粗粒砾质岩屑砂岩

③ 浅灰色细粒长石石英砂岩夹含炭泥岩

② 灰色厚层状含砾砂岩

A 段

① 灰黑色—浅黄绿色薄层状含炭泥岩、炭泥质硅质岩、放射虫硅质岩夹薄层长石石英砂岩及灰岩透镜体

═══════ 断 层 ═══════

黝帘角闪岩

(二)地球化学特征

硫磺达坂砂岩中碎屑岩微量元素含量见表 2-16,蛛网图见图 2-33,由表 2-16 中可以看出该套地层微量元素含量总体变化不大。其均值与地壳克拉克值相比大离子活泼元素 Sr、Ta、Nb、Zr 明显偏低,过渡性不活泼元素 Hf、Co、Ga 明显偏高,其余元素则相差不大。

表 2-16　硫磺达坂砂岩中碎屑岩微量元素含量特征一览表（$\times10^{-6}$）

序号	样品号	岩石名称	Sr	Rb	Ba	Th	Ta	Nb	Zr	Hf	Sc	Cr	Co	Ni	V	Ga	U	Au (ppb)	Ag	Cu	Pb	Zn
1	D1430/3G	石英砂岩	114.4	51.56	406.4	10.41	0.06	6.56	41.91	1.26	15.60	84.97	22.68	38.54	74.97	33.69	1.64	0.10	0.03	35.38	34.42	53.30
2	D1430/4G	石英砂岩	106.7	94.80	528.0	12.61	0.06	5.15	65.53	2.09	13.26	82.52	31.75	34.82	86.90	43.82	1.38	0.00	0.06	56.62	44.76	44.23
3	D1430/6G	长石石英砂岩	157.6	76.22	361.8	11.09	0.07	10.14	64.78	2.31	13.26	90.16	30.43	32.45	80.08	44.54	2.24	0.00	0.03	48.65	47.10	36.29
4	D1430/8G	绢云母板岩	143.4	228.3	856.4	19.53	1.42	17.48	72.86	2.43	28.86	162.3	51.22	77.41	185.7	60.13	2.85	0.20	0.04	91.12	77.56	79.01
5	D1430/10G	石英砂岩	120.3	119.0	560.5	15.97	0.65	13.47	72.26	2.44	17.94	94.75	34.40	54.09	107.3	50.72	2.25	0.10	0.03	58.38	58.09	53.30
均值			128.48	113.99	542.62	13.92	0.45	10.56	63.46	2.1	17.78	102.94	34.1	47.46	106.99	46.58	2.07	0.08	0.03	58.03	52.39	53.23
地壳克拉克值			340.0	150.00	650	13.00	2.50	20	170.00	1.00	10.00	83.00	18.00	58.00	90.00	19.00	2.50	4.00	0.08	63.00	12.00	94.00

主要成矿元素 Au、Ag、Cu、Pb、Zn 等均未见明显的富集（矿化），总体含量变化不大。其均值与地壳克拉克值相比，Au、Ag、Cu、Zn 偏小，而 Pb 明显偏大。有两个样品 Au 含量低于检测线，最高仅 0.2ppb，与克拉克值相差一个数量级，成矿背景极低，可能已经过成矿富集提取。Pb 含量明显高于克拉克值，成矿背景值较高，有利于富集成矿。

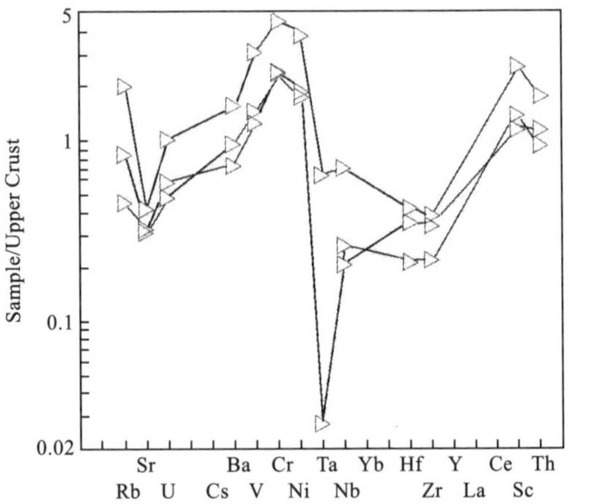

图 2-33　硫磺达坂碎屑岩中砂岩微量元素蛛网图

（三）时代讨论

硫磺达坂砂岩与晚古生代苏巴什蛇绿岩（C—P_2）共密共生，其下部层位也见放射虫硅质岩，为苏巴什洋盆俯冲消减过程中的弧前复理石沉积，故其时代为二叠纪。

第五节　中生界

图区内中生界地层出露广泛，主要出露于苏巴什构造带南侧的羌塘地块北缘，另在苏巴什构造带位置有零星出露。沉积建造多种多样，既有活动海槽的复理石建造，又有较为稳定的台地型碳酸盐岩建造，也有陆相山间磨拉石建造和湖沼含煤建造。地层基本未变质，或变质极浅。测区中生界地层可划为三叠系阿他木帕下组、邦达错组、巴颜喀拉山群，侏罗系叶尔羌群和白垩系铁隆滩群等 5 个地层单元。现分述如下。

一、阿他木帕下组（T*a*）

该组为本次地调工作新厘定的岩石地层单位，定义为出露于昆仑及喀喇昆仑山的一套紫红色磨拉石建造，岩性为紫红色砂岩、粉砂岩、砾岩等，角度不整合覆于三叠纪地层之上，与其上的叶尔羌群为断层接触，时代为三叠纪。

测区内阿他木帕下组主要分布于黄羊滩、苏巴什及阿他木帕下一带，总面积约 263km²，为一套紫红色陆相山间磨拉石建造，岩性有砾岩、砂砾岩、砂岩、粉砂岩和泥质粉砂岩等，出露厚度约 1 085m。

(一)剖面描述

以于田县阿他木帕下组路线地质剖面为例(图 2 - 34),剖面上地层总体南倾,该组未见底,与上覆侏罗系叶尔羌群为断层接触。

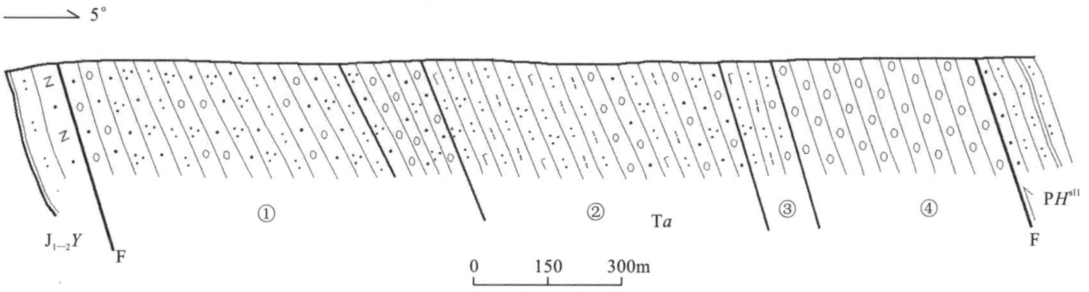

图 2 - 34　于田县阿他木帕下组路线地质剖面图

侏罗系叶尔羌群 $J_{1-2}Y$:绿色砂岩、粉砂岩及板岩

═══════ 断　层 ═══════

阿他木帕下组(Ta)　**1 085m**

④紫红色砾岩　359m

③紫红色钙质石英粉砂岩、泥质粉砂岩、细砂岩、含砾粉砂岩　72m

②紫红色钙质石英粉砂岩、泥质粉砂岩为主,粗砂岩、砾岩较少　429m

①浅紫色砂砾岩、砾岩及紫红色石英砂岩、粉砂岩　225m

═══════ 推测断层 ═══════

(未见底)

剖面上该组大致可分为上、下两部分:下部主要为紫红色砂砾岩、砾岩、砂岩、粉砂岩和泥质粉砂岩等,砾石成分有砂岩、灰岩、石英等,磨圆较好,分选较差,亦有少量灰绿色砂质凝灰岩,砂岩中见有斜层理(图版Ⅰ,4),上部主要为一套紫红色砾岩,砾石磨圆、分选均差,不显层理,砾石成分与周围下伏岩性有关。

地层中由砾岩、砂岩和粉砂岩组成由粗到细的基本层序,厚度一般小于 10m,单层厚度小于 1m,砾岩层中常有由粗到细的粒序变化。纵向上基本层序中的砾岩、砂岩、粉砂岩各自含量有明显变化,形成自然分层。

(二)地球化学特征及含矿性

该组中碎屑岩微量元素含量见表 2 - 17,由表中可见 Rb、Ba、Sc、V 含量变化较大,其中 Rb 为(37.57~118.8)$\times10^{-6}$,Ba 为(215.5~590.3)$\times10^{-6}$,Sc 为(4.68~23.40)$\times10^{-6}$,V 为(76.34~149.3)$\times10^{-6}$。微量元素均值与地壳克拉克值相比,大离子活泼元素 Sr、Rb、Ba、Th、Ta、Nb、Zr 明显偏低,而过渡性不活泼元素 Sc、Cr、Co、Ga 等明显偏高,其余则相差不大。

表 2 - 17　阿他木帕下组微量元素含量特征一览表 ($\times10^{-6}$)

序号	样品号	岩石名称	Sr	Rb	Ba	Th	Ta	Nb	Zr	Hf	Sc	Cr	Co	Ni	V	Ga	U	Au (ppb)	Ag	Cu	Pb	Zn
1	D099/1G	长石砂岩	145.8	74.42	372.9	7.36	0.09	8.60	68.87	1.71	18.72	83.75	33.26	51.05	110.1	35.92	1.86	0.00	0.03	50.42	44.44	100.7
2	D099/2G	板岩	122.1	118.8	590.3	11.03	0.29	10.67	71.86	2.10	23.40	109.4	34.96	64.57	149.3	40.66	2.37	0.10	0.03	70.77	50.34	89.41
3	D100/2G	砂岩	117.9	37.67	215.5	9.35	0.06	6.60	36.90	1.02	8.58	93.83	21.54	56.12	76.34	26.36	1.29	0.00	0.02	38.92	30.06	50.09
4	D100/3G	粉砂岩	145.2	70.92	433.8	8.50	0.21	9.32	49.05	1.52	4.68	96.28	22.87	60.51	100.5	34.77	1.57	0.10	0.02	55.73	36.92	66.54
平均值			132.75	75.45	403.13	9.06	0.16	8.8	56.67	1.59	13.85	95.82	28.16	58.06	109.06	34.43	1.77	0.05	0.02	53.96	40.44	76.69
地壳克拉克值			340.0	150.00	650	13.00	2.50	20	170.00	1.00	10.00	83.00	18.00	58.00	90.00	19.00	2.50	4.00	0.08	63.00	12.00	94.00

主要成矿元素 Au、Ag、Cu、Pb、Zn 等未见富集(矿化)，含量变化均不大。其均值与地壳克拉克值相比除 Pb 较高外，其余均低于克拉克值。Au 有两个样品低于检测线，最高 0.1ppb，与克拉克值相差一个数量级，成矿背景极低，可能已经过富集提取。Pb 含量高出克拉克值 2～3 倍，背景较高，有利于成矿。

(三)时代讨论

测区内该套地层前人(日土幅1：100万区调工作)将其划归白垩系，但依据不充分。本次工作在阿他木帕下附近见该组地层被花岗岩侵入，而在该花岗岩中青藏高原综合考察队(2000)所作同位素(Rb－Sr)年龄为 176Ma，属侏罗纪，另在黄羊滩附近该组角度不整合于有化石依据的空喀山口组之上(图 2－35)，其时代应晚于二叠纪。综上所述，阿他木帕下组时代应为三叠纪无疑。

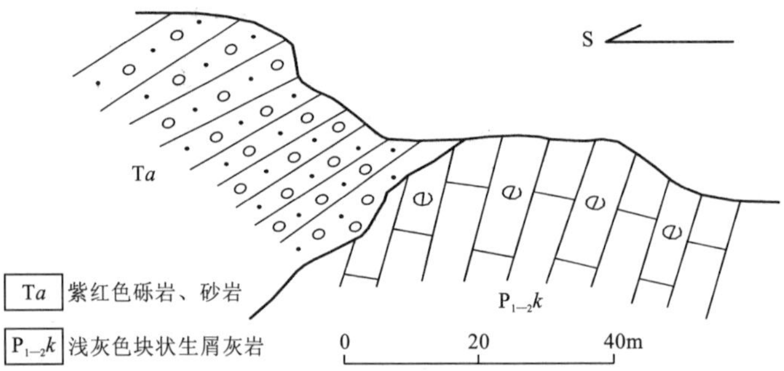

图 2－35　于田县西平沟西阿他木帕下组与空喀山口组角度不整合关系素描图

(四)沉积环境及沉积相

图区内该组以紫红色粗碎屑岩为其主要特征，总体为炎热干燥气候环境下的陆相沉积。下部砾岩中砾石磨圆较好，成分复杂，砾岩和砂岩多为透镜状，与其下细粒岩石有明显的冲刷截切现象，侧向常尖灭相变(图 2－36)，砂岩中发育大型交错层理，层系交角可达 40°，为河流相沉积。上部砾岩中砾石磨圆、分选均差，不显层理，为近源快速堆积的洪积、坡积物。

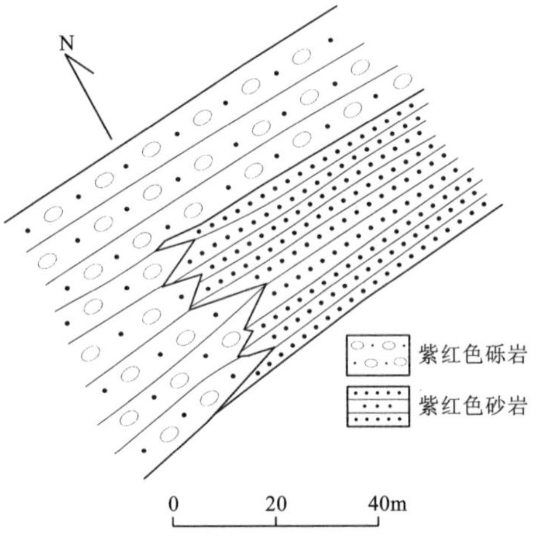

图 2－36　阿他木帕下组砾岩与砂岩相变关系素描图

二、邦达错组(T_1b)

该组为本次地调工作新命名的岩石地层单位，定义为出露于甜水海陆块上的一套杂色海相地层，可分为上、下两段：下段岩性以紫红—灰黄色泥岩、鲕粒灰岩、白云质灰岩、微晶灰岩为主夹少量砂质灰岩；上段岩性为灰色薄层状微晶灰岩夹泥质灰岩，与下伏空喀山口组为平行不整合接触，时代为早三叠世。

测区内该组未见顶，主要见于甜水海陆块北缘邦达错北一带，面积约 70km²，位于复式背斜翼部。

(一)地层描述

以西藏日土县邦达错北剖面为例(图 2－37)，剖面位于背斜北翼，地层总体倾向北西，单斜，变形弱，基本未变质。剖面上该组与下伏空喀山口组($P_{1-2}k$)为平行不整合接触(图 2－16)，可进一步分为上、下两个岩段。

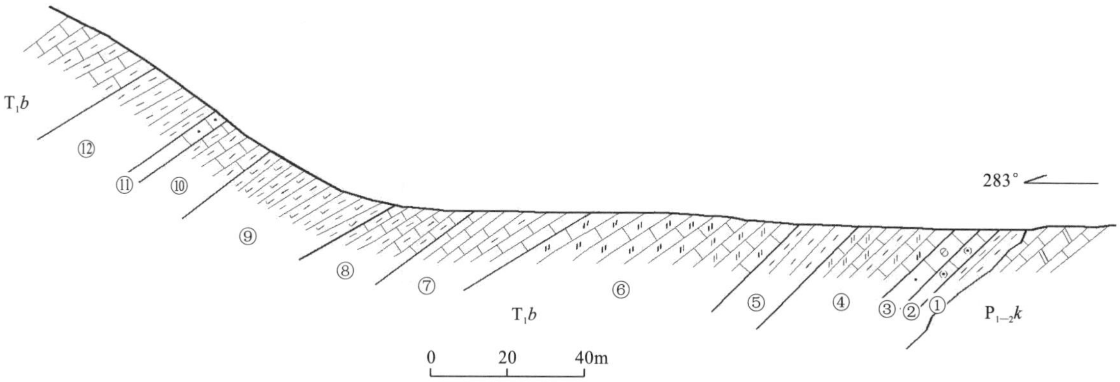

图 2-37 日土县邦达错北邦达错组实测剖面图

邦达错组(T_1b)

（未见顶）

上段

薄层状泥质灰岩（透镜状层理、冲刷面、斜层理发育）	>63.8m

——————整 合——————

下段

⑫薄层状土黄色泥岩	17.4m
⑪灰色—紫红色砂质灰岩（腹足类化石）	3.5m
⑩紫红色微晶灰岩	13.6m
⑨灰黄色钙质泥岩夹薄层泥灰岩	40.0m
⑧泥灰岩夹薄层泥岩（波痕、双壳类、腹足类）	9.5m
⑦杂色粉晶灰岩夹薄层泥灰岩（双壳类、腹足类）	18.9m
⑥紫红—灰黄色细晶白云质灰岩	24.8m
⑤深灰—灰黄色泥岩	9.4m
④灰黄—紫红色细晶白云质灰岩夹少量泥岩	18.1m
③浅灰—灰黄色含生屑、砂屑灰岩（腕足类、腹足类、珊瑚）	4.6m
②灰黄—紫红色亮晶鲕粒灰岩	3.5m
①灰绿色—紫红色泥岩	3.5m

---------- 平行不整合 ----------

空喀山口组($P_{1-2}k$)灰色灰岩、白云岩

下段：厚度156.8m，和下伏地层为平行不整合接触。该段岩石组合以一套细碎屑岩为主，以紫红—土黄色为其主要外观特征，岩性有泥岩、鲕粒灰岩、白云质灰岩、微晶灰岩、少量泥灰岩。泥岩、泥灰岩中见大量双壳类、珊瑚、腹足类化石，化石含量可达30%～40%。泥灰岩顶面发育波痕（图版Ⅰ,1）。相当于6级旋回的基本层序由鲕粒灰岩、生屑灰岩、泥质灰岩构成或细晶白云岩、泥质灰岩、泥岩构成，均为向上变深的海进旋回（图版Ⅳ,3）。相当于5级旋回的基本层序共可识别出5个，亦为海进旋回。从沉积物特征及生物组合判断该组为炎热干燥气候条件下的滨岸相生物碎屑滩沉积物。

上段：与下段为岩性渐变关系，剖面上未见顶，厚度大于63.8m。岩性为一套浅海—陆表海相灰岩、泥质灰岩等。该段由灰岩和泥质灰岩组成的灰泥韵律较为清楚，灰岩中楔状层理、脉状透镜状层理发育，局部层间见冲刷面，为浅海—潮坪沉积。

（二）地球化学特征及含矿性

该群碳酸盐岩微量元素含量见表2-18，由表中可见该组微量元素含量变化均较大，其中Sr为148.1～1 568ppm，Rb为3.83～31.36ppm，Ba为22.87～111.0ppm，Th为0.50～3.06ppm，Sc为0.80～9.00ppm，Co为0.94～13.09ppm，Ni为3.72～25.38ppm，U为0.33～5.26ppm。其均值与地壳克拉克值相比，除Sr、Th、Ni、U略小外其余均明显偏大，显示微量元素总体富集特征。

表 2-18 邦达错组碳酸盐岩微量元素含量特征一览表 ($\times 10^{-6}$)

序号	样品号	岩石名称	Sr	Rb	Ba	Th	Ta	Nb	Zr	Hf	Sc	Cr
1	D3188/2G	微晶灰岩	148.1	3.83	22.87	0.50	0.07	1.24	26.40	0.34	9.00	27.87
2	D3188/5G	白云质灰岩	1 568	11.01	32.97	0.58	0.07	5.50	16.72	0.26	2.28	29.95
3	D3188/8G	微晶灰岩	583.5	27.31	40.63	2.53	0.17	4.92	48.47	0.88	8.31	29.28
4	D3188/9G	砂质灰岩	279.1	12.63	111.0	1.21	0.04	3.32	15.62	0.26	0.80	30.56
5	D3188/11G	微晶灰岩	166.2	31.36	60.81	3.06	0.10	4.18	64.74	1.20	6.23	55.68
平均值			548.98	17.22	53.66	1.58	0.09	3.83	34.39	0.59	5.32	34.67
碳酸盐岩平均值(涂和费)			610.0	3.00	10	1.70	0.0n	0.3	19.00	0.30	1.00	11.00
序号	样品号	岩石名称	Co	Ni	V	Ga	U	Au(ppb)	Ag	Cu	Pb	Zn
1	D3188/2G	微晶灰岩	10.26	18.46	31.99	9.01	5.26	0.30	0.03	20.38	14.85	47.43
2	D3188/5G	白云质灰岩	10.96	18.59	28.97	20.90	0.39	0.00	0.02	10.62	4.93	32.13
3	D3188/8G	微晶灰岩	9.59	11.04	28.83	9.64	1.19	0.70	0.03	21.41	14.83	21.74
4	D3188/9G	砂质灰岩	0.94	3.72	18.06	17.10	0.33	0.00	0.02	1.77	0.57	22.12
5	D3188/11G	微晶灰岩	13.09	25.38	45.70	9.38	2.57	0.50	0.06	40.71	12.74	39.09
平均值			8.97	15.44	30.7	13.21	1.95	0.3	0.03	18.98	12.00	32.5
碳酸盐岩平均值(涂和费)/地壳克拉克值			0.10	20.00	20.00	4.00	2.20	4.00	0.08	63.00	12	94.00

主要成矿元素 Au、Ag、Cu、Pb、Zn 等未见富集(矿化),其中 Cu、Pb 含量变化较大,分别为 1.77～40.71ppm 和 0.57～14.85ppm。其均值与地壳克拉克值相比,除 Pb 外其余均明显偏低。其中 Au 有两个样品低于检出线,最高 0.7ppb,与克拉克值相差一个数量级,显示明显低背景值,可能已经过富集提取。

(三)地层时代及沉积相

剖面上邦达错组下段采双壳类化石,经中国地质大学(北京)王训练教授(2001)鉴定有 *Claraia*(Hauer),*Promyalina*(Bittner)等,其中 *Claraia* 时代仅限于早三叠世,上段未见化石,故该组时代可能延续至中三叠世。

该组下段主要由灰黄色—紫红色的泥岩、泥灰岩、白云岩、鲕粒灰岩组成,沉积物的紫红—灰黄色等颜色及其大量的淡水双壳类化石、波痕(图 2-38)等为滨岸(湖相)相特征,而白云岩、鲕粒灰岩则为潮坪相特征,该段应为炎热干燥气候条件下的潮坪—滨岸相沉积。

该组上段由灰岩、泥质灰岩组成,灰岩中发育透镜状层理、冲刷面(图 2-39)、小型斜层理等,为滨岸高能环境的产物。

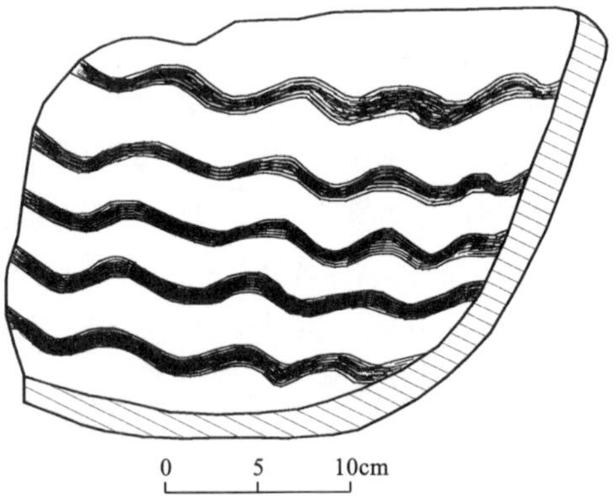

图 2-38 邦达错组灰岩中波痕素描图

邦达错组在测区内甜水海陆块上广泛出露,该组时代相当于郭铁鹰等(1980)在多玛东南命名的欧拉群,层位上位于西侧河尾滩群(中三叠世)之下。西部林济塘—河尾滩一带未见下三叠统地层,中三叠统主要为砂岩、砾状砂岩夹砂质砾岩,平行不整合于中二叠统之上,未见任何化石;在甜水海附近则为灰岩、放射虫硅质岩及片理化粉砂岩;在三岔口一带为玄武玢岩夹灰岩和硅质岩。综上所述,我们认为早三叠世在藏北仅存在邦达错—托和平错—万泉湖沉积盆地,中三叠世增添河尾滩—林济塘沉积盆地,晚三叠世二者连为一体,形成贯通东西的狭窄大洋。羌塘北缘中三叠世时构造活动西强东弱,沉积水位西深东浅。

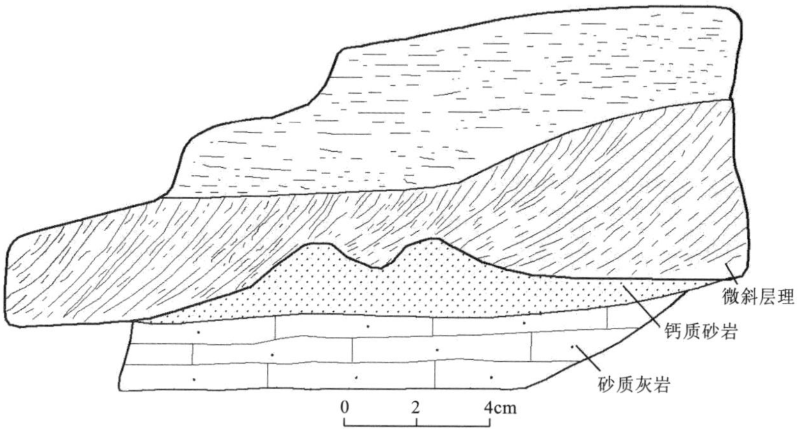

图 2-39　邦达错组中冲刷面及微斜层理手标本素描图

三、巴颜喀拉山群(TB)

1961 年由北京地质学院创建该群，青海区调队 1970 年在《1∶100 万玉树幅区域地质调查报告》中对该群作了介绍，时代为早—晚三叠世。西藏区调队(1986)引用巴颜喀拉山群一名，时代限定为晚三叠世。《西藏自治区岩石地层》(1997)沿用其名，指分布于可可西里—巴颜喀拉山地区的一套厚度巨大、几乎全由砂岩、板岩组成的地层，时代为三叠纪，本次工作沿用该名及划分。

测区内该套地层日土幅 1∶100 万区调工作(1986)将其划为石炭系古里雅岩群，但无时代依据。本次工作认为其与巴颜喀拉山群完全一致，是藏北高原最具特色、也是唯一可贯通东西的地质体。区内该群与其北的黄羊岭岩群为断层接触，南以郭扎错断裂为界，呈近东西向展布，最宽处可达 50km，面积约 2 488km^2。该群总体为一套复理石建造，岩石以砂岩为主，次为粉砂岩、板岩和灰岩，以深灰色、细粒、多级别韵律层发育为其主要特征。自下而上可进一步划分为片石山砂岩组、黄羊沟组、胜利梁组和多叉河组等。

(一)地层描述

区内该群总体为一复式北倾南倒的向斜构造。以西藏日土县郭扎错北实测剖面为例(图 2-40、图 2-41、图 2-42、图 2-43)，剖面上该群顶、底未见，出露厚度 8 139.27m。

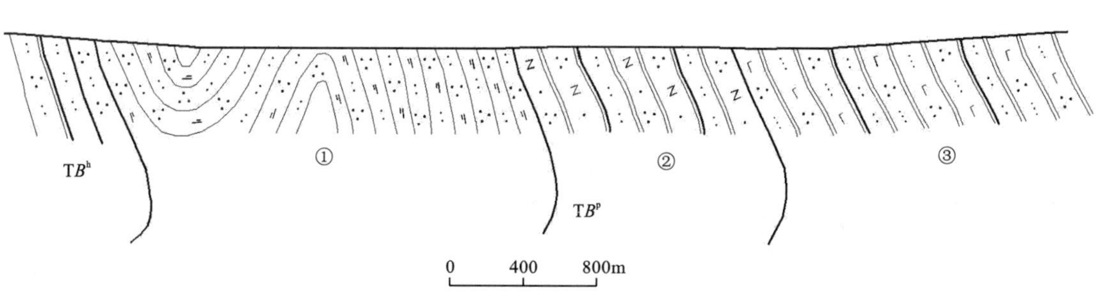

图 2-40　日土县郭扎错巴颜喀拉山群片石山砂岩实测剖面图

黄羊沟组(TB^h)

灰色中厚层状变钙质石英砂岩夹(互)深灰色板状变细粒石英砂岩　47.14m

——————整合或侧向相变——————

片石山砂岩(TB^p)　**1 752.94m**

①深灰色变钙质细粒石英砂岩夹少量粉砂质板岩　562.38m

②灰色中—厚层状长石石英细砂岩夹(互)粉砂质板岩	432.19m
③深灰色钙质长石石英细砂岩夹粉砂质板岩	758.37m

(未见底)

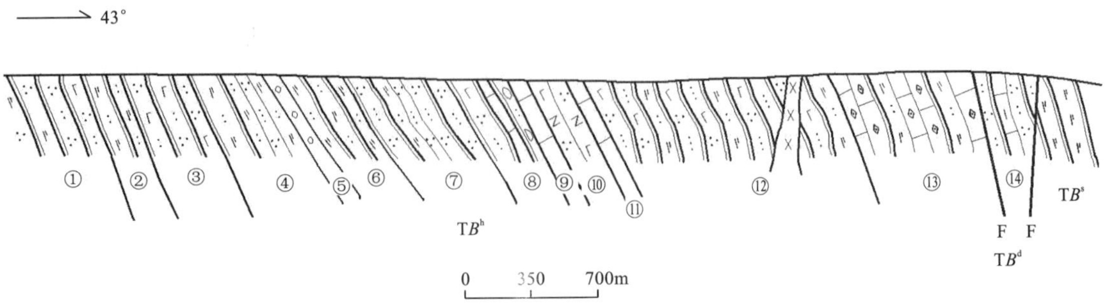

图 2-41　日土县郭扎错巴颜喀拉山群黄羊沟组实测剖面图

上覆:胜利梁组(TB^s)深灰色含粉砂质绢云母板岩

═══════ 断　层 ═══════

黄羊沟组(TB^h)	**3 281.94m**
⑭紫红—灰黄色板状变石英粉砂岩夹变白云质石英粉砂岩	230.41m
⑬灰色厚层状细晶砂质灰岩夹(互)粉砂质板岩	693.95m
⑫灰色中—厚层状变质细粒石英砂岩夹(互)粉砂质绢云母板岩	618.8m
⑪灰—深灰色中—薄层状粉晶灰岩	30.44m
⑩灰色中—厚层状变细粒含钙长石石英砂岩夹(互)粉砂质板岩	158.43m
⑨深灰色厚层状粉晶灰岩	51.00m
⑧灰色中—薄层状变细粒钙质石英砂岩夹粉砂质绢云母板岩	254.99m
⑦灰色中—厚层状变细粒石英砂岩夹粉砂质绢云母板岩	388.79m
⑥深灰色粉砂质绢云母板岩夹中—薄层状石英砂岩	132.22m
⑤深灰色厚层状灰质砾岩	8.28m
④深灰色粉砂质绢云母板岩夹薄—中层状石英细砂岩	365.39m
③灰色中—厚层状变钙质石英砂岩	208.76m
②深灰色粉砂质绢云母板岩	93.34m
①灰色中厚层状变钙质石英砂岩夹(互)深灰色板状变细粒石英砂岩	47.14m

———— 整合或侧向相变 ————

片石山砂岩(TB^p):深灰色变钙质细粒石英砂岩夹少量粉砂质板岩

(未见底)

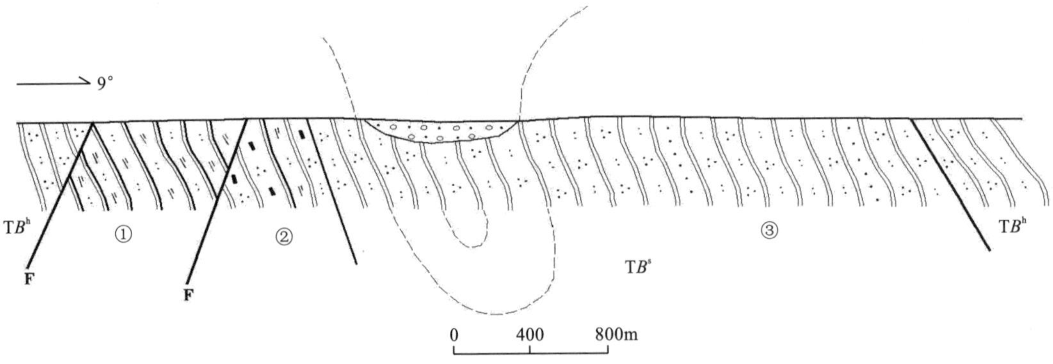

图 2-42　日土县郭扎错巴颜喀拉山群胜利梁组实测剖面图

黄羊沟组(TB^h)中细粒石英砂岩夹粉砂质板岩

断 层

胜利梁组（TB^s） **2 395.31m**

③深灰色粉砂质板岩偶夹薄层石英砂岩 1 556.21m

②深灰色粉砂质板岩夹薄层石英细砂岩 625.83m

①深灰色粉砂质板岩偶夹薄层石英砂岩 213.27m

断 层

黄羊沟组（TB^h）灰色中厚层状变中细粒岩屑石英砂岩夹粉砂质绢云母板岩

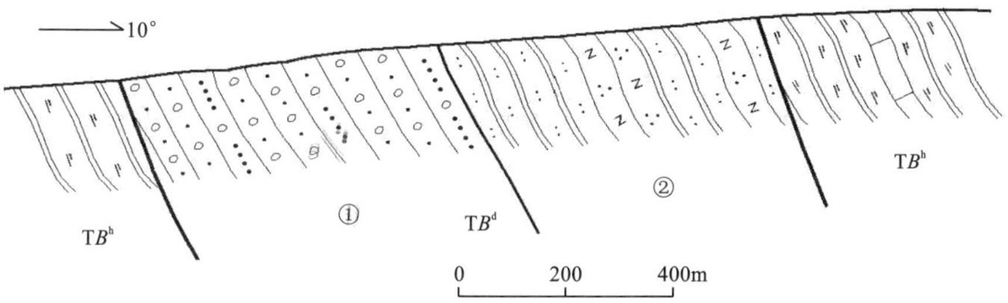

图 2－43 日土县片石山东多叉河组路线剖面图

黄羊沟组（TB^h）绢云母板岩夹灰岩

断 层

多叉河组（TB^d）

②粉砂质板岩夹紫红色长石石英砂岩

①紫红色砾岩

断 层

黄羊沟组（TB^h）绢云母板岩

片石山砂岩：图 2－40 剖面上出露厚度 1 752.94m，岩性为灰—深灰色变钙质细粒石英砂岩夹粉砂质板岩，砂岩中常见有粒序层，在横向上多为透镜体夹于黄羊沟组中，与黄羊沟组为横向相变关系。对下伏地层有显著的交切现象，片石山一带最为典型，航片显示明显。可能属水道-海底扇沉积。

黄羊沟组：图 2－41 剖面厚度为 3 991.52m，岩性以灰色细粒石英砂岩、细粒含钙长石石英砂岩、粉砂质绢云母板岩、粉晶灰岩为主，局部夹少量的深灰色厚层状灰质砾岩及紫红色变石英粉砂岩、白云质石英粉砂岩等。该组中由砂岩-板岩或砂岩-板岩-灰岩构成的韵律极为清楚（图 2－44），单个韵律一般厚 5～10m，为一套典型的复理石建造。

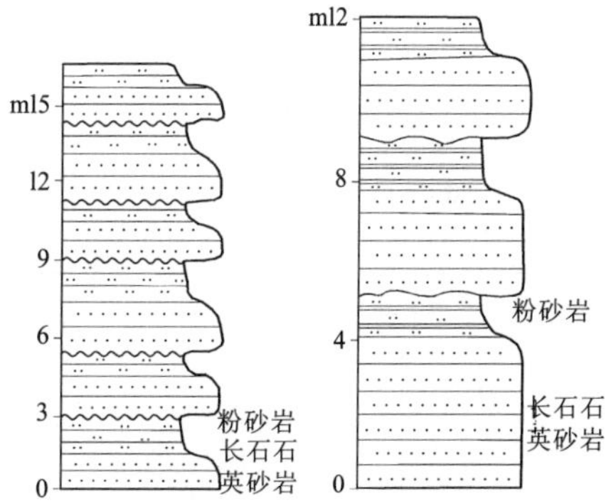

图 2－44 巴颜喀拉山群中由长石石英砂岩和粉砂岩组成的韵律结构图

胜利梁组：图 2－42 剖面厚度 2 395.31m，岩石主要为深灰色粉砂质板岩（图版Ⅳ，5，6），偶夹薄层石英细砂岩。该组以泥质沉积岩类为主，其环境可能为深水斜坡相。

多叉河组：见图 2－43，该组仅分布于胜利梁—片石山东一带，呈狭窄的带状，出露宽度 300～600m。岩性主要为紫红色复成分角砾岩、含砾砂岩、粉砂质板岩、长石石英砂岩等。砾石成分复杂，有石英岩屑、石英砂屑、灰岩岩屑、粉砂岩屑等，磨圆度和分选均差，胶结物为与角砾成分相同的细小岩屑和方解石。砾岩特征反映为滑塌砾岩成因类型。

该群经历了低绿片岩相区域变质和较强烈的构造变形，但原岩性质明确，原始层理也大多保存。通过沉积韵律和层理-劈理关系能够识别原始层序，该群构成一北倾南倒的复杂同斜向斜构造，但有逆冲岩片构造叠加改造。

在顺利达坂西侧的胜利梁组中夹一层强蚀变杏仁状玄武岩（图版Ⅳ，4），岩石呈灰绿色，有两层火山熔岩和两层沉凝灰岩（图 2－45），熔岩具气孔-杏仁构造。从火山喷发韵律判断地层北倾正常。

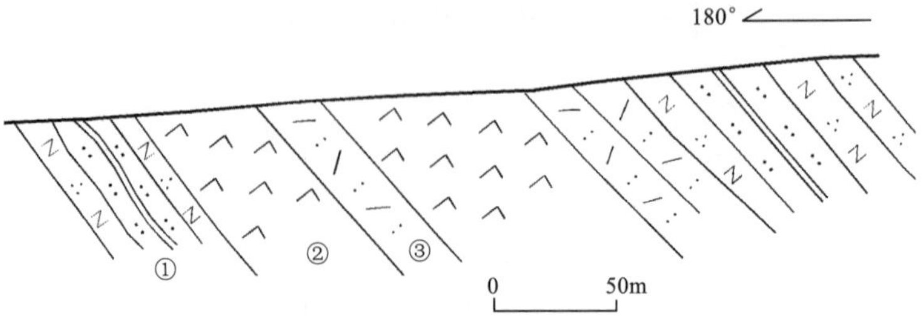

图 2-45　顺利达坂西巴颜喀拉山群中火山岩夹层素描图

①长石石英砂岩夹粉砂质板岩；②玄武岩；③沉凝灰岩

(二)地球化学特征及构造背景探讨

1. 岩石化学特征

该群中砂岩岩石化学分析结果见表 2-19，由表中可见岩石各化学组分含量变化均较大，SiO_2、Al_2O_3、CaO 等明显偏高，MnO、TiO_2、P_2O_5 等含量偏低。SiO_2 含量 66.51%～75.60%，Al_2O_3 含量 8.1%～11.15%，CaO 含量 1.71%～13.07%，MnO 含量 0.05%～0.13%，TiO_2 含量 0.45%～0.58%，P_2O_5 含量 0.17%～0.22%。一般 FeO>Fe_2O_3、CaO>MgO，K_2O/Na_2O 在 0.95～1.10 之间。砂岩的特征参数列于表中，由表中可见，与不同构造环境沉积盆地中的砂岩相比较，数值较为接近于活动陆缘。在 TiO_2-(Fe_2O_3* +MgO)判别图(图 2-46)中，两个样品均落入活动陆缘或陆内裂谷、弧后盆地中；在 Roser (1986)的 K_2O/Na_2O-SiO_2 判别图解中(图 2-47)，样品均落入活动陆缘区。由此可见，巴颜喀拉山群形成于活动陆缘区的拉张构造背景。

表 2-19　巴颜喀拉山群中碎屑岩化学分析结果一览表($\times 10^{-2}$)

样品号	岩石名称	SiO_2	Al_2O_3	Fe_2O_3	FeO	CaO	MgO	MnO	TiO_2	P_2O_5	Na_2O	K_2O	Loi	SUM
D732/2GS	石英砂岩	66.51	8.10	0.38	2.63	8.39	1.91	0.05	0.45	0.17	1.74	1.65	8.14	100.12
D733/3GS	钙质石英砂岩	75.60	11.15	0.21	2.47	1.71	0.98	0.07	0.58	0.22	2.44	2.22	2.36	99.97
D742/1GS	钙质石英砂岩	68.93	8.13	1.12	2.54	13.07	2.73	0.13	0.54	0.17	1.45	1.49	0.04	100.33

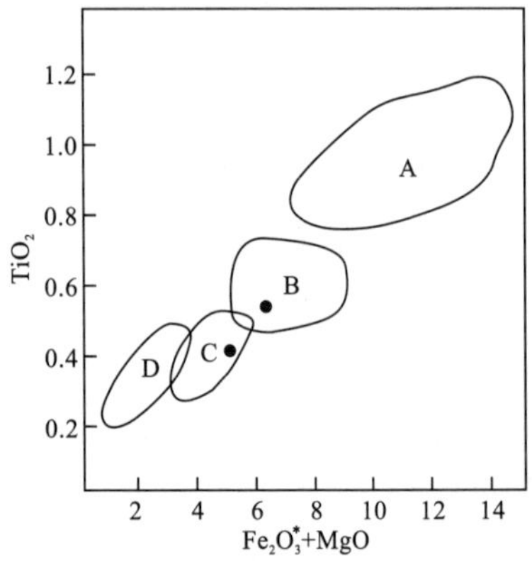

图 2-46　TiO_2-($Fe_2O_3^*$ +MgO)判别图

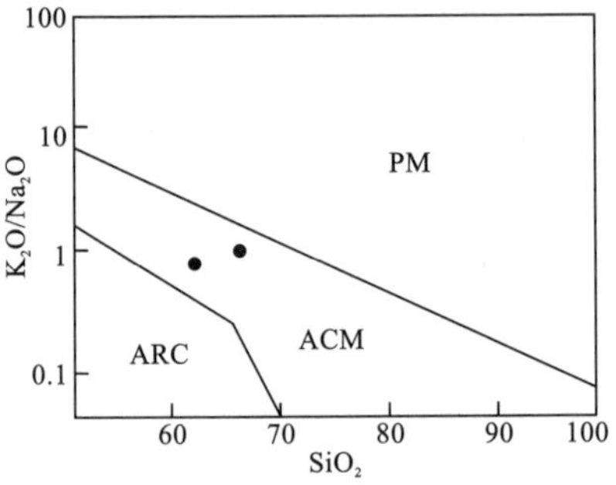

图 2-47　K_2O/Na_2O-SiO_2 判别图

2. 微量元素特征

巴颜喀拉山群中岩石的微量元素含量见表 2-20，由表中可见岩石微量元素含量变化均较大。其中碎屑岩的 Sr 为(52.73～1 068)$\times 10^{-6}$，Ba 为(92.42～600.9)$\times 10^{-6}$，Sc 为(0.68～26.52)$\times 10^{-6}$，Ni 为(15.89～101.4)$\times 10^{-6}$。其均值与地壳克拉克值相比，大离子活泼元素 Sr、Rb、Ba、Th、Ta、Nb、Zr 等明显偏小，显示亏损，而过渡性不活泼元素 Sc、Co、V、Ga 等含量偏高，显示略富集。微量元素特征表明该群碎屑岩物源较复杂。

表 2－20　巴颜喀拉山群中碎屑岩微量元素含量特征一览表（$\times 10^{-6}$）

序号	样品号	岩石名称	Sr	Rb	Ba	Th	Ta	Nb	Zr	Hf	Sc	Cr	Co	Ni	V	Ga	U	Au (ppb)	Ag	Cu	Pb	Zn
1	D731/1G	石英砂岩	155.8	21.47	135.1	8.19	0.02	5.88	50.15	1.51	3.12	69.38	12.28	23.66	65.77	21.84	1.35	0.00	0.03	52.19	19.55	59.54
2	D731/3G	板岩	65.77	98.54	670.6	13.26	0.13	9.42	80.42	2.51	17.16	103.0	22.11	34.48	139.0	32.40	1.92	0.10	0.03	101.7	36.28	67.48
3	D731/5G	板岩	70.51	101.7	429.6	18.03	0.49	16.51	70.75	2.04	26.52	128.4	39.50	101.4	200.7	43.46	0.99	0.20	0.02	54.85	52.11	122.9
4	D732/1G	灰质砾岩	1 068	13.70	92.42	3.26	0.04	4.51	26.22	0.47	0.68	38.51	10.58	15.89	41.92	28.23	1.47	0.10	0.01	24.77	14.70	48.77
5	D734/2G	绢云母板岩	69.32	93.17	328.3	13.16	0.18	11.90	69.22	2.10	17.94	92.30	69.32	93.17	328.3	13.16	0.18	11.90	69.22	2.10	17.94	92.30
6	D735/1G	石英粉砂岩	52.73	54.24	190.4	6.26	0.19	8.97	23.48	0.52	14.82	56.85	27.03	48.68	105.0	25.00	0.44	0.00	0.02	35.38	37.31	69.75
7	D736/2G	岩屑石英砂岩	209.2	51.57	222.0	10.89	0.04	5.56	53.21	1.61	15.60	95.36	20.60	35.16	77.02	25.86	1.75	0.00	0.02	44.23	30.14	54.06
8	D740/1G	石英粉砂岩	173.6	74.15	420.3	9.94	0.34	8.92	42.11	1.16	11.70	79.77	26.84	39.89	90.31	29.81	0.93	0.10	0.02	50.42	39.10	64.46
9	D740/3G	板岩	88.88	109.2	600.9	12.61	0.53	13.46	71.20	2.41	22.62	118.3	41.96	64.91	161.2	52.80	1.60	0.10	0.08	49.54	57.12	88.84
10	D742/2G	细砂岩	239.4	43.77	214.1	9.19	0.07	8.87	37.72	0.88	15.60	91.08	27.97	48.68	84.17	38.58	1.41	0.00	0.02	40.69	34.58	57.27
平均值			219.3	66.15	330.37	10.48	0.2	9.4	52.45	1.52	14.58	87.29	29.82	50.59	129.34	31.11	1.2	1.25	6.95	45.59	33.88	72.54
地壳克拉克值			340.0	150.00	650	13.00	2.50	20	170.00	1.00	10.00	83.00	18.00	58.00	90.00	19.00	2.50	4.00	0.08	63.00	12.00	94.00

碳酸盐岩微量元素含量见表 2－21，除 Sr、Nb、Ni 外，其余变化均不大，其中 Sr 为（223.9～1 051）$\times 10^{-6}$，Nb 为（1.58～6.65）$\times 10^{-6}$，Ni 为（4.86～22.41）$\times 10^{-6}$。其均值与碳酸盐岩平均值（涂和费）相比除 Ni、U 略偏低外，其余均明显偏高，显示微量元素明显富集。

表 2－21　巴颜喀拉山群中碳酸盐岩微量元素含量特征一览表（$\times 10^{-6}$）

序号	样品号	岩石名称	Sr	Rb	Ba	Th	Ta	Nb	Zr	Hf	Sc	Cr
1	D732/3G	细晶灰岩	968.1	22.44	74.13	1.51	0.07	1.58	24.51	0.40	4.15	19.37
2	D732/6G	粉晶灰岩	1 051	29.68	141.5	2.45	0.05	2.35	40.19	0.70	4.85	22.55
3	D735/3G	泥质灰岩	223.9	29.52	87.44	4.03	0.21	6.65	40.53	1.04	6.92	28.58
平均值			747.67	27.21	101.02	2.67	0.11	3.53	35.07	0.71	5.31	23.5
碳酸盐岩平均值（涂和费）			610.0	3.00	10	1.70	0.0n	0.3	19.00	0.30	1.00	11.00
序号	样品号	岩石名称	Co	Ni	V	Ga	U	Au(ppb)	Ag	Cu	Pb	Zn
1	D732/3G	细晶灰岩	4.46	10.55	18.49	7.82	1.29	1.20	0.03	14.16	8.53	23.22
2	D732/6G	粉晶灰岩	6.62	4.86	25.88	7.83	1.40	0.60	0.03	16.49	10.79	31.96
3	D735/3G	泥质灰岩	13.23	22.41	59.20	7.14	0.55	0.40	0.03	20.90	11.72	36.00
平均值			8.1	12.61	34.52	7.6	1.07	0.73	0.03	17.18	10.35	30.39
碳酸盐岩平均值（涂和费）/地壳克拉克值			0.10	20.00	20.00	4.00	2.20	4.00	0.08	63.00	12.00	94.00

3. 主要成矿元素特征

该群中主要成矿元素 Au、Ag、Cu、Pb、Zn 等均未见明显富集（矿化），含量总体变化较大。碎屑岩中有一个样品 Au、Ag 异常高，分别为 11.9ppb 和 69.22ppm，但 Cu 偏低，仅为 2.10ppm。碎屑岩主要成矿元素含量均值与地壳克拉克值相比，除 Ag 明显偏高（有异常高值）外，其余均相差不大。值得注意的是绝大多数样品 Au 含量与克拉克值相差甚远（1～2 个数量级），显示明显的低背景，Pb 含量普遍偏高，利于成矿。

碳酸盐岩中成矿元素含量均较低，其均值均低于地壳克拉克值，其中 Au、Cu 相差较远，显示明显的低背景。

(三)时代讨论

测区内该套地层未见化石,所夹火山岩中气孔-杏仁构造发育,无法采集同位素年龄样,故目前尚无直接时代依据。但该套地层无论是沉积建造、沉积相环境还是变质变形特征,均与巴颜喀拉区的巴颜喀拉山群完全一致,两者完全可以对比。巴颜喀拉山群中产 Carnian - Norian 阶下部双壳类及植物化石,时代可延至晚三叠世。据此我们将其时代置于三叠纪。

(四)沉积相分析

片石山砂岩岩性为灰—深灰色变钙质细粒石英砂岩夹粉砂质板岩,砂岩中常见有粒序层,在横向上多为透镜体夹于黄羊沟组中,与黄羊沟组为横向相变关系,对下伏地层有显著的交切现象,可能属水道沉积。黄羊沟组岩性以灰色细粒石英砂岩、细粒含钙长石石英砂岩、粉砂质绢云母板岩、粉晶灰岩为主,局部夹少量的深灰色厚层状灰质砾岩及紫红色变石英粉砂岩、白云质石英粉砂岩等。该组中由砂岩-板岩或砂岩-板岩-灰岩构成的韵律极为清楚,砂岩结构、成分成熟度较低,具快速堆积特征。为一套典型的复理石建造。胜利梁组岩性主要为深灰色粉砂质板岩,偶夹薄层石英细砂岩,该组以泥质沉积岩类为主,应为较深水的斜坡相沉积。多叉河组出现较多砾岩,有些为紫红色,可能为陆相,应是巴颜喀拉海槽最晚期陆相沉积。

该群中砂岩的粒度参数见表 2 - 22,由表中可以看出,粒度平均值 M 为 3.233～4.071,属细砂岩类;标准差 SD 为 0.656 6～1.015,表明分选中等;偏度 SK 为 0.176 2～6.051,表明频率曲线为不对称的正偏—正极偏,粒度主要集中在较粗部分;尖度 K 为 2.754～5.658,反映峰态很窄—极窄。正态累积概率曲线及频率曲线如图 2 - 48、图 2 - 49 所示,频率曲线范围较大,较平坦,不对称双峰特征明显,反映沉积物粒度范围较大,沉积物呈混合状态,为不稳定环境下快速堆积的特点。累积概率曲线有 3 种形式,A 由 3 个总体组成,即牵引总体、跳跃总体和悬浮总体,它们斜度均不大,表明分选均较差;B 由牵引总体和跳跃总体组成;C 由跳跃总体和悬浮总体组成。3 种形式均以悬移组分为主。该群砂岩的累积概率曲线与浊积岩曲线特征一致,故其应形成于较深水的复理石海槽环境。

表 2 - 22 巴颜喀拉山群粒度分析参数一览表

样号 / 粒度参数	D732/1L	D732/2L	D732/3L	D732/4L	D742/3L	D742/4L	D742/5L	D742/6L	D742/7L
平均值 M	3.849	3.535	3.717	3.742	3.347	3.393	3.303	3.878	3.666
标准差 SD	0.703 6	0.876 0	0.922 7	0.810 2	0.881 7	0.855 2	1.015	0.656 6	0.696 5
偏度 SK	0.516 9	0.539 0	6.051	0.510 1	0.582 3	0.772 7	0.771 2	0.356 9	0.238 7
尖度 K	3.915	3.648	2.754	3.109	3.556	4.24	4.019	3.541	3.673

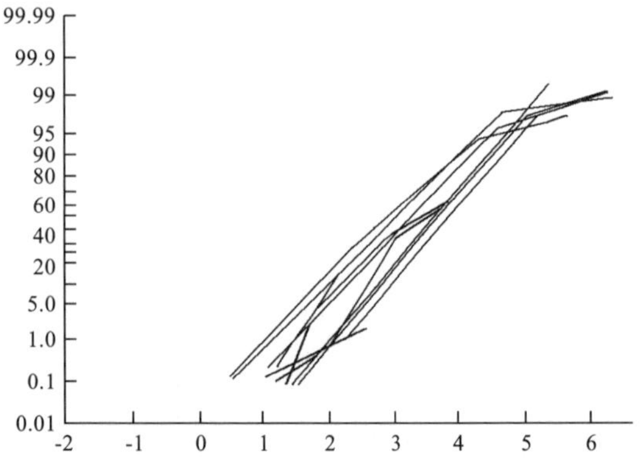

图 2 - 48 巴颜喀拉山群砂岩粒度分布正态累计概率曲线图

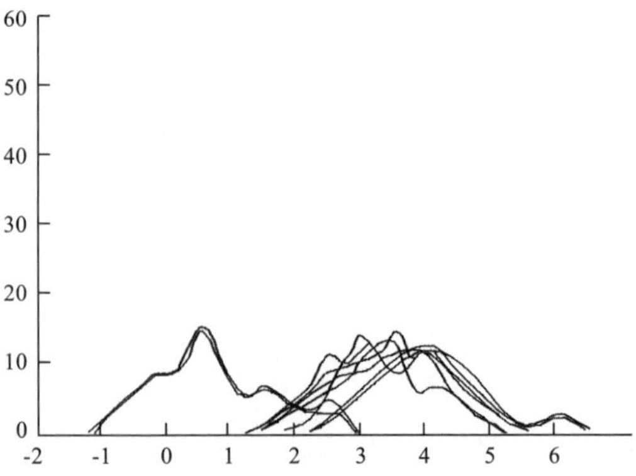

图 2 - 49 巴颜喀拉山群砂岩粒度分布频率曲线图

四、叶尔羌群($J_{1-2}Y$)

泰拉(1932)曾将塔里木盆地西南至昆仑山一带的一套含煤岩系命名为叶尔羌群,其中包括部分二叠系地层。H.A别良耶夫斯基(1946)又将该套沉积命名为含煤岩系。地质部第十三大队(1957)在艾格留姆河工作时,将该群划为艾格留姆岩系。西北煤田地质局156队(1962)将相当艾格留姆岩系划为叶尔羌群。新疆区域地层表编写组(1981)将出露于托云、昆仑山、阿尔金山等地的一套湖沼相含煤岩系划为叶尔羌群,时代为早—中侏罗世,本次工作沿用该划分。

图区内该群仅在阿他木帕下一带出露,面积约16km^2,未见顶,与下伏阿他木帕下组及阿克苏岩群为断层接触,第四系火山岩及砂砾石层覆于其上。图区内该套地层与叶尔羌河群沉积相及地层特征非常相似,它们虽不属于同一地层区,但本次工作仍采用该名。

(一)地层描述

测区内该群主要为一套细碎屑岩,岩性主要为一套绿色砂岩、粉砂岩及板岩。砂岩为中—厚层状,具中—细粒结构,以长石砂岩为主,含较多的云母砂质。砂岩中常见板岩角砾,多数砾径为1～2cm,个别可达3～5cm。板岩为绿灰色,成分主要为粉砂质,板理极为发育,成页片状。砂岩中常含大量严重炭化了的植物茎、叶碎片化石。富集可成煤线,主体沉积环境应为湖泊-沼泽相沉积。

(二)时代讨论

区域上该群中产丰富的植物化石、孢粉及双壳类化石,时代从早侏罗世到中侏罗世晚期均有,故其时代应为早—中侏罗世,可进一步划分为下亚群(包括莎里塔什组、康苏组)和上亚群(包括杨叶组、塔尔尕组)。测区内该群出露面积过小,未采到有价值的化石,据岩性组合、沉积建造特征对比研究后统归为叶尔羌群。

五、铁隆滩群(K_2T)

该群由新疆地质局区测大队李双喜等(1972)创名,命名于新藏公路甜水海兵站东南阿克沙依湖。1979年中国科学院南京地质古生物研究所顾知微将该套地层的上部称铁隆滩群,时代为早白垩世。《西北地区区域地层表——新疆维吾尔自治区分册》(1981)沿用铁隆滩一名,时代为白垩纪。吴瑞忠等(1987)将该套地层分为下部砂岩组和上部灰岩组。本此工作对比研究后采用该名,时代定为晚白垩世。

测区内白垩系主要分布于郭扎错西及邦达错北一带,位于郭扎错断裂南的甜水海微陆块上,面积约65km^2。该群与月牙湖组为角度不整合接触,可分为两个岩组:下部砂岩组主要为紫红色砂岩、砂砾岩、砾岩等;上部灰岩组主要为粉红色生物灰岩、灰色细晶灰岩等。

(一)地层描述

图区内该群以西藏日土县拉竹龙北部出露最全(图2-50),剖面上未见顶,与其下月牙湖组灰岩为角度不整合接触(图2-51A、B),出露总厚度大于337.53m。

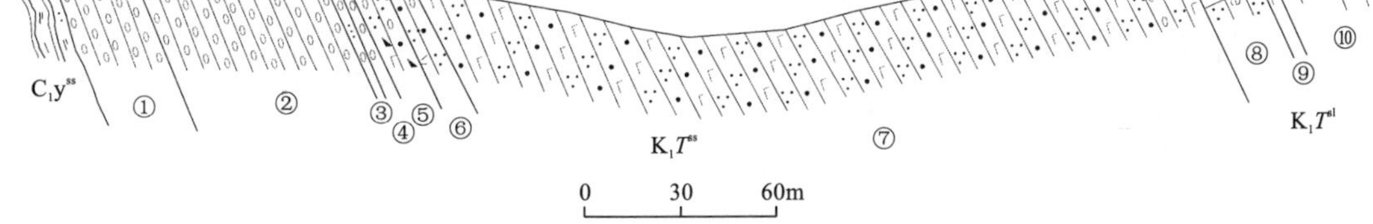

图2-50 日土县拉竹龙北白垩系铁隆滩群实测剖面图

（未见顶）

灰岩组（K_2T^{sl}）	**43.93m**
⑩灰黄色厚层状生屑、砂屑微晶生物灰岩，含生物珊瑚、头足类、海胆等	24.60m
⑨紫红色块状不等粒富钙质岩屑石英砂岩	1.76m
⑧浅灰黄色厚层状微晶砂屑灰岩	17.57m
————整　合————	
砂岩组（K_2T^{ss}）	**311.6m**
⑦紫红色厚层钙质砂岩，发育槽状交错层理	220.72m
⑥紫红色厚层状钙质含砾石英砂岩，发育大型交错层理	6.20m
⑤紫红色厚层状钙质含砾岩屑石英砂岩夹薄层状砾岩，偶见冲刷面构造	10.74m
④紫红色厚层状白云质砾岩	1.65m
③紫红色厚层状含砾砂岩	1.65m
②紫红色厚层状硅质、白云质砾岩韵律层	48.45m
①紫红色厚层状砾岩，局部夹含砾砂岩透镜体	22.19m
～～～～～角度不整合～～～～～	

月牙湖组（C_1y）灰色绢云母板岩

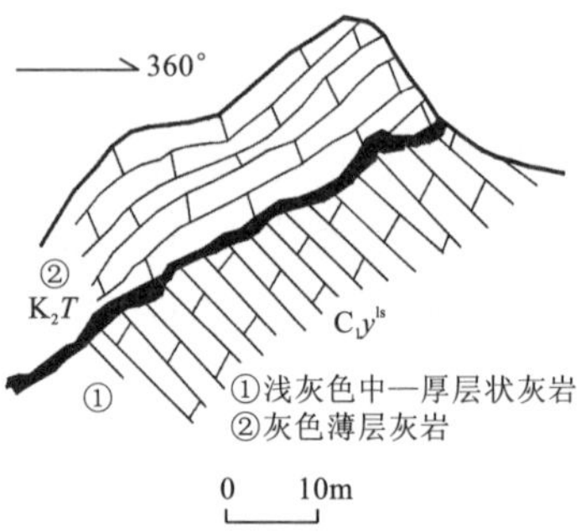

(A) 白垩系灰岩角度不整合于月牙湖组

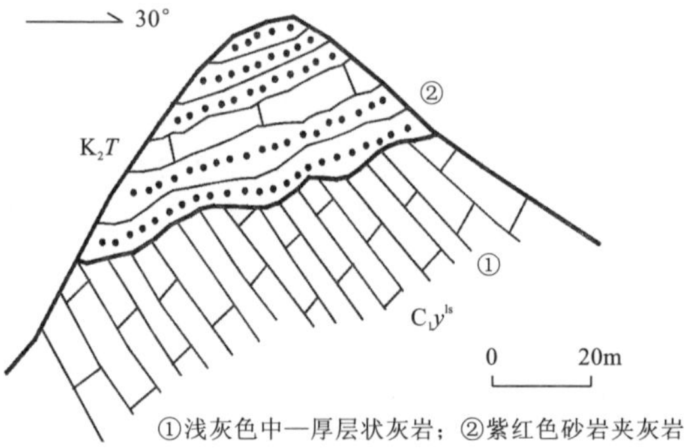

(B) 白垩系紫红色砂岩角度不整合于月牙湖组之上素描图(邦达错北)

图 2－51　白垩系与月牙湖组的角度不整合关系

砂岩组：剖面上砂岩组总体为一套陆相沉积，厚度约 293.6m。

岩石以紫红色为其主要外观特征，以钙质砂岩、含砾岩屑石英砂岩为主，夹少量白云质砾岩、硅质砾岩。地层中由砂岩和砾岩组成的韵律层清楚。该岩组下部以砾岩为主(图 2－52)，向上渐变为含砾砂岩、钙质砂岩。砾岩中砾石大小不等，一般2～5cm，最大可达 10cm，呈棱角—次棱角状，分选、磨圆均较差，胶结物为同成分的硅质、灰质、砂砾石岩屑及方解石等。砂岩组下部发育平行层理，中上部发育冲刷面构造、板状交错层理、槽状交错层理等。

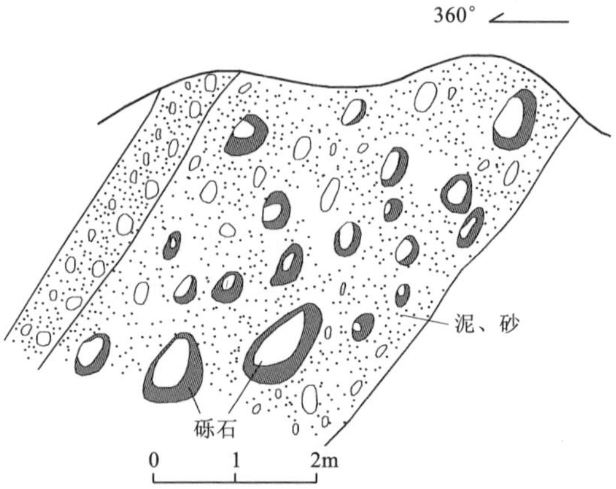

图 2－52　邦达错北铁隆滩群中砾岩素描图

灰岩组：剖面上厚度大于 43.93m。岩石以灰黄色厚层状生屑、砂屑微晶生物灰岩为主，下部夹紫红色钙质砂岩透镜体，与其下的砂岩组为整合渐变关系。灰岩中含大量的角石、珊瑚、蛤、海胆等化石。

(二)地球化学特征及含矿性

1. 岩石化学特征

该组灰岩化学分析结果见表 2－23，由表中可以看出岩石主要由 CaO 和 CO_2 组成，两者含量约占岩石的 95%。与碳酸盐岩平均值(涂和费)相比，SiO_2、MgO、MnO 明显偏低，而 CaO、K_2O 明显偏高，其他则相差不大，其中 Fe_2O_3＞FeO，K_2O＞Na_2O。表明岩石化学成分较纯，陆源碎屑加入较少。

表 2－23　铁隆滩群灰岩化学分析结果一览表（$\times10^{-2}$）

样品号	岩石名称	SiO_2	Al_2O_3	Fe_2O_3	FeO	CaO	MgO	MnO	TiO_2	P_2O_5	Na_2O	K_2O	CO_2	SUM
D4399/1CS	微晶砂屑灰岩	2.58	0.72	0.25	0.11	53.26	0.86	0.01	0.04	0.03	0.08	0.32	42.18	100.44
碳酸盐岩平均值(涂和费)		5.19	0.81	0.15	0.16	42.01	7.9	0.12	0.06	0.03	0.036	0.025	42.25	

2. 微量元素特征

该群陆相碎屑岩的微量元素含量见表 2－24，由表中可以看出该群微量元素含量变化均不大。其均值与地壳克拉克值相比，除 Hf、Ga 略大外，其余均明显偏小，微量元素普遍亏损，总量明显偏小。其中大离子活泼元素 Rb、Ba、Ta 含量相差 6～50 倍，微量元素特征表明该群碎屑岩物源较单一。

表 2－24　铁隆滩群碎屑岩微量元素含量特征一览表($\times10^{-6}$)

样品号	岩石名称	Sr	Rb	Ba	Th	Ta	Nb	Zr	Hf	Sc	Cr	Co	Ni	V	Ga	U	Au (ppb)	Ag	Cu	Pb	Zn
D4398/2G	岩屑石英砂岩	103.7	24.89	103.6	7.43	0.05	7.85	32.81	0.86	6.24	37.59	5.67	12.85	21.13	16.95	0.77	0.10	0.29	20.35	7.11	41.77
D4398/3G	砾 岩	162.3	24.68	92.88	9.28	0.06	6.95	38.70	1.01	6.24	36.07	3.78	10.14	33.40	18.61	0.86	0.00	0.03	0.00	10.26	61.81
D4398/4G	钙质石英砂岩	174.8	36.29	116.6	9.25	0.05	10.39	60.06	1.59	6.24	46.76	7.75	24.00	33.40	23.35	0.99	0.00	0.07	14.15	10.83	36.67
平均值		202	28.62	104.36	8.65	0.05	8.4	43.85	1.15	6.24	39.97	5.73	15.66	29.31	19.63	0.87	0.03	0.13	13.81	9.4	46.75
地壳克拉克值		340.0	150.00	650	13.00	2.50	20	170.00	1.00	10.00	83.00	18.00	58.00	90.00	19.00	2.50	4.00	0.08	63.00	12.00	94.00

3. 主要成矿元素特征

该群碎屑岩中主要成矿元素含量见表 2－24，由表中可见 Au、Ag、Cu 含量变化较大，其中 Au 为 0.00～0.10ppb、Ag 为 0.03～0.29ppm、Cu 为 0.00～20.35ppm，而 Pb 和 Zn 变化不大。其平均值与地壳克拉克值相比除 Ag 略大外，其余均明显偏低，表现为主要成矿元素背景值普遍偏低。三个样品中有两个 Au 含量低于检出线，另一个为 0.1ppb，Au 元素的异常低背景值可能预示在其他地方的富集成矿。

(三)地层时代

日土幅 1：100 万区调工作在白垩系剖面上(其中一条在本次工区内)灰岩组中采到大量化石，时代均为晚白垩世，将砂岩组置于早白垩世并无确切依据。中国科学院青藏高原综合考察队(2000)综合大量资料，将洛克宗山地层分区白垩系上统命名为铁隆滩群，并且自下而上划分为西洛克宗组、里田组、东洛克宗组。下统仅在西边喀拉山口一带少量出露，为一套含植物化石黑色页岩。我们详细对比后认为，测区白垩系应相当于西洛克宗组(包括砂岩组和灰岩组)。科考队在该组中采到丰富的固着蛤化石，有 Hippuritidae 科的 *Rhedensia*，*Vaccinites*；Biradiolitinae 亚科的 *Bournonia* 和 Radiolitinae 亚科的 *Medeella* 等。Hippuritidae 科的化石是晚白垩世 Turonian 期才出现的；Biradiolitinae 亚科及其 *Bournonia* 属也是 Turonian 期才出现的。Radiolitinae 亚科出现于较早的 Barremina 期，但 *Medeella* 属的时限为 Turonian 期至 Coniacina 期。综上所述，测区内铁隆滩群时代应为晚白垩世早期。

(四)横向变化及沉积相

铁隆滩群自喀拉山口—天文点(新疆境内),经阿克赛钦湖—郭扎错,到邦达错地区,平面上分布呈一舌形展露。上、下两段的地层结构总体较为稳定。测区内由郭扎错往东,该群中砂岩组厚度逐渐减薄,变形亦减弱,郭扎错附近厚度 293m,褶皱发育,在多叉河附近厚度仅 10 余米,地层近水平。

值得注意的是在郭扎错东砂岩组和灰岩组间见一层安山岩。安山岩厚 10～20m,风化面呈紫红色,具气孔-杏仁构造,该期火山活动在洛克宗山地层小区内未见前人报道,但在图区南狮泉河—多玛地区及克什米尔火山活动规模较大。说明在羌塘地块及其北缘白垩纪时,地壳活动相对剧烈。

测区内铁隆滩群砂岩组下部砾岩磨圆、分选均差,为河流相;上部钙质砂岩中冲刷面、交错层理、槽状交错层理发育,为河-湖泊相沉积;灰岩组以生物灰岩为主,含丰富的珊瑚、海胆、角石、双壳类(蛤)等化石,为浅海碳酸盐岩台地相沉积。

第六节　新生界

图区内新生界主要为第四系、新近系和古近系,有少量出露,主要分布于昆仑山脊及新生代断陷盆地中。区内新生界成因类型多种多样,既有冰川成因又有火山成因,既有冲洪积物又有湖沼沉积。形成时代从古新世到全新世,不同时代的沉积物特征明显,易于划分识别。对于成因类型较多样的第四系采用先按成因类型分大类,再按时代顺序细分的原则划分。新生界划分见表 2-25。

表 2-25　伯力克幅新生界划分表

系	统	冰碛物	冲洪积　湖沼堆积	火山岩
第四系	全新统	崇测冰碛层(Qh^{gl})	冲洪积(Qp^3—Qh)^{apl} 湖沼堆积(Qp^3—Qh)^f	(Qp^3—Qh)β
	更新统	里田冰碛层(Qp^{3gl})		$Qp^3\beta$
		布拉克巴什冰碛层(Qp^{2gl2})		$Qp^2\beta$
		玉龙喀什冰碛层(Qp^{2gl1})		
				$Qp^1\beta$
新近系	上新统		唢呐湖组(Ns)	
	中新统			
古近系	渐新统		阿尔塔什组(Ea)	$E\beta$
	始新统			
	古新统			

一、阿尔塔什组(Ea)

该组由新疆石油管理局彭希龄、魏景明等(1975)创名,命名地为莎车县阿尔塔什村附近,该组为喀什群的一部分。图区内该组零星出露于阿什库勒盆地周缘,面积约 12km²,岩性主要为灰绿色粉砂质泥岩、紫红色砂岩、砂砾岩、粉砂岩,与其下地层为角度不整合接触或以沉积不整合与侵入岩体接触。该组地层倾斜,局部形成宽缓褶皱。

(一)剖面描述

该组尚无实测剖面,以他斯吉勒干沟口详细路线剖面为例描述(图 2-53)。

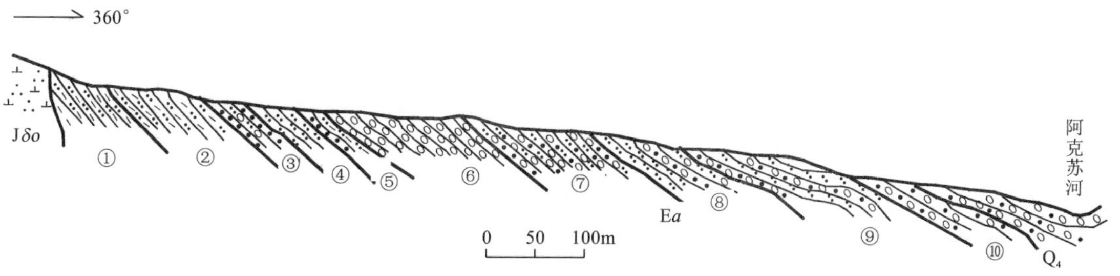

图 2-53　于田县他斯吉勒干沟口阿尔塔什组详细路线地质剖面图

第四系冲洪积物

阿尔塔什组(E*a*)

⑩紫红色砾岩

⑨紫红色砾岩夹砂岩及粉砂岩

⑧紫红色砂岩、粉砂岩夹砾岩

⑦砾岩夹砂岩及粉砂岩

⑥紫红色砾岩

⑤粉砂质泥岩夹砂岩及粉砂岩

④砂岩、粉砂岩夹粉砂质泥岩

③紫红色砂岩夹砾岩

②粉砂质泥岩

①灰绿色粉砂质泥岩夹紫红色含砾砂岩及砾岩

~~~~~~~~~~ 角度不整合 ~~~~~~~~~~

侏罗纪细粒石英闪长岩

该组不整合于再依勒克组灰岩之上(图 2-54),下部岩性以灰绿色粉砂质泥岩为主,夹少量紫红色砂岩、砂砾岩、砾岩等,其间夹有数层膏盐层,为湖相沉积;上部岩性以紫红色砾岩、砂岩为主,夹少量粉砂岩,砾岩中砾石含量大于 60%,成分复杂,有灰岩、砂岩、粉砂岩、石英脉、闪长岩、花岗岩等,分选较差,砾径一般 1～10cm,个别 30～50cm,磨圆一般,呈次圆—次棱角状,具弱定向性。上部砾岩应为冲洪积相成因。在苏巴针西南也有少量出露,岩性为河流相紫红色砾岩、砂砾岩。

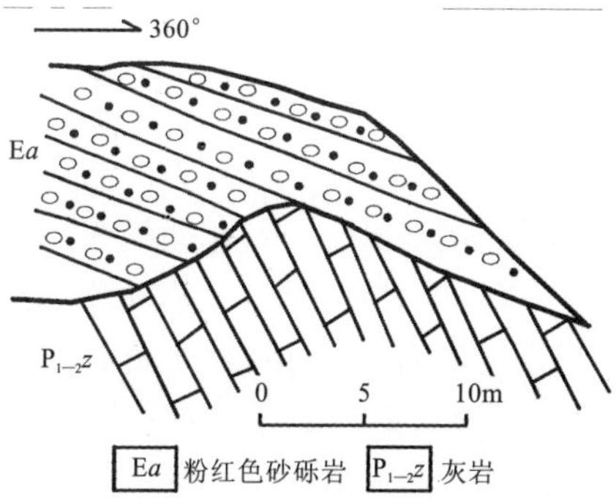

图 2-54　他斯吉勒干北侧阿尔塔什组与再依勒克组不整合关系素描图

(二)时代讨论

该组时代暂无直接化石依据,在阿克苏河一带该组不整合覆于侏罗纪石英闪长岩之上(图 2-55),被第四纪火山岩及冲洪积物覆盖,与新近系唢呐湖组岩石特征虽相近,但该组明显经历构造作用,地层倾斜,局部形成宽缓褶皱(唢呐湖组地层一般水平未变形),基于上述因素,本报告暂将其时代置于古近纪。

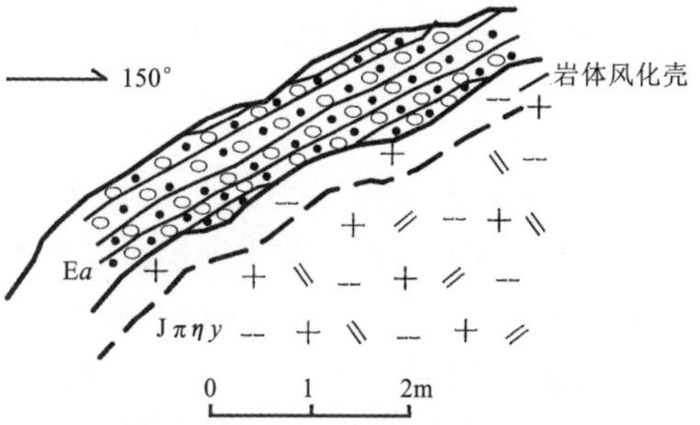

图 2-55　阿克苏河南古近系阿克塔什组不整合于侏罗纪黑云母花岗岩之上素描图
~~~~~~~~~~

二、唢呐湖组(Ns)

该组由西藏区调队(1986)创名,原意指岩性为泥灰岩、泥岩、粉砂岩夹生物碎屑泥晶灰岩、含砾砂岩及多层石膏。测区内新近系西藏区调队(1987)划为乔尔天山群,1993年《西藏地质志》将分布于羌塘地区的这套中晚第三纪湖相沉积物统称为唢呐湖组,1997年《西藏自治区岩石地层》沿用之。

该组仅在图幅东南角有少量出露,面积约45km^2。岩性主要为紫红色泥岩、粉砂岩等,地层总体水平,未变形,与下伏地层为角度不整合接触,其上被第四纪残坡积、冲洪积物或火山岩覆盖,露头极差。受露头状况限制,测区内该组尚无实测剖面,无法详细研究。从零星露头来看,该组主要为一套湖相的细碎屑岩沉积。

中国科学院青藏高原科学考察队(2000)在该组中采到介形类化石,经勾韵娴鉴定,包括 *Candona convexa* Livental, *C.* cf. *convexa* Livental, *C.* sp., *Candoniella marcida* Mandelstam, *C.* cf. *marcida* Mandelstam, *Ilyocypris errabundis* Mandelstam, *I.* cf. *errabundis* Mandelstam, *Eucypris* sp. 等。其中 *Candona convexa* 出现于高加索的上新统及准噶尔盆地中新统;*Candoniella marcida* 曾出现于准噶尔盆地的渐新统;*Ilyocypris errabundis* Mandelstam 曾发现于斋桑盆地和准噶尔盆地的渐新统—上新统。因此,该组时代应延续于渐新统和上新统之间。

三、冰积层及现代冰雪

图区内现代冰川主要分布于昆仑山脊及其他高峰之上,大部分冰川位于海拔5 000m以上,少量冰舌可伸至5 000m以下。西昆仑第四纪冰川研究工作始于20世纪初(Hedin sven,1899—1902;Sobo-levski,1919;Stein,A,1912; Trinkier,E,1930)。1976年中国科学院青藏高原综合考察队曾到南坡泉水沟上游进行现代冰川与第四纪冰川考察,提出本区中更新世以来发生过3次大冰期(Zheng and Li,1981;郑本兴,1986),1985—1987年中日联合西昆仑考察队先后对南北坡的冰川地貌进行了考察,通过野外观察和室内年代测定、岩矿、粘土和孢粉分析,结合前人工作成果,将本区更新世以来的冰川活动分为4个主要冰期及1个小冰期(表2-25)。本次工作沿用其划分,现分述如下。

(一)玉龙喀什冰碛层(Qp^{2gl1})

命名地在玉龙喀什河上游,为西昆仑已知最老也是规模最大的第四纪冰期。测区内主要分布于玉龙喀什河上游及郭扎错北一带,总面积约50km^2,出露高度5 000m左右。

在测区玉龙喀什河上游,该期冰积物形成一个高约100m的平台,冰积物被强烈改造,侵蚀、切割严重,原始形态已不可辨。冰积物上覆有较厚的泥砂,冰积砾石全为花岗岩,砾径最大者可达10m,大小混杂,磨圆较差,胶结相对紧密。在郭扎错北的崇测冰川之南,该期冰积物分布于最外围,伸入郭扎错北部,形成连陆小岛,且经历过湖面变化的浪蚀作用,形成三级浪蚀冰积台地。

从分布范围及海拔高度来看,玉龙喀什冰碛层位于布拉克巴什冰碛层外围,海拔较低。在玉龙喀什河上游的冰碛平台上,距地表80cm深处的冰碛砂中采热释光年龄样,结果为(333±46)ka(郑兴本等,1987),故玉龙喀什冰碛物时代应为中更新世中期,可与华北的龙骨山冰期、欧洲的民德冰期对比。

(二)布拉克巴什冰碛层(Qp^{2gl2})

命名地位于玉龙喀什河上游布拉克巴什附近,测区内该期冰碛物主要分布于郭扎错北及布拉克巴什西一带,面积约60km^2,出露高度5 200m以上。

该冰碛层位于布拉克巴什冰水扇平原之西,南北长1.6km,宽300～600m,高30～40m。可见大量花岗斑岩漂砾裸露于地表,大者超过2m,漂砾表面有鳞片状风化壳。平台下面20cm深处,褐黄色古土壤层清晰可见,表明此冰碛层受到间冰期湿热气候影响。在崇测冰川之南,该冰碛层被冲洪积砂砾石层及风成砂覆盖,较为平坦,但局部终碛垅隐约可见,为断续相连的冰碛丘陵,距现代冰川6～10km。冰碛层受后期改造强烈,覆盖严重,成分、特征不清。

该冰碛层分布于较早的玉龙喀什冰碛平台和末次冰期终碛垅之间,在布拉克巴什附近距地表60cm

深处的冰碛砂热释光测年为(206±17)ka(郑兴本等,1987),故该冰期时代为中更新世中晚期,与西边的泉水沟冰期相当,可与欧洲里兹冰期对比。

(三)里田冰碛层(Qp^{3gl})

里田冰期又称末次冰期,由郑本兴等命名于里田河上游。该冰碛层在测区内广泛分布,主要分布于阿拉克萨依、乌拉英可尔北及崇测冰川前等地,此外,在琼木孜塔格西及柳什塔格雪山北亦有零星分布。高程一般 5 500m 左右,面积约 530km²。

在崇测冰川前,该冰碛层中见明显的终碛垅,高 50m,宽约 700m,距现代冰川约 5km,后期改造强烈,可见几条穿透终碛垅的河流(图 2－56)。冰碛层上覆一层风积砂,其上长有较多的草。冰碛砾石磨圆差、无分选,成分有花岗岩、砂岩、板岩等,胶结物为泥砂质,固结程度一般。在牙门、乌拉英可尔等其他地方,该冰期终碛垅则不明显,后期改造强烈,表面被风积砂覆盖,草等植被发育。在柳什塔格雪山北侧主要为山谷冰川,冰碛物沿河谷分布。

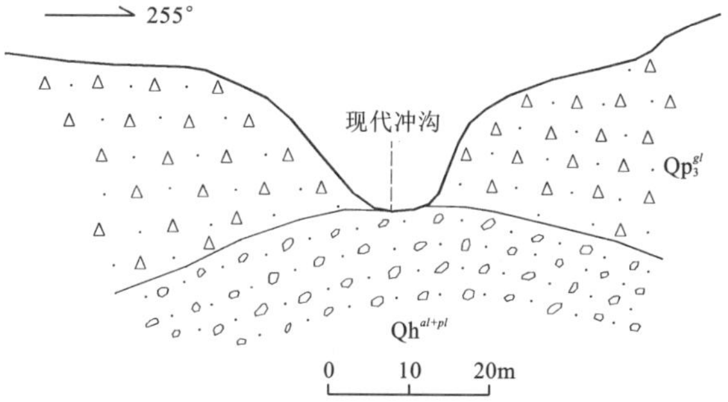

图 2－56 里田冰碛层终碛垅被现代河流侵蚀切割素描图

崇测冰川外围该冰期可见两列终碛垅,内列终碛垅外侧的湖相沉积层上部的^{14}C 测年为(14 930±370)a B. P,外中碛垅挤压在变形的湖相沉积之上,该湖相沉积^{14}C 测年为(30 915±1 700)a B. P(郑本兴等,1987)。而在西昆仑山北坡,终碛垅^{14}C 测年为(18 250±625)a B. P(王靖泰等)。里田河终碛垅^{14}C 测年为(16 510±553)a B. P。综上所述,里田冰期时代应为晚更新世晚期,而冰期最盛期在 20 000a 左右,相当于庐山冰期,可与欧洲的里斯冰期对比。

(四)崇测新冰期冰碛层(Qp^{gl})

该期冰碛层主要分布于昆仑山南坡、崇测冰川前(图版Ⅱ,5,6)、乌拉英可尔、阿拉克萨依等地,海拔高度一般为 5 500m 左右,面积约 100km²。

该冰碛层一般终碛垅、侧积堤保留完整,冰碛物非常新鲜,其上无植被或植被很少,冰碛砾石呈松散堆积状。在崇测冰川前,该期冰碛垅可分两列,外列高 40～50m,宽 600～800m,常有冰下河流通过,砾石成分为砂岩、板岩、花岗岩等,冰碛物^{14}C 测年为(3 983±120)a B. P;内列冰碛垅较高大,推挤在外列之上,^{14}C测年为(3 522±117)a B. P(郑本兴,1987)。故崇测冰期为全新世冰期,可与大理冰期及欧洲的玉木冰期对比。

近年来许多地质学家在昆仑山一带陆续发现了更新的冰期,称为小冰期或现代冰期,时间为 17～19 世纪。终碛垅有 3 列,最外一列高出地面 30～50m,冰碛物最为新鲜、松散、无植被。测区内崇测冰川前,在新冰期和现代冰期的终碛垅间有 3 个冰前湖,现代冰期最外侧终碛垅高 30～50m,颜色为土黄色,砾石成分有花岗岩、板岩、砂岩等。最内侧终碛垅高约 10m,由冰湖粉砂泥和冰碛砾构成,可进一步分辨出两个小冰碛垅,靠近内侧的小冰碛垅被外侧的冰碛垅压住。

(五)现代冰雪

测区内现代冰雪主要分布于昆仑山脊及附近的高山之上,总面积约 2 700km²。在昆仑山南坡雪线较高,一般为 5 800～6 000m,北坡雪线较低,一般 5 500m 左右,柳什塔格南侧局部雪线低于 5 000m。

测区内冰川前沿高一般 20～60m,冰面有明显裂纹及消融的槽沟,冰川内具层状构造,节理发育,夹有大量冰蚀作用的角砾、粉砂、泥等。冰川下部可见由层理形成的平卧褶皱,为冰川运动所致。

终碛垅是冰川退却再前进的产物,即冰川退却过程中冰川中所携带的冰碛物因冰川消融而散布于洋蚀川地之中,冰川的再次前进如推土机般将这些冰碛物集中起来,推拥前进而成。现代冰川的前缘都有规模不等的终碛垅,大部分终碛垅与冰舌前端是分离的,但相距普遍小于 50m,说明冰川极缓慢退却。区内最大的崇测冰川前缘的新鲜终碛垅达 4～5 个，在这些终碛垅冰碛物中可见磨圆极好的河流成因的砾石（图版Ⅱ，5），说明全新世以来崇测冰川经历过数次幅度极大的后退、前进的反复。最新的一个终碛垅与冰川紧密接触，明确反映其为前进态势。中科院姚檀栋等（1992）对现代崇测冰川采取冰芯 309m，其下部因褶皱而难于测试，中上部较完整，但距今不足 2 000a 历史。

综上所述，我们认为：①目前昆仑山冰川有进有退，总体处于均衡态势；②全新世以来冰川的大规模前进、后退是正常现象。

中科院青藏高原综合考察队 1987 年测制了崇测冰帽扇形区及郭扎错冰川部分区域冰厚度分布等值线图，反映了冰帽扇形区最大冰厚度 140m 左右，边缘为 40m 左右，而山谷冰川的郭扎错冰川下部主流线上冰厚度 140～200m，为计算冰量方便，我们选定平均厚度为 80m，计算出测区总冰量约为 $216km^3$，为巨大的陆上淡水资源，在西部干旱—半干旱地区显得尤为重要，冰川融水主要向北流入塔里木盆地，为当地生产、生活用水的主要来源。

四、冲、洪积层

图区内冲、洪积层广泛分布于山间断陷盆地及现代河谷中，图区内总面积约 6 $270km^2$。现图区内所见冲洪积物大多数为全新世以来的松散堆积，更新世冲洪积物仅在阿他木帕下西一带出露。按其成因可分为冲积、洪积及冲洪积等 3 种类型，按时代可分为中更新世、晚更新世及全新世等。

（一）中更新世冲积物（Qp^{3al}）

主要分布于阿他木帕下西的河谷中，位于该地的火山岩之下，与其下的花岗岩之间为一明显的侵蚀面（图 2－53）。厚度 3～15m，呈半固结状，成层性较好。可分为上、下两部分：下部为砾石层，厚约 1.5m，砾石磨圆较好，呈浑圆—次圆状，砾径 2～30cm，分选较差，砾石成分有 3 种，一是下伏花岗岩砾石，二是深灰色石英砂岩，坚硬具角岩化，三是紫红色砂砾岩及砂岩砾石；上部为厚约 0.5m 的砂质层，呈粉红—紫红色，固结较好，为上覆火山岩烘烤烧结所致。另外，在东面河谷中见两层火山岩之间夹厚 10 余米砾石层，该层与上述砾石层特征基本一致，所不同的是砾石中出现少量火山岩砾石。

在阿他木帕下西南端见火山熔岩直接盖于花岗岩体的风化面上，并形成厚 1m 的烘烤带，该带的热释光测年结果为（0.56±0.034）Ma（邓万明，1991），故火山岩年龄为 56 万年左右，其下的砾石层时代应为中更新世。

（二）全新世冲洪积物（Qh^{al+pl}）

广泛分布于山间断陷盆地及现代河床等低洼地方，图区内面积约 2 $380km^2$，厚度不大，仅几米至 10 余米。砂砾石层一般呈灰色松散状，砾石呈次棱角状—次圆状，磨圆较差，大小多在 1～4cm 间，砾石成分复杂，因地而异，砾间砂泥质及细砾充填，其上多被风积沙覆盖。

五、湖、沼沉积层

测区内湖、沼沉积主要分布于郭扎错北及沙格斯库勒至乌鲁克库勒一带，位于现代湖泊周围及已干涸的湖盆中，总面积约 $85km^2$。

湖泊沉积主要为细粉砂、亚粘土和腐殖亚粘土等，表面常有一层白色无机盐。粉砂、亚粘土为浅灰白色，呈细层纹状与腐殖（草）亚粘土间互产出，构成清楚韵律，其间偶夹薄层细砾石层。湖积物为松散状，未固结，时代应为全新世。

测区内湖泊主要靠冰川融水、大气降水及地下水（泉水）补给，由于近年来气候日趋变暖，加之高海拔引起的低气压使藏北地区蒸发量异常大，季节性的冰川融水及大气降水又非常有限，图区内湖泊水位快速下降，湖泊面积在迅速缩小，许多湖泊已干涸。新藏公路界山达坂附近所见的最高的湖蚀阶地高出湖面百余米，我国西部地区有限的水资源以惊人速度变为枯竭已是不争的事实，如何应对这种局面应当是与西部大开发同等重要的又一命题。

六、火山岩

图区内第四纪火山岩分布较广，主要集中于阿什库勒盆地及克里雅河上游一带，在黄羊沟和图区东南角有少量出露，总面积约290km²。火山岩的产出形态主要有：A.熔岩被、熔岩流；B.熔岩阶地；C.熔岩残丘；D.次火山穹隆。火山喷发方式主要为中心式和溢流式等。图区火山岩可分为阿什库勒岩区和阿他木帕下岩区。

（一）阿什库勒岩区

它是昆仑山中著名的新生代火山岩区，火山岩主要分布在阿什库勒盆地的南半部，熔岩面积约196.5km²。其中可识别的火山口、火山锥或子火山有数十个，形态保存完好的有十余处，航片及卫星照片上马蹄形、环形的火山清晰可见（图版Ⅱ，1，2）。

该岩区火山岩主要为辉石安山岩及玄武质浮岩等，其中一个火山锥保存完好，相对高度150m，锥体直径约为6km，火山口直径200m，锥顶呈深达50m的漏斗状负地形，其南面有一个深30m的豁口，北侧内壁上有一破火山口。整个火山锥全部由熔岩流多次叠加堆垒而成，火山口内可看到熔岩典型的层状构造，附近主要是暗紫红色气孔密集的浮岩（图版Ⅳ，8），可见少量砂岩、片麻岩捕虏体。熔岩流一直到阿什库勒湖边，厚度约100m，自火山锥向外变薄，成分为辉石安山岩（图版Ⅳ，7），具辉石、斜长石斑晶。

关于阿什库勒地区火山岩时代前人已作了大量工作，所测同位素年龄最老为2.8Ma（K－Ar法，刘嘉麒、买买提依明，1990），最新一个为热释光年龄（7.4±0.4）万年，但以（0.2～1.43）Ma占绝大多数。据此我们认为，该区火山活动贯穿整个第四纪各个时段，但以中—晚更新世最频繁，规模也大。

该区火山岩岩石化学及地球化学特征详见第三章。

（二）阿他木帕下岩区

该区火山岩以火山熔岩为主，熔岩顺沟流淌，受河流切割成熔岩台地（图2－57），面积约53.9km²。

火山岩以辉石安山岩、浮岩为主，另有少量安山岩。在沟中切割面上见两期喷发的火山岩（图2－58），下火山岩层为安山岩，上层为辉石安山岩，其间夹一层冲积砾石层，砾石层顶部有明显的烘烤现象。该区火山岩亦有多个喷发点，其中一个火山口远观为一发红的火山岩突起，岩石为明显的碎裂状，气孔构造不发育，流纹、流层构造明显，由流纹、流层圈闭成直径3～5m的桶状，有些桶状体向上进一步分叉（图2－59），说明在一个大的火山口里岩浆向上涌出是此起彼伏的。

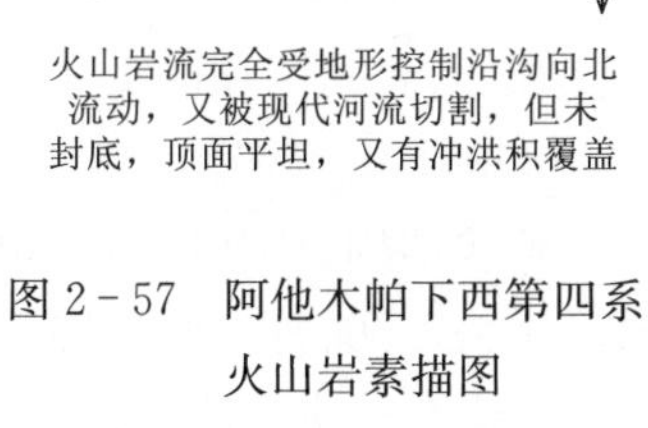

图2－57 阿他木帕下西第四系火山岩素描图

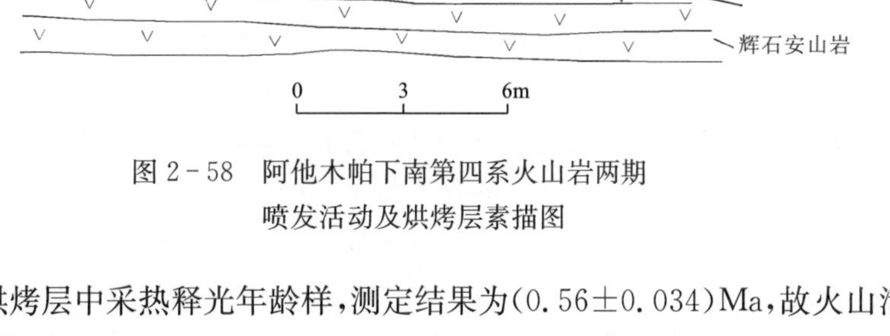

图2－58 阿他木帕下南第四系火山岩两期喷发活动及烘烤层素描图

邓万明（1991）在本区火山岩下部烘烤层中采热释光年龄样，测定结果为（0.56±0.034）Ma，故火山活动时间应为中更新世。

该区火山岩岩石化学及地球化学特征详见第三章第二节。

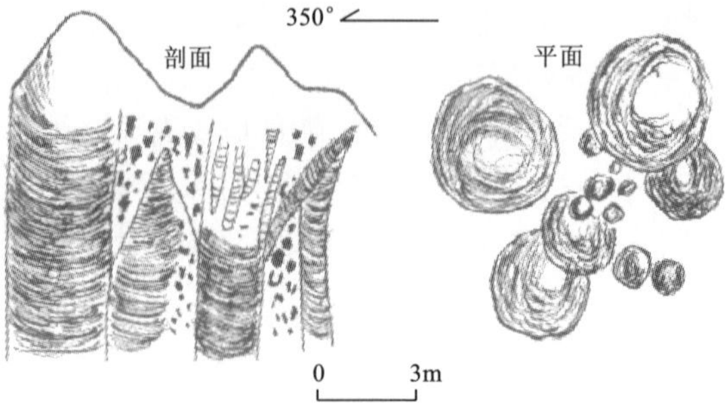

图 2-59　阿他木帕下南第四纪火山口素描图

侵蚀切割暴露出来的火山口内为黑紫色杂乱状，既有火山碎块，又有熔岩。熔岩有极细密的纹层，并圈闭成圆桶状，有些分支相互间有截切现象，说明火山喷发过程似沸水状，此起彼伏，并非一锅"水"全部溢出

第七节　沉积岩

图区内出露沉积岩以碳酸盐岩、碎屑岩为主，另有少量泥岩、硅质岩等，主要分布于晚古生代以来的地层中。对其分类参照成都地质学院《沉积岩石学》(1980)的分类方案(表 2-26)，按其物质来源分为陆源沉积岩、火山物源沉积岩和内源沉积岩三大基本岩类，在基本岩类中按成分、结构、成因等细分，其间有大量中间类型岩石。

表 2-26　沉积岩分类总表

陆源沉积岩(按结构细分)		火山物源沉积岩(按结构细分)		内源沉积岩		
				蒸发岩	非蒸发岩	可燃有机岩
砾　岩 砂　岩 粉砂岩 泥质岩	>2mm 2～0.062 5mm 0.062 5～0.003 9mm <0.003 9mm	集 块 岩 火山角砾岩 凝 灰 岩	>64mm 64～2mm <2mm	岩　盐 石　膏 硬石膏	石灰岩、白云岩、磷质岩、铁质岩、硅质岩、锰质岩、铝质岩、铜质岩、沸石质岩	煤，油页岩

一、陆源碎屑岩类

图区内陆源碎屑岩分布较广，几乎每个晚古生带以来地层单元中均有分布，按结构可将其进一步分为砾岩、砂岩、粉砂岩和泥岩等。

(一)砾岩

按砾石成分不同可将测区出露砾岩进一步分为单成分砾岩和复成分砾岩两类。

1. 单成分砾岩

图区内该类岩石见于巴颜喀拉山群、龙门沟组及空喀山口组中，主要为岩溶角砾岩和同沉积的滑塌角砾岩。

岩溶角砾岩：分布于龙门沟组及空喀山口组中，岩石一般呈灰—浅灰色，具角砾状结构，块状构造。角砾含量一般大于 70%，成分主要为灰岩，砾径大小不等，大者 30～50cm，小者仅 2～3cm，砾石一般呈棱角状，无磨圆。胶结物一般呈粉红色，为铁质及次生方解石等。该角砾岩为灰岩成岩后遭受淡水溶蚀，坍塌堆积而成。

同沉积的滑塌角砾岩：见于巴颜喀拉山群中，砾岩呈深灰色，砾石成分为灰岩，大小一般为 5～10cm，形状多呈扁豆状定向排列，砾石含量可达 70%，胶结物为灰质。从岩石成分上讲，可称其为角砾状灰岩，应为同沉积时的滑塌成因。

2. 复成分砾岩

图区内该类砾岩分布较广，成因类型复杂，主要分布于再依勒克组、硫磺达坂砂岩、卡拉孔木组、阿他木帕下组、巴颜喀拉山群、铁隆滩群中，成因类型有河流砾岩、洪积砾岩、滑塌(水下扇)砾岩等。

滑塌砾岩：见于硫磺达坂砂岩、卡拉孔木组及巴颜喀拉山群中的多叉河岩组中，砾岩呈灰—深灰色，岩石具砾状结构，块状构造。砾石含量60%～70%，成分较复杂，有硅质岩屑20%～25%、石英岩屑25%～30%、变质粉砂岩屑8%～10%、花岗岩屑3%～5%、灰岩岩屑2%～3%，砾径0.5～5cm，砾石呈次棱角状—次圆状，分选不好。填隙物石英15%～20%、斜长石3%～5%、粘土矿物3%～5%、锆石0.5%，形成接触-孔隙式胶结类型。该砾岩与其上、下地层均为突变关系，应为水下滑塌砾岩。

河流相砾岩：主要见于再依勒克组中。该组中河流相砾岩呈紫红色，具砾状结构，块状构造。砾石含量60%～70%，成分以灰岩为主，另有少量的硅质岩，砾石磨圆好，分选较差，大者50cm，小者1cm。填隙物成分：石英10%～15%、斜长石2%～3%、硅质岩屑5%～8%、方解石10%～15%。河流相砾岩横向上不稳定，呈透镜状，与砂岩构成河流相二元结构。

坡洪积砾岩：见于阿他木帕下组、铁隆滩群和阿尔塔什组中。图区内该砾岩一般呈紫红—砖红色，具砾状结构，块状构造。砾石成分复杂，有灰岩、砂岩、硅质岩、花岗岩等，含量60%～70%，砾径1～15cm，分选、磨圆均不好，呈次棱—次圆状。胶结物为细砂、泥质等，砾岩横向上稳定性差，常相变为砂岩，内部可见由粗—细的粒序层。从砾岩特征看应为陆相磨拉石建造砾岩。

(二)砂岩

本报告对砂岩的分类按成都地质学院编著的《沉积岩石学》(1980)成因分类(图2-60)。图区内砂岩分布较广，广泛见于晚古生代石炭—二叠纪及中生代地层中，砂岩类型多种多样，几乎包括了砂岩所有类型，砂岩沉积相有陆相和海相之分。

细粒石英砂岩：主要见于月牙湖组、再依勒克组、卡拉勒塔什岩群、硫磺达坂砂岩、卡拉孔木组中。岩石具细粒砂状结构，块状构造，颗粒大小0.15～0.2mm。砂屑主要为石英，可占97%，填隙物方解石+粘土矿物占2%～3%。砂屑磨圆度差，以次棱角状为主，分选性较好，直接接触的颗粒支撑，成熟度较高。图区内该类砂岩既有海相成因也有陆相成因，陆相为再依勒克组中的河流相，海相中有稳定的浅海沉积、弧后盆地及海沟复理石等。

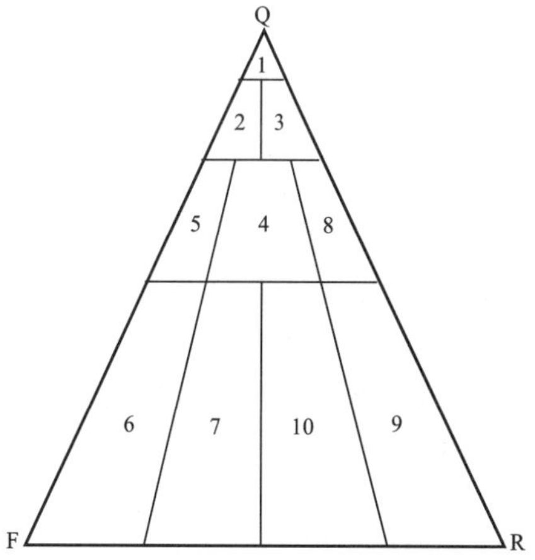

图2-60　砂岩分类三角图解

1.石英砂岩；2.长石英砂岩；3.岩屑石英砂岩；4.长石岩屑石英砂岩；5.长石砂岩；6.富长石石英砂岩；7.岩屑长石砂岩；8.岩屑砂岩；9.富岩屑砂岩；10.长石岩屑砂岩

细粒含钙质石英砂岩：主要见于月牙湖组、空喀山口组、阿他木帕下组和铁隆滩群中。岩石具细粒砂状结构，块状构造。颗粒大小0.15～0.25mm。砂屑成分石英80%，岩屑3%，方解石胶结物15%，粘土矿物1%～2%。砂屑分选性良好，但磨圆度较差，呈次棱角状—棱角状，分布均匀，为接触-孔隙式胶结型，颗粒支撑，成熟度中等。

含砾岩屑石英砂岩：见于塔斯坎萨依组、卡拉孔木组及铁隆滩群中。岩石具砾砂状结构，块状构造。颗粒大小：砂屑0.15～1.5mm、砾石2～3mm。砂屑成分：石英50%～55%、石英岩屑+粉砂岩屑15%～20%、板岩岩屑+灰岩岩屑5%～8%、砾石3%～4%。填隙物成分：方解石15%、粉砂级碎屑3%～5%。碎屑颗粒形态多呈次棱角状，分选和磨圆度均差，反映岩石的成熟度不高的特点。具接触-孔隙式胶结型，颗粒支撑。为非稳定环境下的快速堆积物。

中粒石英砂岩：仅见于阿他木帕下组中，岩石具中粒砂状结构，块状构造。颗粒大小0.25～0.5mm。砂屑成分：石英45%～50%、硅质岩屑+石英岩屑25%～35%、长石+泥板岩屑8%～10%、白云母+灰岩屑1%～2%。填隙物成分:方解石10%～15%。碎屑物分选性中等,磨圆度较差,呈次棱角状—棱角状,反映了成分成熟度较高而结构成熟度较低的特点。岩石为孔隙式胶结型和颗粒支撑结构。岩石特征表现为近源的快速堆积物。

中粒含砾石英砂岩:仅见于黄羊岭岩群中,岩石具中粒含砾砂状结构,块状构造。颗粒大小:砂屑0.25～0.5mm、砾石2～6mm。砂屑成分:石英35%～40%、硅质岩屑30%～35%、斜长石2%～3%、安山岩屑3%、石英岩屑2%、石英岩砾石10%。填隙物隐晶石英+粉砂碎屑10%。砂屑分选性和磨圆度均较差,多呈棱角状—次棱角状,胶结类型为接触式,颗粒支撑。岩石特征表现为非稳定构造背景下的近源快速堆积物。

中粒岩屑石英砂岩:仅见于黄羊岭岩群中,岩石具中粒砂状结构,块状构造。颗粒大小一般0.25～0.3mm,少数0.1～0.12mm。砂屑成分:石英55%～60%、硅质岩屑+石英岩屑20%～25%、斜长石+钾长石4%～8%。填隙物成分:方解石3%～5%、铁泥质成分2%～3%、粉砂级碎屑5%～8%。碎屑颗粒分选性较好,但磨圆度较差,呈次棱角和次圆状,反映成熟度不高的特征。填隙物较少,形成孔隙式胶结和颗粒支撑。岩石表现为近源的快速堆积物。

细粒长石石英砂岩:主要见于塔斯坎萨依组、黄羊岭岩群、硫磺达坂砂岩及巴颜喀拉山群中。岩石具细粒砂状结构,块状构造。颗粒大小0.1～0.2mm。砂屑成分:石英60%、硅质岩屑10%、斜长石+钾长石10%～15%、泥板岩屑2%～3%、云母类2%。填隙物粉砂碎屑+粘土矿物10%。砂屑分选良好,但磨圆度较差,呈次棱角状,成熟度较低。胶结类型为孔隙式,具颗粒支撑结构。岩石表现为水下密度流成因特征。

中—细粒长石石英砂岩:主要见于黄羊岭岩群、硫磺达坂砂岩及巴颜喀拉山群中。岩石具中细粒砂状结构,块状构造。颗粒大小:0.15～0.2mm、0.25～0.3mm,少数0.5mm。碎屑成分:石英45%～50%、斜长石+钾长石15%、硅质岩屑15%～20%、方解石+云母类4%～60%。填隙物方解石+粘土矿物+粉砂碎屑10%～15%。碎屑颗粒分选和磨圆均差,呈次棱角状—棱角状,岩石成分和结构成熟度不高,具接触式胶结类型和颗粒支撑结构。岩石形成于以物理风化为主,强烈侵蚀和快速堆积的条件下。

中粒长石石英砂岩:见于再依勒克组、黄羊岭岩群及卡拉勒塔什岩群中。岩石具中粒砂状结构,块状构造。颗粒大小0.25～0.3mm。砂屑成分:石英40%～45%、硅质岩屑+石英岩屑30%～35%、斜长石+钾长石8%～10%。填隙物方解石+粘土成分+粉砂碎屑10%～15%。该砂岩分选较好,磨圆度较差,呈次棱角状—棱角状,反映成熟度不高的特点。胶结物含量低,形成孔隙式胶结和颗粒支撑。岩石特征表现为近源的快速堆积物。

中粒含钙长石石英砂岩:仅见于塔斯坎萨依组中,岩石具中粒砂状结构,块状构造。颗粒大小0.25～0.3mm。砂屑成分:石英30%～35%、硅质岩屑25%、斜长石+钾长石15%～20%、安山岩屑+泥板岩屑6%～10%。填隙物方解石1%～10%。岩石中砂屑成分复杂,分选中等,磨圆度差,以次棱角状为主,少数棱角状,成熟度不高。胶结物为钙质,形成孔隙式胶结和颗粒支撑。

粗粒砾质岩屑砂岩:仅见于硫磺达坂砂岩中,岩石具粗粒砾质砂状结构,块状构造。颗粒大小:砂屑0.3～1.5mm,砾石2～4mm。砾石成分:石英岩屑8%～10%、粉砂岩屑10%。砂屑成分:硅质岩屑15%、石英10%、泥板岩屑8%～10%、与砾石成分相同的岩屑10%～15%。填隙物粉砂级碎屑15%。砾石分选性差,磨圆度较好,呈次圆状,杂乱分布;砂屑分选及磨圆均差,呈次棱角状,反映岩石成分、结构成熟度均不高的特征。胶结物为粉砂级碎屑,形成孔隙式胶结和颗粒支撑。岩石表现为密度流的成因特征。

中细粒石英杂砂岩:仅见于硫磺达坂砂岩中,岩石具中细粒砂状结构,块状构造。颗粒大小0.1～0.2mm及0.25～0.4mm。砂屑成分:石英70%、斜长石+钾长石2%～3%、硅质岩屑2%～3%、白云母+电气石2%。填隙物成分:粉砂级碎屑+粘土矿物20%～25%、方解石1%～2%。砂屑分选、磨圆均较差,呈次棱角状,岩石成熟度较低。填隙物为粘土矿物和粉砂碎屑混合成的杂基成分,形成基底式胶结型和杂基支撑。该岩石一般形成于重力流和密度流快速堆积的条件下。

不等粒富钙质岩屑石英杂砂岩:仅见于铁隆滩群中,岩石具不等粒砂状结构,块状构造。颗粒大小:0.1～0.2mm、0.3～0.5mm、0.6～1mm。砂屑成分:石英35%～40%、硅质岩屑+石英岩屑5%～10%、砂岩屑+白云母3%～5%。填隙物粉晶方解石+粘土矿物45%～50%。碎屑物分选、磨圆均差,岩石成熟度低。填隙物形成基底式胶结型和杂基支撑结构。岩石从砂岩和填隙物含量上看,为明显的砂岩和灰岩之间过渡类型，考虑到砂状结构清楚，故定此名。

细粒长石石英杂砂岩：仅见于黄羊岭岩群中，岩石具细粒砂状结构，块状构造。颗粒大小0.15～0.25mm。砂屑成分：石英45%～50%、硅质岩屑15%～20%、长石5%～8%、白云母1%。填隙物成分：粘土矿物＋绢云母15%～20%、粉砂碎屑5%～8%。碎屑颗粒分选中等，磨圆度差，呈次棱角状，岩石成熟度不高。胶结物含量较多，形成部分基底式胶结和少部分接触式胶结，为杂基支撑。岩石应为近源的快速堆积物。

细粒钙质石英杂砂岩：仅见于月牙湖组中，岩石具细粒砂状结构，块状构造。颗粒大小0.1～0.15mm。砂屑成分：石英70%～75%、斜长石＋钾长石2%、硅质岩屑＋火山岩屑2%。填隙物方解石＋微晶杂基20%～25%。砂屑以石英为主，分选良好、磨圆差，呈棱角—次棱角状，岩石成熟度不高。填隙物含量较高，形成基底式胶结型和杂基支撑。

细粒钙质长石杂砂岩：仅见于黄羊岭岩群中，岩石具细粒砂状结构，块状构造。颗粒大小0.1～0.15mm。砂屑成分：石英20%～25%、斜长石＋钾长石40%～45%、硅质岩屑＋白云母2%～3%。填隙物方解石＋粘土矿物25%～30%。砂屑分选性较好，磨圆度差，呈次棱角状—棱角状，岩石成熟度不高。填隙物含量高，形成基底式胶结型和杂基支撑结构。应为近源的快速堆积物。

中—粗粒长石砂岩：见于黄羊岭岩群和卡拉孔木组中。岩石具中粗粒砂状结构，块状构造。颗粒大小：0.5～0.7mm、0.25～0.5mm及少数1～1.2mm。砂屑成分：斜长石＋钾长石55%～60%、石英20%～25%、硅质岩屑5%、黑云母＋方解石3%。填隙物隐晶石英＋粘土矿物10%。岩石中砂屑成分以长石为主，其次有石英和个别岩屑、云母等，分选性、磨圆均较差，多呈棱角状，少数次棱角状，反映岩石成分成熟度低的特征。填隙物较少，形成孔隙式胶结型和颗粒支撑。该岩石形成物源区以物理风化为主，化学风化弱，在构造运动强烈地区快速堆积的产物。

粗粒岩屑长石砂岩：仅见于黄羊岭岩群中，岩石具粗粒砂状结构，块状构造。颗粒大小0.6～1mm。砂屑成分：石英15%～20%、斜长石＋钾长石45%、硅质岩屑15%～20%、火山岩屑3%～5%、石英岩屑3%；填隙物粘土矿物5%～10%。砂屑以粗粒长石、石英、岩屑为主，分选较好，磨圆一般，多呈次棱角状，少数次圆状，成熟度较低。填隙物含量少，形成接触式胶结和颗粒支撑。岩石特征表现为近源的快速堆积物。

中粒长石砂岩：仅见于塔斯坎萨依组中，岩石具中粒砂状结构，块状构造。颗粒大小0.25～0.5mm。砂屑成分：石英30%～35%、硅质岩屑15%～20%、斜长石＋钾长石30%～35%、火山岩屑＋石英岩屑2%。填隙物隐晶石英＋泥质15%。砂屑分选中等，磨圆度差，多呈棱角状和少数次棱角状，岩石成熟度不高。填隙物较少，形成接触式胶结型和颗粒支撑。

细粒长石砂岩：仅见于黄羊岭岩群中，岩石具细粒砂状结构，块状构造。颗粒大小0.15～0.25mm。砂屑成分：石英35%～40%、硅质岩屑20%～25%、斜长石＋钾长石20%～25%、石英岩屑＋白云母3%。填隙物粉砂碎屑＋粘土矿物15%。砂屑分选中等，磨圆度差，成熟度不高。填隙物含量少，形成接触式胶结和颗粒支撑。

不等粒含砾长石砂岩：仅见于黄羊岭岩群中，岩石具不等粒含砾砂状结构，块状构造。颗粒大小：0.15～0.25mm、0.5～0.7mm，少数2～3mm。砾石成分：硅质岩屑5%。砂屑成分：石英35%、斜长石＋钾长石20%～25%、硅质岩屑10%～15%、岩浆岩屑10%～15%。填隙物粘土矿物＋方解石＋粉砂碎屑10%。砂屑分选和磨圆度均差，多呈棱角状和少数次棱角状，岩石成熟度低。胶结物含量较少，形成孔隙式胶结型和颗粒支撑。岩石形成于近源的快速堆积条件下。

（三）粉砂岩

图区内粉砂岩分类参照砂岩分类方案，该类岩石多见于海相地层中，陆相地层中有少量分布。

钙质石英粉砂岩：仅见于阿他木帕下组中，岩石具粉砂状结构，块状构造。颗粒大小0.03～0.08mm，少数0.1mm。粉砂成分：石英55%、硅质岩屑3%～5%、泥板岩屑3%、斜长石2%～3%、方解石5%～8%。胶结物方解石＋铁质25%～30%。砂屑分选良好，形状多呈棱角状，均匀分布于胶结物中。胶结物含量较高，使砂屑呈“悬浮”状。

绢云石英粉砂岩：见于硫磺达坂砂岩和巴颜喀拉山群中，岩石呈显微鳞片粉砂状结构，块状构造。颗粒大小 0.05～0.1mm，个别 0.12mm。粉砂成分：石英 75%～80%、斜长石 2%～3%、白云母 1%。胶结物绢云母+粘土矿物 15%～20%。碎屑分选较好，但磨圆差。胶结物中绢云母含量高，显示轻微变质作用。

含白云质石英粉砂岩：仅见于硫磺达坂砂岩中，岩石具粉砂状结构，块状构造。颗粒大小 0.06～0.1mm，少数 0.12mm。粉砂成分：石英 80%、斜长石 2%、白云母 1%。胶结物：白云石 10%～15%、绢云母+粘土矿物 3%。碎屑分选良好，但磨圆差，多呈次棱角状，少数棱角状。胶结物以白云石为主，白云石呈细晶粒状，在岩石中分布不均匀。

石英质粉砂岩：仅见于硫磺达坂砂岩中，岩石具粉砂状结构，块状构造。颗粒大小 0.05～0.1mm，个别 0.12mm。粉砂成分：石英 85%、斜长石+白云母 2%。胶结物：白云石 5%～10%、粘土矿物 3%～5%。粉砂屑以石英为主，颗粒呈棱角状，均匀分布。胶结物主要为白云石，次为粘土矿物，分布不均匀。

长石石英粉砂岩：仅见于黄羊岭岩群中，岩石具粉砂状结构，块状构造。颗粒大小 0.03～0.06mm。粉砂成分：石英 50%～55%、斜长石+钾长石 15%、硅质岩屑 5%～8%；胶结物粘土矿物+隐晶石英 20%～25%。碎屑分选良好，磨圆差，呈"悬浮"状分布于填隙物中。胶结物粘土矿物和隐晶石英混合在一起，均匀分布。

硅质粉砂岩：见于黄羊岭岩群和卡拉勒塔什岩群中。岩石具隐晶及粉砂结构，块状构造。颗粒大小：0.05～0.1mm，少数 0.15～0.2mm。粉砂成分：石英 45%～50%、斜长石 3%～5%；胶结物：隐晶石英 30%～35%、泥质成分 10%～15%。碎屑物以石英和长石为主，呈次圆状—次棱角状，含量较少，但粉砂结构清楚。胶结物含量较高，使粉砂屑呈"悬浮"状态。

钙质粉砂岩：见于硫磺达坂砂岩和黄羊岭岩群中，岩石具粉砂状结构，块状构造。颗粒大小 0.02～0.06mm。砂屑成分：石英 35%～40%、斜长石 15%、黑云母 1%；胶结物：方解石 45%。砂屑主要为石英和长石，呈棱角状均匀分布其中。胶结物为粉晶方解石，含量较高，使粉砂屑呈"悬浮"状。

（四）泥岩

图区内泥岩出露较少，仅见于塔斯坎萨依组、硫磺达坂砂岩和叶尔羌群中。

含硅质泥岩：见于塔斯坎萨依组中，岩石具泥质结构，块状构造。矿物成分：泥质 80%、隐晶石英 15%～20%、石英 1%。岩石中的矿物成分单一，主要为泥质成分和少量隐晶石英。岩石压实固结作用不明显，基本不显示重结晶现象，原泥质矿物十分细小，杂乱无定向分布。所含隐晶石英呈聚集的芝麻点状，较均匀分布于岩石中。

含炭泥岩：见于硫磺达坂砂岩和叶尔羌群中，岩石呈灰黑色，具薄层状构造，含炭泥质结构，贝壳状断口，质软污手。矿物成分主要为泥质，约占岩石的 95%、炭质约占 5%。岩石压实固结作用不明显，基本不显示重结晶现象，原泥质矿物十分细小，杂乱无定向分布。所含隐晶石英呈聚集的芝麻点状，较均匀分布于岩石中。硫磺达坂复理石中泥岩为较深海的还原环境沉积物，叶尔羌河群中泥岩为湖沼沉积物。

二、火山物源沉积岩

本报告对火山碎屑岩分类采用《沉积岩石学》(成都地质学院，1984)分类方案，将图区内火山碎屑岩分为三大类，即火山碎屑熔岩类、正常火山碎屑岩类和向沉积岩过渡的火山碎屑岩类等(表 2-27)，现分述如下。

（一）火山碎屑熔岩类

是火山碎屑岩向熔岩过渡的一个类型，该类岩石图区出露较少，仅见于再依勒克组中。

安山质凝灰熔岩：岩石具凝灰熔岩结构，块状构造。颗粒大小：凝灰质 0.2～0.6mm，熔岩中斑晶 0.6mm、基质 0.01mm。凝灰质成分：斜长石晶屑 10%～15%、安山岩屑 20%～25%。熔岩胶结物成分：斑晶斜长石 3%、基质斜长石 25%～30%、隐晶成分+绿帘石 30%～35%。岩石经受轻微的蚀变作用，但原岩结构和成分尚清楚。凝灰质成分为斜长石晶屑和安山岩屑，形态呈明显的棱角状和三角形，个别呈楔形，杂乱分布。胶结物主要为熔岩成分，其中斑晶斜长石呈自形细粒状，显示卡斯巴双晶；基质为微晶斜长石和部分隐晶质成分及蚀变绿帘石等。蚀变特征表现为斜长石轻微泥化和岩石的碳酸岩化。

表 2-27 火山碎屑岩分类命名表

类型	向熔岩过渡的火山碎屑熔岩类	正常火山熔岩类		向沉积碎屑岩过渡的火山碎屑岩类		
亚类		熔结火山碎屑岩亚类	火山碎屑岩亚类	沉积火山碎屑岩亚类	火山碎屑沉积岩亚类	
火山碎屑物含量	量不定，一般30%～50%居多	火山碎屑物>90%，以塑性碎屑为主	火山碎屑物>90%，无或很少塑性碎屑	火山碎屑物占50%～90%	火山碎屑物占10%～50%	
碎屑粒度 / 岩石名称 / 成岩方式	熔结胶结	熔 结	压 实	压实和水化学胶结		
集块>64mm	集块熔岩	熔结集块岩	火山集块岩	沉集块岩	凝灰质巨砾岩(巨角砾岩)	
角砾 64～2mm	角砾熔岩	熔结火山角砾岩	火山角砾岩	沉火山角砾岩	凝灰质砾岩(角砾岩)	
凝灰<2mm	凝灰熔岩	熔结凝灰岩	凝灰岩	沉凝灰岩	2～0.062 5mm	凝灰质砂岩
					0.062 5～0.004mm	凝灰质粉砂岩
					<0.004mm	凝灰质泥岩

(二)正常火山碎屑岩类

石英安山质晶屑凝灰岩：见于黄羊岭岩群、柳什塔格玄武岩和卡拉勒塔什岩群中。岩石具晶屑凝灰结构，块状构造。颗粒大小 0.2～0.6mm，少数 0.01mm。晶屑成分：斜长石 60%、石英 10%～15%、钾长石 5%～10%。岩屑成分：安山岩屑 5%～10%、硅质岩屑 1%。火山灰尘 5%～8%、绢云母 3%～5%。晶屑成分以斜长石为主，形态多呈棱角状、三角状和不规则状。岩屑成分以安山岩屑为主，多呈扁长状和不规则棱角状。火山灰为斜长石及变晶形成的绢云母等。

英安质岩屑晶屑凝灰岩：见于柳什塔格玄武岩和卡拉勒塔什岩群中。岩石具岩屑晶屑凝灰结构，块状构造。颗粒大小多数 0.2～0.6mm，少数 0.01～0.05mm，个别 1mm。晶屑成分：斜长石 40%～45%、石英 20%、钾长石 5%～8%。岩屑成分：安山岩屑 15%～20%、粉砂泥板岩屑 1%、火山灰尘 5%～10%、绢云母 1%～2%。晶屑成分主要为斜长石、石英和钾长石等，形态多呈棱角状、三角状和不规则状。岩屑含量较高，成分以安山岩屑为主，多呈扁长状和不规则棱角状。火山灰为斜长石及变晶形成的绢云母等。

晶屑凝灰岩：仅见于黄羊岭岩群中，岩石具晶屑凝灰结构，块状构造。颗粒大小：多数 0.1～0.3mm，少数 0.01mm。晶屑：斜长石 35%～40%、石英 20%～15%、钾长石 5%、白云母 1%。岩屑成分：安山岩屑 5%～8%、火山灰尘 20%～25%。沉积成分：石英岩屑1%～2%、石英 2%～3%、绢云母 1%～2%。岩石成分主要为火山碎屑物，陆源碎屑物很少，故属正常火山碎屑岩类。

脱玻化玻屑凝灰岩：仅见于卡拉孔木组中，岩石具玻屑凝灰结构，块状构造。颗粒大小 0.1～0.3mm。凝灰成分：玻屑 75%～80%、斜长石晶屑 10%～15%。次要矿物：褐铁矿 3%～5%、海绿石 2%～3%。岩石主要由玻屑和少量晶屑组成，玻屑呈弓形、条形、弧形，个别呈鸡骨状等复杂形态，现已明显脱玻化。在玻屑间分布有少数斜长石晶屑，呈棱角状和尖棱角状，个别阶梯状，杂乱分布。

(三)向沉积岩过渡的火山碎屑岩类

该类岩石是火山碎屑岩与正常沉积岩间的过渡岩类，按所含火山碎屑物与正常沉积物相对含量分为两个亚类，即沉火山碎屑岩亚类和火山碎屑沉积岩亚类。图区内该类岩石出露广泛，主要出露于苏巴什构造带南侧的二叠纪沟-弧-盆体系中。

1. 沉火山碎屑岩

沉含砾岩屑凝灰岩：见于黄羊岭岩群中，岩石具含砾沉凝灰结构，块状构造。颗粒大小主要为 0.15～2mm，少部分 2～3mm。火山碎屑成分：安山岩屑 30%～35%、晶屑石英+斜长石+钾长石 20%～30%、火山灰尘 5%～7%。沉积碎屑成分：石英 5%～10%、石英岩屑 10%～15%、变砂岩屑 3%～5%、粉砂板岩屑 2%～3%、白云母 1%。火山碎屑成分中以凝灰成分为主，并含很少砾石碎屑，凝灰碎屑呈尖棱角状和三角形等不规则形态，砾石岩屑多为棱角状和多角状。陆源碎屑为几种岩屑和石英，形态多呈次棱角状和个别次圆状。

沉钙质凝灰岩：见于黄羊岭岩群中，岩石具沉凝灰结构，块状构造。颗粒大小 0.1～0.25mm。凝灰成分：晶屑斜长石＋石英 50%～60%、安山岩屑 15%～20%。沉积成分：方解石 25%～30%、石英岩屑 1%～2%。凝灰质成分主要为斜长石、石英晶屑和安山岩屑等，形态多呈尖棱角状，个别斜长石为阶梯状。陆源碎屑物为方解石和少量石英，方解石为杂基性质，在岩石中起胶结物作用。

沉晶屑凝灰岩：见于黄羊岭岩群中，岩石具沉晶屑凝灰结构，块状构造。颗粒大小主要为 0.1～0.6mm，少量 0.01mm。凝灰成分：晶屑斜长石＋钾长石＋石英 50%～60%、安山岩屑 20%～25%、火山灰 5%～10%。陆源碎屑成分：石英 10%～15%、石英岩屑 3%～5%、方解石 2%～3%、云母 1%。凝灰质成分主要为斜长石、石英晶屑和安山岩屑、火山灰等，形态为尖棱角状、棒状等，杂乱分布。陆源物主要为石英和石英岩屑、方解石等，呈次棱角状和次圆状形态，区别于凝灰成分。

2. 火山碎屑沉积岩

含砂凝灰质板岩：见于黄羊岭岩群中，岩石具含砂凝灰质显微鳞片变晶结构，定向构造。颗粒大小 0.01～0.3mm。陆源碎屑：绢云母＋粘土矿物 45%、石英 5%～10%、石英岩屑 1%～2%。凝灰质成分：斜长石＋石英 18%～25%、火山灰 15%～20%。岩石的矿物成分以轻微变质的陆源碎屑为主，次为凝灰质成分。变质形成的绢云母和粘土矿物大致平行定向排列，形成不发育的板理特征，其中所含陆源砂屑呈次圆状不均匀分布。凝灰成分呈尖棱角状和三角形不均匀分布。

含钙凝灰质粘土板岩：见于卡拉勒塔什岩群中(图版Ⅳ，2)，岩石具凝灰质显微鳞片变晶结构，板状构造。颗粒大小 0.01～0.03mm。陆源碎屑：粘土矿物＋绢云母 45%～50%、方解石 15%～20%、石英 3%～5%。凝灰质成分：晶屑斜长石 15%～20%、火山灰 10%～15%。岩石主要由沉积物和火山凝灰质成分组成，沉积物由于剪切应力作用，造成部分粘土矿物重结晶为绢云母鳞片，且形成先期面理构造，又被晚期不发育的折劈理改造。凝灰质成分主要为细小的斜长石晶屑和火山灰，由于轻变质作用，显示重结晶和条带状分布特征。

中粒凝灰质长石石英砂岩：见于黄羊岭岩群中，岩石具中粒凝灰砂状结构，块状构造。颗粒大小多数 0.25～0.5mm，少数 0.6mm 和 0.2mm。砂屑成分石英 35%、硅质岩屑 15%～20%、石英岩屑 5%～8%、斜长石＋钾长石 8%～10%。填隙物粉砂级碎屑＋粘土矿物 15%。凝灰质成分：安山岩屑 5%～8%、斜长石晶屑 3%～5%、石英晶屑 2%～3%。砂屑成分复杂，分选中等，磨圆度差，多呈次棱角状。凝灰质成分主要为岩屑和晶屑，呈明显的棱角状，混杂分布。填隙物为粉砂级碎屑和粘土矿物，形成颗粒支撑接触式胶结型。

三、内源沉积岩

图区内出露的该大类岩石按成分及成因可进一步分为灰岩、白云岩和硅质岩等。灰岩和白云岩进一步划分是按结构结合成因进行的，其间有大量过渡类型。

(一)灰岩

该类岩石广泛出露于图区石炭纪、二叠纪及三叠纪地层中，本书对灰岩分类采用曾允孚(1980)的结构-成因分类方案(表 2-28)。

1. 微晶灰岩

见于龙门沟组、月牙湖组、空喀山口组及邦达错组中。岩石具微晶结构，块状构造。颗粒大小0.001～0.01mm。矿物成分：方解石 97%、泥质 2%～3%。岩石成分单一，主要为方解石，仅含少量泥质成分。方解石呈他形粒状，晶粒界线不清，高倍镜下方可识别。矿物分布不均匀，常被方解石细脉穿插形成不规则块体，泥质成分充填缝合线。

表 2-28 灰岩的结构-成因分类(曾允孚,1980)

颗粒含量	主要填隙物	颗粒灰岩类(2)						原地固着生物灰岩类(3)
		内碎屑	生物(屑)	鲕(豆)粒	团粒	团块	三种以上颗粒混合	
>50%	亮晶	亮晶内碎屑灰岩	亮晶生物屑灰岩	亮晶鲕(豆)粒灰岩	亮晶团粒灰岩	亮晶团块灰岩	亮晶颗粒灰岩	1.生物(珊瑚、红藻、苔藓虫、海绵、层孔虫等)礁灰岩 2.生物(海百合、层孔虫、藻类)层灰岩 3.生物(枝状珊瑚、海绵、苔藓虫、藻类等)丘灰岩
	灰泥	微晶内碎屑灰岩	微晶生物(屑)灰岩	微晶鲕(豆)粒灰岩	微晶团粒灰岩	微晶团块灰岩	微晶颗粒灰岩	
25%~50%	灰泥	内碎屑微晶灰岩	生物(屑)微晶灰岩	鲕(豆)粒微晶灰岩	团粒微晶灰岩	团块微晶灰岩	颗粒微晶灰岩	
10%~25%	灰泥	含内碎屑微晶灰岩	含生物碎(屑)微晶灰岩	含鲕(豆)粒微晶灰岩	含团粒微晶灰岩	含团块微晶灰岩	含颗粒微晶灰岩	
<10%	灰泥	微晶或泥晶灰岩类(1)						
重结晶灰岩类(4)		具残余结构(各种颗粒或生物礁)晶粒(粗晶、中晶、细晶)灰岩,如具残余结构的巨晶、中晶灰岩						

2. 颗粒灰岩含生屑砂屑微晶灰岩

见于空喀山口组、卡拉孔木组、邦达错组及铁隆滩群中。岩石具含生屑砂屑微晶结构,块状构造。颗粒大小:碎屑 0.1~0.6mm,基质 0.001~0.01mm。矿物成分:微晶方解石基质 70%~75%、内碎屑 20%、生物碎屑 3%~5%、陆源碎屑石英 2%~3%。基质方解石呈他形晶粒,较均匀分布于岩石中。基质中含碎屑物,大小不等,形状不规则,大致呈椭圆形,杂乱分布。

亮晶团粒灰岩:仅见于空喀山口组中,岩石具团粒结构,块状构造。颗粒大小:多数 15mm,少数 0.2mm。矿物成分:团粒(泥晶方解石组成)55%~60%、生物碎屑 3%~5%、亮晶胶结物 35%~4%。岩石主要由团粒、个别生物碎屑及亮晶胶结物组成,团粒即藻屑,由泥晶方解石组成的颗粒,一般呈卵圆形,内部结构均匀,在岩石中分布不均匀。填隙物成分为亮晶方解石,与团粒界线清楚,一般为突变关系。该岩石一般在水动力条件较强的环境下形成。

亮晶鲕粒灰岩:仅见于邦达错组中(图版Ⅳ,3),岩石具鲕粒结构,块状构造。颗粒大小 0.2~0.3mm。矿物成分:鲕粒 55%~60%、亮晶方解石 35%~40%、白云石 2%~3%、石英 1%。岩石主要由碎屑鲕粒和亮晶胶结物组成,鲕粒呈球形,为由隐晶方解石形成的同心圆状颗粒,多数为薄皮鲕,少数为真鲕,约 90%的鲕粒核心为重结晶的细晶方解石,2%~3%为铁白云石单晶。胶结物亮晶方解石与鲕粒界线十分清楚。此岩石常形成于水动力条件较强的环境下。

含生屑角砾微晶灰岩:仅见于再依勒克组中,岩石具含角砾微晶结构,中—薄层状构造。颗粒大小:角砾 2~3mm,基质 0.001~0.01mm。矿物成分:方解石 85%、生物碎屑 3%、内碎屑 3%~5%、砂岩岩屑 3%、千枚岩屑 1%。岩石主要由微晶方解石组成基底部分,在基底中出现少许生物碎屑、内碎屑及陆源角砾,角砾成分为砂岩岩屑、千枚岩屑等。

微晶砂屑灰岩:见于铁隆滩群中,岩石具砂屑微晶结构,块状构造。颗粒大小:基质 0.001~0.01mm,砂屑 0.15~0.6~1mm。矿物成分:内碎屑 55%、陆源碎屑石英 2%~3%、生物碎屑 1%~2%、填隙物微晶方解石 5%~40%。岩石主要由内碎屑和填隙物及个别陆源碎屑组成,内碎屑为中粒泥晶方解石砂屑,形态为不规则状、圆形、椭圆形等。填隙物微晶方解石将内碎屑及陆源碎屑胶结在一起。

粉晶灰岩:见于月牙湖组、硫磺达坂砂岩、邦达错组及巴颜喀拉山群中。岩石具粉晶结构,块状构造。颗粒大小 0.015~0.05mm。矿物组分:方解石 98%、铁泥质 1%~2%。岩石成分单一,几乎全由方解石组成,方解石呈他形粉晶粒状,均匀分布于岩石中,晶粒之间呈曲线状紧密接触,无方向性,形成块状构造。

含生屑粉晶灰岩:仅见于空喀山口组中,岩石具含生屑粉晶结构,块状构造。颗粒大小 0.01~0.05mm。矿物组分:方解石 90%、生物碎屑 5%、铁泥质 2%~3%。岩石主要由粉晶他形粒状方解石和生物碎屑组成,方解石分布均匀,为基质成分,在此基质中散布着少量生物碎屑和泥晶方解石团粒。

3. 原地固着生物灰岩

生物礁灰岩：仅见于再依勒克组中，岩石一般呈灰白色，具块状构造，层理不发育。岩石中生物化石极为丰富，占岩石的50%～60%，分为造礁生物和附礁生物两种。造礁生物主要为珊瑚、海绵和苔鲜虫等，珊瑚主要为群体珊瑚，含量30%，构成礁体骨架；海绵和苔鲜虫占10%左右，包粘缠绕于骨架上，起粘结作用。附礁生物主要为䗴、腕足类、腹足类、海百合等，含量为20%左右。填隙物为微晶方解石。该类灰岩常形成于温暖且阳光充足的浅海环境。

4. 重结晶灰岩类

细晶灰岩：主要见于月牙湖组、龙门沟组、硫磺达坂砂岩及巴颜喀拉山群中。岩石具细晶结构，块状构造。颗粒大小0.1～0.2mm。主要矿物：方解石97%、泥质2%、石英1%。岩石主要由方解石和少量泥质、石英组成，方解石后期重结晶加大明显，呈他形细晶粒状，互相杂乱接触紧密，形成块状特点。

含生屑砂屑细晶灰岩：见于月牙湖组和空喀山口组中。岩石具粒屑细晶结构，块状构造。颗粒大小：基质0.06～0.15mm，内碎屑0.3～0.8mm不等。矿物成分：方解石75%、生物碎屑5%～10%、内碎屑15%～20%。岩石主要由基质和粒屑组成，基质为重结晶呈细晶粒状方解石，在岩石中均匀分布；粒屑有生物碎屑和内碎屑的砂屑，在岩石中杂乱分布，且不均匀。后期方解石细脉贯入对生物碎屑有破坏作用。

含砂砾中晶灰岩：仅见于卡拉孔木组中，岩石具含砂砾质中晶结构，块状构造。颗粒大小：砾石2～3mm，砂质0.25～1mm，基质0.25～0.5mm。矿物成分：方解石65%～70%、石英岩屑砾石5%～10%、砂屑石英+石英岩屑20%～25%。岩石主要由基质和陆源碎屑组成，基质方解石呈中晶他形—半自形粒状，紧密接触均匀分布。陆源碎屑粒径不等，可分为砾级和砂级，呈次棱角状和少数次圆状，较均匀分布，方解石细脉常穿插砾石。

细晶砂质灰岩：见于邦达错组和巴颜喀拉山群中，岩石具砂质细晶结构，块状构造。颗粒大小：砂屑0.25～0.3mm，基质0.1～0.15mm。矿物成分：方解石55%～60%、石英30%～35%、砂屑10%。岩石中方解石为主要成分，呈他形细晶粒状，均匀分布，形成胶结物。陆源碎屑石英呈次棱角状，均匀分布。内碎屑呈竹叶状和椭圆状，长径大致定向排列。

（二）白云岩

图区内该类岩石分布较少，按其成因可分为同生白云岩和次生白云岩两个亚类，现分述如下。

1. 同生白云岩

粉晶白云岩：仅见于空喀山口组中。岩石具粉晶结构，块状构造。颗粒大小0.01～0.03mm。矿物成分：白云石98%、泥质1%～2%。岩石矿物成分单一，几乎全由白云石组成。白云石呈他形粉晶粒状，晶粒间接触紧密，未见任何交代迹象，应为同生白云岩。这类白云岩是潮坪萨布哈环形成的。

2. 次生白云岩和白云岩化岩石

细晶白云岩：见于月牙湖组和空喀山口组中，岩石具细晶结构，块状构造。颗粒大小0.06～0.12mm。矿物成分：白云石99%、泥质1%。岩石成分单一，几乎全由白云石组成，白云石呈半自形—他形细晶粒状，表面洁净，解理、双晶可见，分布均匀，无方向性，形成块状构造，岩石特征显示其为次生交代白云岩。

细晶白云质灰岩：仅见于邦达错组中，岩石具细晶结构，块状构造。颗粒大小：0.06～0.15mm、0.2～0.3mm。矿物成分：方解石70%、白云石25%～30%、石英1%。岩石主要由方解石和白云石组成，方解石呈他形细晶粒状，互相紧密接触，均匀分布。在均匀基质中出现交代白云石，呈自形细晶粒状，较均匀分布。

（三）硅质岩

硅质岩在图区内出露较少，主要见于二叠系地层中。

放射虫硅质岩：见于硫磺达坂砂岩和卡拉孔木组中（图版Ⅳ，1），岩石具隐晶质结构，块状构造。颗粒粒径小于0.001mm。矿物成分：隐晶石英75%～80%、方解石5%～80%、石英1%～2%、放射虫3%～5%、生物碎屑1%～2%、泥质3%～5%。岩石成分以隐晶石英为主，含少许方解石、石英及放射虫介壳类和个别生物碎屑等。隐晶石英为基底成分，均匀分布，在基底中散布有石英、方解石及圆形放射虫介壳类，显示成层聚集现象，偶见个别生物碎屑。泥质成分分布于粒间，显示层状特征。

含粉砂泥质硅质岩：见于再依勒克组和硫磺达坂砂岩中，岩石具含粉砂隐晶质结构，块状构造。颗粒粒径小于0.001mm或0.02～0.03mm。矿物成分：隐晶石英大于80%、石英5%～10%、泥质8%～10%。岩石中的矿物成分简单，主要矿物由隐晶质石英和混入少量的石英粉砂及泥质成分等组成。石英呈十分细的隐晶状，粒径小于0.001mm；而混入的石英呈粉砂状，粒径0.02～0.03mm，具棱角状特点，均匀分布；泥质成分呈十分细的质点状混入隐晶石英之间。

硅质岩：见于卡拉勒塔什岩群和硫磺达坂砂岩中，岩石具微晶结构，块状构造。颗粒粒径0.001～0.01mm。矿物组分：微晶石英80%～85%、绢云母8%～10%、泥质3%～5%、黄铁矿1%。岩石成分简单，主要有微晶石英和少量绢云母、泥质等。石英为自生石英，呈他形微晶粒状，紧密接触，均匀分布。所含绢云母鳞片呈不规则条纹聚集。

第三章　岩浆岩

测区岩浆岩分布广泛，主要集中于昆仑山脊以北的广大地区，岩浆岩占基岩露头的比例超过30%，是造山带极其重要的组成岩石之一。岩浆岩具有发育历史长、多期次、多成因的特点。从前寒武纪到早、晚古生代、直至第四纪均有出露，其中以中生代侵入岩规模最大。火山岩则以新生代火山岩最为壮观，著名的阿什库勒火山岩就位于图区北部中心部位。侵入岩以中酸性的花岗岩为主体组成岩石，火山岩则以溢流相的安粗岩、钾玄岩、高钾流纹斑岩等为主要岩石类型。成因上，早、晚古生代侵入岩多与苏巴什洋盆的扩张及闭合造山有关，中生代侵入岩则与三叠系巴颜喀拉山群的褶冲变形及陆陆俯冲有关，而新生代火山岩则与青藏高原的隆升相伴生。

第一节　侵入岩

测区侵入岩规模巨大，出露面积达1 699.0 km^2。以中酸性的二云母花岗岩为主体，中生代侵入岩规模最大，展布于图区最南部，构成图区南部近东西向岩浆岩带，岩石为过铝质的“S”型花岗岩，呈巨大的岩基产出；其次为晚古生代侵入岩，为准铝或偏铝的“I-S”型的花岗岩。总体上呈两条岩浆岩带分布：一条是苏巴什-克里雅河岩浆岩带(中带)；另一条是阿克苏-再依勒克岩浆岩带(南带)。分别与晚古生代苏巴什洋盆的扩张及俯冲、消减相对应。早古生代和前寒武纪仅在图区北侧边部有少量分布，为偏铝质的钙碱性岩。依照其构造位置和岩石组合划分为上述3个岩浆岩带。现按照时代由老到新分述如下。

一、前寒武纪变质深成侵入体

(一)地质特征

前寒武纪变质深成侵入体分布于苏巴什以东，再依勒克一线，测区内有3个侵入体，总面积约17.6km^2。单个侵入体规模不大，多呈短轴椭圆形。侵入于早元古代双雁山片岩之中(Pt_2s)，侵入界面向外陡倾。岩体内部构造变形较强，有比较发育的微片麻构造，片麻理走向近东西。

(二)岩石学特征

岩石主要为一套灰色微片麻状黑云母石英二长岩、黑云母花岗闪长岩等，以花岗闪长岩为主体组成岩石。

1. 微片麻状细粒斑状黑云母石英二长岩

呈灰—浅灰色，具似斑状结构，基质为细粒半自形粒状结构，块状构造。矿物粒径：似斑晶3～6mm，基质0.3～0.8mm；矿物成分：钾长石似斑晶10%～15%；基质成分：斜长石45%、钾长石25%～20%、石英10%、黑云母3%～5%、绿帘石2%～3%。岩石中斜长石为半自形柱状，An=42～44，钾长石为微斜条纹长石，黑云母呈自形片状，与绿帘石常呈堆晶出现。

2. 微片麻状中粒黑云母花岗闪长岩

岩石呈灰白色，细粒他形粒状结构，块状构造。矿物粒径为0.6～1mm。主要矿物成分：斜长石45%、石英20%～25%、钾长石10%～15%、黑云母15%，榍石、锆石均小于1%。矿物自形程度不高，蚀变主要表现为斜长石的轻绢云母化和黑云母的绿泥石化。

3. 片麻状英云闪长岩

岩石呈灰色，细粒半自形粒状结构，片麻状构造，矿物粒径为0.7～1.5mm。矿物成分：斜长石60%～65%、石英25%～30%；次生矿物有绿泥石、方解石脉，岩石中原生黑云母全部变绿泥石，大致平行断续排列，形成片麻状构造。

（三）岩石地球化学特征

1. 岩石化学特征

岩石化学成分含量见表3-1，表中数据显示，该套岩石与中国花岗闪长岩岩石化学成分比较接近，但Na_2O略偏低；石英二长岩Al_2O_3偏高，而花岗闪长岩Al_2O_3则略偏低。

利用岩石化学成分计算，花岗闪长岩里特曼指数δ=0.694～2.087，为极强—正常太平洋型（过钙性—钙碱性）岩石，石英闪长岩δ=3.775，为次钙碱性花岗岩。在AR-SiO_2图解中（图3-1）有3个样品落在钙碱性岩区，另1个样品落在了碱性岩区。在硅-碱（SiO_2-Na_2O+K_2O）图（图3-2）上主体落入亚碱系列，进一步利用A-F-M图解（图3-3）判别，则主体落入钙碱系列（A/CNK=1.01～1.13），为弱过铝质花岗岩。

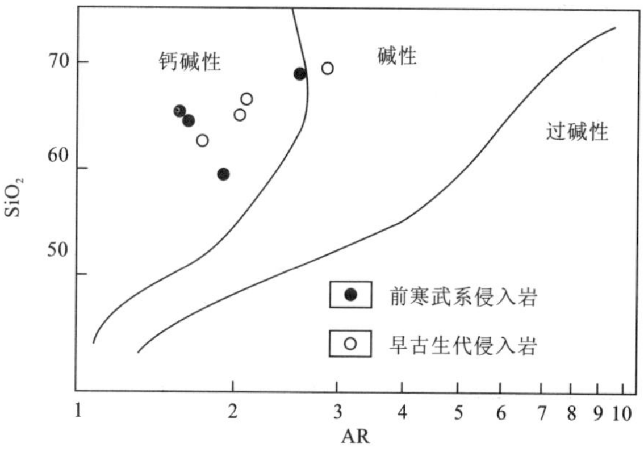

图3-1　AR-SiO_2与碱度关系图

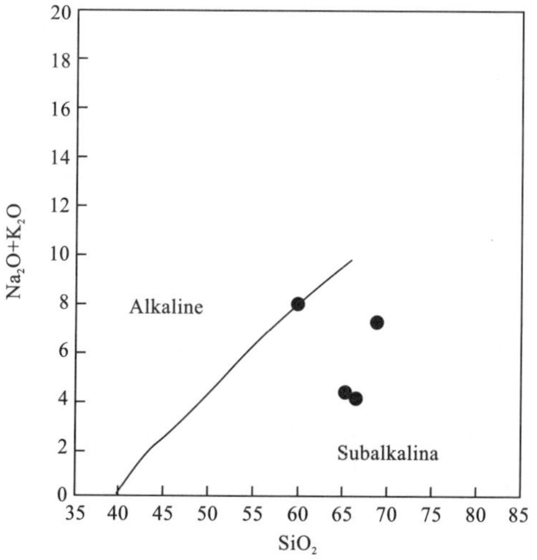

图3-2　前寒武纪深变质侵入岩岩石系列判别图1

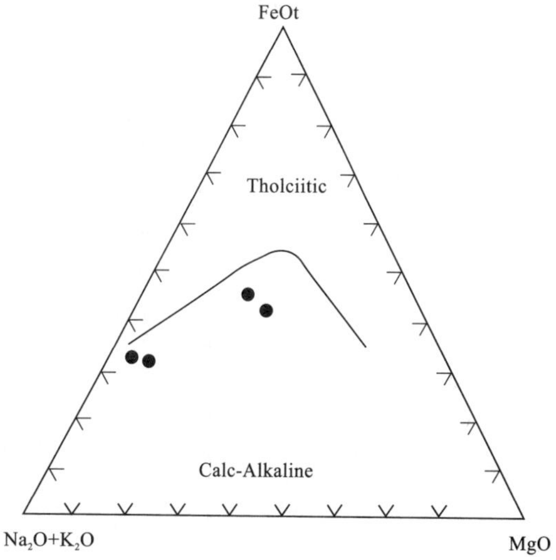

图3-3　前寒武纪深变质侵入岩岩石系列判别图2

2. 稀土元素特征

稀土元素含量见表3-2。稀土总量$\sum$REE=104.3×10^{-6}～178.1×10^{-6}，有一个样品为332.5×10^{-6}，与世界花岗岩273×10^{-6}相比略高，其余样品总体偏低。La/Yb_N=4.722～8.332，轻重稀土分馏明显，个别样品比值为15.06，表现为分馏突出；La/Sm_N=4.72～15.06，La/Sm_N=4.134～4.739，Gd/Yb_N=0.713～1.983，轻稀土分馏较为明显，而重稀土分馏较弱；δEu=0.75～1.36，变化较大，亏损或富集均不突出；稀土元素配分曲线（图3-4）呈左高

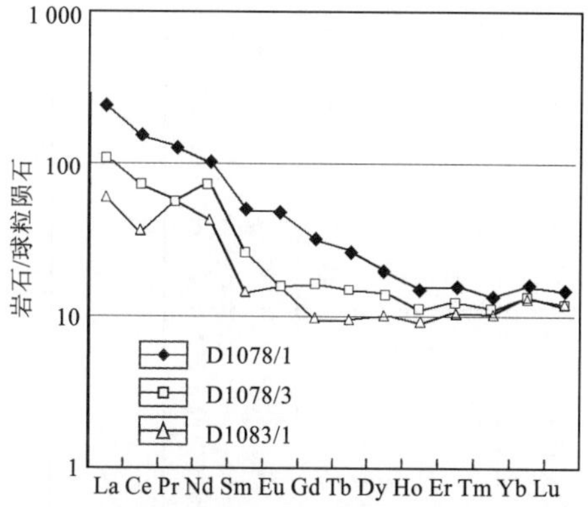

图3-4　前寒武纪变质深成侵入岩稀土配分模式图

表 3-1　前寒武纪变质深成侵入体岩石化学成分含量表

岩性代号	样品号	氧化物含量度(%)												总和	特征参数值					
		SiO_2	TiO_2	Al_2O_3	Fe_2O_3	FeO	CaO	MgO	K_2O	Na_2O	MnO	P_2O_5	烧失量		δ	SI	W	AR	A/CNK	K_2O/Na_2O
前寒武纪	D1078/1	59.45	0.534	19.82	1.57	2.77	5.23	1.2	4.97	2.91	0.151	0.24	0.198	99.35	3.77	8.94	0.36	1.92	1.01	1.707 9
	D1078/3	66.53	0.596	13.44	1.77	4.01	3.26	3.57	1.28	2.76	0.078	0.179	1.93	99.86	0.69	26.7	0.31	1.64	1.13	0.463 8
	D1083/1	65.01	0.573	13.78	1.36	4.66	3.9	2.83	2.27	2.04	0.122	0.236	2.259	99.87	0.84	21.5	0.23	1.65	1.07	1.112 7
	D2093/1	68.54	0.568	14.25	2.81	1.22	2.23	0.545	4.36	2.94	0.038	0.239	2.44	100.32	2.09	4.59	0.7	2.59	1.05	1.483
中国花岗闪长岩*		64.98	0.52	16.33	1.89	2.49	3.7	1.94	2.95	3.67	0.09	0.32			1.99	15	0.43	1.99	1.02	0.803 8

表 3-2　前寒武纪变质深成侵入体岩石稀土元素含量及特征参数表($\times 10^{-6}$)

样品号	La	Ce	Pr	Nd	Sm	Eu	Gd	Tb	Dy	Ho	Er	Tm	Yb	Lu	ΣREE	La/Yb_N	La/Sm_N	Gd/Yb_N	δEu	δCe
D1078/1	75.6	143	15.4	60	9.97	3.45	9.64	1.31	5.97	1.1	3.29	0.44	2.98	0.44	332.5	15.06	4.739	1.983	1.168	0.835
D1078/3	34.7	67.8	7.04	45.7	5.24	1.15	4.9	0.74	4.26	0.8	2.55	0.36	2.47	0.36	178.1	8.332	4.134	1.216	0.75	0.864
D1083/1	20	35	6.82	25.8	2.81	1.17	2.93	0.47	3.2	0.68	2.21	0.34	2.52	0.39	104.3	4.722	4.457	0.713	1.364	0.623

表 3-3　前寒武纪变质深成侵入体岩石微量元素含量表($\times 10^{-6}$)

样品号	Cr	Ni	Co	Sc	Ba	Sr	Rb	Zr	Nb	Hf	Ta	Ti	Th	Pb	Zn	Cu	Bi	Sb	As	Au(ppb)
D1078/1	40.07	7.64	6.838	4.81	2 028	2 170	205.2	38.76	25.81	1.309	1.248	3 201	9.054	24.87	125	27.6	0.282	0.064	1.096	0.2
D1078/2	67.24	28.4	27.4	21.84	757.5	209.7	117.9	18.41	10.37	0.716	0.398	3 345	12.62	48.72	67.67	46	1.194	0.035	0.554	0.1
D1078/3	119	29.01	11.26	13.39	61.46	174.1	79.28	23.42	17.21	0.54	0.77	3 357	7.542	14.75	72.48	45.88	0.246	0.037	0.768	0.1
D1083/1	107.7	29.01	10.87	17.29	177.6	174.1	139.2	20.38	14.55	0.312	1.353	3 435	3.264	16.25	94.92	24.15	0.218	0.106	1.074	0.2
D2093/1	135.1	15.89	17.95	4.68	321.2	142.4	122.3	39.21	23.8	0.701	0.33	3 405	19.37	40.96	77.12	76.96	0.563	0.493	0.863	0.1
闪长岩(维)	50	55	10	2.5	650	800	100	260	20	1	0.7	8 000	7	15	72	35	0.01	0.2	2.4	
花岗岩(维)	25	8	5	3	830	300	200	200	20	1	3.5	2 300	18	20	60	20	0.01	0.26	1.5	
克拉克值(维)	83	58	18	10	650	340	150	170	20	1	2.5		13	16	83	47	0.009	0.5	1.7	4.3

右低的形态，重稀土部分吻合程度较高，且呈收敛状，而轻稀土部分则较为复杂，总体呈发散状，反映了岩浆源区可能与斜长石处于平衡熔融状态，或者经历了明显的斜长石的分离结晶作用。

3. 微量元素特征

微量元素组成见表 3-3。利用维氏世界花岗岩作标准化，得到曲线图 3-5，该套岩石亲铁元素略有富集，大离子亲石元素略有亏损，个别元素如 Ba 明显亏损，高场强元素选择性亏损（Zr、Ta），亲铜元素大体相当，亲硫元素中 Bi 强烈富集，而 Sb、As 则略有亏损。

以 MORB 为参数得到标准化图 3-6。各个样品微量元素组成大体相似，反映其具有相同的物质来源和演化历程，其中大离子亲石元素（强不相容元素）强烈富集，高场强元素中部分（Ta、Nb、Ce）呈明显富集，而另一部分（Zr、Hf、Ti）呈亏损状，亲铁元素略有亏损。结合岩石弱富铝的特征，可以判断，岩浆主要来源于地壳。

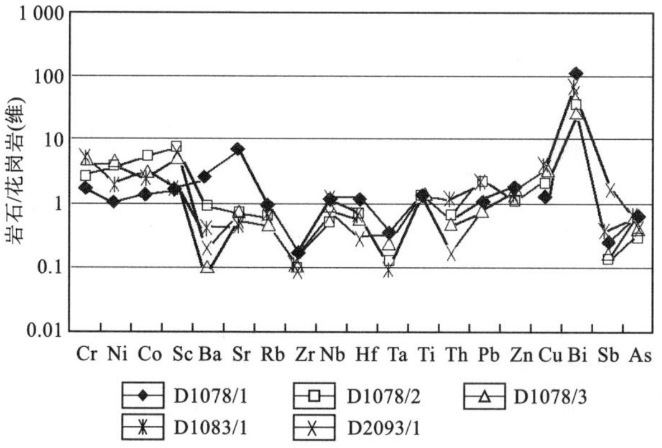

图 3-5　前寒武纪变质深成侵入岩微量元素蛛网图

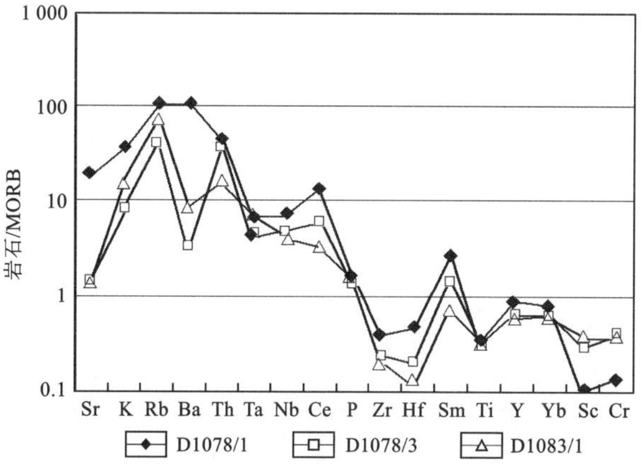

图 3-6　前寒武纪变质深成侵入岩微量元素 MORB 标准化型式图

随着岩石中 SiO_2 含量的增加，出现了 Sr、Ba 的相对明显亏损，反映了晚期岩浆经历了明显的浅色矿物（如斜长石）的分离结晶作用。

4. 成矿元素特征

变质深成侵入岩中成矿元素主要有 Au、Cu、Pb、Zn，含量见表 3-3。其中 Pb 普遍略高于地壳克拉克值，Cu、Zn 与克拉克值相差不多，Au 则明显低于克拉克值，仅相当于其 1/20 到 1/40。总体该套地层中成矿元素不利于成矿。

（四）副矿物特征

该套岩石副矿物组成较为简单，含量见表 3-4，总量不高或一般。主要副矿物组成有：磁铁矿＋磷灰石＋榍石＋锆石＋褐铁矿＋黄铁矿，再依勒克岩体中出现个别电气石。副矿物组合为常见岩浆型花岗岩之副矿物组合。

锆石特征见表 3-5。

（五）岩浆来源及演化

该套岩石为一套细粒斑状石英二长岩-细粒黑云母花岗闪长岩组合，依据其矿物组成及岩石组合特征，属 BarBarin 划分的富钾钙碱性花岗岩（KCG）或者含堇青石过铝质花岗岩（CPG），它的出现标志着构造体制由挤压向伸展的转换，从而证明该处在前寒武纪存在板块碰撞-伸展事件。

利用 K_2O-Na_2O 图解（图 3-7）分析，有两个样品落入“A”型花岗岩区，两个样品落入“I”型花岗岩区。“I”型花岗岩的出现，普遍被认为多少有地幔物质的加入，结合岩石富铝的特征，可以推断，该套岩石

表 3-4　伯力克幅侵入岩副矿物特征含量表(×10^{-6})

岩体时代	岩性	磷灰石	钛铁矿	磁铁矿	榍石	锆石	石榴石	赤铁矿	褐铁矿	黄铁矿	方铅矿	电气石	
中生代侵入岩	含石榴石花岗岩(1089/1)	微量	少量	微量		<1	21.38			1.25			
	电气石花岗岩(D152/3)			少量	少量	<1		少量	少量	21.8	3 粒	178	
	D1102/3	40	少量	0.625	1	31.3		少量	少量	1			独居石
	似斑状二长花岗岩(D5079/1)	3.53		少量	275	23.5	微量			少量		少量	
晚古生代侵入岩	英云闪长岩(D1094/6)	少量		9.27	少量	25.5	个别			1.64		个别	
	细粒石英二长闪长岩(D2161/1)	少量	1 689	少量	微量	25	个别		微量	52.5	5 粒		
早古生代侵入岩	中粒英云闪长岩(D1430/1)	26.3	少量	少量	个别	18.8	个别		17.5	少量	约 20 粒		
前寒武纪侵入岩	片麻状花岗岩(D1078/1)	13. 3	少量	189	33. 3	6.67	微量	少量	微量	少量			
	片麻状花岗岩(1139/2)	1.33	少量	33.3	微量	6.7	微量		33.3	40		个别	

表 3-5　前寒武纪变质深成侵入岩锆石特征表

岩体	岩性	粒度(mm²)	长∶宽	颜色	光泽	透明度	发光性	晶形晶面特征	包裹体	晶体
克里雅河南	片麻状花岗岩(D1078/1)	0.48×0.04 0.12×0.02	多数为2∶1～3∶1 少数为4∶1～5∶1	浅玫瑰色	金刚光泽	透明,少数不透明	未见发光	由发育的柱面 a(100)和锥面 p(111)、x(311)聚合而成;少部分晶体有较差的柱面 m(110)	较普遍,主要分为细小的锆石,次为黑云母、氧化铁等	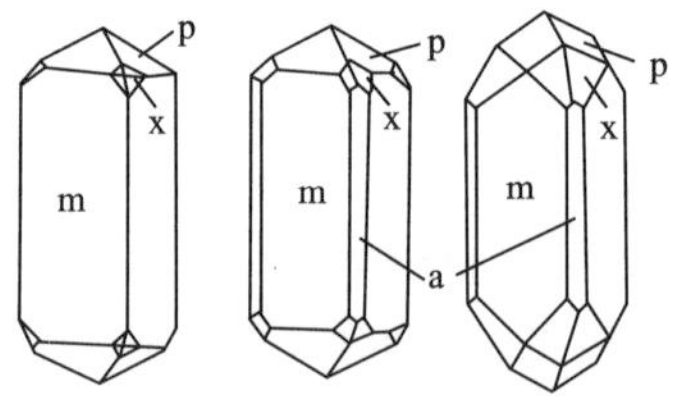
再依勒克	片麻状花岗岩(D1139/2)	0.48×0.16 0.08×0.04	多数为2∶1 少数为3∶1	浅玫瑰色	金刚光泽	透明,少数半透明	未见发光	由发育的柱面 a(100)和发育的锥面 p(111)、x(311)聚合而成复方柱状晶体,部分晶体发育柱面 m(110)	较普遍,主要为细小的锆石,次为黑云母/氧化铁	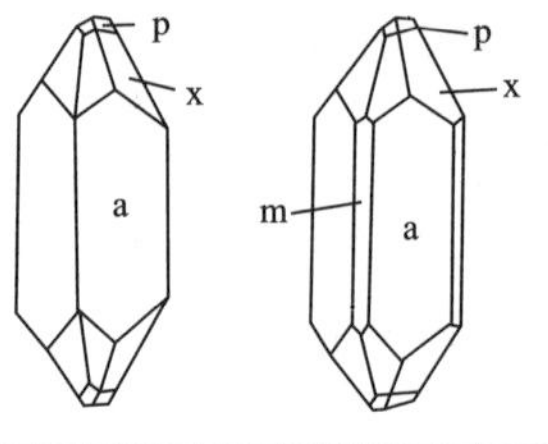

是前寒武纪某个时期,板块碰撞、陆壳加厚之后,构造体制转向伸展的情况下,由下地壳岩石通过部分熔融形成岩浆,而后经历明显的斜长石的分离结晶作用而形成。部分微量元素标准化图上 Sr、Ba 亏损与 SiO_2 正相关均证明分离结晶作用的存在。

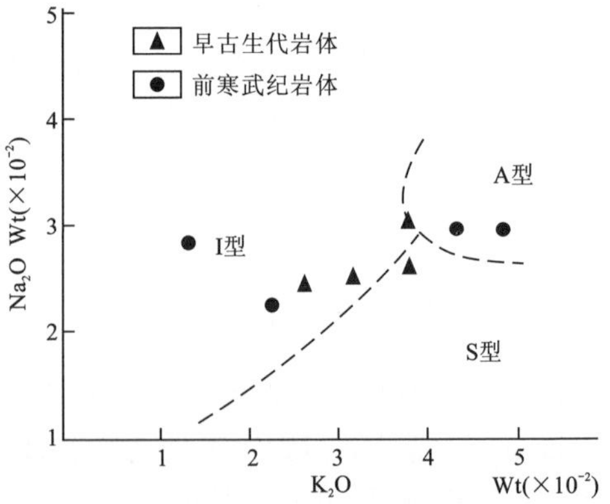

图 3-7　前寒武纪变质深成侵入岩及早古生代侵入岩 Na_2O+K_2O 图解

二、早古生代侵入岩

(一)地质特征

测区内早古生代侵入岩规模不大,出露于硫磺达坂、黄羊滩及测区西北角,面积约 43.6km²。硫磺达坂岩体和黄羊滩岩体处于相同的构造环境，并有着相同的岩石组成，因而可能为同一时代的产物，构成一个不完整的早古生代构造-岩浆岩带，即硫磺达坂-黄羊滩构造岩浆岩带。依据岩石组成及接触关系进一步可划分为两个岩石单元。

早期单元见于硫磺达坂边部，与围岩多为区域性大断裂分隔，西南侧与第四系冲洪积物为不整合接触，岩石中含有少量的深灰色深绿暗色包体。包体多呈浑圆状或椭球状。大小一般小于 25cm，含量小于 1%，包体与围岩界线截然。

晚期岩石单元见于硫磺达坂岩体内部和黄羊滩，涌动侵入于早期单元之中。为第四纪潜火山岩超动侵入，黄羊滩岩体南侧边界为塔斯坎萨依组(C_1t)不整合超覆。

图区西北角上花岗岩为北邻图幅于田县幅中阿克塞因岩体依据航片资料向南的延伸部分。

(二)岩石特征

早期岩石单元岩性为中细—中粒黑云英云闪长岩，岩石呈浅灰色，块状，内部组构均一，半自形粒状结构，矿物粒径 2～4mm。主要矿物成分：斜长石半自形柱状，含量 50%～55%、石英 25%～30%、自形叶片状黑云母 5%～8%、钾长石 5%～8%，他形粒状，洁净具格子双晶。矿物粒径相对大小均匀，彼此之间穿插接触。蚀变表现为黑云母的强绿泥石化和斜长石的强绢云母化。

晚期单元岩性为中粒含斑黑云母石英闪长岩，岩石矿物组成和组构特征同早期单元，不同处为该单元矿物粒度略粗，含有斜长斑晶和少量石英团斑，斑晶多呈自形柱状，长轴 0.5～0.8cm；石英团斑一般呈浑圆状，一般大小 0.5～1cm，个别达 2cm，总含量约 5%。

(三)岩石地球化学特征

1. 岩石化学特征

岩石化学成分含量见表 3-6，与中国花岗岩相比，该套岩石的酸、碱性组分(SiO_2、K_2O、Na_2O)偏低，而基性组分(FeOt、MgO、CaO、TiO_2)则明显偏高，K_2O 与 Na_2O 含量大体相同。利用岩石化学成分计算，该套侵入岩里特曼指数 $\delta=1.23\sim1.65$，变化范围较小，属正常太平洋型岩石(钙碱性)，在 AR-SiO_2 图解中绝大数样品落入钙碱性岩区(图 3-1)，进一步利用 A-F-M 图解(图 3-8)分析，则全部落入钙碱系列；A/CNK=0.995～1.267，为准铝到过铝质花岗岩。

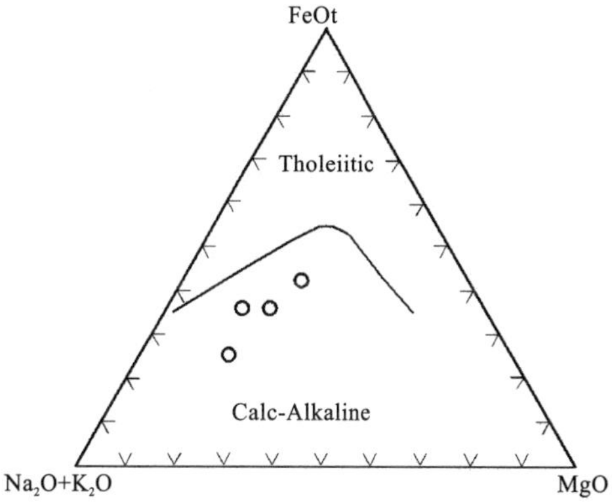

图 3-8　早古生代侵入岩 A-F-M 图解

2. 稀土元素特征

稀土元素含量见表 3-7，稀土总量相对世界花岗岩偏低；硫磺达坂岩体中 $La/Yb_N=4.09\sim8.52$，而黄羊滩岩体中 $La/Yb_N=18.1$，表明均属轻稀土富集型，黄羊滩岩体为强烈富集型；$La/Sm_N=2.34\sim3.85$，轻稀土分馏明显，$Gd/Yb_N=1.13\sim3.13$，硫磺达坂岩体重稀-分馏很弱，而黄羊滩岩体则有较明显的分馏。重稀土呈亏损状，$\delta Eu=0.69\sim0.81$，$\delta Ce=0.76\sim0.88$，铕和铈均显示较弱的亏损。稀土配分曲线呈左高右低的曲线特征(图 3-9)，并且硫磺达坂岩体早期单元和晚期单元轻稀土部分呈收敛状，而重稀土部分呈发散状，可能反映了岩浆源区与富含重稀土的角闪石、石榴石处于平衡熔融状态。

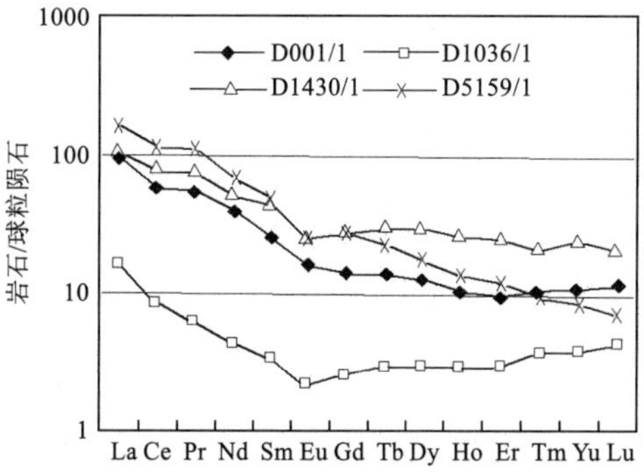

图 3-9　早古生代侵入岩稀土配分模式图

表 3-6　早古生代侵入岩岩石化学成分含量表

岩性代号	样品号	氧化物含量(%)														总和	特征参数值					
		SiO_2	TiO_2	Al_2O_3	Fe_2O_3	FeO	CaO	MgO	K_2O	Na_2O	MnO	P_2O_5	H_2O^+	H_2O^-	烧失量		δ	SI	W	AR	A/CNK	K_2O/Na_2O
$S_1\gamma o$	D001/1	70.58	0.69	13.05	0.31	2.74	0.9	2.23	3.9	2.85	0.09	0.17	1.3	0.23	1.69	99.5	1.65	18.54	0.102	2.88	1.24	1.368
	D1036/1	65.04	0.76	15.2	0.97	4.12	2.25	2.95	3.22	2.68	0.07	0.19	1.78	0.01	1.78	99.67	1.58	21.16	0.191	2.02	1.27	1.202
	D1430/1	67.55	0.66	13.5	0.616	4.11	2.97	2.06	3.95	2.34	0.11	0.22			1.98	100.47	1.61	15.76	0.13	2.24	0.99	1.688
	D5159/1	63.2	1.01	14.8	1.97	4.52	3.34	3.64	2.62	2.37	0.09	0.265			2.04	100.37	1.23	24.07	0.304	1.76	1.16	1.106
中国花岗岩*		71.27	0.25	14.3	1.24	1.62	1.62	0.8	4.03	3.79	0.08	0.16	0.56				2.16	6.969	0.434	2.94	1.05	1.063

表 3-7　早古生代侵入岩稀土元素含量及特征参数表($\times 10^{-6}$)

样品号	La	Ce	Pr	Nd	Sm	Eu	Gd	Tb	Dy	Ho	Er	Tm	Yb	Lu	Y	ΣREE	La/Yb_N	La/Sm_N	Gd/Yb_N	δEu	δCe
D001/1	31.4	54.6	6.64	24	5.1	1.17	4.34	0.71	3.98	0.79	2.15	0.38	2.19	0.38	11.61	137.8	4.521	3.852	1.215	0.812	0.756
D1036/1	5.13	7.95	0.73	2.67	0.67	0.16	0.8	0.15	0.96	0.22	0.66	0.13	0.76	0.14	22.81	21.13	4.008	4.785	0.645	0.739	0.765
D1430/1	32.8	73.4	8.88	30.6	8.76	1.88	8.77	1.5	9.22	1.95	5.27	0.72	4.77	0.68	37.72	189.3	4.088	2.343	1.127	0.714	0.884
D5159/1	52.4	105	13.3	42.7	9.52	1.9	8.77	1.2	5.63	1.05	2.62	0.32	1.72	0.23	20.57	246.7	18.1	3.441	3.125	0.686	0.817

表 3-8　早古生代侵入岩微量元素含量表($\times 10^{-6}$)

样品号	Cr	Ni	Co	Sc	Ba	Sr	Rb	Zr	Nb	Hf	Ta	Ti	Th	Pb	Zn	Cu	Bi	Sb	As	Ag	Au(ppb)
D1430/1	164.9	56.35	26.77	13.39	134.9	126.3	180	57.61	17.2	1.877	0.695	3 957	9.69	36.17	32.26	48.65	0.492	489.2	1.359	0.018	0.1
D1430/2	124.1	48	32.32	11.7	533.1	151.1	110.8	18.6	9.26	0.656	0.378	3 850	11.79	53.73	57.46	40.69	1.611	0.06	0.603	0.017	0.1
D5159/1	196.8	54.43	34.96	24.96	199.6	216	123.2	17.41	21.69	0.313	0.325	6 055	11.6	45.25	101.1	68.12	1.553	0.24	0.924	0.007	0.1
D1036/1	212.9	143.2	18.87	18.66	779.1	297.6	177.5	132.8	23.89	1.794	1.821	4 556	13.29	28.04	67.1	36.04	0.646	0.903	2.435	0.058	2.35
D001/1	51.12	26.67	25.1	10.69	732.5	143.3	130.1	221.6	17.48	2.444	1.295	4 136	15.03	81.83	344	114.6	0.314	21.15	1.559	0.034	2.34
基性岩(维)	200	160	45	2.4	300	440	4.5	100	20	1	0.48	9 000	3	8	130	100	0.007	0.1	2		
闪长岩(维)	50	55	10	2.5	650	800	100	260	20	1	0.7	8 000	7	15	72	35	0.01	0.2	2.4		
花岗岩(维)	25	8	5	3	830	300	200	200	20	1	3.5	2 300	18	20	60	20	0.01	0.26	1.5		
克拉克值(维)	83	58	18	10	650	340	150	170	20	1	2.5		13	16	83	47	0.009	0.5	1.7	0.07	4.3

3. 微量元素特征

微量元素含量见表 3-8，与维氏世界花岗岩相比较（图 3-10），该套岩石中亲铁元素（Cr、Ni、Co、Sc）明显富集，大离子亲石元素及高场强元素部分（Ba、Zr、Ta）亏损明显，亲铜元素中强烈富集 Bi、Sb。

以 MORB 为参数标准化得到曲线（图 3-11），大离子亲石元素 K、Rb、Th 强烈富集，高场强元素中 Ta、Nb、Ce 中等富集，重稀土及亲铁元素（Y、Yb、Sc、Cr）则有一定程度的亏损。整个曲线形态呈不特征向三弧隆起状，显示出部分具有大陆弧的特征，而 Ba 相对于 Rb 和 Th 的明显亏损，似乎与碰撞作用相关。

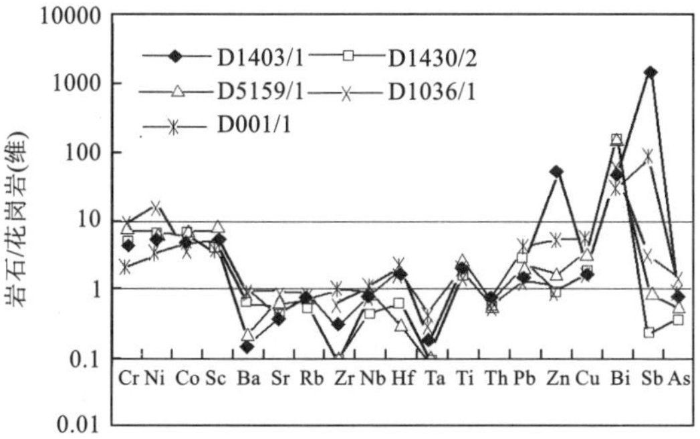

图 3-10　早古生代侵入岩微量元素蛛网图

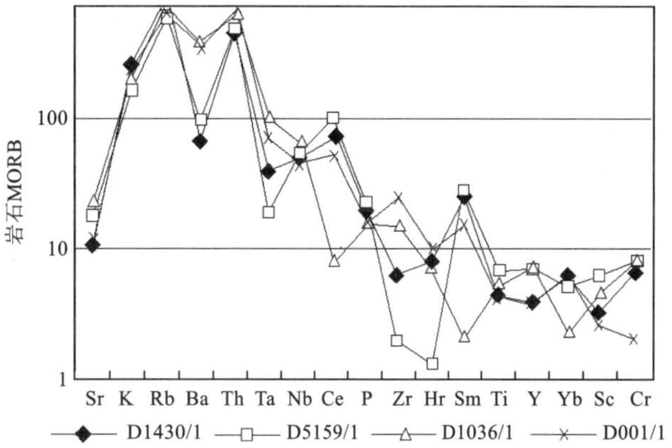

图 3-11　早古生代侵入岩微量元素 MORB 标准化型式图

4. 成矿元素特征

成矿元素主要有 Au、Ag、Cu、Pb、Zn。其含量见表 3-8，与克拉克值相比，Pb 普遍呈富集状，Zn 含量变化较大，Cu 除 D001/1 样品明显富集外，其他则大体相当，Au、Ag 普遍贫化，特别是 Au，多数仅为克拉克值的 1/40。总体成矿元素均不利于成矿。

（四）副矿物特征

早古生代侵入岩副矿物含量低（表 3-4），仅有 62.6g/T，副矿物组成简单，主要由磁铁矿（少量）＋褐铁矿＋磷灰石＋锆石＋方铅矿等组成。副矿物组合反映为岩浆型花岗岩。

锆石特征见表 3-9。锆石颗粒细小，大小 0.28mm×0.04mm～0.04mm×0.02mm，长宽比为 2∶1～4∶1，微量达 5∶1～7∶1，晶形以较简单柱形晶占优势，复方柱状晶次之。反映岩浆源较深。锆石中包体较普遍，主要为细小锆石及少量性质不明黑色包体。

（五）岩浆来源及演化

早古生代侵入岩为一套英云闪长岩组合，属于 Bar Barin 划分的大洋斜长花岗岩类（RTG），在 Na_2O-K_2O 图解（图 3-7）中主体落入“I”型花岗岩区，表明岩浆中有较多的幔源物质的加入，少数样品落入“S”型花岗岩区，反映又有壳源物质的加入。微量元素特征表明，其岩浆部分具有大陆弧之特征，反映地壳物质的广泛加入。岩石中零星可见的暗色包体反映了基性岩浆与酸性岩浆混合作用的存在。

Rb/Sr-Sr 图解（图 3-12）中，4 个样品大体构成了一条双曲线形态，表明岩浆部分熔融特征明显。

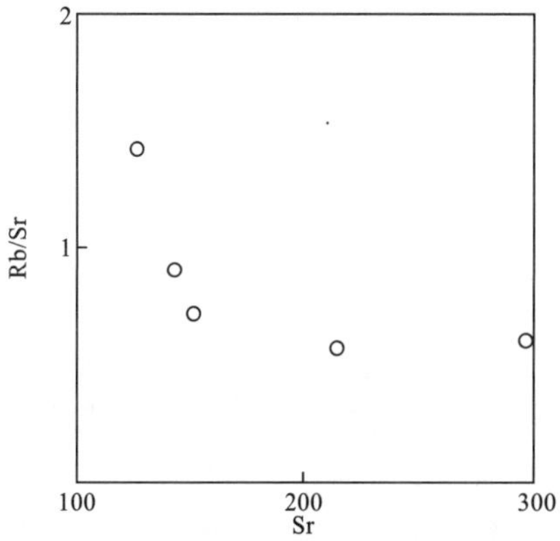

图 3-12　早古生代侵入岩 Rb/Sr-Sr 相关图

总之，岩浆可能起源于下地壳偏基性岩石，经部分熔融形成岩浆，并与地幔分异的基性岩浆发生混合，而后经分异演化形成一套富 Na 的岩石。

（六）侵位深度及剥蚀程度

该岩体周围多被断层围限，或为晚期地层不整合覆盖，侵位特征及侵位深度难以判断。

岩体内部偶见次棱角状黑云石英变粒岩小型捕虏体。岩体内部两个岩性单元之间为脉动侵入关系，岩石为中细—中粒结构。岩体内部及边部与侵入岩同源的脉岩未见到，由以上特征可以推断，该侵入岩剥蚀程度为中等。

表 3-9　早—晚古生代侵入岩锆石特征表

岩体	岩性	粒度 (mm²)	长∶宽	颜色	光泽	透明度	发光性	晶形晶面特征	包裹体	晶体
沙格斯库勒南（晚古生代）	英云闪长岩（D1094/6）	0.56×0.08 0.08×0.04	多数为： 2∶1～4∶1 微量为： 5∶1～8∶1	浅—淡玫瑰色	金刚光泽	1/3透明，2/3半透明	暗黄沟	由发育的柱面 m(110)、较差柱面 a(111)、x(311)聚合而成，少部分晶体 m 面亦发育较好	较多，成分为细小的锆石，另有黑色星点状不明性质包体	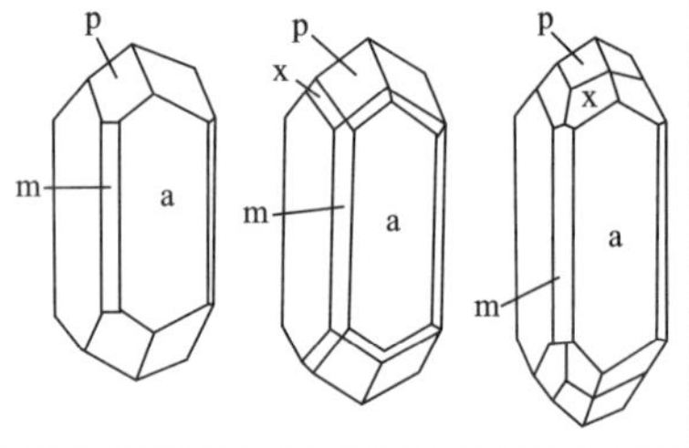
	黑云母角闪石英二长闪长岩（D2161/1）	0.36×0.09 0.04×0.02	2∶1～4∶1	浅—淡玫瑰色	金刚光泽	半透明	暗黄光	由发育的柱面 m(110)、x(311)聚合成较简单晶，部分晶体出现较差的 a(100)	较普遍，以极为密集的细小锆石为主，次为黑云母	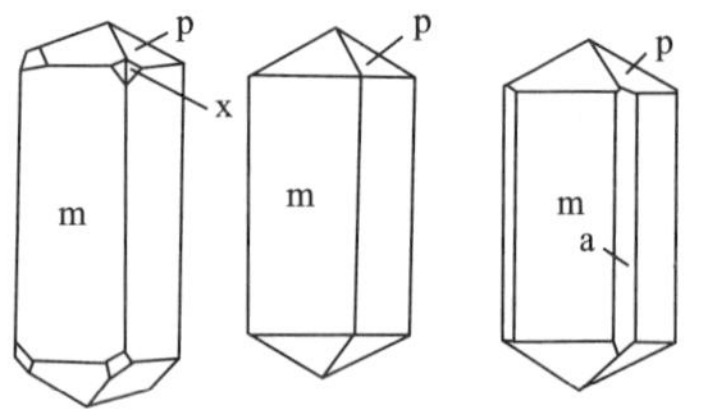
硫磺达坂岩体（早古生代）	中粒英云闪长岩（D1430/1）	28×0.04 0.04×0.02	多数为： 2∶1～4∶1 微量为： 3∶1～7∶1	浅玫瑰色	金刚光泽	1/3透明，2/3半透明	暗黄沟	由发育的柱面 a(100)和发育的锥面 p(111)、x(311)聚合而成，少部分晶体有较差的柱面 m(110)	较多，成分为细小的锆石，另有黑色星点状不明性质包体	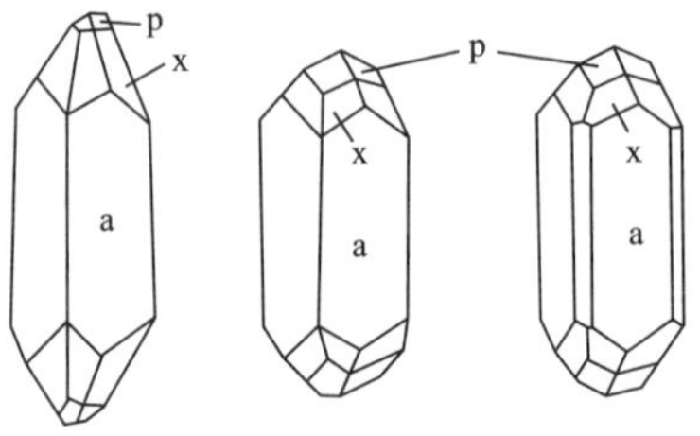

（七）时代

硫磺达坂岩体北侧被（C—P_2）苏巴什蛇绿混杂岩的中带蛇绿混杂岩带切割破坏，在混杂岩带构造中混入了一套花岗质砾岩，砾石成分同硫磺达坂岩体，磨圆、分选均较好。黄羊滩岩体则被石炭系塔斯坎萨依组沉积覆盖，地质关系反映其形成于前石炭纪。该带侵入体未明显变形，与寒武系岩体明显不同，时代应为早古生代。

前人在硫磺达坂岩体中做了 Rb－Sr 等时线分析取得 429Ma（许荣华，2000）的年龄值，时代为早志留世。其数据质量虽不甚理想，但与地质关系吻合较好，我们认为是可信的。

（八）控岩构造及侵位机制

岩石、岩石化学和地球化学特征均反映为早古生代，该构造-岩浆岩带是洋壳俯冲背景下形成于大陆岛弧的俯冲型花岗岩。在晚古生代苏巴什蛇绿混杂岩带（C—P_2）和昆南地壳之间的柳什塔格玄武岩具洋岛性质，说明苏巴什洋盆的历史可下延到震旦纪—早古生代，早古生代晚期洋盆发生过俯冲消减，形成了该带俯冲型花岗岩。岩体侵入于双雁山片岩（Pt_2s）一套中深变质的黑云石英片岩、二云石英片岩及片麻岩夹大理岩之中，之后又被晚古生代古特提斯洋所肢解。

由于岩体严重的不完整，仅从现存岩体的平行于构造带的长轴方向及岩体偶见的黑云石英变粒岩次棱角状捕虏体，还有黄羊滩近于椭圆形的外形，大致可以判断，岩体定位过程中，构造位移、岩浆侵吞围岩及围岩变形 3 种作用同时存在。

三、晚古生代侵入岩

昆仑山北缘晚古生代侵入岩分布广泛，由北邻图幅的普鲁—流水一带到测区内的阿克苏一带，南北跨度达90km，向东向西均伸出图区，与晚古生代多岛洋、多缝合带相对应，侵入岩集中呈北、中、南3条构造岩浆岩带出露。北带分布于普鲁—流水一带，发育于昆北地块之上，以中酸性岩为主体组成岩石；中带分布于苏巴什—克里雅河一带，发育于昆南地块之上，以酸性岩为主体组成；南带分布于玉龙喀什河北—阿克苏河一带，发育于羌塘地块之上，以酸性岩为主体组成。测区内出露中带的一部分和南带。

(一)中带侵入岩(苏巴什北构造-岩浆岩带)

1. 地质特征

中带侵入岩分布于测区北部的再依勒克—苏巴什到北邻图幅的克里河一带，呈SW—NE向狭长带状展布，图区内出露其西段。岩带宽度小于3km，测区内有4个侵入体，规模很小，出露总面积约43.0km^2。单个侵入体多呈长条状或不规则状，长轴方向与区域构造线完全一致，主体侵入于柳什塔格玄武岩(*Zl*)之中，岩石组成简单，主体由中细—中粒黑云母二长花岗岩组成。

岩石呈浅灰色，块状，中粒结构，矿物粒经2～4mm，其中钾长石35%～40%，斜长石30%左右，An=26～28，石英25%～30%，黑云母2%～3%。岩石内部较均匀，其中斜长石呈半自形—他形柱状、粒状，表面十分混浊，个别晶体中钠黝帘石化明显；钾长石呈他形粒状、板状，较洁净，具清晰的格子双晶和条纹结构，少数晶体系条纹长石，所出现的钠长石条纹呈细脉状和树枝状，为交代成因，有时钾长石交代先期形成斜长石。蚀变，斜长石的绢云母化和帘石化明显，黑云母析出铁后，个别变为方解石。

2. 岩石地球化学特征

(1)岩石化学特征

岩石化学成分含量见表3-10。与中国花岗岩相比，岩石中SiO_2偏高，而基性成分(Fe_2O_3、FeO、CaO、MgO)略偏低，苏巴什岩体中K_2O含量明显偏低。

利用岩石化学成分计算，里特曼指数δ=0.5～1.03，属强太平洋型(钙性)花岗岩，A/CNK=1.09～1.59，为弱过铝—过铝质花岗岩石。在$K_2O+Na_2O-SiO_2$图解中落入亚碱系列区(图3-13)，进一步利用A-F-M图解(图3-14)落入钙碱系列区。在Na_2O-K_2O判别图3-15中，样品全部落入"I"型花岗岩区，表明岩浆源有地幔物质的加入。

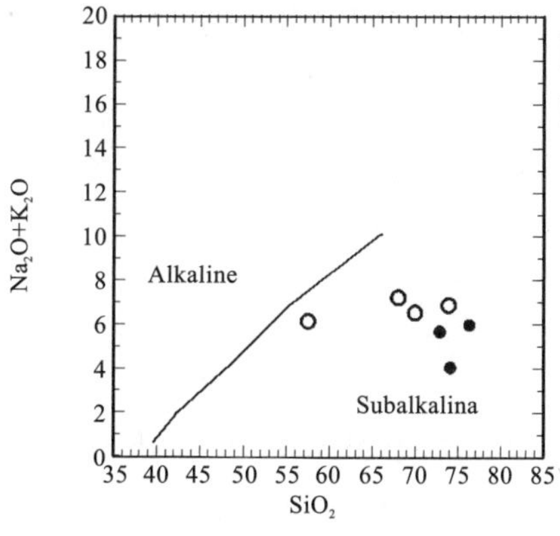

图3-13　晚古生代侵入岩硅-碱图

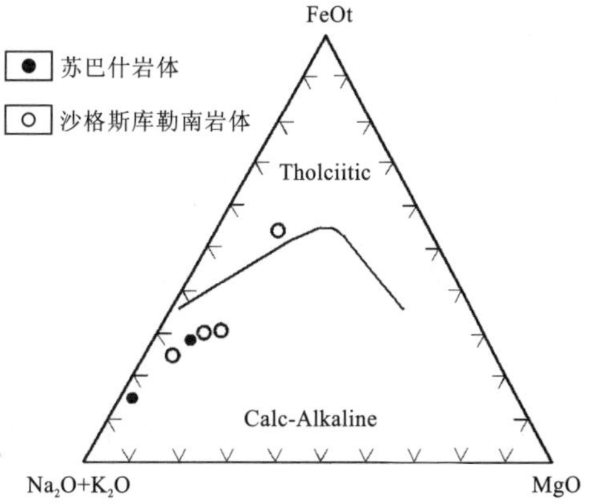

图3-14　A-F-M图解

(2)稀土元素特征

稀土元素含量见表3-11，稀土总量$\sum REE$=24.37～59.91，与世界花岗岩相比，明显偏低，La/Yb_N=1.00～1.19，轻重稀土分馏不明显，La/Sm_N=5.04～1.29，Gd/Yb_N=0.14～0.78变化较大，苏巴什岩体稀土配合曲线呈近于水平状，近似于洋中脊玄武岩，表明岩浆主体来源于地幔；而苏巴什西岩体稀土曲线则是"V"字型(图3-16)，轻稀土、重稀土均强烈分馏，重稀土(包括铕)亏损明显。δEu=0.629～

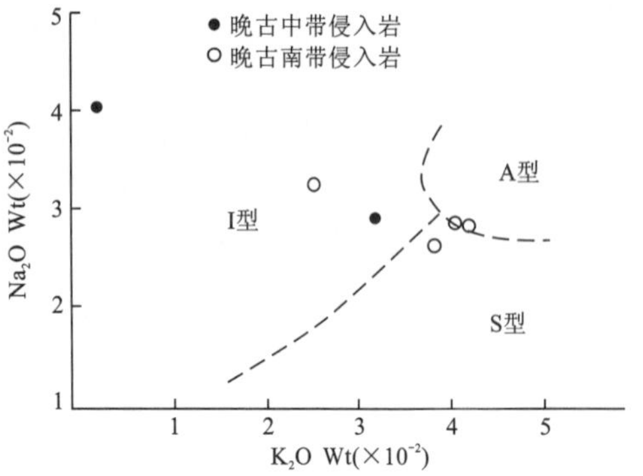

图 3-15　Na_2O-K_2O 图解

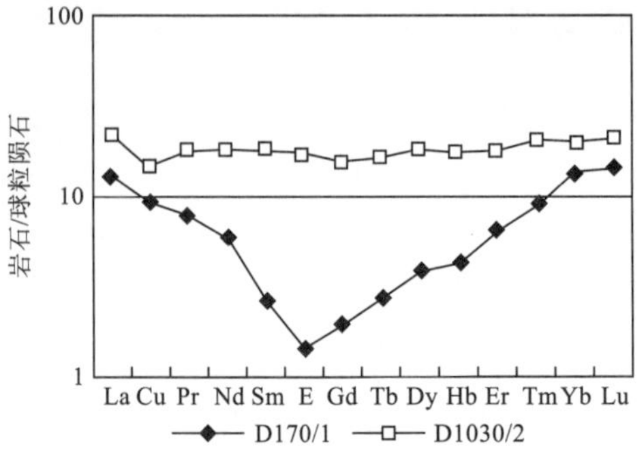

图 3-16　中带侵入岩稀土配分模式图

1.071，几个样品出现明显负铕异常，另有一个样品异常不明显。两条稀土曲线明显的差异，反映了岩浆演化历程的明显不同，但由于分布位置相同，岩体规模很小，不再予以细分。

(3)微量元素特征

中带侵入岩微量元素含量见表 3-12，以世界花岗岩(维)为参数标准化得到蛛网图 3-17，两条曲线并不完全吻合，表明两者的岩浆来源或演化历程存在较明显的差异，总体上来说具有亲铁元素(Cr、Ni、Co)、高场强元素(Zr、Nb、H_5、Ta、Th)及亲 Cu 元素大体与世界花岗岩相当或偏差不大，而大离子亲石元素(Sr、Ba)有较明显的亏损，亲硫元素中 Bi 呈强烈富集。以 MORB 为参数作标准化，得到曲线图 3-18，图中强不相容元素 Rb、Th 强烈富集，Ba 亦富集明显，高场强元素 Ta-P 富集程度逐渐减弱，其他除 Ti、Cr 有较明显亏损外，均亏损不明显，曲线形态近似于碱性洋中脊玄武岩(快速扩张)，表明岩浆主体源于地幔。

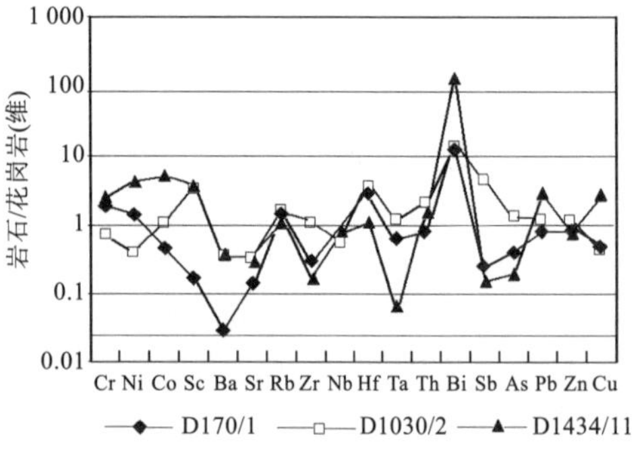

图 3-17　中带侵入岩微量元素蛛网图

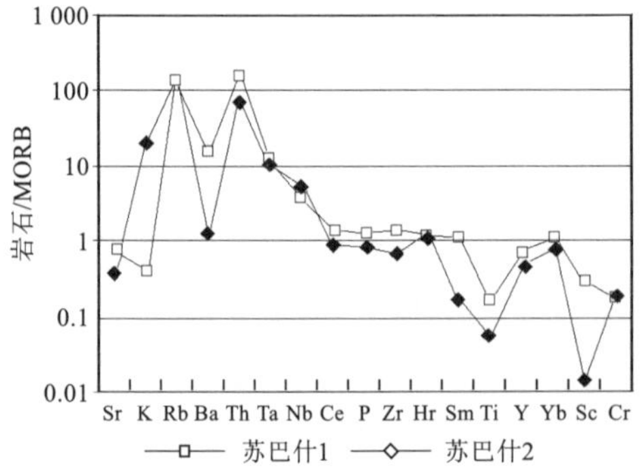

图 3-18　中带侵入岩微量元素 MORB 标准

(4)成矿元素特征

中带侵入岩成矿元素与克拉克值相比，除 Pb 在两个样品中弱富集外，其他元素(Zn、Cu、Ag、Au)均呈明显的贫化。成矿元素变化较大，似乎反映了成矿元素经历了不均匀的迁移，应注意在围岩或附近的断裂破碎带中找矿。但从区调成果看，未见明显的矿化。

3. 副矿物特征

中带侵入岩副矿物含量低(表 3-4)，组成简单，副矿物组合为：磁铁矿＋褐铁矿＋黄铁矿＋锆石＋石榴石，为常见岩浆型花岗岩副矿物组合。

锆石详细特征见表 3-9。锆石长宽比为 2∶1～3∶1，比值较小，晶形多为简单柱状或简单复方柱状，这些特征均反映物源较深。

4. 岩浆来源与演化

岩石化学研究证明，该套岩石为“I”型花岗岩，表明岩浆中有地幔组分的加入；平坦的稀土配分曲线，加上很低的稀土总量，反映岩浆主体来源于地幔。苏巴什岩体强烈亏损中稀土元素，可能暗示了岩浆源区与富含中稀土元素的角闪石处于平衡熔融状态，或者该岩浆经历了明显的角闪石分离结晶作用。

表 3-10 晚古生代及中生代岩浆岩岩石化学成分含量表($\times 10^{-2}$)

侵位时代	岩带	岩性	样品号	SiO_2	Al_2O_3	Fe_2O_3	FeO	CaO	MgO	MnO	TiO_2	P_2O_5	Na_2O	K_2O	Loi	SUM	δ	AR	A/CNK	K_2O/Na_2O
中生代	昆仑	细粒含石榴石二长花岗岩	D1089/1	77.53	13.66	0.163	1.69	1.843	0.367	0.191	0.039	0.202	3.089	1.322	0.146	100.2	0.56	1.79	1.385	0.428
		细粒电气石白云母二长花岗岩	D152/3	73.01	13.78	0.182	1.966	2.265	0.336	0.053	0.091	0.313	3.253	4.499	0.527	100.3	2	2.87	0.961	1.383
		中细粒白云母花岗闪长岩	D4406/1	73.51	13.15	0.871	1.296	1.698	0.452	0.039	0.117	0.316	3	4.694	0.839	99.98	1.94	3.15	1.004	1.565
		中粒白云母钾长花岗岩	D5082/1	67.24	11.31	0.543	1.919	4.942	0.811	0.048	0.159	0.293	5.028	5.387	1.928	99.61	4.48	4.57	0.49	1.071
		中粒二长花岗岩	D5079/1	72.89	13.2	1.248	1.627	2.237	0.507	0.049	0.293	0.289	2.484	4.19	0.659	99.67	1.49	2.52	1.04	1.687
		中粗粒二云母英云闪长岩	D1102/3	60.25	15.47	1.621	6.021	3.71	4.051	0.106	1.199	0.339	1.97	2.796	2.883	100.4	1.32	1.66	1.189	1.419
晚古生代	南带	中粒黑云母二长花岗岩	D2104/2	70.12	13.8	1.342	2.022	3.16	1.13	0.076	0.38	0.209	2.587	3.88	1.317	100	1.54	2.23	0.972	1.500
		中粒黑云母二长花岗岩	D1094/1	74.08	12.49	0.578	1.908	2.909	0.615	0.065	0.115	0.189	2.863	3.988	0.227	100	1.51	2.60	0.873	1.393
		中粒黑云母二长花岗岩	D1094/6	68.23	13.51	0.816	3.193	4.639	1.792	0.09	0.353	0.213	2.862	4.317	0.191	100.2	2.04	2.31	0.759	1.508
	中带	细粒黑云角闪石英二长闪长岩	D2161/1	57.83	13.83	2.444	7.913	5.854	2.477	0.21	1.931	0.378	3.327	2.761	0.866	99.82	2.5	1.89	0.724	0.830
		中粒二长花岗岩	D170/1	76.8	12.97	0.324	0.75	2.159	0.222	0.012	0.075	0.102	2.88	3.008	0.283	99.59	1.03	2.27	1.088	1.045
		中粒花岗闪长岩	D2093/1	68.54	14.25	2.808	1.223	2.225	0.545	0.038	0.568	0.239	2.944	4.367	2.443	100.2	2.09	2.60	1.047	1.484
		中粒二长花岗岩	D1030/2	74.25	13.25	0.52	1.29	1	0.54	0.06	0.23	0.048	3.91	0.06	0.87	96.03	0.5	1.77	1.594	0.015
中国石英闪长岩*				60.51	16.7	2.84	3.49	4.68	2.54	0.14	0.73	0.46	3.68	2.65			2.29	1.84	0.958	0.720
中国花岗岩*				71.27	14.25	1.24	1.62	1.62	0.8	0.08	0.25	0.16	3.79	4.03			2.16	2.94	1.053	1.063

表 3-11　晚古生代及中生代岩浆岩稀土元素含量及特征参数表($\times 10^{-6}$)

岩带	样品号	La	Ce	Pr	Nd	Sm	Eu	Gd	Tb	Dy	Ho	Er	Tm	Yb	Lu	Y	Σ	δEu	La/Yb_N	La/Sm_N	Gd/Yb_N
昆仑	D1102/3	89.4	184.4	20.1	75.74	16.26	2.07	10.88	2.15	10.65	1.83	5.24	0.63	3.66	0.49	40.59	423.5	0.487	14.50	3.44	1.82
	D152/3	5.87	9.87	1.57	5.71	1.27	0.08	1.17	0.28	1.78	0.27	0.82	0.12	0.87	0.11	14.48	29.79	0.216	4.01	2.89	0.82
	D4406/1	11.68	14.57	2.51	6.28	1.72	0.19	1.32	0.25	1.38	0.24	0.71	0.1	0.88	0.1	12.44	41.93	0.405	7.88	4.24	0.92
	D5082/1	8.17	18.63	3.31	10.81	1.86	0.19	1.64	0.22	1.07	0.14	0.38	0.04	0.29	0.03	3.69	46.78	0.357	16.73	2.75	3.47
	D5079/1	23.1	49.62	5.35	27.77	4.89	0.36	4.15	0.56	2.21	0.3	0.75	0.08	0.52	0.06	9.8	119.7	0.261	26.38	2.95	4.89
南带	D2104/2	27.64	59.93	7.96	44.42	6.48	1.02	5.93	0.92	5.11	0.94	2.68	0.39	2.81	0.4	15.52	166.6	0.542	5.84	2.67	1.29
	D1094/1	37.17	67.53	8.6	39.57	5.81	0.57	4.82	0.56	2.22	0.36	0.94	0.11	0.84	0.14	14.7	169.5	0.35	26.27	4.00	3.57
	D1094/6	24.62	47.09	6.53	34.05	4.32	1.08	4.47	0.7	4.45	0.82	2.58	0.38	2.59	0.38	23.96	134.1	0.821	5.64	3.56	1.06
	D1094/5	26.25	48.64	8.74	29.14	4.73	0.96	4.61	0.7	4.26	0.84	2.48	0.36	2.45	0.35	17.1	134.5	0.683	6.36	3.47	1.15
	D2161/1	41.46	80.26	13.56	42.41	9.59	1.98	9.95	1.65	9.91	1.89	5.36	0.78	4.92	0.74	48.05	224.5	0.678	5.00	2.70	1.24
中带	D170/1	4.19	8.55	0.93	3.44	0.52	0.1	0.58	0.13	1.14	0.29	1.3	0.28	2.48	0.44	13.78	24.37	0.623	1.00	5.04	0.14
	D1030/2	7.28	13.53	2.21	11.26	3.53	1.27	4.6	0.8	5.6	1.27	3.62	0.67	3.63	0.64	22.04	59.91	1.071	1.19	1.29	0.78

表 3-12　晚古生代侵入岩微量元素含量表($\times 10^{-6}$)

岩带	样品号	Cr	Ni	Co	Sc	Ba	Sr	Rb	Zr	Nb	Hf	Ta	Th	Bi	Sb	As	Pb	Zn	Cu	Ag	Au(ppb)
南带	D2102/1	62.9	25.08	10.41	13.71	530	126.1	148.34	49.8	10.402	1.419	0.219	9.224	0.511 8	0.142	0.6	26.85	44.91	20.75	0.023	0.1
	D2104/1	73.21	25.28	12.67	6.3	425.9	93.09	161.85	39.899	11.012	1.138	0.476	6.388	0.594 2	0.058	0.591	27.63	54.12	18.3	0.024	0.1
	D2104/2	63.15	24.74	13.35	1.69	131.3	137.4	198.49	67.79	17.691	2.329	1.049	3.252	0.108	0.779	1.325	12.71	87.65	54.16	0.035	0.2
	D2104/3	62.09	20.5	6.507	7.2	240.4	86.47	137.2	38.882	9.045	1.346	0.576	5.818	0.370 5	0.065	0.312	23.45	42.92	15.94	0.022	0.1
	D1093/1	67.24	33.47	27.4	12.48	568.4	161.2	133.03	33.719	11.26	1.36	0.498	16.712	1.796	0.033	0.675	58.17	53.49	37.15	0.017	0.1
	D1094/1	40.61	7.64	3.245	6.37	109.7	92.75	193.83	47.584	14.949	1.833	0.774	13.958	0.151 7	0.033	0.838	14.45	52.34	6.9	0.019	0.2
	D1094/2	54.1	34.48	25.7	15.6	470.9	117.9	125.26	40.252	11.1	1.748	0.695	12.169	1.543	0.039	0.714	55.1	55.38	30.96	0.019	0.1
	D1094/3	57.16	27.72	26.46	15.6	396.6	187.8	88.876	20.252	12.628	0.846	0.432	9.478	1.097	0.047	0.751	54.05	54.63	30.96	0.016	0.1
	D1094/4	66.94	29.75	28.35	12.48	517.4	211.5	112.94	24.175	11.815	0.857	0.293	9.571	1.136	0.114	0.612	56.23	66.16	28.31	0.019	0.1
	D1094/6	51.88	11.76	7.838	9.49	171.2	166.3	156.09	26.77	13.207	1.103	0.795	8.516	0.158 9	0.152	1.007	15.6	73.73	7.59	0.017	0.2
	D1094/5	154.3	69.98	23.43	23.4	246.1	206.8	97.464	37.068	19.183	0.902	0.698	10.616	1.388	0.116	0.912	45.97	73.15	27.42	0.012	0.1
	D2155/1	49.37	25.28	20.5	35.1	351.2	188.2	76.854	21.47	12.228	1.017	0.342	6.281	0.662 5	0.064	0.466	23.73	108.5	23.39	0.02	0.1
	D2155/2	39.83	28.65	16.74	23.4	681.3	237.5	129.26	30.052	14.389	0.939	0.548	6.958	0.696 7	0.202	0.424	25.61	8.53	21.43	0.03	0.1
	D2155/3	109.5	16.29	5.568	4.5	475.7	57.58	165.06	49.246	8.135	1.944	0.168	10.121	0.359 1	0.056	0.45	20	45.23	10.45	0.024	0.1
	D2158/2	92.55	39.89	17.36	24.3	431.5	169.5	94.443	34.83	9.506	1.44	0.344	7.793	0.503 2	0.055	0.56	24.28	69.6	28.88	0.071	0.1
	D2161/1	57.52	43.21	28.95	29.38	70.19	163.1	98.155	56.235	19.383	1.926	0.644	10.584	0.466 9	4.214	1.336	21.12	140.4	31.39	0.02	0.1
中带	D170/1	47.32	11.87	2.417	0.52	24.65	42.88	271.2	56.988	18.955	2.75	1.921	13.8	0.129 3	0.061	0.532	15.5	45.07	9.66	0.018	0.3
	D1030/2	18.25	3.092	5.909	9.971	292.9	100.7	325.68	208.9	10.59	4.337	4.121	37.858	0.126	1.162	1.939	23.25	72.73	7.393	0.008	0.007 5
	D1434/11	62.35	36.17	29.1	12.48	299.5	85.32	239.43	32.707	14.398	1.054	0.201	26.949	1.475	0.039	0.276	51.63	41.77	51.31	0.019	0.1
克拉克值(维)		83	58	18	10	650	340	150	170	20	1	2.5	13	0.009	0.5	1.7	16	83	47	0.07	4.3

岩石主要为一套细—中粒黑云母二长花岗岩，矿物组成中见有少量的白云母（<3%），副矿物中有少量的石榴石，反映了岩浆中熔入了部分硅铝壳的物质。

5. 侵位深度及剥蚀程度

中带侵入岩具细—中粒结构，岩体呈小规模岩枝状超动侵入于柳什塔格玄武岩，边界为不规则状、枝叉状，岩体中常含巨大柳什塔格玄武岩捕虏体和顶垂体，侵入界面向外陡倾（70°～80°），接触变质晕不发育，岩体内偶见细晶岩脉，这些特征均反映岩体就位深度不大，剥蚀程度较浅。

6. 时代

许荣华（2000）在苏巴什中粒二长花岗岩中作黑云母 K－Ar 法测年分析，取得 300Ma 的年龄值，时代为石炭纪。地球化学特征反映其为扩张构造背景地幔成因，在该岩浆岩带的南侧即为晚古生代苏巴什蛇绿混杂岩带，苏巴什蛇绿混杂岩带内部大量资料说明它所代表的洋盆主要扩张形成于石炭纪。上述前人所获同位素年龄值与区域地质背景完全吻合，故是可信的。

7. 控岩构造及侵位机制

中带侵入岩总体呈带状、串珠状分布于苏巴什缝合带侧旁，表现出明显张裂环境下产出特征。其时代与古特提斯洋的裂解同步。也就是说中带侵入岩是在古特提斯洋裂解过程中，由下地壳基性岩石或上地幔岩石部分熔融形成岩浆，顺着区域裂张形成的薄弱地带贯入而形成。

单个侵入体多呈带状或不规则状，侵入界面不平整，反映了岩浆主体依靠构造移位提供空间而就位。

（二）南带侵入岩石（布拉克特克库勒构造-岩浆岩带）

1. 地质特征

晚古生代南带侵入岩分布于图区中北部的阿克苏河到玉龙喀什河以北，呈近东西向带状展布。测区内有 4 个侵入体，规模较小或一般，出露面积约 114.4km²，单个侵入体多呈椭圆形，长轴方向与区域构造线一致，主体侵入于晚古生代岛孤建造——卡拉勒塔什岩群（PK）及弧后盆地——黄羊岭岩群之中，围岩主要为一套浅变质的火山岩、火山碎屑岩、粉砂岩、板岩等。

岩石组成较为复杂，岩石多以中酸性岩为主体组成，有两个自然侵入体。

（1）沙格斯库勒南侵入岩体

岩性为细—中细粒黑云角闪石英二长闪长岩，岩体内部组成不均一，岩性还有黑云母二长花岗岩、黑云母花岗闪长岩等，各岩性之间为涌动或脉动侵入关系，由于岩体规模很小，总面积仅 18.8km²，又为同源岩浆，所以合并讨论。

该岩体分布于阿什库勒盆地西南边上，构造位置处于苏巴什蛇绿混杂岩带之南的岛弧火山岩带，岩体呈近椭圆形，长轴方向与缝合带方向一致。岩体侵入卡拉勒塔什岩群（PK）下岩组一套酸性火山岩夹火山碎屑岩之中，侵入界线基本圆滑，界面向外，倾角 50°～70°。岩体边部约 10m 范围内矿物颗粒较细（准细粒边），围岩接触变质作用不明显，岩体中常见棱角状（<20cm）围岩捕虏体（图 3－19）。

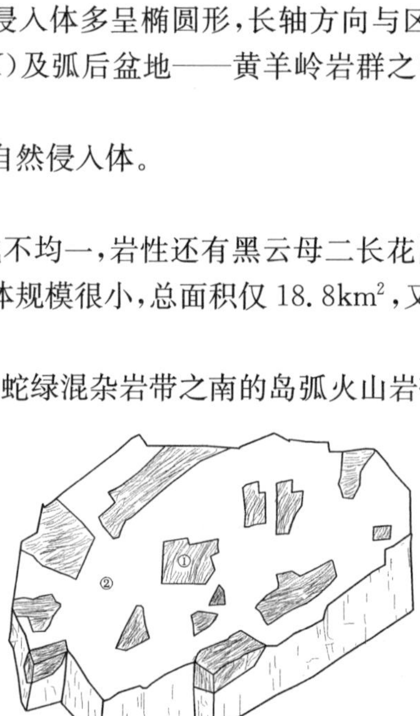

图 3－19　转石上沙格斯库勒南侵入岩中含卡拉勒塔什岩酸性火山岩捕虏体形态素描图
①灰色棱角状英安岩捕虏体 PK_2；②浅灰色细粒黑云角闪石英二长闪长岩（Tδo）

岩石呈灰色，细粒半自形粒柱状结构，块状构造，矿物粒径 1～2mm，少数 2～4mm。矿物成分：斜长石 45%～50%、钾长石 15%左右、石英 8%～10%、黑云母 10%、角闪石 15%、透辉石 2%～3%。其中，斜长石呈半自形柱状，中心部分稍混浊，显环形消光，边部较干净，显示聚片双晶；钾长石为他形粒状，具显微条纹结构，黑云母为叶片状，褐红色；角闪石为自形柱状，浅绿色，所见透辉石已次闪石化，为残余晶体。

（2）布拉克特克库勒岩体

该岩体由两个岩石单元组成，分别为中粒含角闪黑云二长花岗岩和中粒黑云二长花岗岩，两者之间为脉动侵入关系。岩体规模较大，呈岩基状产出，分布于玉龙喀什河北一带，构造位置处于苏巴什蛇绿混合杂岩带南侧 10～15km 处，东西延伸大于 35km，南北宽度 5～8km。岩带长轴方向与构造带方向一致。总面积达 95.6km²。主体侵入于卡拉勒塔什岩群一套酸性火山岩夹火山碎屑岩之中，与围岩接触界线基本圆滑，界面外倾，倾角 48°～70°，岩体边部 3～10m 范围内矿物颗粒略变细，外侧有较弱的接触变质作用（图 3－20）。

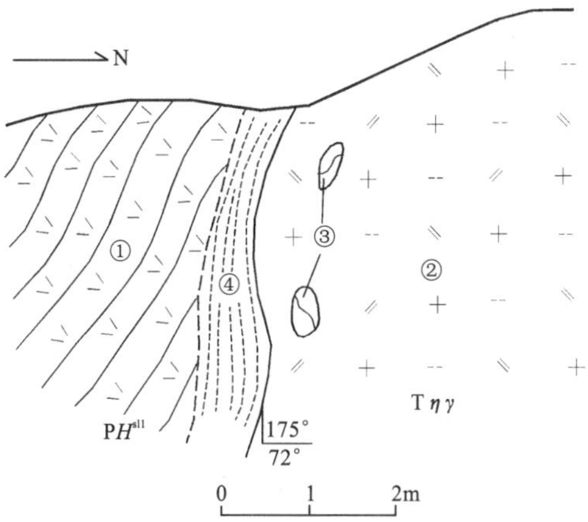

图 3－20　沙格斯库勒南侵入岩与黄羊岭岩群侵入关系素描图

①灰色变质流纹岩；②灰白色中粒黑云母二长花岗岩；③变质流纹岩捕虏体；④角岩化带

早期岩石单元分布于岩体的南侧，直接侵入于卡接勒塔什岩群上岩组一套中基性火山碎屑岩之中，出露面积约 22.5km²。岩性为中粒含角闪石黑云母二长花岗岩，岩体内部较均一，岩石呈浅灰色，中粒半自形粒状结构，块状构造，矿物粒径 2～4mm。主要矿物成分：斜长石 30%～35%、钾长石 35%、石英 20%～25%、黑云母 5%～8%、角闪石 1%～2%。其中，斜长石呈半自形柱状，具钠氏和卡钠复合双晶，An＝24～26，钾长石为条纹长石，岩石基本无蚀变。

该单元中含有 1%～2%暗色包体，与寄主岩石之间界线截然，包体多呈浑圆形，大小 3～40cm，个别大于 50cm，包体岩性为细粒角闪黑云英云闪长岩。岩石呈灰色，细粒半自形柱状结构，块状构造，矿物粒径 0.3～0.6mm。主要矿物成分：斜长石 50%～55%、石英 20%～25%、黑云母 15%、角闪石 5%、钾长石 1%～2%。其中，斜长石的钠长石律双晶较为发育，个别显示环带消光。岩石中个别粗大斜长石为似斑状。

晚期岩石单元分布于岩体北侧，脉动侵入于早期单元之中或直接侵入于围岩之中，出露面积为 73.1km²。岩性为中粒黑云母二长花岗岩。岩石呈浅灰色—灰白色，中粒半自形粒状结构，块状构造，矿物粒径 2～4mm。主要矿物成分：钾长石 35%～40%、斜长石 30%～35%、石英 25%～30%、黑云母 3%～5%。其中钾长石呈半自形和他形粒状，具条纹结构，斜长石为半自形柱状，双晶不发育。岩石中亦含有小于 1%的暗色包体，成分及特征同早期岩石单元中暗色包体，只是含量较少。

除上述中酸性、酸性岩体之外，该岩浆岩带尚有较多闪长岩脉和少量辉长岩脉，且相对集中地出现于萨格斯库勒以东，最大的闪长岩脉 20 余米，长约 1km。

2. 岩石地球化学特征

（1）岩石化学特征

岩石化学成分含量见表 3－10，早期的细粒黑云角闪石英二长闪长岩与中国石英闪长岩相比，具有高 Fe_2O_3、FeO、MgO、CaO、TiO_2，低 SiO_2、Al_2O_3 的特征，反映岩石更偏基性一些。

晚期的布拉克特克库勒岩体与中国花岗岩相比，表现出 FeO、CaO、MgO 略高，而 Na_2O 含量略低的特征。K_2O/Na_2O＝1.39～1.51，K_2O 大于 Na_2O。

利用岩石化学成分计算，早期的细粒黑云角闪石英二长闪长岩里特曼指数 δ＝2.5，属钙碱性花岗岩（正常太平洋型），铝饱和指数 A/CNK 为 0.72，在 K_2O－Na_2O 图解（图 3－15）中落入“I”型花岗岩区，为次铝的“I”型花岗岩；晚期的布拉克特克库勒岩体 δ＝1.32～2.04，属钙碱性花岗岩（强太平洋型—正常太平洋型），在 A－F－M 图解（图 3－14）中落入钙碱系列；K_2O＋Na_2O＝4.77～7.18，碱土含量较高。K_2O－Na_2O 图解（图 3－15）中主体落入“I－A－S”界线附近，表明岩浆主体来源于下地壳。A/CNK＝0.76～0.97，为次铝型的花岗岩，反映岩浆源较深，可能来源于下地壳底部。

（2）稀土元素特征

稀土元素含量见表 3－11，与世界花岗岩 ∑REE＝273.6ppm 相比，稀土总量明显偏低。REE＝

$166.63\times10^{-6}\sim224.46\times10^{-6}$，$La/Yb_N=5.00\sim26.27$，轻重稀土强烈分馏，$La/Sm_N=2.67\sim4.00$，$Gd/Yb_N=1.06\sim3.57$，轻稀土强烈分馏，重稀土亦有较明显的分馏，个别岩石单元重稀土亏损明显。$\delta Eu=0.35\sim0.82$，铕普遍亏损明显，稀土配分曲线图(图 3-21)向右陡，在“Eu”处形成弱的“V”字型。南带侵入岩各个样品的稀土配分曲线具有明显相似性。表明其具有相同或相近的岩浆来源及演化历程。

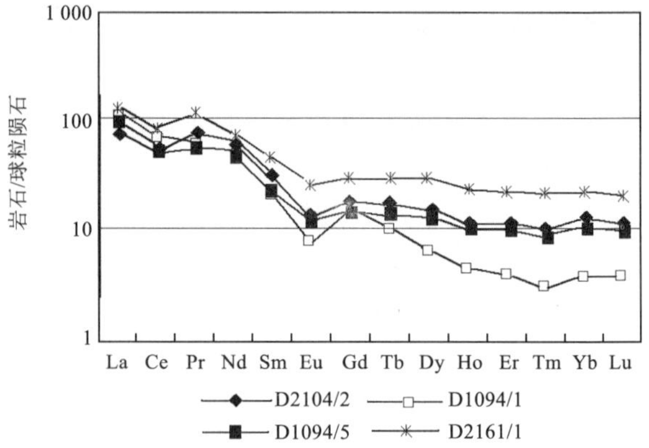

图 3-21　沙格斯库勒南侵入岩稀土配分模式图

包体与寄主岩石具有基本相同的稀土组成，只是轻稀土略高，重稀土略低，这与包体相对寄主岩石明显富集、富含重稀土的角闪石的地质事实矛盾，反映了两者具有不同的岩浆来源，只不过经历了充分的稀土均一化。进一步还反映了来源于下地壳或上地幔的偏基性岩浆与下地壳局部熔融形成的酸性岩浆发生过混合作用。

(3) 微量元素特征

微量元素含量见表 3-12。以世界花岗岩为标准，得到曲线图 3-22、图 3-23、图 3-24，可以看出南带侵入岩具有基本一致的曲线特征。均表现出亲铁元素(Cr、Co、Ni、Sc)总体富集，并且随相容性的降低，富集程度略有所增加；大离子亲石元素(Sr、Rb、Ba)总体是弱亏损状，部分岩石单元 Ba 亏损明显；高场强元素选择性亏损 Zr 和 Ta。亲硫元素中强烈富集 Bi 似乎是研究区从早古生代到晚古生代岩浆岩所共有的特征。亲铜元素(Pb、Zn、Cu)大体相当。以上特征反映南带侵入岩相对于世界花岗岩平均值略偏基性，岩浆源略深一些。

以 MORB 为参照，对南带侵入岩部分微量元素的各个岩体做标准化得曲线图 3-25，具有非常相似的

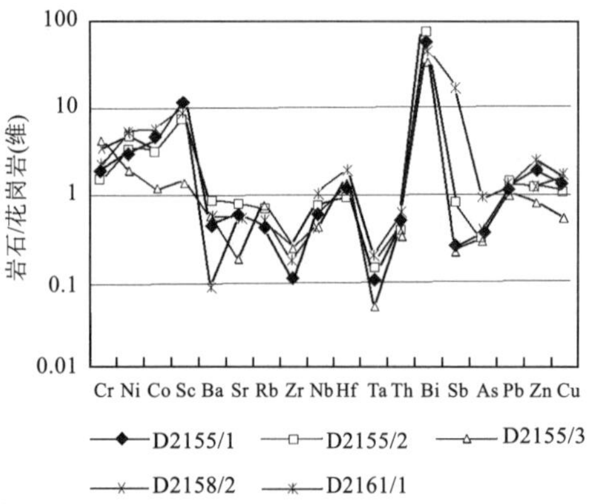

图 3-22　沙克斯库勒西南岩体微量元素蛛网图

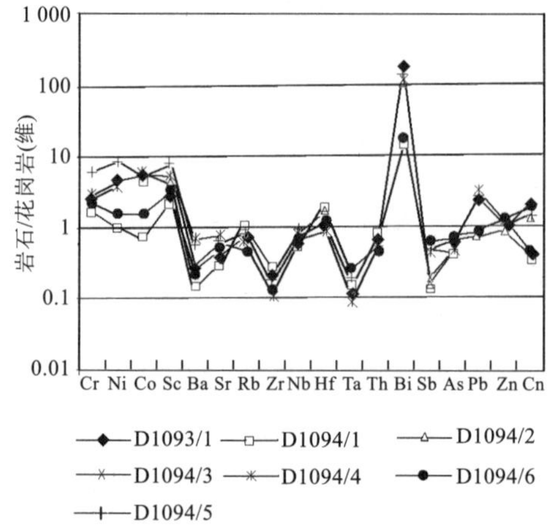

图 3-23　布拉克特克库勒岩体微量元素蛛网图

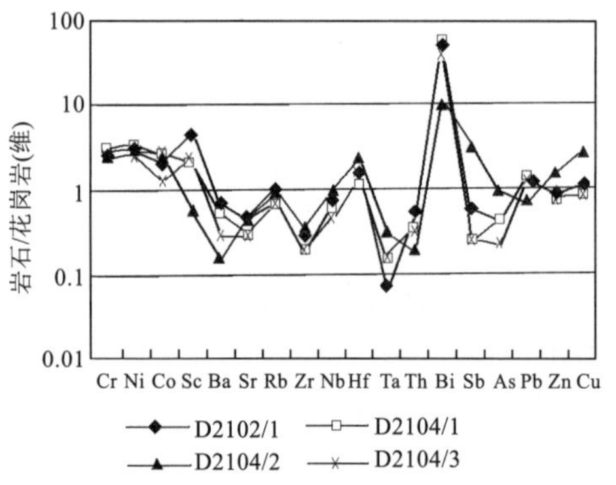

图 3-24　阿克苏岩体微量元素蛛网图

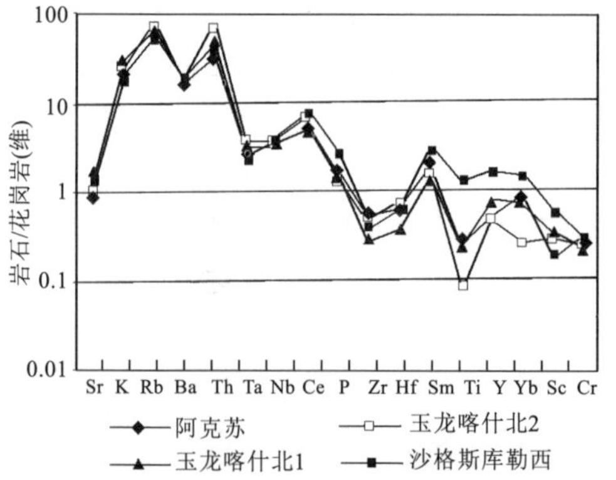

图 3-25　南带侵入岩微量元素配分型式图

曲线形态，均表现为强烈富集大离子亲石元素(K、Rb、Ba、Th)，高场强元素中 Ta、Nb、Ce、Sm 有较明显的富集，而 Zr、Hf、Ti 则呈现较弱的亏损，亲铁元素亦亏损明显。整个曲线呈“三弧”隆起状，表现出大陆弧花岗岩之特征，表明岩浆主体来源于下地壳。

(4) 成矿元素特征

南带侵入岩成矿元素含量见表 3－12。其中 Pb 多数高于克拉克值，最高为 56.23，最低为 12.71，玉龙喀什河北大面积花岗岩中 Pb 含量普遍较高，在 40ppm 到 60ppm 之间，而沙格斯库勒南小规模侵入岩及阿苏河附近侵入岩中 Pb 则明显较低，绝大多数小于 30ppm。Zn、Cu 特征相近，绝大多数含量小于克拉克值，最小为克拉克值的一半，最大略多于克拉克值；Ag 弱富集，为克拉克值的 1～3 倍，也有少部分样品略低于克拉克值；Au 则明显贫化，多数为克拉克值 1/20～1/40，而且含量较为稳定，显示出区域低背景的特征。

3. 副矿物特征

晚古生代南带侵入岩副矿物含量见表 3－4，早期岩石单元中主要副矿物组成有：磁铁矿(少量)＋钛铁矿(1689g/t)＋黄铁矿(52.5g/t)＋锆石(25g/t)，高钛铁矿的特征与微量元系 MORB 标准化中 Ti 是弱富集相一致，反映了早期岩石单元岩浆源可能较深。

晚期的布拉克特克库勒岩体副矿物主要组成有：磁铁矿(9.27g/t)＋黄铁矿(1.64g/t)＋锆石(25.5g/t)＋磷灰石(少量)＋榍石(少量)，副矿物总含量较低，其组合为常见岩浆型花岗岩之副矿物组合。

锆石特征见表 3－9，锆石具有较为复杂的晶形，加上较大的长宽比值，反映该岩体岩浆源较浅，演化较为复杂。

4. 岩浆来源及演化

南带侵入岩为一套中细粒石英二长闪长岩-中粒黑云母二长花岗岩组合，结合氧化物特征，按 BarBarin 划分原则属富钾钙碱性花岗岩，形成于构造体制转换过程之中。该区花岗岩可能正是在北侧晚古生代苏巴什洋盆闭合造山之后，测区由挤压体制向伸展体制转化过程中的产物。

徽量元素研究表明，南带侵入岩具有明显大陆弧之特征，说明岩浆主体来源于下地壳偏基性岩石，经部分熔融而形成。岩石中暗色包体的存在，表明曾发生过酸性岩浆和基性岩浆的混合。

稀土配分曲线上明显的负铕异常暗示岩浆源区与斜长石处于平衡状态，反映岩浆源较浅，不超过 55km。

5. 侵位深度及剥蚀程度

南带侵入岩具有中细—中粒花岗结构，岩体规模小—中等，边界基本圆滑。主体侵入于晚古生代一套火山岩及火山碎屑岩之中，侵入界面向外陡—缓倾，接触变质晕不发育，岩体边部可见细粒边；早期岩体边部含有棱角状火山岩捕虏体，以上特征反映南带侵入岩就位深度较浅，剥蚀程度亦不大。用 Hymdam (1985)划分原则判断，早期岩石单元可能侵入于中带(0～6.5km)，晚期岩石单元则可能形成于中带靠上部(6.5～13km)。剥蚀程度为浅剥蚀到中等剥蚀。

6. 时代

本项目在该岩体中曾采两个锆石 U－Pb 年龄值，因多种原因结果未得到，但该岩浆岩带空间上比较严格地限于苏巴什蛇绿混杂岩带之南，侵入于岩浆弧火山岩和弧后盆地地层之中，自身的地球化学特点反映其具大陆弧性质，应是俯冲—碰撞期的产物，时代可能为二叠纪—三叠纪，因其成因上与晚古生代苏巴什蛇绿混杂岩带相关，故置于晚古生代叙述。

7. 控岩构造及侵位机制

南带侵入岩呈带状位于苏巴什蛇绿混杂岩带南侧附近，岩体长轴方向与缝合带展布一致，表明岩浆的活动受到缝合带“I”级构造的控制。岩石化学研究表明该组合带岩石部分具有“A”型花岗岩之特征，反映其形成于造山后山根崩塌的构造跨塌过程中。

侵入体多为近椭圆形,界线基本平滑,侵入界面向外陡—缓倾,但岩体内侧叶理构造不发育,外侧围岩被挤压变形亦不很明显,考虑到岩体就位于造山后的伸展环境之下,因此岩浆可能主要依靠围岩构造位移提供空间,显示较弱的岩浆被动定位特征。岩体边部含有棱角状围岩捕虏体,但含量较少(<3%),表明岩浆侵吞围岩能力较弱。

四、中生代侵入岩(昆仑山构造-岩浆岩带)

(一)地质特征

测区内中生代侵入岩呈带状,分布于图区中部昆仑山山脊一带,近东西向展布。总面积约 1 480km²,构成区内规模最大的昆仑山构造-岩浆岩带。此外还有极少量出现于阿克苏河及阿什库勒盆地西南边上,面积仅 28km²。主体由一套偏酸性的花岗岩组成。依据内部岩石组成和接触关系类型将测区内中生代侵入岩划分为 3 个岩石单元。

昆仑山岩体分布于玉龙喀什河以南的昆仑山之上,测区内岩体呈南北向,为宽 10～30km、长度大于 60km 的巨型岩基。岩体中部的 60%～70%为冰雪常年覆盖,其内部组构特征难以实际勘测,但从大量冰积转石研究,其内部组成基本均一。该岩体可划分为两个岩石单元。

早期岩石单元为上面所述岩石组成,区内岩体出露面积 1 400km²,向西伸出测区。岩体直接侵入于黄羊岭岩群(PH)之中,侵入界面向外陡倾,倾角 60°～70°。岩体内侧叶理构造不发育,外侧有较明显的接触热变质形成的角岩带,内侧有近于椭圆形捕虏体(图 3-26)。岩体岩性为中粗—粗粒似斑状二云母二长花岗岩。岩石呈灰白色,中粗—粗粒似斑状结构,块状构造。基质矿物粒径 2～4mm。斑晶主体为粗大钾长石,大小 0.8～10cm,含量 5%～20%,不很均匀,局部可达 35%以上。斑晶为半自形板条状、板柱状,具交代成因的钠长石条纹,此外岩石含少量团斑状黑云母,含量 1%～2%;基质中钾长石 25%～30%,为他形粒状,较干净,具清晰的条纹结构,为条纹长石;斜长石 35%～40%,为半自形柱状,稍显混浊,聚片双晶不清晰;石英 3%～25%,为他形粒状,洁净,黑云母为红褐色自形叶片状,白云母 3%,为无色自形叶片状。

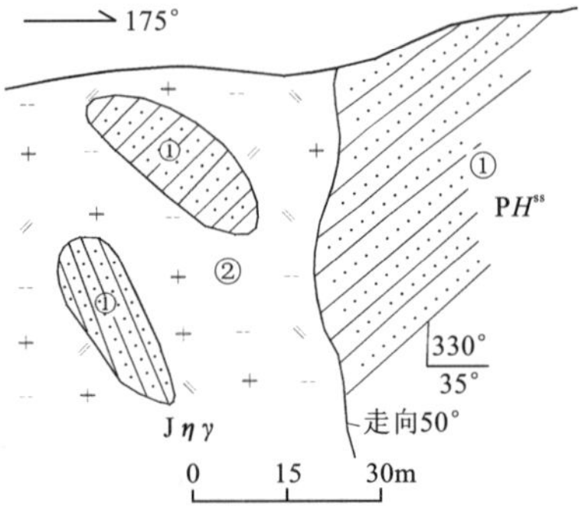

图 3-26　昆仑山岩体与黄羊岭岩群侵入关系素描图

①灰色砂岩、粉砂岩;②灰白色中粒似斑状二云母二长花岗岩

晚期岩石单元集中于岩基的东侧,分布于玉龙喀什河上游阿拉克沙依到胜利达坂一带,由 5 个侵入体组成,出露总面积约 61.9km²。岩体脉动侵入于早期单元之中或直接侵入于黄羊岭岩群(PH)之中,围岩凝灰质砂岩有较强的角岩化。岩体主体组成岩石为中细粒电气石白云母二长花岗岩。岩石呈灰白色,细—中细粒结构,块状构造,矿物粒径 1～2mm。少数可达 2～3mm。主要矿物组成:石英 20%～25%、钾长石 30%～35%、斜长石 40%～35%、电气石 2%～3%、白云母 2%～3%,局部达 5%。其中斜长石呈半自形柱状,较干净,钠长石律双晶发育,少数具卡钠复合双晶,An=24～26, 钾长石呈他形粒状,具条纹结构,石英为他形粒状,电气石为他形—半自形状(图版Ⅰ,6)。

细粒含石榴石二长花岗岩为一独立岩石单元,岩体规模很小,出露面积仅 18.5km²,呈椭圆形产出,分布于阿什库勒盆地西南边上,北侧侵入黄羊岭岩群(PH)之中,围岩热变质作用不明显,岩体边部可见围岩次棱角状捕虏体。侵入界面向外倾,倾角 70°左右。南侧超动侵入于昆仑山岩体之中。岩石呈灰白色,细粒半自形粒状结构,块状构造,矿物粒径 1～2mm,少数 3mm。其中钾长石为他形粒状,具条纹结构,为条纹长石,偶见边缘为斜长石交代;斜长石呈半自形柱状,较干净, 钠长石律双晶清楚,石榴石为半自形粒状。

（二）岩石地球化学特征

1. 岩石化学特征

岩石化学成分含量见表 3-10。与中国花岗岩相比，中生代侵入岩富 SiO_2 和 CaO、K_2O（晚期单元，K_2O 亏损），低 TiO_2、Al_2O_3，表明岩浆偏碱性。昆仑山岩体 $K_2O+Na_2O=7.75\sim10.42$，碱质含量特别高，$K_2O/Na_2O=1.07\sim1.69$，K_2O 普遍大于 Na_2O；晚期岩石单元 $Na_2O+K_2O=4.41$，$K_2O/Na_2O=0.43$，K_2O 明显小于 Na_2O。

利用岩石化学成分计算，昆仑山岩体里特曼指数 $\delta=1.49\sim2.001$，为钙碱性花岗岩，在 AR-SiO_2 图解（图 3-27）中，3 个样品落入碱性岩区，2 个样品落入钙碱岩区；晚期岩石单元 $\delta=0.56$，在 AR-SiO_2 图中落入钙碱性花岗岩区。

昆仑山岩体 A/CNK=0.96～1.04（有一个异常样品为 0.497），为次铝的“S”型花岗岩。晚期单元 A/CNK=1.38，为过铝质“S”型花岗岩。在 Na_2O-K_2O 图解（图 3-28）中 3 个样品落入“A”型花岗岩区，1 个样品落入“S”型花岗岩区。晚期岩石单元落入“I”型花岗岩区。

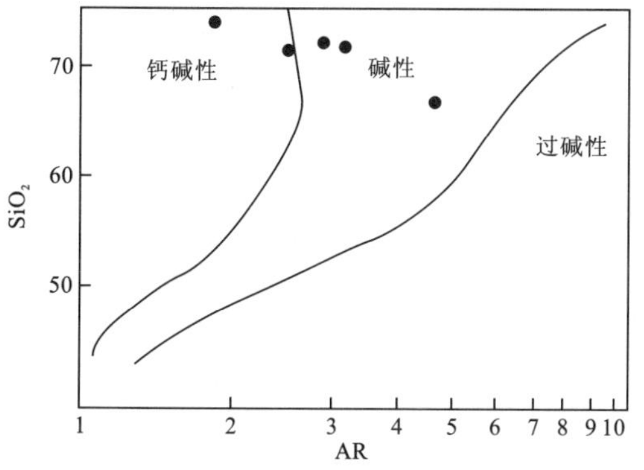

图 3-27　AR-SiO_2 与碱度关系图

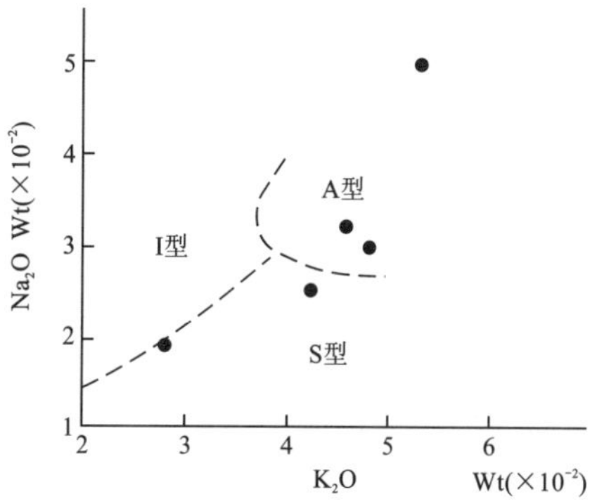

图 3-28　昆仑山岩体 Na_2O-K_2O 图解

2. 稀土元素特征

稀土元素含量见表 3-11，稀土总量 $\sum REE=41.93\times10^{-6}\sim119.72\times10^{-6}$，相比世界花岗岩明显偏低，$a/Yb_N=4.01\sim26.38$，轻重稀土强烈富集，$a/Sm_N=2.75\sim4.24$，$Gd/Yb_N=0.92\sim4.89$，轻稀土、重稀土均强烈分馏，$\delta Eu=0.261\sim0.487$，铕显示强烈亏损。稀土配分曲线呈左高右低，中部“Eu”呈明显的“V”字型（图 3-29）。各个样品具有基本相似的曲线形态，反映其岩浆形成于基本相似的构造环境和基本相同的演化历程。

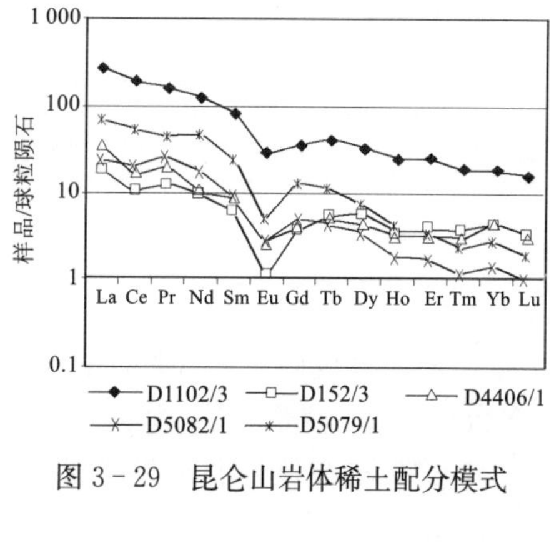

图 3-29　昆仑山岩体稀土配分模式

3. 微量元素特征

微量元素含量见表 3-13，以世界花岗岩为标准对中生代侵入岩微量元素作标准化，得到曲线图 3-30、图 3-31。各个样品具有基本相同的曲线特征，表现在亲铁元素（Cr、Ni、Co、Sc）为弱—明显富集，大离子亲石元素中强烈亏损 Ba、Sr，高场强元素中 Zr 强烈亏损，其他元素大体相当或弱亏损，亲硫元素中强烈富集 Bi，亲铜元素大体相当。

用 MORB 作标准化得到曲线图 3-32，图中显示强烈富集大离子亲石元素 K、Rb、Th，Ba 亦有较明显富集，但相对 Rb 和 Th 呈现明显的负异常。高场强元素中 Ta.、Nb、Ce、P 有一定程度富集，Zr、Hf、Ti、Y、

Yb、Sc 则为较明显的亏损。整个曲线形态近似于大陆碱性火山弧玄武岩(智利)之曲线特征,表明岩浆主要来源于下地壳。

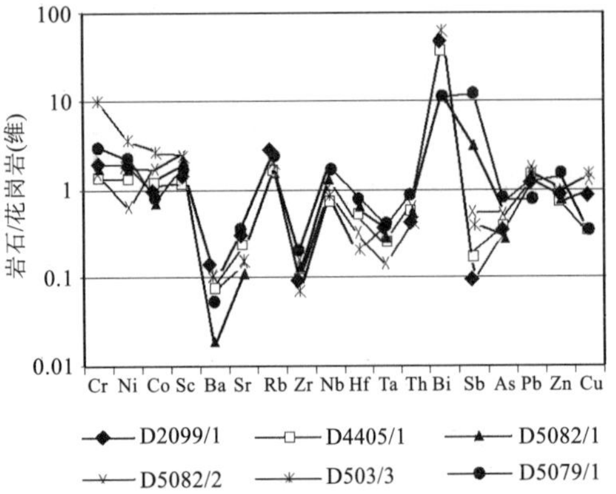

图 3-30　昆仑山岩体 1 微量元素蛛网图

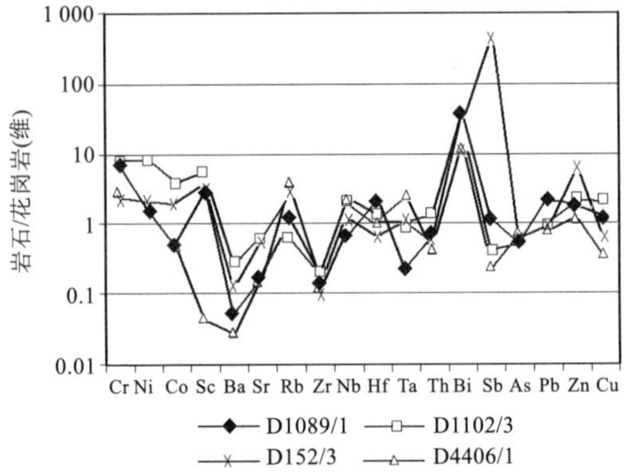

图 3-31　昆仑山岩体 2 微量元素蛛网图

表 3-13　中生代侵入岩微量元素含量表($\times 10^{-6}$)

序号	样品号	Cr	Ni	Co	Sc	Ba	Sr	Rb	Zr	Nb	Hf	Ta	Th	Bi	Sb	As	Pb	Zn	Cu	Ag	Au (ppb)
1	D1089/1	177.9	12.17	2.457	8.58	38.04	49.32	221.83	42.291	12.808	2.073	0.732	11.628	0.349 4	0.273	0.709	39.67	92.24	22.12	0.01	0.1
2	D1102/3	208.3	66.1	17.33	16.12	225.2	182	128.89	37.582	40.207	1.254	2.914	24.268	0.403	0.089	0.77	19.25	124.2	38.29	0.027	0.4
3	D152/3	69.86	12.64	2.955	0.13	21.72	44.63	716.19	22.294	34.794	0.965	8.076	5.987	0.128 9	0.054	1.027	14.21	68.54	6.9	0.027	1.1
4	D4406/1	55.64	16.352	9.047	9.88	105.1	154.9	507.26	18.119	22.136	0.629	4.005	7.926	0.115 6	122.00	0.833	18.12	336.7	11.04	0.029	0.7
5	D2099/1	47.46	15.57	7.01	5.2	114	42.53	424.79	19.276	14.168	0.6	1.119	7.376	0.424 3	0.022	0.443	25.01	42.6	17.36	0.019	0.2
6	D4405/1	33.62	10.14	6.048	3.12	75.7	65.18	317.65	22.41	15.01	0.456	0.768	12.29	0.368 8	0.043	0.587	29.25	40.45	6.192	0.025	0.1
7	D5082/1	50.27	15.631	3.16	5.2	12.62	31.24	407.87	24.225	26.631	0.305	1.403	9.998	0.102 5	0.777	0.891	14.14	77.47	5.69	0.014	0.2
8	D5082/2	38.21	4.733	8.127	7.8	59.91	39.7	341.48	16.592	19.446	0.266	0.471	7.836	0.611 5	0.13	0.739	32.64	54.63	24.77	0.022	0.1
9	D5083/3	248.1	28.54	12.67	7.327	83.44	34.18	384.32	11.948	14.82	0.186	1.228	7.903	0.592 7	0.095	0.416	28.69	53.67	28.19	0.024	0.2
地壳克拉克值		83	58	18	10	650	340	150	170	20	1	2.5	13	0.009	0.5	1.7	16	83	47	0.07	4.3

4. 成矿元素特征

中生代侵入岩成矿元素含量见表 3-13。其中 Pb 多数高于克拉克值,最高为 39.67×10^{-6},最低为 14.12×10^{-6},总体呈弱富集趋势;Zn、Cu 特征相近,绝大多数含量小于克拉克值,Zn 出现了一个极高值,为克拉克值的 4 倍,最小为克拉克值的一半;Cu 最高接近克拉克值,最低仅为其 1/7,变化较大;Ag 为富集状,为克拉克值的 2～4 倍;Au 则明显贫化,多数为克拉克值 1/10～1/40,而且含量较为稳定,显示出区域低背景的特征。晚期单元的电气石花岗岩内接触带蚀变地段均强黄铜矿化,Cu 含量普遍高于边界品位(见第七章)。从岩体中 Cu 离差较大和含量较低分析,岩体可能为成矿带的矿源之一。

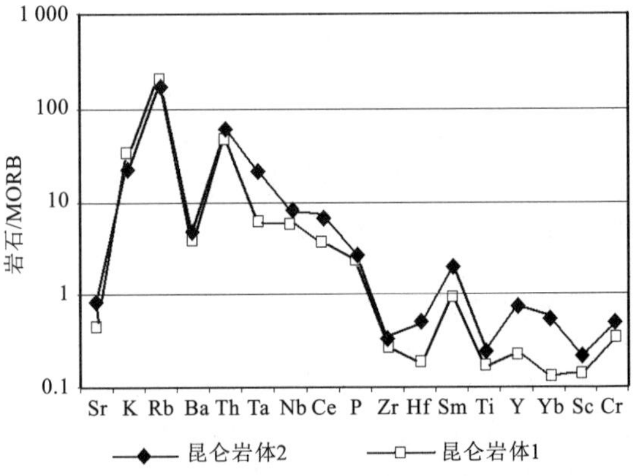

图 3-32　昆仑山岩体微量元素 MORB 标准化型式图

(三)副矿物特征

1. 副矿物含量特征

副矿物含量见表 3 - 4,昆仑山岩体早期单元中副矿物含量较高,总量为 394×10^{-6},主要副矿物组成为磁铁矿+磷灰石+钛铁矿+榍石+锆石;晚期单元副矿物含量较低仅 199.7×10^{-6},主要副矿物组成有磁铁矿(少量)+榍石(少量)+锆石+赤铁矿(少量)+褐铁矿(少量)+黄铁矿(少量)+电气石,晚期单元以高含量的电气石为最大特点,这与该套岩石中硼(B)含量高达$(40.8\sim65.4)\times10^{-6}$、平均值为 51.9×10^{-6}相对应。

细粒含石榴石二长花岗岩独立岩石单元中副矿物以高含量的石榴石为最大特征,含量达 $2\ 138\times10^{-6}$。各岩石单元副矿物组合均为常见岩浆型花岗岩之矿物组合。

2. 锆石特征

锆石特征见表 3 - 14。

表 3 - 14 昆仑山岩体锆石特征表

岩体	岩性	粒度(mm^2)	长∶宽	颜色	光泽	透明度	发光性	晶形晶面特征	包裹体	晶体
昆仑山岩体	含石榴石花岗岩(D1089/1)	0.18×0.08	2∶1 3∶1	浅玫瑰色	金刚光泽	半透明—透明	未见发光	由发育的柱面 m(110)和较差柱面 a (100)及锥面 p(111)聚合而成的较简单的晶体	较多,成分为细小的锆石及绿泥石等	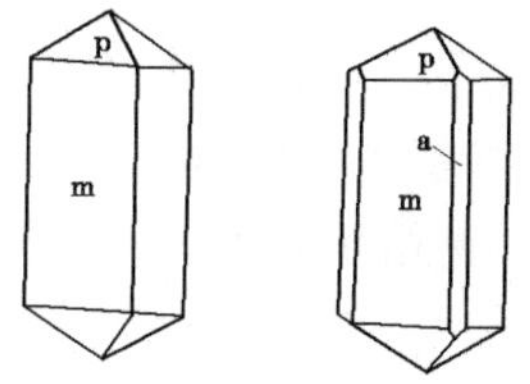
	电气石花岗闪长岩(D152/3)	0.48×0.04 0.12×0.02	2∶1 3∶1	浅玫瑰色	金刚光泽	半透明	暗黄光	由发育的柱面 m(100)和锥面 p(111)、x(311)聚合成较简单晶体	较多,主要为细小的锆石	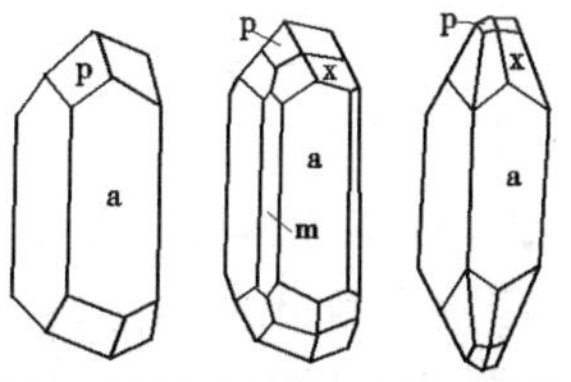
	似斑状二长花岗岩(D5079/1)	0.48×0.08 0.08×0.04	2∶1 4∶1	玫瑰色	金刚光泽	透明,少数半透明	暗黄光	由发育的柱面 a(100)和发育的锥面 p(111)、x(311)聚合而成复方柱状晶,部分晶体发育柱面 m(110)	较普遍,主要为细小的锆石,个别为钛铁矿	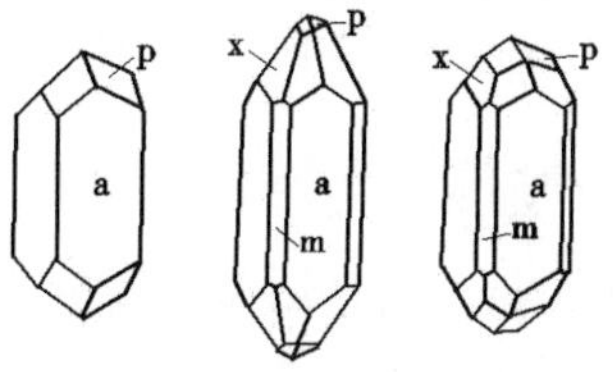

(四)岩浆来源及演化

中生代侵入岩以巨大的岩基产出,岩石主要为一套含电气石或石榴石的二云母花岗岩,依据矿物组成及岩石化学特征,按 BarBarin 划分原属于含白云母过铝质花岗岩类(MPG)。虽然该套岩石的铝饱和指数并不都大于 1.1,但从矿物组成中含原生白云母及电气石、石榴石及岩体中未见暗色包体来分析,仍然具有强过铝(SP)花岗岩之特征,并且属于含白云母过铝质花岗岩类(MPGs)。

根据 Chappell 和 White 的研究(1992),SP 花岗岩 $\psi(CaO)/\psi(Na_2O)$ 小于 0.3 时,主要由砂屑岩生成。利用岩石化学成分计算,得到 $\psi(CaO)/\psi(Na_2O)=0.57\sim0.9$,均大于 0.3,似乎表明岩体主体由砂屑生成,然而再利用微量元素 Rb/Ba - Rb/Sr 图解(图 3 - 33)来判别,则主体落入泥质岩区,从而得出了相反的结论,由此我们可以推测,该套岩石是砂屑和泥质组成的混合源区。利用昆仑山岩体部分微量元素的平均值与巴颜喀拉山群中砂岩和板岩作对比得到蛛网图(图 3 - 34),可以明显的看出,它们具有基本一致的曲线特征，表明岩体很可能是由巴颜喀拉山群一套碎屑岩俯冲到下地壳后发生部分熔融形成岩浆，而后上升形成的一套富铝的花岗岩。

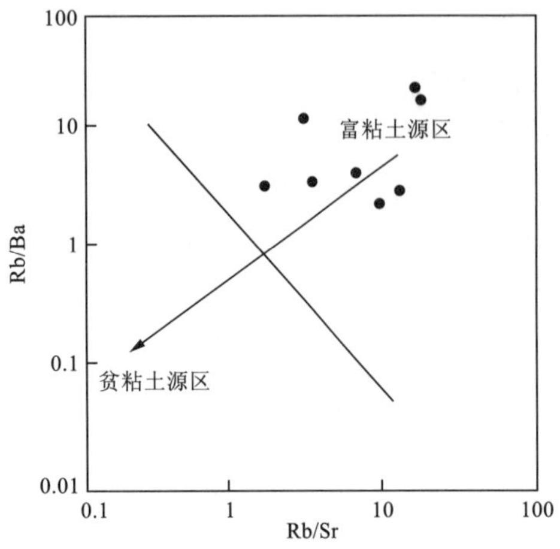

图 3-33　Rb/Ba-Rb/Sr 图解
(Condie,1993)

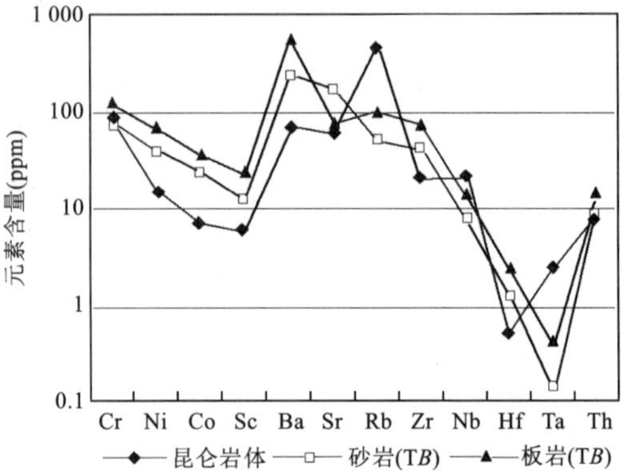

图 3-34　昆仑山岩体与巴颜喀拉山群微量元素蛛网图

在 Rb/Sr-Sr (图 3-35)坐标系中，中生代侵入岩样品基本构成了一个双曲线，表明岩浆主体以部分熔融作用为主，稀土特征中明显的负铕异常则暗示了岩浆源区与斜长石处于平衡熔融状态，进一步反映岩浆源不深，不会超过 55km。

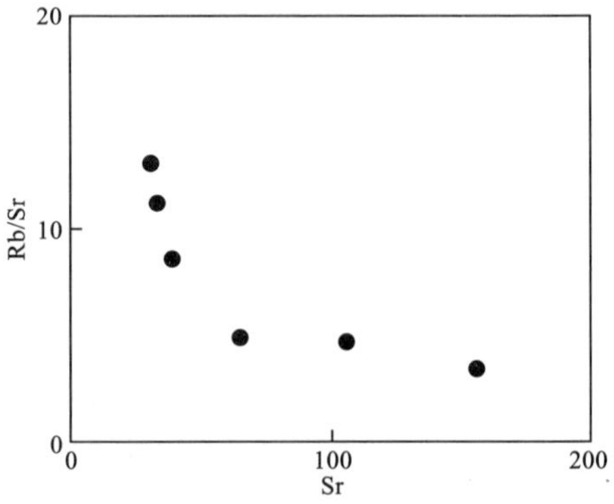

图 3-35　Rb/Sr-Sr 图解

(五)侵位深度及剥蚀程度

中生代侵入岩具有中细—粗粒花岗结构，岩体规模巨大，边界圆滑，岩体主体侵入于晚古生代一套火山沉积建造之中，内侧不发育叶理构造，外侧可见较弱的接触热变质带，以上特征反映岩石体就位深度中等，但剥蚀程度较大。按 Hmdam1985 划分，主体岩石体形成于地壳中带(6.5～13km)。

(六)时代

前人在该套岩体中作了全岩 Rb-Sr 等时线测年分析，取得 176Ma 的年龄值，其时代为侏罗纪。该套岩石侵入于晚古生代一套火山-沉积建造(PK_1、PK_2、PH)之中，从一个侧面证明该年龄值具有一定的可信度。

(七)控岩构造及侵位机制

中生代侵入岩呈带状就位于郭扎错-金沙江缝合带北侧附近，岩体长轴方向与缝合带展布方向一致，表明岩浆活动受到该缝合带的控制。

岩石化学研究表明其为“A”型花岗岩，其形成环境为造山后的伸展体制；而从上述岩浆成因分析中得知，该套岩石更具 SP 花岗岩中的 MPGS 花岗岩之特征，据 BarBarin(1996)研究，MPGS 是通过地壳岩石的“湿”深熔作用和岩浆的结晶分馏作用形成的，而且主要产生在受大型地壳剪切构造或逆掩断层构造作用下使地壳加厚造山带，即产生在高压造山带中。从上述两个方面所得出的相互矛盾的结论，目前学术界尚无定论，但我们更倾向于后者，最主要的理由是整个岩带的展布、单个岩体长轴方向均与区域构造线完全一致，并且岩体均分布于金沙江-郭扎错缝合带以北，即缝合带的上盘。

五、脉岩

测区内脉岩集中于图区南部的郭扎错—顺利达坂一带，成群成带出现。单脉走向近东西或呈 NE—SW 展布，规模大小不一，最小宽度 1～3m，延伸 5～20m，最大宽度可达 300m，延伸超过 6 500m，脉体边界平直，延伸稳定。主体侵入于三叠纪巴颜喀拉山群，少量侵入于早石炭纪月牙湖组灰色长石石英砂岩和白垩纪铁隆滩群紫红色、紫灰色礁灰岩之中。多数脉体陡倾，近于直立。

（一）岩石特征

脉体组成岩石复杂，以蚀变辉绿岩为主，其次有霓石正长岩，黑云母正长斑岩和二长花岗斑岩，偶见闪长玢岩。各类岩性特征分述如下。

蚀变辉绿岩：岩石呈深绿色，块状，辉绿结构，矿物粒径 2～3mm。主要矿物成分：斜长石 55%、单斜辉石 20%～15%、绿泥石 15%～20%，个别样品中含少量方解石。镜下岩石具典型的辉绿结构，其中斜长石晶体混浊，双晶不清，单斜辉石为半自形—它形短柱状，较干净。

二长花岗斑岩：岩石呈灰色，块状，具斑状结构，基质具显微晶质粒状结构。斑晶粒径 0.4～0.8mm，主要成分：石英 10%、钾长石 10%～15%、斜长石 10%～15%；基质粒径为 0.05～0.1mm，主要成分：斜长石 30%、钾长石 20%～25%、石英 10%～15%。镜下石英呈半自形粒状，洁净，个别被熔蚀；钾长石呈板柱状，稍显混浊，显示微条纹结构；斜长石半自形柱状，隐约显示聚片双晶。

黑云母正长斑岩：岩石呈灰白色，具多斑结构，基质细粒半自形柱状结构，块状构造。斑晶粒径 0.3～0.6mm，主要成分：钾长石 35%～40%、黑云母 3%～5%。其中钾长石为半自形柱状，黑云母为褐色自形叶片状。

霓石正长岩：岩石呈灰色，块状，半自形粒状结构。主要矿物成分：钾长石 80%、方解石 1%～2%、高岭土 3%～5%。岩石中钾长石为主要成分，呈半自形粒状，长径 0.6～1.5mm，暗色矿物为霓石，呈绿色自形细粒状或针状，长径为 0.15～0.3mm，从晶体大小和呈堆晶出现，推测其结晶较晚。

依据野外脉体间穿插关系可以确定，辉绿岩规模最大，为早期形成脉体；偏酸性的脉岩（包括霓石正长岩、黑云母正长斑岩、二长花岗斑岩）规模较小，为晚期侵入脉体。

（二）岩石地球化学特征

1. 岩石化学特征及其中的成因信息

岩石化学成分含量见表 3-15。各类脉岩岩石化学成分差异较大。

辉绿岩明显偏基性，富含 FeO、MgO、CaO、TiO_2，低 SiO_2、K_2O，K_2O 远小于 Na_2O。铝饱和指数为 0.69，小于 0.7，属于铝不饱和岩石，说明岩浆主体来源于地幔。其化学成分与其同构造位置出露的古近系（E_2）碱性玄武岩成分较为接近，反映两者可能同源。两者相比之下，碱性玄武岩富 Al_2O_3 和强烈富集 K_2O，低 FeO、MgO，表明其岩浆中加入了较多的地壳物质。

二长花岗斑岩和黑云母正长斑岩岩石偏酸性，碱土含量非常丰富，$Na_2O+K_2O=7.54\times10^{-2}\sim8.54\times10^{-2}$，A/CNK=0.989～1.34，属铝饱和—过饱和岩石。依据里特曼指数判别，二长花岗岩属钙碱性岩，黑云正长花岗斑岩属碱性岩，两者相比，后者强烈富 Al，表明岩浆主要来源于地壳。

2. 稀土元素特征及其成因信息

稀土元素含量见表 3-16。

辉绿岩稀土总量较高，$\sum REE=193.91\times10^{-6}$，$La/Yb_N=6.98$，轻稀土分馏明显；$La/Sm_N=2.26$，$Gd/Yb_N=1.71$，轻稀土、重稀土均分馏明显；$\delta Eu=1.23$，具较弱的正异常。稀土曲线呈左高右低的一条斜线。曲线与 E_2 碱性玄武岩曲线特征一致（图 3-36），只是碱性玄武岩稀土总量明显偏高，表明岩浆中混入了大量的地壳物质。

二长花岗斑岩和黑云母正长花岗斑岩稀土总量明显偏高，$\sum REE=311.56\times10^{-6}\sim314.18\times10^{-6}$，

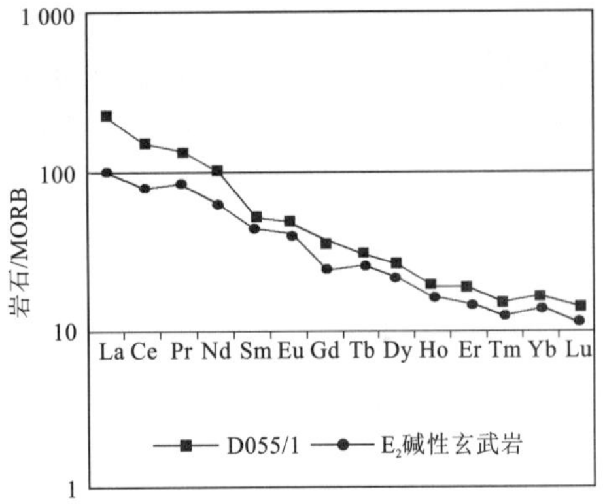

图 3-36　辉绿岩稀土配分模式图

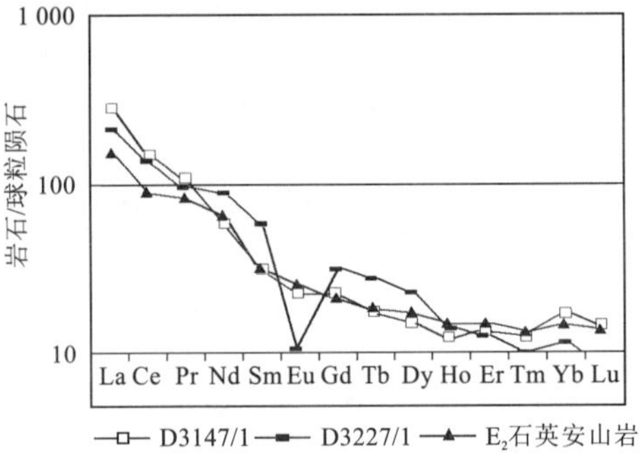

图 3-37　花岗斑岩稀土配分模式图

La/Yb_N=6.98，轻稀土分馏明显，两者相比，另外的 3 个特征参数差别显著，见表 3-16，二长花岗岩轻稀土分馏程度明显低于黑云母正长花岗斑岩，而重稀土分馏程度却明显高于后者；特别是铕，二长花岗岩呈强烈亏损状，后者则表现为弱亏损状，稀土配分曲线前者呈右倾斜线。两者极不协调的稀土曲线表明其岩浆来源和演化历程存在明显差别(图 3-37)。另外，黑云母正长花岗斑岩稀土曲线与 E_2 石英安山岩稀土配分曲线有一定的相似性，表明两者有一定的亲缘关系。

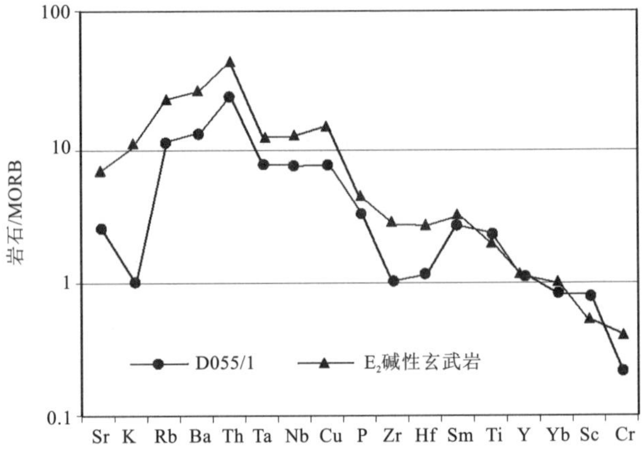

图 3-38　辉绿岩微量元素 MORB 标准化型式图

3. 微量元素特征及其中的成因信息

微量元素含量见表 3-17。

以 MORB 为标准化得到曲线图 3-38。辉绿岩除相容性极强的 Y、Yb、Sc、Cr 不富集外，其他元素均明显富集或强烈富集，并且由 K-Th 富集程度逐渐增加，由 Th 到 Ti 逐渐减弱，表现出典型的板内玄武岩之分配型式。其曲线形态与 E_2 碱性玄武岩非常接近，反映两者可能同源。

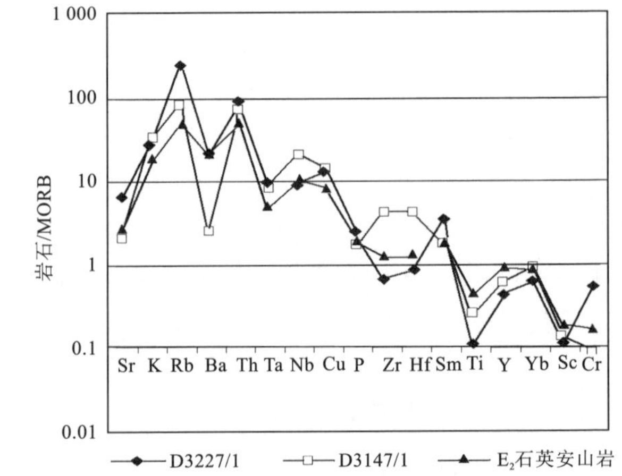

图 3-39　花岗斑岩微量元素 MORB 标准化型式图

二长花岗斑岩和黑云母正长斑岩具有基本一致的曲线形式(除 Zr、Hf 外)，均表现出大离子亲石元素(Sr、K、Rb、Ba、Th)强烈富集，高场强元素中 Ta、Nb、Ce 明显富集，而 P、Zr、Hf 则呈弱富集状，强烈亏损 Ti 和 Sc、Cr；在 Rb、Th、Ce、Sm 处形成相对富集峰值；而在 Ba、Zr、Ti 处形成相对亏损峰值。曲线总体特征具有大陆弧玄武岩的基本特征，反映其岩浆来源于下地壳或壳幔混合带。两种斑岩曲线与 E_2 石英安山岩具有一定的相似性(图 3-39)，表明它们之间存在着一定的渊源关系。

(三)小结

测区最主要的辉绿岩脉组成一个狭长的脉岩带，近东西向展布，与金沙江-郭扎错断裂处于同一构造

表 3－15 区内脉岩岩石化学成分含量表($\times10^{-2}$)

岩性	样品号	SiO_2	Al_2O_3	Fe_2O_3	FeO	CaO	MgO	MnO	TiO_2	P_2O_5	Na_2O	K_2O	Loi	SUM	δ	AR	K_2O/Na_2O	A/CNK
二长花岗斑岩	D3227/1	71.17	13.82	1.051	1.605	2.311	0.533	0.036	0.159	0.306	2.856	4.687	1.443	99.98	2.02	2.757	1.641	0.989
黑云正长斑岩	D3147/1	61.07	19.26	3.584	1.166	1.786	0.732	0.149	0.388	0.211	3.303	5.244	2.778	99.67	4.04	2.368	1.587	1.342
蚀变辉绿岩	D055/1	47.89	14.07	4.943	9.262	8.528	6.145	0.25	3.326	0.394	2.927	0.155	1.931	99.82	1.94	1.316	0.053	0.687
E_2石英安山岩	D3161/1	64.73	16.03	3.892	1.565	3.887	2.617	0.141	0.672	0.233	1.182	2.905	2.408	100.3	0.77	1.52	2.457	1.32
E_2碱性玄武岩	平均值	46.39	16.1	7.3	4.82	9.11	5.42	0.24	2.91	0.52	2.72	1.66	2.66	99.86	6.49	1.42	0.61	0.71

表 3－16 区内脉岩稀土元素含量及特征参数表($\times10^{-6}$)

样品号	La	Ce	Pr	Nd	Sm	Eu	Gd	Tb	Dy	Ho	Er	Tm	Yb	Lu	Y	$\sum REE$	δEu	La/Yb_N	La/Sm_N	Gd/Yb_N
D3227/1	69.78	135.2	11.91	56.33	12.16	0.78	10.02	1.43	7.26	1.05	2.8	0.34	2.24	0.26	13.3	311.6	0.229	18.5	3.587	2.742
D3147/1	92.13	143.7	13.14	36.61	6.29	1.67	7.15	0.88	4.69	0.88	2.88	0.42	3.3	0.44	19.9	314.2	0.839	16.58	9.154	1.328
D055/1	32.43	74.89	10.59	39.9	8.99	3.14	7.68	1.3	7.01	1.21	3.23	0.42	2.76	0.36	33.8	193.9	1.234	6.977	2.255	1.705
E_2石英安山岩	51.12	85.99	10.21	40.58	6.49	1.92	6.73	0.92	5.42	1.1	3.2	0.45	2.93	0.43	27.5	217.5	0.971	10.36	4.923	1.408
E_2碱性玄武岩	74.25	146.7	16.76	62.62	10.59	3.65	11.41	1.57	8.105	1.44	3.985	0.505	3.245	0.46	32.2	340.8	1.114	13.59	4.382	2.155

表 3－17 区内脉岩微量元素含量表($\times10^{-6}$)

样品号	Cr	Ni	Co	Sc	Ba	Sr	Rb	Zr	Nb	Hf	Ta	Th	Bi	Sb	As	Pb	Zn	Cu	Ag	Au(ppb)
D3227/1	135.9	22.53	7.491	4.81	448.8	817.2	515.9	60.04	34.04	2.19	1.823	18.12	0.154	7.102	1.1	19.42	72.07	7.935	0.02	0.3
D3147/1	21.83	25.11	8.904	5.98	50.62	266.9	177.1	417.6	76.34	10.25	1.628	14.95	0.077	0.072	0.97	23.57	121.5	6.21	0.065	0.3
D055/1	51.18	56.86	65.44	30	266.5	308	23.42	91.45	26.78	2.726	1.392	4.894	0.138	0.326	1.11	9.988	123.9	64.79	0.029	0.3
E_2 石英安山岩	44.37	24.85	13.18	7.93	443.9	349.1	97.53	116.5	37.45	3.053	0.876	10.08	0.273	0.03	0.63	18.46	82.66	21.39	0.036	0.2
E_2 碱性玄武岩	95.995	75.21	39.72	20.34	538.5	831.7	48.64	241.4	44	6.274	2.238	9.06	0.406	0.444	1.24	22.81	142.8	112.7	0.061	0.45

位置。脉壁平直，产状陡立，单脉走向方向性极强，表明脉体是在区域剪切构造环境下沿构造空隙上侵就位形成，其形成与郭扎错断裂活动密切相关。由以上岩石地球化学研究得知，该脉与 E_2 郭扎错碱性玄武岩同源，而火山岩研究又表明，其岩浆来源于壳幔混合层，深度大约为 55km（详见郭扎错火山岩描述）。通过上述岩石地球化学特征研究还可以推测，辉绿岩可能要略早于 E_2 碱性玄武岩，其源岩更多地来源于地幔。

晚期偏碱性的斑岩类规模较小，测区内仅见 3 条，走向 NEE—SWW，可能沿郭扎错次级断裂就位。岩石地球化学研究表明，其岩浆可能与 E_2 石英安山岩具有相近的岩浆来源。斑状结构反映岩浆经历明显的两期结晶作用。微量元素 MORB 标准化图中斑岩相对亏损 Ba、Ti 和 Sc、Cr 等，亦反映出岩浆可能经历了长石及重矿物（如钛铁矿、铬铁矿等）的分离结晶。总之，形成偏碱性的斑岩的原始岩浆经历了充分的分异演化作用。

第二节　火山岩

测区内火山岩极为发育，特别是第四纪火山岩分布面积极广，著名的阿什库勒火山岩和阿他木帕下火山岩就分布在测区中部。火山岩主要发育在早古生代早期和晚古生代末期及第四纪，按时代先后分述如下。

一、震旦纪—早古生代火山岩

这一时期火山活动主要集中于苏巴什以北，喀什塔什山主脊一带，呈 NE—SW 向似层状展布，其中柳什塔格玄武岩（*Zl*）中火山岩占 90％以上。主要由强蚀变玄武岩、绿帘阳起石岩、阳起石岩（原岩为玄武岩）组成，下部层位见有枕状构造，集中成层分布，枕体呈椭圆形，长轴 15～30cm，短轴 10～20cm，枕体边部杏仁体较为发育；上部层位夹有凝灰岩。

（一）岩石学特征

柳什塔格玄武岩（*Zl*）主要为一套中基性火山岩，宏观以深灰色、绿黑色、致密块状为主要特征，抗风化能力极强，构成了柳什塔格山脉主脊。大部分岩石经受动力变质作用，为低绿片岩相变质。主要岩石类型有：

强阳起石化玄武岩：为其主体组成岩石，呈灰绿色，致密块状，残余间隐结构。主要矿物组成有：斜长石 40％～45％、阳起石 45％～55％、绿帘石 2％～3％。岩石遭受强烈的阳起石化作用，但原岩主要矿物和结构仍残留，且较清楚。原生斜长石呈细板条状微晶，长径 0.15～0.3mm，少数 0.5mm，板条状微晶无排列规律，所形成的空隙中充填为次生阳起石和粉尘状磁铁矿等。其中斜长石较干净，显示卡钠复合双晶，少数显示卡氏双晶；次生阳起石呈纤维状集合体，绿色、原暗色矿物可能为辉石，经蚀变和变质作用形成。

绿帘阳起石岩：呈灰绿色，块状，纤维状变晶结构，颗粒大小 0.02～0.05mm。主要矿物成分有：阳起石 60％～65％、绿帘石 25％～30％、纳更长石 3％～5％、磁铁矿 1％、方解石 3％。岩石遭受强烈的蚀变作用，使原生结构和原生矿物基本消失殆尽，新生矿物阳起石呈纤维状晶体，无定向分布，其粒间分布有细小绿帘石（可能为斜长石蚀变形成）和个别残余的钠更长石。岩石中出现粒径较粗绿帘石集合体，大致呈圆形，大小 1～3mm，可能为杏仁体，据此，结合蚀变矿物组合及残余个别钠更长石分析，原岩为杏仁状玄武岩。

蚀变粗玄岩：呈灰黑色，致密块状，具残余粗玄结构，颗粒长径 0.3～0.5mm。主要矿物组成有：斜长石 50％～55％、次闪石 25％～30％、绿泥石 8％～10％、绿帘石 3％～5％、磁铁矿 2％～3％。其中斜长石为板条状，杂乱排列，轻钠黝帘石化，隐约显聚片双晶；孔隙中原生暗色矿物已次闪石化，个别绿泥石化。

安山质岩屑晶屑凝灰岩：呈深灰色，块状，岩屑、晶屑凝灰结构，粒径大小 0.05mm～1.5mm。岩屑成分有：安山岩屑 25％～30％、玄武质岩屑 2％～3％、石英岩屑 1％～2％；晶屑成分：斜长石 30％、石英 3％～5％、火山灰尘 15％～20％、绿泥石 15％、黄铁矿 1％。岩屑粒径多在 1～1.5mm，大小不等，形态多呈棱角状或尖棱角状,晶屑有三角状、阶梯状等;火山灰尘粒径 0.02~0.0.3mm,呈尖棱角状,次生蚀变绿泥石等与火山碎屑胶结在一起。

蚀变安山岩:呈深灰色,具交织结构,块状构造,颗粒大小 0.1~0.2mm。主要矿物组成有:斜长石 70%~75%、绿泥石 10%~15%、绿帘石 10%~15%、石英 1%~2%,其中斜长石呈板条状,轻绢云母化,双晶不清,其次还有绿泥石化和绿帘石化。

(二)岩石化学特征

岩石化学成分含量见表 3-18。柳什塔格玄武岩成分接近大洋拉斑玄武岩成分,表明其可能形成于大洋环境。

表 3-18 震旦—早古生代火山岩岩石化学含量表

序列	样品号	氧化物含量($\times10^{-2}$)										
		SiO_2	TiO_2	Al_2O_3	Fe_2O_3	FeO	CaO	MgO	K_2O	Na_2O	MnO	P_2O_5
柳什塔格	D168/5	58.86	1.76	13.73	5.36	2.53	8.01	3.57	4.55	3.12	0.12	0.65
	D1435/7	58.87	0.79	13.78	1.06	7.55	5.63	3.73	0.99	2.61	0.16	0.22
	D1028/2	47.89	0.88	15.74	2.16	7.73	13.2	8.48	0.32	2	0.2	0.1
	D1028/4	49.92	1	14.18	2.932	7.96	11.3	7.66	0.32	2.88	0.21	0.088
大洋拉斑玄武岩		49.3	1.8	15.2	2.4	8	10.8	8.3	0.24	2.6	0.17	1

序列	样品号	氧化物含量			总和	特征参数					
		H_2O^+	H_2O^-	烧失量		δ	t	AR	SI	A/CNK	W
柳什塔格	D168/5			1.72	99.98	3.709	6.028	2.09	18.66	0.558	0.679
	D1435/7			4.67	100.1	0.817	14.14	1.455	23.4	0.883	0.123
	D1028/2	0.77	0.06	1.03	100.6	1.101	15.61	1.174	40.99	0.57	0.218
	D1028/4	0.62	0.01	0.86	100.2	1.48	11.3	1.287	35.22	0.553	0.269
大洋拉斑玄武岩					99.54	1.28	7	1.245	38.53	0.629	0.231

利用 Maitre 的全碱-氧化硅(TAS)图解(图 3-40)判别,柳什塔格玄武岩中有 2 个样品落入玄武岩区,为基性火山岩;1 个样品落入安山岩区,属中性岩;还有 1 个样品落入玄武粗面安山岩,为碱性岩。

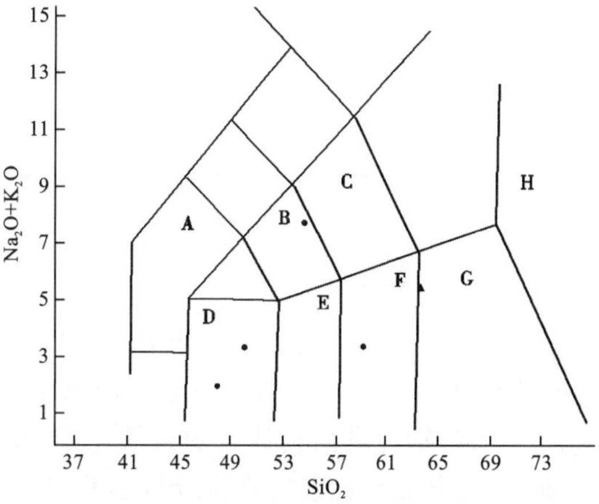

图 3-40 柳什塔格玄武岩 TAS 图解

A. 碱玄岩,碧玄岩石;B. 玄武粗面安山岩石;C. 粗面安山岩;D. 玄武岩;E. 玄武安山岩;F. 安山岩;G. 英安岩;H. 流纹岩

(三)火山岩碱度及岩石系列

利用图 3-41 判别,柳什塔格玄武岩主体落入亚碱性系列。进一步利用图 3-42 判别,柳什塔格玄武岩中有两个样品均落入钙碱性系列玄武岩区,两个样品落入拉斑玄武岩区。里特曼指数结果见表3-18,柳什塔格玄武岩除一个样品高达 3.709 外,其他均变化于 0.817~1.480 之间,主体小于 1.8,为强太平洋型钙碱性岩石。

(四)稀土元素特征

稀土元素含量见表 3-19,柳什塔格玄武岩稀土总量较高,$\sum REE=68.99\times10^{-6}\sim121.4\times10^{-6}$,有一个样品高达 493.63×10^{-6},$\delta Eu=0.956\sim1.096$,值变化不大,无明显的亏损或富集,$La/Yb_N=1.550\sim10.08$,个别样品中高达 26.622,说明轻稀土由元素弱富集到强富集。$La/Sm_N=1.600\sim7.603$,$Gd/Yb_N=0.808\sim2.026$,说明轻稀土分馏较为明显,部分重稀土分馏程度较差,而部分重稀土分馏程度也较明显。

稀土元素配分曲线(图 3-43)总体显示左高右低的形态特征。

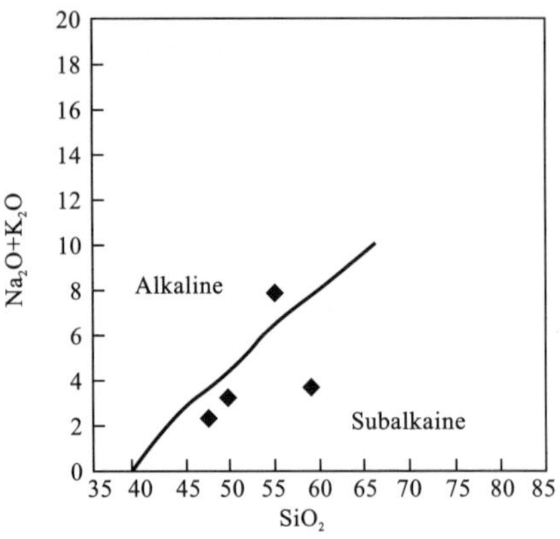

图 3-41　柳什塔格玄武岩 Na_2O+K_2O - SiO_2 图

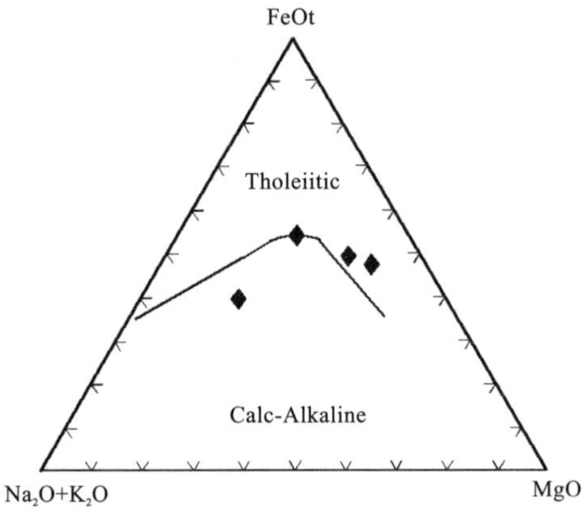

图 3-42　柳什塔格玄武岩 Na_2O+K_2O - FeOt - MgO 图

表 3-19　震旦—早古生代火山岩稀土含量及特征参数

火山岩所属名称	样品号	元素含量($\times10^{-6}$)									
		La	Ce	Pr	Nd	Sm	Eu	Gd	Tb	Dy	Ho
柳什塔格	D1435/7	11.42	25.35	5.19	16.38	2.82	0.83	3	0.48	2.92	0.6
	D1435/14	25.47	50.92	6.67	24.8	4.49	1.25	3.69	0.53	3.01	0.57
	D168/5	15.74	33.95	4.08	23.08	5.02	1.58	5.31	0.95	5.76	1.16
	D1028/2	148.41	219.26	20.5	68.48	12.2	3.42	10.94	1.41	7.48	1.53
	D1028/4	6.63	12.76	59.31	15.55	2.59	0.95	3.35	0.57	3.97	0.93

火山岩所属名称	样品号	元素含量($\times10^{-6}$)				特征参数				
		Er	Tm	Yb	Lu	∑REE	δEu	δCe	La/Yb_N	La/Sm_N	Gd/Yb_N
柳什塔格	D1435/7	1.86	0.25	1.58	0.24	68.99	0.956	0.683	4.292	2.531	1.161
	D1435/14	1.67	0.23	1.5	0.22	121.4	0.997	0.801	10.08	3.545	1.508
	D168/5	3.17	0.43	2.57	0.36	96.63	1.025	0.868	3.636	1.96	1.266
	D1028/2	4.08	0.66	3.31	0.58	493.63	0.973	0.735	26.62	7.603	2.026
	D1028/4	2.55	0.47	2.54	0.44	106.61	1.096	0.053	1.55	1.6	0.808

(五)微量元素特征

微量元素含量见表 3-20,利用世界玄武岩(维)的微量元素含量为参数对各个样品微量元素平均值做标准化,得到蛛网图 3-44,柳什塔格玄武岩的亲铁元素(Ni、Cr、Co)略有亏损,大离子亲石元素出现选择性富集(Sc、Rb)和亏损(Sr、Ba),高场强元素大体相当,亲硫元素(Bi、Sb)强烈富集。

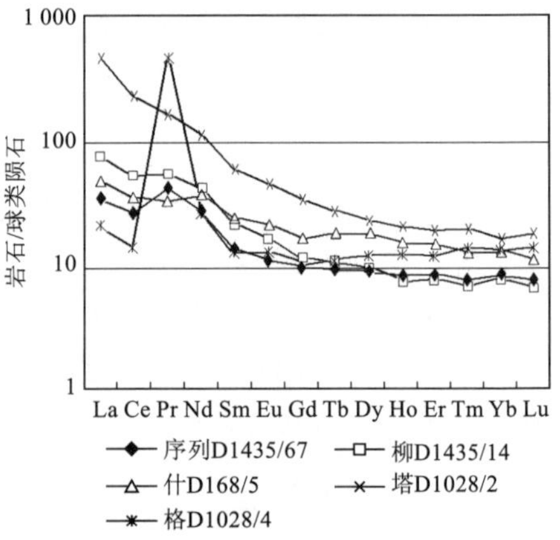

图 3-43　柳什塔格玄武岩稀土配分图

以 MORB 为参数标准化得到图 3-45。可以看出,柳什塔格玄武岩各个样品微量元素组成有一定的差别,反映出岩浆来源及演化的复杂性。柳什塔格玄武岩总体表现出大离子亲石元素(K、Rb、Ba、Th)的明显富集,高场强元素中 Nb、Ce、P、Sm 也有一定程度的富集,其他元素略有亏损或大体相当。分配型式部分具有大陆性火山弧的钙碱性玄武岩之特征,部分接近阿曼蛇绿岩之分配型式,具显著的 E-MORB 特点。

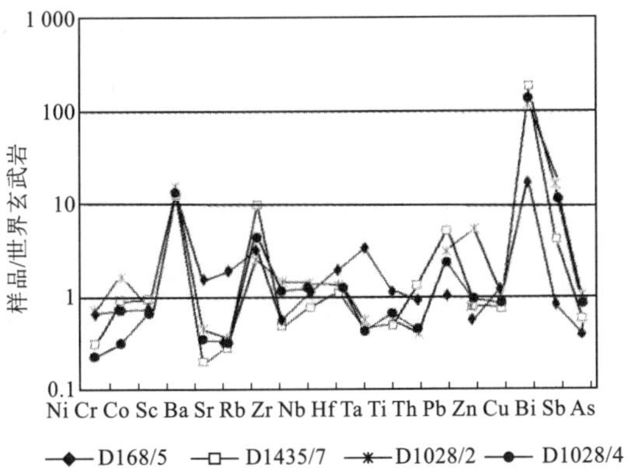

图 3-44 柳什塔格火山岩微量元素蛛网图

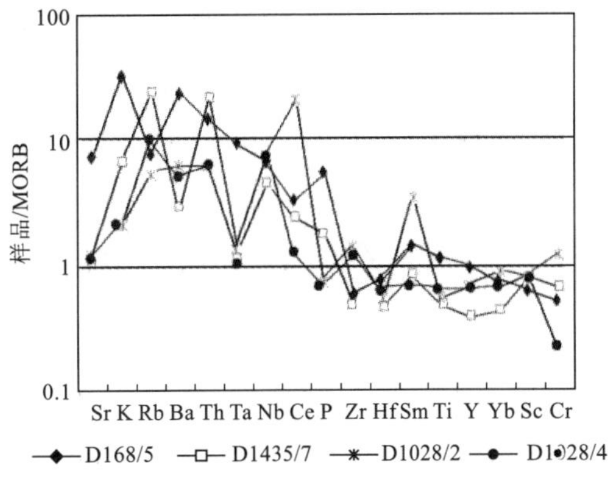

图 3-45 柳什塔格玄武岩微量元素 MORB 标准

表 3-20 震旦—早古生代柳什塔格玄武岩微量元素含量表

火山岩所属名称	样品号	元素含量(除 Au 为×10⁻⁹外,其余为×10⁻⁶)									
		Ni	Cr	Co	Sc	Ba	Sr	Rb	Zr	Nb	Hf
柳什塔格	D168/5	105.3	140.4	32.47	27.96	449.0	838.3	14.82	55.07	23.02	1.931
	D1435/7	48.34	181.6	41.77	32.76	58.25	125	46.21	46.15	16.09	1.178
	D1435/14	69.7	132.2	32.49	22.72	634.5	316.1	61.06	80.51	18.47	2.347
	D1435/15	74.66	221.7	23.33	26.7	50.31	167.3	12.05	17.75	6.414	0.513
	D1028/2	116.3	344	33.34	35.54	130.3	151.9	11.3	147.3	28.95	1.351
	D1028/4	35.75	62.26	29.98	36.27	103.1	144.1	20.08	114.7	25.88	1.638
克拉克值(维,1962)		58	83	18	10	650	340	150	170	20	1

火山岩所属名称	样品号	元素含量(×10⁻⁶)									
		Ta	Th	Bi	Sb	As	Pb	Zn	Cu	Au	Ag
柳什塔格	D168/5	1.644	2.768	0.128	0.085	0.81	8.198	73.77	113.3	0.30	0.033
	D1435/7	0.208	4.102	1.378	0.415	1.182	43.55	109.8	76.96	0.00	0.012
	D1435/14	0.779	9.616	0.103	0.19	0.968	8.801	74.24	16.95	0.020	0.025
	D1435/15	0.153	1.065	0.011	0.081	0.474	7.777	75	105.6	0.10	0.015
	D1028/2	0.273	1.232	0.897	1.62	2.12	24.85	713.1	110.6	1.00	0.041
	D1028/4	0.198	1.293	0.904	1.154	1.77	19.6	118.6	85.94	0.45	0.041
克拉克值(维,1962)		2.5	13	0.009	0.5	1.7	16	83	47	4.3	0.07

(六)成矿元素特征

与地壳克拉克值相比,柳什塔格玄武岩中多数样品成矿元素中 Pb、Zn、Cu 普遍呈富集状,但一般小于两倍,其中 Zn 出现了一个峰值为 713.1×10^{-6},为克拉克值的近 9 倍,强烈富集;Ag 则富集明显,为克拉克值的 2~6 倍,并且变化较大;Au 则呈亏损状,最高仅为 1×10^{-9},为克拉克值的 1/4。总体上,柳什塔格玄武岩中成矿元素(除 Au 外)呈富集状,成矿元素含量离差较大,有利于成矿。

(七)岩浆来源、构造环境及成因分析

利用 $MgO-FeO_t-Al_2O_3$ 图解(图 3-46)判别,柳什塔格玄武岩有两个样品落入洋中脊或洋岛区(3区),两个样品落入造岩带区(2 区)。

柳什塔格玄武岩微量元素 MORB 标准化图见图 3-45,早期少量的玄武岩大离子半径元素分配型式

大体呈 3 个隆起的型式，表现为 K、Rb、Ba、Th、及 Nb、Ce、Sm 的明显富集，近似于大陆性火山弧的钙碱性玄武岩；晚期主体玄武岩分配型式接近于阿曼蛇绿岩型式(除 Nb 明显富集外)。利用 $MnO*10-TiO_2-P_2O_5*10$ 判别图(图 3-47)，除有 1 个样品落入洋岛碱性玄武岩区外，另外 3 个样品均落入岛弧拉斑玄武岩区。

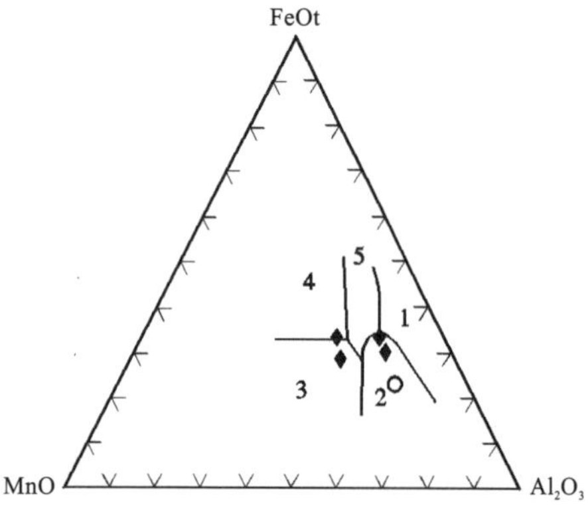

图 3-46　MgO-FeOt-Al_2O_3 图解

(Learce, 1997)

1. 扩张性中央岛；2. 造山带；3. 洋中脊或洋底；4. 大洋岛；5. 大陆

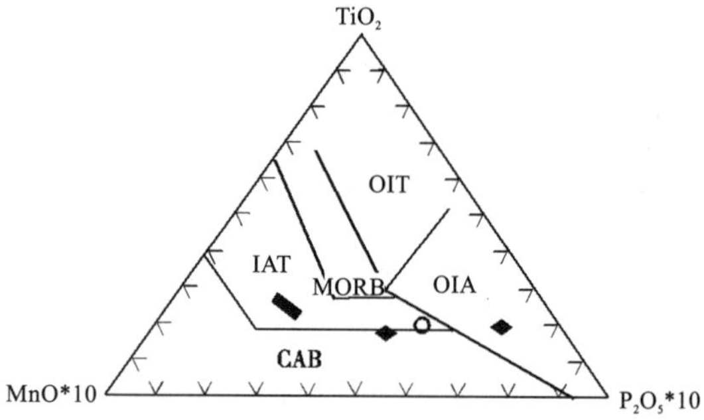

图 3-47　$MnO*10-TiO_2-P_2O_5*10$ 构造环境判别图

OIA. 洋岛碱性玄武岩；LAT. 岛弧拉斑玄武岩；CAB. 岛弧钙碱性玄武岩；OIT. 洋岛玄武岩

柳什塔格玄武岩具双层结构，主体为一套钙碱性系列基性火山岩，并有大量枕状玄武岩出露，内部非常单纯，基本没有陆源碎屑夹层，上部层位为深水沉积岩，主要是硅质岩、灰岩及砂岩。反映其形成于水下，并有洋岛建造特点。

柳什塔格玄武岩稀土含量很高，轻稀土富集，无铕异常，微量元素相比 N-MORB 玄武岩，大离子亲石元素(K、Rb、Ba、Th)明显富集，具 E-MORB 性质，岩石中没有配套的其他铁镁质、超铁镁质岩石，说明它属于洋岛基性火山岩或不成熟的洋底火山岩，其岩浆来源于富集地幔，成因则可能与地幔柱活动有关。

二、晚古生代火山岩

测区内晚古生代火山岩主要赋存于黄羊岭岩群(*PH*)和卡拉勒塔什岩群(*PK*)之中，前者以火山碎屑和火山沉积岩为主，熔岩出露不足 10%，且横向延伸不稳定，主要由一套偏酸性的岩石组成；后者则以熔岩为主，剖面上占 80%以上，夹有少量的火山碎屑岩及海相细碎屑岩。火山岩岩石组成变化较大，从基性到中酸性到碱性均有分布，下岩组总体偏基性，上岩组偏酸性。

(一)岩石学特征

1. 卡拉勒塔什岩群主要由中基性—碱性火山岩组成，后经极低(低于绿片岩相)的区域变质作用轻微改造，蚀变中等或较弱。主要岩石类型有：

变质英安岩：灰色，残余斑状结构，基质显微晶质粒状结构，块状构造。残斑粒径为 0.6～1mm，基质粒径为 0.01～0.02mm。残斑成分有钾长石 3%、斜长石 2%～3%；基质成分有斜长石 45%、钾长石 10%～15%、石英 20%～25%、黑云母(主)+绢云母(次)8%～10%。由于变质作用，残余晶体不完整，斜长石半自形粒状，混浊，双晶不清。岩石中含有变质生成的黑云母、绢云母鳞片。

片理化玄武岩：岩石呈绿灰色，残余斑状结构，基质残余间隐结构，显微片状构造。残斑粒径 1～2mm，基质粒径为 0.2～0.3mm，残斑成分为斜长石 2%～3%；基质成分为斜长石 35%～40%、阳起石 55%～60%。该岩石经受明显的蚀变和变质作用，造成岩石中的矿物结构均发生一定程度的变化，但原岩特征仍有残余。

硅化英安岩：岩石呈浅灰绿色，野外可见片理化较为发育。镜下岩石具有显微晶质粒状结构，块状构造。矿物粒径为 0.01～0.02mm，矿物成分有斜长石 50%～60%、钾长石 10%～15%、石英 20%～25%、绢云母 5%～8%。岩石具硅化作用，次生石英除呈细脉贯入外，还呈不规则的团块状或集合体出现于岩石中。

石英安山岩：岩石呈灰色，显微晶质粒状结构，块状构造。矿物粒径：0.01～0.05mm，主要矿物成分有：斜长石 75%～80%、钾长石 3%～5%、石英 10%～15%、黝帘石 2%～3%。主要矿物斜长石为显微晶质粒状，呈他形晶，均匀分布，岩石中局部含绢云母条纹。

玄武岩：岩石呈灰色、淡绿色，具间粒结构，气孔状构造。斑晶粒径为 1～2mm，个别为 6mm，基质长径为 0.1～0.3mm。斑晶成分有斜长石 2%～3%、透辉石 3%～5%。基质主要成分：斜长石 60%～70%、橄榄石 3%、透辉石 15%～20%、磁铁矿 1%、隐晶质成分 5%、气孔 10%。斜长石斑晶为自形柱状，较干净，但双晶不明显，隐约显示卡钠复合晶，结合面平直，An＝54～56；透辉石亦为自形柱状，较新鲜，无色。基质中斜长石为板条状，杂乱排列，形成的孔隙中充填为透辉石和橄榄石细小晶体，为他形粒状，常见裂纹。岩石中气孔形态极不规则。

阳起石化安山岩：岩石呈淡绿灰色，残余交织结构，块状构造。矿物粒径为 0.1～0.2mm，主要矿物成分有斜长石 60%～65%、黝帘石 5%～8%、阳起石 25%～30%，磁铁矿<1%。岩石经受强烈的蚀变，使岩石中的矿物发生阳起石化，形成纤维状阳起石，但残余特征仍可见。从残余的斜长石晶体部分显示板条状，大致平行或半平行定向排列，即显示出原岩的交织结构，另一部分蚀变分解呈晶质粒状。依据上述特征，原岩应为安山岩类。

斜长角闪岩：岩石呈灰绿色，片理较为发育。具显微粒状纤维变晶结构，片状构造。矿物粒径：0.05～0.12mm，主要矿物成分有角闪石 55%、斜长石 20%～25%、石英 10%～15%、黑云母 5%、磁铁矿 1%～2%。岩石经受较强烈的变质作用，造成原岩结构特征消失殆尽。角闪石多为纤状和纤柱状平行定向，形成片状构造，原岩可能为基性岩类。

强蚀变安山岩：岩石呈灰绿色，显微晶质结构，块状构造。矿物粒径：0.01mm，少数 0.05mm。主要矿物成分有斜长石 60%～65%、绢云母（主）＋绿泥石（次）25%～30%、石英 2%～3%、绿帘石 3%～5%。由于蚀变作用，部分原生矿物蚀变形成绢云母和绿泥石及绿帘石等，造成原岩结构不很清晰，残余部分仍显示出原斜长石的显微晶质粒状，较均匀分布，即决定了岩石具有安山岩的主要矿物成分和结构特点。

蚀变安山岩：岩石呈灰绿色，具残余交织结构，块状构造。矿物粒径 0.05～0.15mm；主要矿物成分有斜长石 50%～55%、绿泥石 20%～25%、绿帘石（主）＋ 黝帘石（次）15%～20%，部分岩石中有少量的隐晶质成分，此外岩石中发育方解石细脉。岩石虽经强烈蚀变作用，但原岩结构和部分原生矿物尚保留清楚。部分地段，斜长石呈板条状微晶，明显平行或半平行排列，其间夹有绿泥石和磁铁矿等，即为原岩中的交织结构，绿帘石分布极不均匀。

绿泥阳起钠长片岩：岩石呈浅灰绿色，具鳞片、纤状、粒状变晶结构，显微片状构造。矿物粒径 0.1～0.15mm，主要矿物成分有斜长石 30%～35%、阳起石 30%～35%、绿泥石 15%～20%、石英 3%～5%、黑云母 5%～8%、绢云母 3%～5%、磁铁矿、磷灰石<1%。岩石中新生矿物阳起石、黑云母鳞片、绿泥石等平行定向，形成片状构造，从蚀变矿物组合分析，原岩可能为安山岩类。

2. 黄羊岭岩群主要由中酸性火山碎屑岩及少量酸性火山岩组成，蚀变较弱，主要组成岩石有：

变质石英安山岩：岩石呈浅灰色，具斑状结构，基质显微晶质粒状结构，块状构造。斑晶粒径为 0.5～1.5mm，基质粒径 0.05～0.1mm。斑晶成分有：斜长石 15%～20%、石英 5%；基质成分有：斜长石 55%～65%、绢云母 5%～10%、石英 2%～3%、钾长石 3%～5%。岩石经轻变质作用，使岩石中出现一些变质形成的矿物绢云母鳞片，大致平行分布，但原岩结构和矿物成分尚清楚。斑晶中斜长石为半自形柱状，混浊、双晶不清，隐约显示聚片双晶；石英为半自形粒状，干净，被基质熔蚀成港湾状；基质中斜长石板条状微晶大致平行分布，形成局部的交织结构。蚀变表现为斜长石的轻绢云母化。

强蚀变安山岩：岩石呈紫红色，具残余交织结构，残余斑状结构，残余块状构造。残斑大小为 1～1.2mm，基质长径为 0.1～0.15mm。主要矿物成分有斜长石 40%～45%、黝帘石＋绿帘石 20%～25%、玻璃质成分 5%～10%、斜长石斑晶 1%～2%，此外岩石中发育方解石脉。岩石遭受较强烈的蚀变作用，又被发育的方解石细脉杂乱贯入，将岩石的原生结构形成一种假角砾状特征。从残余块体中可见残余斑状结构，斑晶成分为半自形柱状斜长石，钠长石律双晶清楚；残余基质成分为板条状斜长石微晶平行或半平行排列，即为交织结构，其间充填物为帘石成分及玻璃质成分。蚀变表现为较明显的碳酸盐化和帘石化及斜长石的轻微泥化。

英安岩：岩石呈浅灰色，致密块状，具残余斑状结构，基质显微晶质粒状结构；斑晶粒径为0.6～1mm，基质粒径为0.02～0.03mm。斑晶为半自形柱状的斜长石，含量为3%～5%；基质成分有：斜长石60%～70%、石英20%～25%、绢云母5%～8%、绿泥石2%～3%、锆石＜0.5%。由于岩石经受应力变质作用，使主要矿物斜长石板条和石英重结晶，矿物显示明显的平行定向排列，显示微片状特征。

(二)岩石化学特征及岩石化学定量分类

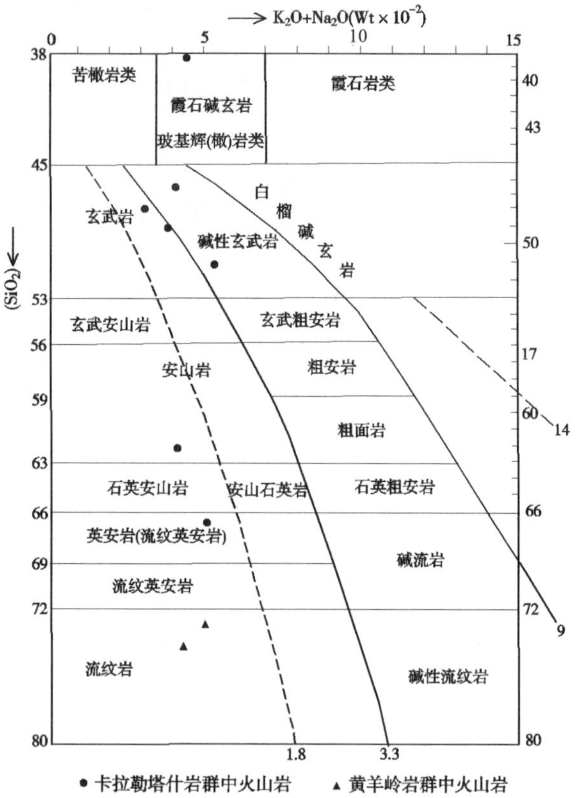

图3-48　火山岩酸度、碱度系列名称图解(邱家骧)

岩石化学成分含量见表3-21。卡拉勒塔什岩群基性火山岩具有高铝、高MgO、CaO、FeO、TiO_2之特征，黄羊岭岩群中火山岩明显偏酸性，SiO_2含量达73.12%～75.5%。在邱家骧的硅-碱图(图3-48)上，卡拉勒塔什岩群样品分布范围较大，但从下部层位向上部层位，岩石从碱性超基性岩到基性的碱性玄武岩或玄武岩，最后到中酸性的安山岩或英安岩，演化规律明显。黄羊岭岩群中火山熔岩落在流纹岩区，为典型的酸性火山岩。

表3-21　晚古生代火山岩岩石化学成分含量表($\times10^{-2}$)

	岩性	样品号	SiO_2	Al_2O_3	Fe_2O_3	FeO	CaO	MgO	MnO	TiO_2	P_2O_5	Na_2O	K_2O	Loi	SUM	δ	AR	A/CN
黄羊岭岩群(PH)	沉积含砾凝灰岩	D145/1	68.28	9.699	0.24	3.81	5.87	1.71	0.08	0.35	0.19	2.75	1.78	5.16	99.9	0.81	1.82	0.59
	晶屑凝灰岩	D145/3	63.36	10.97	0.34	3.82	7.86	2.01	0.08	0.46	0.26	2.67	2.06	5.98	99.9	1.1	1.67	0.53
	英安岩	D128/1	75.5	12.16	1.13	1.78	2.92	0.33	0.06	0.04	0.17	3.5	0.86	1.18	99.6	0.58	1.81	1.16
	变质石英安山岩	D128/2	73.12	13.84	0.56	1.92	3.31	0.45	0.06	0.06	0.19	3.19	1.8	1.23	99.7	0.83	1.82	1.11
卡拉勒塔什岩群(PK)	石英安山岩	D137/1	67.21	12.2	0.45	3.83	5.58	1.46	0.08	0.32	0.22	3.04	2.29	3.27	99.9	1.17	1.85	0.71
	蚀变安山岩	D138/3	62.75	14.73	1	5.69	3.94	3.44	0.26	0.64	0.2	3.05	1.96	1.95	99.6	1.27	1.73	1.08
	强蚀变安山岩	D140/1	38.19	16.2	8.32	1.76	15.8	2.79	0.16	1.26	0.24	2.68	1.84	11.3	100	−4.2	1.33	0.47
	蚀变安山岩	D139/1	46.55	13.53	5.76	6.23	11.1	7.07	0.18	1.54	0.28	3.02	0.8	3.84	99.9	4.11	1.37	0.55
	绿泥阳起钠长片岩	D1088/1	50.72	17.83	3.75	7.94	5.62	4.93	0.2	2.1	0.38	2.79	2.54	1.51	100	3.68	1.59	1.02
	斜长角闪岩	D1087/1	48.54	16.55	2.67	7.33	11.8	7.78	0.19	1.71	0.3	2.76	0.33	0.18	100	1.72	1.24	0.66
	阳起石化安山岩	D138/1	48.87	14.92	2.74	7.51	10.1	7.54	0.28	1.3	0.22	2.71	0.88	2.72	99.8	2.2	1.34	0.66

(三)火山岩碱度及岩石系列

在$Na_2O+K_2O-SiO_2$图解(图3-49)中，卡拉勒塔什岩群火山岩中有4个样品落在亚碱性系列。有

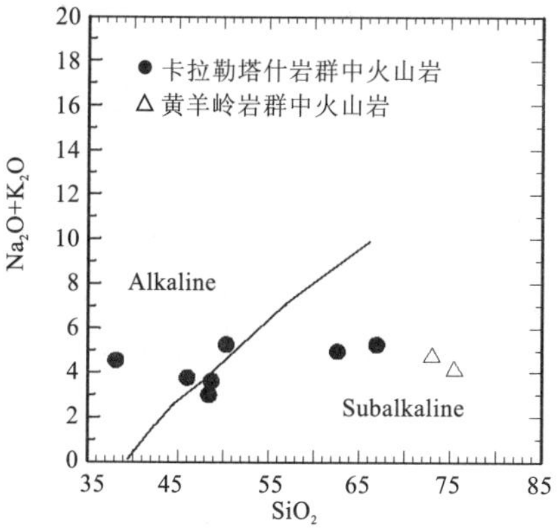

图 3-49　$Na_2O+K_2O-SiO_2$ 图解

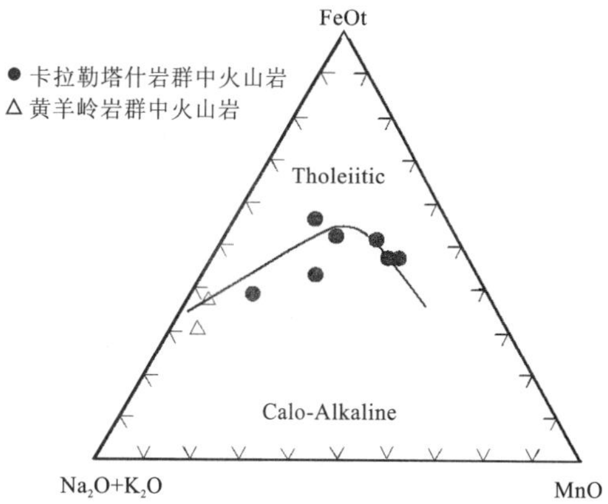

图 3-50　A-F-M 图解

3 个样品落入碱性系列，但其中 2 个样品基本处于两者界线上，因此主体属亚碱性系列；黄羊岭岩群火山岩全部落入亚碱性系列。

进一步利用 A-F-M 图解(图 3-50)判别，卡拉勒塔什岩群火山岩中偏基性的 4 个样品落入拉斑玄武岩系列，但均靠近界线；偏酸性的 2 个样品落入钙碱性系列。卡拉勒塔什岩群火山岩主体为拉斑玄武岩系列。黄羊岭岩群火山岩全部落入钙碱性系列。

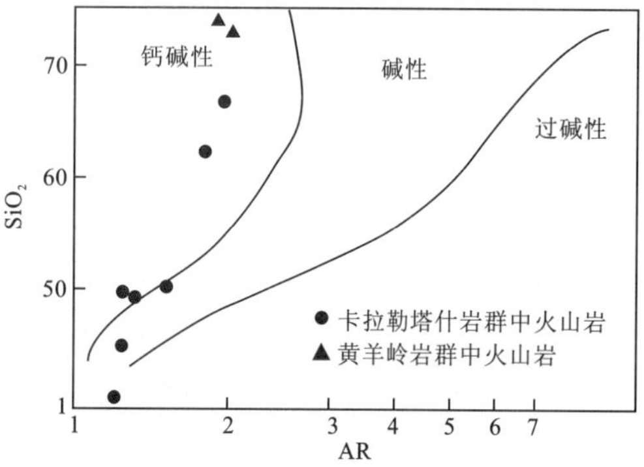

图 3-51　火山岩 AR-SiO_2 图解

利用 AR-SiO_2 判别(图 3-51)，卡拉勒塔什岩群有 1 个样品落入过碱性岩区，1 个样品落入碱性岩区，4 个样品落入钙碱性岩区；黄羊岭岩群火山岩 2 个样品全部落入钙碱性岩区。

(四)稀土元素特征

晚古生代火山岩稀土元素含量见表 3-22。卡拉勒塔什岩群中早期偏基性火山岩稀土总量$\sum REE=51.88\times10^{-6}\sim90.89\times10^{-6}$，含量较低，$La/Yb_N=1.29\sim1.55$，轻重稀土基本未发生分馏；$\delta Eu=0.92\sim1.06$，铕异常不明显。稀土配分曲线(图 3-52)呈近于平直的曲线特征，具有近于洋中脊玄武岩之特征(但稀土总量明显高于洋中脊玄武岩)，反映其物源主体来源于地幔；剖面上部之晚期偏酸性火山岩稀土总量明显增加，$\sum REE=183.6\times10^{-6}\sim230.3\times10^{-6}$，$La/Yb_N=7.04\sim9.43$，轻重稀土分馏明显，$La/Sm_N=3.39\sim4.23$，$Gd/Yb_N=1.37\sim1.43$，轻稀土分馏明显，重稀土分馏较弱，$\delta Eu=0.67\sim0.68$，具明显较弱的负铕异常。稀土配分曲线呈右倾的较陡的一条斜线。

黄羊岭岩群曲线则截然不同，呈向右陡倾的一条斜线(图 3-53)，$La/Yb_N=48.71\sim54.91$，$La/Sm_N=3.77\sim4.37$，$Gd/Yb_N=5.18\sim6.67$，轻重稀土、轻稀土、重稀土均分馏非常明显。$\delta Eu=0.74\sim0.63$，显示出较弱的负铕异常。

(五)微量元素特征

微量元素含量见表 3-23。以 MORB 为参数做标准化，得到曲线图 3-54。卡拉勒塔什岩群中下部偏基性火山岩大离子亲石元素明显偏高，高场强元素中 Ta、Nb、Ce、P、Sm 略有富集，其他元素基本无明显异常。其配分型式接近于格林钠达岛之钙碱性—碱性玄武岩特征，上部偏酸性火山岩强烈富集大离子亲石元素(K、Rb、Ba、Th)，高场强元素中明显富集 Ta、Nb、Ce、Sm，而明显亏损 Zr、Hf、Ti 等，并且在 Ce、Nb 及 Sm 处形成向上的凸起，总体构成了大陆弧玄武岩特征的“三弧”隆起。

黄羊岭岩群中火山岩微量元素 MORB 标准化曲线见图 3-55。其特征大致同卡拉勒塔什岩群上部偏

表 3-22　晚古生代火山岩稀土元素含量及特征参数表($\times10^{-6}$)

	岩性	样品号	La	Ce	Pr	Nd	Sm	Eu	Gd	Tb	Dy	Ho	Er	Tm	Yb	Lu	Y	Σ	δEu	La/Yb_N	La/Sm_N	Gd/Yb_N
黄羊岭岩群(*PH*)	沉积含砾凝灰岩	D145/1	19.98	35.93	6.75	22.7	3.59	0.78	3.75	0.62	3.85	0.73	2.36	0.32	2.25	0.32	17.5	104	0.71	5.27	3.48	1.022
	晶屑凝灰岩	D145/3	24.99	48.02	8.27	32.8	4.62	1.06	4.87	0.72	4.24	0.85	2.66	0.36	2.33	0.33	4.33	136	0.75	6.37	3.38	1.281
	英安岩	D128/1	22.15	43.65	8.18	28.8	3.67	0.69	2.28	0.29	0.96	0.10	0.29	0.02	0.27	0.01	5.33	111	0.74	48.71	3.77	5.176
	变质石英安山岩	D128/2	38.84	77.38	8.09	28.7	5.56	0.98	4.57	0.51	1.73	0.20	0.53	0.04	0.42	0.04	9.97	168	0.63	54.91	4.37	6.669
卡拉勒塔什岩群(PK)	石英安山岩	D137/1	40.98	79.18	8.29	29.45	6.05	1.23	6.16	0.82	4.45	0.85	2.84	0.36	2.58	0.37	21.8	184	0.67	9.43	4.23	1.463
	蚀变安山岩	D138/3	43.99	92.75	10.8	46	8.1	1.67	8.27	1.26	7.28	1.39	4.07	0.58	3.71	0.53	25.6	230	0.68	7.04	3.39	1.366
	强蚀变安山岩	D140/1	5.96	11.64	2.65	11.7	2.88	0.98	3.4	0.68	4.59	0.97	2.91	0.41	2.75	0.41	20.9	51.9	1.06	1.29	1.29	0.758
	蚀变安山岩	D139/1	9.71	24.07	2.52	18.5	5.41	1.74	6.52	1.3	8.71	1.75	4.98	0.72	4.42	0.59	30.2	90.9	0.99	1.3	1.12	0.904
	阳起石化安山岩	D138/1	8.31	18.43	4.59	21.28	4.04	1.2	4.76	0.9	6.02	1.28	3.63	0.52	3.19	0.41	35.9	78.6	0.92	1.55	1.29	0.915

表 3-23　晚古生代火山岩微量元素含量表 ($\times10^{-6}$)

	样品号	Cr	Ni	Co	Sc	Ba	Sr	Rb	Zr	Nb	Hf	Ta	Th	Bi	Sb	As	Pb	Zn	Cu	Ag	Au(ppb)
黄羊岭岩群(*PH*)	D128/1	132.9	13.67	2.903	6.37	107.7	209.1	35.32	39.35	16.81	1.627	1.016	6.894	0.081	1.976	1.068	14.48	66.05	54.86	0.045	0.2
	D128/2	58.32	6.974	1.11	4.03	104	193.4	79.38	50.77	16.13	2.119	1.447	8.656	0.117	0.661	1.03	11.52	68.95	6.9	0.032	0.3
卡拉勒塔什岩群(PK)	D137/1	161.1	29.12	5.102	6.37	115.5	202.1	103.9	84.42	15.6	2.956	0.183	9.348	0.086	0.197	0.915	16.93	71.45	15.52	0.037	0.1
	D1088/1	234.1	120	74.08	46.8	110.7	168.5	110.5	25.09	30.62	0.574	0.715	8.843	2.155	0.442	0.894	55.1	137.6	144.2	0.015	0.1
	D1088/2	231.4	94.32	78.05	51.48	192.7	231.7	46.47	17.46	7.806	0.389	0.265	1.778	2.621	0.179	0.5	56.07	95.27	118.5	0.018	0.1
	D1088/3	215.5	100.1	93.55	56.16	226.6	215.1	73	17.71	8.512	0.284	0.317	1.875	2.902	0.058	0.802	66.98	98.86	94.65	0.015	0.1
	D138/3	119.5	66.38	22.74	15.74	127.9	155.8	72.31	99.05	17.44	3.298	1.007	11.2	0.133	0.125	0.969	9.357	131.4	196.2	0.022	0.2
	D140/1	266.6	118.7	36.5	27.82	37.02	135.7	54.76	86.92	15.21	2.428	0.099	0.95	0.547	2.328	0.879	24.83	116.9	51.75	0.054	0.1
	D139/1	213.3	95.74	46.07	39.36	41.26	257.3	24.53	42.85	15.99	1.66	0.386	2.012	0.139	5.21	0.993	8.834	146.6	108.4	0.015	0.1
	D139/3	214.1	84.64	25.4	24.24	155.9	258	17.06	39.5	7.025	1.524	0.218	1.323	0.014	0.119	0.718	3.071	92.57	36.85	0.033	0.1
	D139/5	261	90.26	53.48	31.98	148.1	293.3	21.98	27.32	7.328	0.92	0.423	7.722	2.184	0.117	0.81	46.05	87.14	119.4	0.02	0.1
	D1087/1	314.6	171.2	65.86	34.1	66.51	323.8	28.34	53.2	24.63	1.49	1.122	3.719	0.108	0.614	0.839	19.03	141.3	109.2	0.016	0.2
	D138/1	303.6	81.55	27.48	29.38	52.99	378	45.38	20.49	8.686	0.858	0.309	1.546	0.615	0.114	0.74	21.8	127.5	90.39	0.029	0.1
地壳克拉克值		83	58	18	10	650	340	150	170	20	1	2.5	13	0.009	0.5	1.7	16	83	47	0.007	4.3

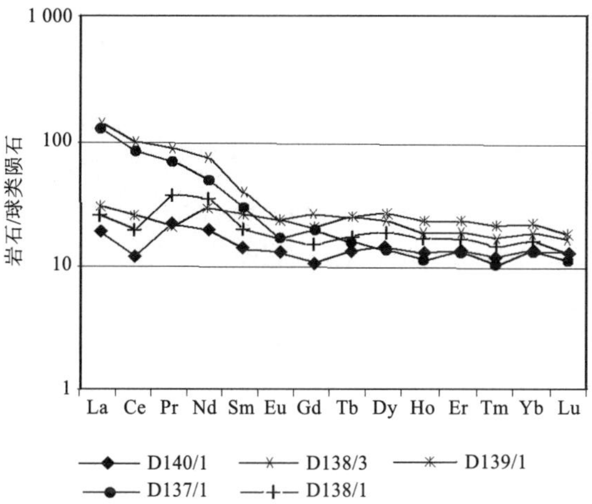

图 3-52　卡拉勒塔什岩群中火山岩稀土元素配分模式图

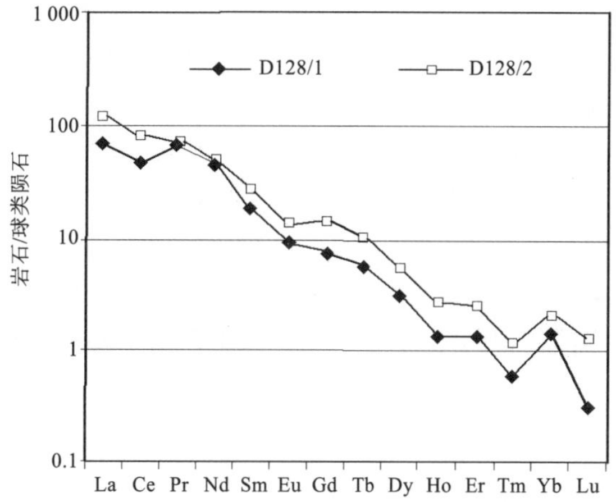

图 3-53　黄羊岭岩群中火山岩稀土元素配分模式图

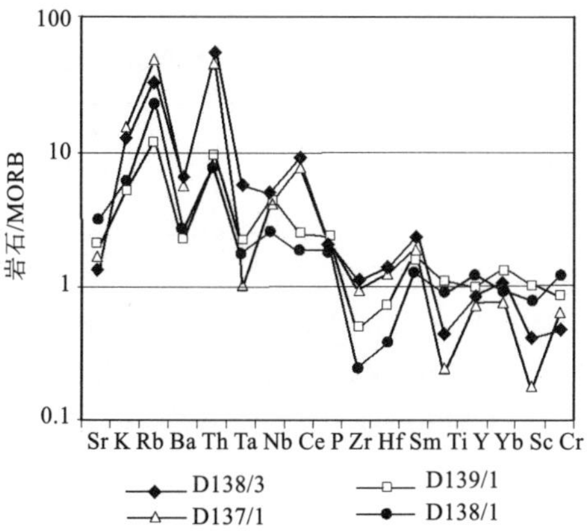

图 3-54　卡拉勒塔什岩群中火山岩微量元素 MORB 标准化型式图

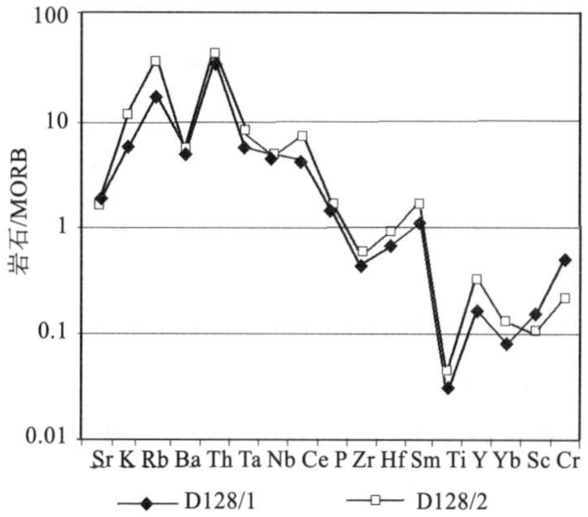

图 3-55　黄羊岭岩群中火山岩微量元素 MORB 标准化型式图

酸性火山岩。两者相比之下，后者 Zr、Hf 亏损不明显，但 Ti 呈强烈亏损状。

（六）成矿元素特征

黄羊岭岩群中成矿元素与地壳克拉克值相比，除 Ag 有较明显的富集外，其他成矿元素 Pb、Zn、Cu、Au 均呈亏损状（有 1 个样品中 Cu 略高于克拉克值）；Ag 为克拉克值的 4～7 倍，呈明显的富集状。

卡拉勒塔什岩群中成矿元素 Pb、Zn、Cu、Ag 在多数样品中含量明显高出地壳克拉克值，但偏差不大，最大为其 2.5 倍。其中 Pb、Zn 含量离差较大，其他元素含量较小；Au 则呈强烈亏损状，仅为克拉克值 2.5%～5%。

（七）岩浆来源、构造环境及成因分析

1. 利用主元素进行判别

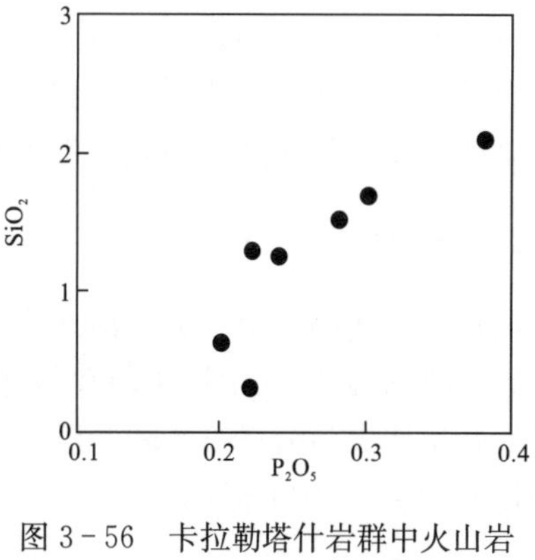

图 3-56　卡拉勒塔什岩群中火山岩 $TiO_2-P_2O_5$ 相关图

Sun（1984）研究表明，从 3 800Ma 前至今原始地幔的 TiO_2/P_2O_5 的比值基本固定为 10，这是稳定地幔源区派生岩浆形成的玄武岩具有较好的 $TiO_2-P_2O_5$ 线性关系的原因。而测区晚古生代火山岩的 $TiO_2-P_2O_5$ 虽然有较好的线性关系（图 3-56），但其比值远远或明显小于 10。这

表明岩浆来源于非稳定的地幔区，或者岩浆中有地壳物质的明显加入。

利用 Al/Fe、Al/Ti 比值可以判断基性火山岩为裂谷或张性环境（Al/Fe<1.05、Al/Ti<10），而当 Al/Fe>1.05、Al/Ti>10 时，则为岛弧或活动大陆边缘环境。卡拉勒塔什岩群下部偏基性的火山岩 5 个样品中，Al/Fe 比值有 3 个样品大于 1.05（分别为 1.16、1.19、1.07），另 2 个样品（分别为 1.02、0.81）小于 1.05；Al/Ti 比值有 2 个样品（11.34、10.11）略大于 10，其余 3 个样品均小于 10（分别为 7.74、8.57、7.48）。从这些数据特征难以得出一个统一的定论，但数据均靠近邻界值这一现象，似乎给了我们一个暗示，这套火山岩有可能形成于弱的拉张环境，也有可能形成于弱的挤压环境。

结合剖面中火山岩中夹有深水环境下的硅质粉砂岩（碎屑主要为石英及少量长石）以及岩石较为高钛的特征分析，其形成环境应距大陆不远，处于大陆或岛弧与洋壳接界部位附近，其地壳组成可能存在过渡性地壳，并且明显具有亲大洋的性质。

2. 利用微量元素进行分析

微量元素研究表明，卡拉勒塔什岩群中偏基性火山岩 MORB 标准曲线型式具有格林钠达岛之钙碱性的火山弧玄武岩与碱性的板内玄武岩过渡的特征；偏酸性岩石与黄羊岭岩群中火山岩基本具有特征相似的钙碱性火山弧玄武岩的曲线特征，反映了这两套火山岩主体形成于岛弧环境。

利用 MnO＊10－TiO_2－P_2O_5＊10 图解（图 3－57）判别，两套火山岩主体落入岛弧区（IAT＋CAB），但有 3 个样品处于洋岛碱性玄武岩（OIA）与岛弧拉斑玄武岩（IAT）之界线处，表现出过渡的特征。

利用 Zr－Ti/100－Y＊3 图解（图 3－58）判别，两套火山岩均落入岛弧火山岩一侧（图 3－58 中 A、B、C）。

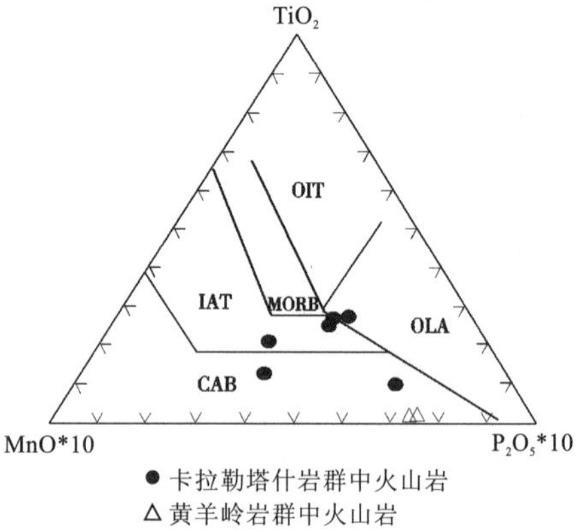

图 3－57　MnO＊10－TiO_2－P_2O_5＊10 图解

OLA. 洋岛碱性玄武岩；IAT. 岛弧拉斑玄武岩；CAB. 岛弧钙碱性玄武岩；OIT. 洋岛玄武岩；MORB. 洋脊玄武岩

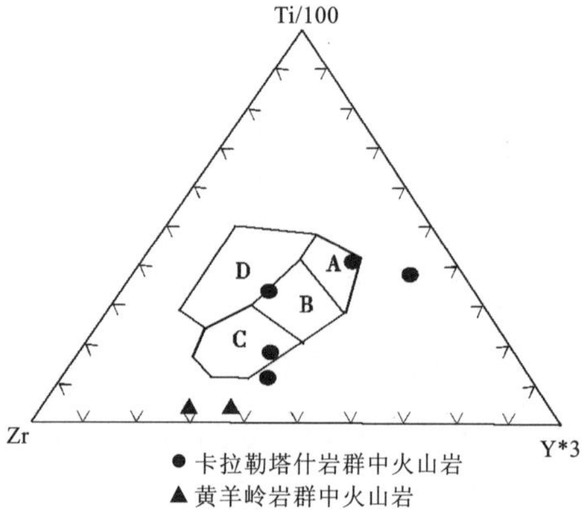

图 3－58　Zr－Ti/100－Y＊3 图解

卡拉勒塔什岩群主体由一套从超基性的碱性岩到碱性玄武岩、基性玄武岩，到中酸性火山岩组成，以水下溢流相为主要喷发型式，夹有少量爆发相的凝灰岩，具有多旋回喷发的特征。火山岩中夹少量半深海相陆源碎屑岩。火山岩岩石地球化学研究表明，其岩浆主要来源于地幔，但有地壳物质的明显加入。形成于大陆边缘的岛弧环境，与洋岛碱性玄武岩存在过渡关系，表明其有亲大洋的过渡性地壳的存在。

黄羊岭岩群分布于岛弧火山岩南侧，由中酸性火山岩与岩屑、晶屑、火山灰尘及沉积砂、泥质和少量砾石以不同比例混合而成。与卡拉勒塔什岩群中的沉凝灰岩具有极为相似的岩石特征和稀土、微量元素组成。从产出构造位置及岩石组合分析，应为弧后盆地沉积组合。碎屑岩中夹少量的酸性火山岩，具有钙碱性岛弧火山岩之特征。

三、新生代火山岩

昆仑山是我国新生代火山活动最重要的地区之一，而本图区是昆仑山火山岩带火山岩分布面积最大、火山活动时间最长、火山机构保存最好的地区。新疆地矿局第一区调队和中科院邓万明等先后对本图区出露的新生代火山岩进行了较为深入的岩石学、岩石化学和同位素年代学研究，本次区调对其加强了地层学和控岩构造、成因背景研究。

（一）地质特征

图区新生代火山岩均为钾玄岩系列，岩性从玄武岩至英安岩，它的形成与昆仑山及青藏高原的隆升密切相关。火山岩的产出受区域左旋断裂构造控制成片成带分布，几乎均位于高原隆升过程中的断陷盆地内或其边缘，可分 4 个火山岩区，分别命名为阿什库勒火山岩区、阿他木帕下火山岩区、黑石北湖火山岩区、邦达错火山岩区。

1. 阿什库勒火山岩区

该区火山岩主要分布于阿什库勒盆地，也包括了阿什库勒盆地北山的火山岩，该区新生代火山岩面积大，火山活动时代连续且跨度长，岩性和火山喷发方式多样。著名的阿尔金南缘断裂在本图区位置沿苏巴什晚古生代蛇绿混杂岩带发生运动方向和性质的转换，转换部位形成了阿什库勒弧形盆地，同时诱发了大规模的火山活动。阿什库勒火山岩区火山岩受相同的构造体制控制，由北向南变新演化，可分 3 个阶段。早期火山岩活动位于最北部的硫磺达坂及其以东的山区，目前位于苏巴什谷地与阿什库勒盆地之间的山梁，有 3 个比较明显的火山口，硫磺达坂一带的两个火山锥保存较好，航卫片显示也清楚，但熔岩流已被强烈侵蚀而不完整。东部的无名高地火山岩火山口位于山顶，熔岩流向南北两侧沿沟流淌，火山锥已不复存在，熔岩流被切割最深处达 50 余米，尚未完全见底。剖面上火山喷发韵律非常清楚，靠近火山口附近可见 11 个韵律，单层厚度 1～3m，每个单层的顶部因氧化而成褐红色，气孔也特别发育，下部为灰色，在南侧的熔岩流前端可见 4 个韵律(图 3-59)。

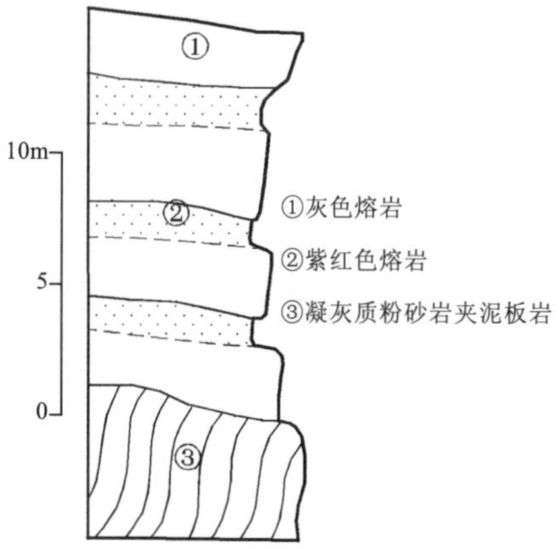

图 3-59　胜利达坂西第四纪火山岩结构柱状图

前人在硫磺达坂火山岩中曾获最老年龄为 2.8Ma，在阿什库勒盆地周缘的新近系地层中没有任何火山物质成分，说明该期火山活动时代为上新世—早更新世。中期火山活动位于阿什库勒盆地北部，是该区火山活动最为猛烈的时期，火山岩面积约占总体的 70%，自西而东形成 3 号和 4 号火山(编号同邓万明)及其南侧沿断裂的裂隙式喷发带。3 号火山是区内最大的火山锥，底部直径达 3km，已遭严重破坏，南侧被冲刷切割了一个直到底部的沟谷，4 号火山的熔岩被已被冲、洪积物覆盖，火山锥也仅露其顶部。南侧沿断裂的裂隙式喷发带长近 10km，形成一道笔直的黑色平顶高岭。

该期火山喷发的熔岩被已遭明显的风化改造而趋平坦，上有大量风积物覆盖，前人所获年龄值多为中更新世，看来是可信的。晚期火山活动位于阿什库勒盆地南部，形成了区内保存最好的 1 号和 2 号火山。2 号火山(锥)稍老(图版Ⅱ,2)，其上已布满了小型冲沟，而 1 号火山(锥)则极为新鲜(图版Ⅱ,1)，没有任何破坏(有报道该火山曾于 1951 年剧烈爆发)，该期火山熔岩被保存完好，保留了原始风貌，之上甚少风成物覆盖，前人所获同位素年龄多在晚更新世，少部分为全新世，统计结果比较可信。

火山活动方式以中心式喷发为主，火山集块等火山碎屑(呈紫红色、暗紫色，渣状)堆于火山口附近，形成最高近 200m 的火山锥，这种极其醒目的大型火山锥有 6 个，如最新的 1 号火山高达 140m，火山口内深约 80m(难以到达)，火山锥顶边缘极为窄小，仅能站立一人。火山锥之外为大面积分布的熔岩被，仅 1 号和 2 号火山熔岩被外貌保存较好，地貌总体上比较平坦但细节极显复杂，熔岩流沿一定方向流动，形成高地，熔岩流没有到达或很少到达的地方形成没有规律的谷地或平底凹地，熔岩流在固结过程中被后继岩流推拥鼓起，或因结晶收缩而塌陷，形成怪异狰狞的微地貌景观。有时火山活动结束以后火山口附近发生整体塌陷，致使火山锥耸立于盆谷之中，1 号火山周围的谷地比较清楚，其他火山锥周围已被充填而不明显。裂隙式喷发仅见于第二期东部，但熔岩喷发量很大，面积近 $100km^2$，曾向南倒流进入阿克苏河，在阿克苏河剖面上，可分 3 层，上部为灰黑色含大量气孔的玄武安山岩，中部是灰色块状玄武安山岩，下部是绿灰色玄武安山岩，发育大量近水平的节理。

2. 阿他木帕下火山岩区

阿尔金南缘断裂沿苏巴什蛇绿混杂岩带发生运动方向和性质的转换，但该断裂沿 NE 向的影响依然存在，虽未形成一个连续、完整的断裂，但早期存在的近 EW 向断层沿阿尔金(库牙克)断裂的延长方向发生 NE 向的扭动，同时产生一组在北收敛、向南发散、向 NW 弧形突出的弧形断裂组，这些弧形断裂一方面产生了一系列互不相连的帚状弧形盆地，另一方面控制了火山活动，该区的 5 个火山均沿断裂且主要位于弧形断裂向南发生方向偏转的部位。

阿他木帕下火山岩区火山岩特征与阿什库勒区完全相似，主要为玄武安山岩和安山岩，熔岩层的表部和火山口附近常形成较多的浮岩。火山口多位于盆地的两侧，为侵蚀切割区，火山锥一般均遭破坏，火山熔岩流沿沟流动有时可达数十千米(图版Ⅱ,4)，而后又被进一步切割成黑色阶地，但均未见底。阿他木帕下火山岩中含大量花岗岩和花岗质片麻岩捕虏体，在阿特他木水上游火山岩中虽未见捕虏体，但有较多粗大的石英团晶。邓万明在阿他木帕下火山岩与下伏冲积层的烘烤层中采热释光年龄值为 5.6Ma，为晚更新世，与相关的弧形盆地所控制的地层吻合，从相关盆地所控制的地层及火山岩被改造程度分析，郭扎错北侧火山岩应为中更新世，胜利达坂两侧的火山岩应为晚更新世晚期到全新世早期。

3. 黑石北湖火山岩区

分布于黑石北湖南面，熔岩是近东西向展布，覆盖面积达 355km²。测区仅出露其西面很少一部分。本期火山岩可能有 3 期(邓万明,1989)。测区出露的为其规模最大的最后一期喷发产物。全岩 K－Ar 年龄为 1.43Ma。熔岩瀑布，蛇形岩垄，绳状熔岩，流动构造及原生节理都十分清楚。熔岩岩性为安粗岩，含粗大自形的斜长石斑晶。

4. 邦达错火山岩区

分布于郭扎错以东邦达错以北地区，零星出露规模很小。火山岩带呈近东西向展布，可能受郭扎错断裂及旁侧次级断裂控制。可见其不整合于三叠纪一套碎屑岩之上，但多为次火山岩，呈脉状。

在火山熔岩中前人取得 K－Ar 年龄为 44Ma，其时代为古近纪的始新世。

(二)岩石学特征

根据测区新生代火山岩的实际情况，将火山岩分为火山熔岩类、火山碎屑岩类和次火山岩类 3 种基本类型。

1. 火山熔岩类

根据火山岩中主要造岩矿物组合、含量并结合岩石化学成分的分析结果，测区火山熔岩可进一步划分为基性、中性两大类。

基性熔岩类：测区内分布极为有限，仅在阿什库勒盆地西北边上(硫磺达坂边上有很少量分布)。岩性为橄榄玄武岩，岩石呈灰黑色块状，含少许气孔。肉眼可识别灰白色的条状斜长石，呈显微斑状结构，含橄榄石(＜5%)、单斜辉石(8%～10%)、斜长石(5%～20%)的集合体斑晶。橄榄石的粒度较细，有轻微的伊丁石化；单斜辉石具中等自形粒状结构，双晶和环带构造发育。中—基性斜长石为自形板状结构，很少见到钠长石双晶，局部可见到后期充填的少量石英。基质以玻璃质为主，其间均匀分布不规则的斜长石、镁铁矿物微晶和磁铁矿颗粒，组成了玻晶交织结构。

中性熔岩类：该岩类在测区新生代火山岩中占绝对优势，测区内四大火山岩区均以此类岩石为主。阿什库勒和阿他木帕下区的中性熔岩主要是粗面安山岩和玄武质粗面安山岩。肉眼可识别出辉石和斜长石斑晶。经鉴定单斜辉石为钛质普通辉石(主要)和紫苏辉石(次要)，少数含黑云母和石英的次级斑晶，并过渡为石英粗安岩类。基质中有中—酸性斜长石、普通辉石、角闪石、石英和微晶，与火山玻璃组合成交织结构、间隐结构，普遍含磁铁矿、磷灰石的副矿物，偶见有毛发状金红石出现。少量的透长石仅在偏酸性的岩石中出现(邓万明,1991)。

在黑石北湖岩区，晚期熔岩流主要是黑色气孔构造的安粗岩和少量的粗面安山岩，岩石为黑色块状构造、气孔构造，流动构造十分发育，斑晶为粗大自形的板柱状(可见到数厘米的大晶体)，斜长石和自形柱状和粒状的紫苏辉石均显示一定的熔蚀状态。还有零星出现的钾长石和黑云母细斑，基质为辉石＋斜长石微晶与玻璃质组成玻晶交织结构，副矿物有磷灰石、磁铁矿、金红石等，气孔中有石英、粘土和沸石等充填物。

2. 火山碎屑岩类

主要分布于火山口附近，多成火山锥，岩石呈暗棕色和暗紫色，由火山集块、火山角砾、火山弹等组成，成分也多为安山质，在阿什库勒火山岩区 1 号火山锥中可见灰岩的角砾。胶结物仍由安山质熔岩或凝灰质组成。角砾、集块等占 50%～60%。

3. 次火山岩类

测区内次火山岩以规模较小、岩性单一为主要特征。分布于乌鲁克库勒湖西岸的阿什库勒火山岩群，第 8、9、10 号岩体可能在下面是连通的，现以 3 个浑圆形火山穹隆构造产出。8 号火山上部还残存少量的熔岩，下部为次火山岩。3 个岩体的岩石基本相似，颜色为灰白色至暗灰色，块状、流纹状构造为主，有少量气孔，具斑状结构，斑晶有粗大圆粒状石英(10%～15%)，具细密聚片双晶的钠长石(5%～10%)，自形四方断面的透长石含量 3%～5%，具暗化边结构的片状黑云母含量 3%～5%(有时也出现少量的普通角闪石)，基质具流动构造，矿物成分有细粒—微晶状的石英、酸性斜长石、黑云母和少量玻璃质。岩石化学定名为流纹斑岩和英安斑岩。在斑岩的风化露头上，经常可以看到暗色粗安岩的捕虏体。

(三)岩石化学特征和岩石化学定量分类

岩石化学成分含量见表 3-24。

表 3-24　新生代火山岩岩石化学成分含量表($\times10^{-2}$)

岩区	样品号	SiO_2	Al_2O_3	Fe_2O_3	FeO	CaO	MgO	MnO	TiO_2	P_2O_5	Na_2O	K_2O	Loi	SUM	δ	AR	A/CNK
阿什库勒	D4666/1	55.70	14.92	4.69	2.90	7.01	3.88	0.12	1.83	0.59	2.85	4.06	1.45	99.99	3.76	1.92	0.68
	D4676/1	56.12	14.37	5.68	2.07	6.82	4.12	0.12	1.88	0.55	2.58	3.71	1.98	100.02	3.02	1.85	0.70
	D4674/1	54.07	13.03	7.38	4.20	16.00	1.92	0.11	1.68	0.29	0.16	0.08	1.19	100.10	0.01	1.02	0.44
	D2096/1	56.15	14.23	1.92	5.40	7.24	4.12	0.12	1.80	0.68	2.63	4.13	1.58	100.00	3.47	1.92	0.65
	D2132/2	57.01	14.63	2.27	5.66	6.60	2.77	0.13	2.29	0.73	2.72	4.24	1.01	100.05	3.45	1.98	0.70
	D137/2	54.16	14.33	2.69	5.73	7.12	4.01	0.13	2.20	0.66	2.41	3.64	2.51	99.59	3.28	1.79	0.69
	D137/4	53.52	14.11	2.23	6.04	7.93	4.04	0.14	2.07	0.68	2.69	3.87	2.89	100.21	4.10	1.85	0.61
阿他木帕下	D822/1	56.39	14.27	2.16	4.83	9.10	2.68	0.14	2.04	0.57	2.52	2.75	2.43	99.89	2.08	1.58	0.60
	D3198/1	55.97	14.34	3.10	3.96	7.36	2.70	0.13	1.99	0.58	2.86	4.17	2.74	99.90	3.81	1.96	0.64
	D3199/1	55.07	14.30	4.27	3.84	7.19	2.78	0.12	2.20	0.74	2.93	4.32	2.18	99.94	4.35	2.02	0.63
	D095/1	56.81	14.56	1.96	6.44	7.18	2.85	0.15	2.22	0.71	2.68	4.22	0.26	100.04	3.45	1.93	0.66
郭扎错	D3161/1	64.73	16.03	3.89	1.56	3.89	2.62	0.14	0.67	0.23	1.18	2.90	2.41	100.27	0.77	1.52	1.32
	D069/1	45.09	16.86	8.40	3.36	9.70	5.53	0.23	2.69	0.54	2.56	1.70	3.38	100.04	8.66	1.38	0.71
	D069/2	47.68	15.35	6.19	6.28	8.52	5.32	0.25	3.13	0.51	2.89	1.61	1.95	99.68	4.33	1.47	0.70

阿什库勒区火山岩 SiO_2 变化于 53.52%～57.01%，属中性岩范畴。碱土含量较高，$Na_2O+K_2O=$ 6.05%～6.96%，K_2O 普遍大于 Na_2O。另外 D4674/1 样有些特殊，其碱土含量极低，仅 0.24%，而 Fe_2O_3、FeO、CaO 含量极高，特别是 CaO 高达 16%，可能代表了以地幔源岩浆为主的一次喷发产物。

阿他木帕下区火山岩与阿什库勒区火山岩岩石化学特征大体相近。SiO_2 变化于 55.07%～56.81%，属中性火山岩，Na_2O+K_2O=5.27%～6.90%，总量较高。K_2O 普遍大于 Na_2O。

郭扎错区火山岩 SiO_2＝45.09%～64.73%，变化范围较大，主体属基性岩，碱土含量相对明显降低，Na_2O+K_2O＝4.08%～4.50%，主体 $K_2O<Na_2O$，仅有 1 个样品 K_2O 远大于 Na_2O。

利用 Maitre 的全碱-氧化硅（TAS）图解（图 3-60）判别，阿什库勒火山岩集中于粗安岩和玄武粗安岩两区界线附近，其中偏北地区的 4 个样品落在粗安岩区，偏南的 2 个样品落在玄武粗安岩区；阿他木帕下区火山岩中有 3 个样品落入粗安岩区，1 个样品落入玄武安山岩区与玄武粗安岩的界线附近；郭扎错区火山岩中有 2 个样品落入玄武岩区，1 个样品落入英安岩区。

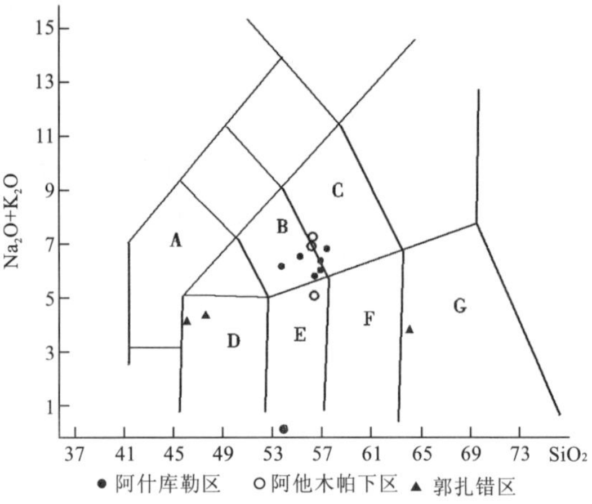

图 3-60　新生代火山岩 TAS 图解

A. 碱玄岩、碧玄岩；B. 玄武粗面安山岩；C. 粗面安山岩；D. 玄武岩；E. 玄武安山岩；F. 安山岩；G. 英安岩；H. 流纹岩

综上所述，阿什库勒区和阿他木帕下区火山岩主体为一套偏碱性的中性火山岩，较为集中的岩性为粗安岩和玄武粗安岩；郭扎错区火山岩主体为偏碱性的基性岩，主体岩性为（碱性）玄武岩和英安岩。

（四）火山岩碱度和岩石系列

里特曼指数（δ）结果见表 3-24。阿什库勒和阿他木帕下火山岩变化于 2.08～4.35 之间，主体大于 3.3，属于碱性玄武岩系列。郭扎错区火山岩主体为 8.66 和 4.33，为碱性玄武岩系列，但有 1 个样品为 0.77，属玄武岩系列。

利用 $Na_2O+K_2O-SiO_2$ 图解（图 3-61）判别，阿什库勒和阿他木帕下火山岩集中于碱性系列和亚碱性系列界线附近。反映出岩石具过渡类型的性质。郭扎错区火山岩有 2 个样品落入碱性系列，1 个样品落入亚碱性系列。进一步利用 A-F-M 图解（图 3-62）判别，阿什库勒和阿他木帕下火山岩落入钙碱性系列区。

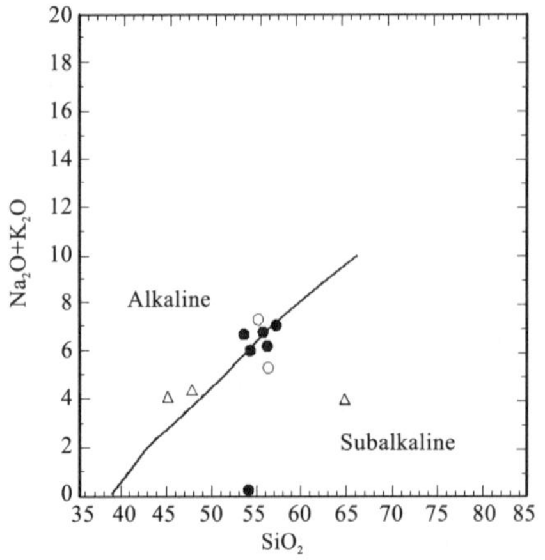

图 3-61　新生代火山岩硅-碱图

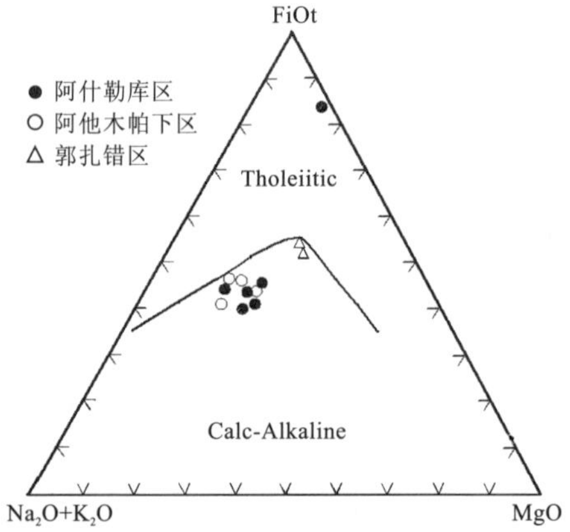

图 3-62　新生代火山岩 A-F-M 图解

利用 AR-SiO_2 图解（图 3-63）能较好区分中性岩的碱度特征。图中阿什库勒区和阿他木帕下区火山岩均落入钙碱性岩区，而郭扎错区火山岩则主体落入碱性岩区。

（五）稀土元素特征

稀土元素含量及特征参数见表 3-25。阿什库勒区火山岩稀土总量 $\sum REE=460.57\times10^{-6}\sim1\,157.8\times10^{-6}$，稀土特别富集，并且由北向南（由老到新），稀土总量有明显增加的趋势。$La/Yb_N=27.90\sim42.98$，轻重稀土强烈分馏；$La/Sm_N=3.78\sim5.05$，$Gd/Yb_N=1.63\sim4.55$，轻、重稀土均发生了强烈的分馏，$\delta Eu=0.73\sim0.90$，显示较弱的负铕异常。稀土配分曲线（图 3-64）呈向右陡倾的一条斜线。属轻稀土强烈富集型。

阿他木帕下火山岩稀土特征同阿什库勒区火山岩大体相同。$\sum$REE=867.72×10^{-6}～1 011.5×10^{-6}，稀土特别高。La/Yb_N=39.71～48.77，轻重稀土分馏程度较阿什库勒区火山岩还要强烈；La/Sm_N=4.92～5.76，Gd/Yb_N=2.07～3.23，轻稀土分馏程度较阿什库勒区大体相当，而重稀土分馏程度则相对略小一些。δEu=0.76～0.89，显示较弱的负铕异常。稀土配分曲线(图 3-65)出现较为明显的“Gd”相对负异常。

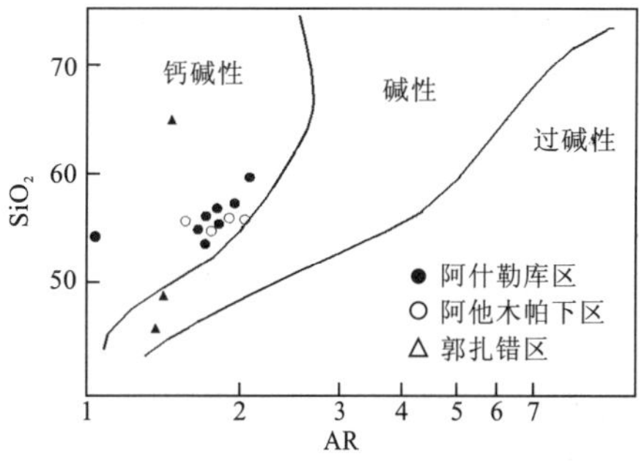

图 3-63 新生代火山岩 AR-SiO_2 图解

郭扎错区火山岩稀土总量相对前两个火山岩区明显降低，$\sum$REE=217.49×10^{-6}～389.59×10^{-6}，La/Yb_N=10.40～13.92，轻重稀土分馏明显；La/Sm_N=4.15～4.92，Gd/Yb_N=1.41～2.27，轻稀土分馏明显，重稀土分馏较弱；δEu=0.97～1.17，铕异常不明显。稀土配分曲线(图 3-66)呈向右陡倾的一条斜线，属轻稀土强烈富集型。

表 3-25 新生代火山岩稀土元素及特征参数一览表(×10^{-6})

火山岩区	样品号	La	Ce	Pr	Nd	Sm	Eu	Gd	Tb	Dy	Ho	Er	Tm	Yb	Lu	Y	$\sum$	δEu	La/Yb_N	La/Sm_N	Gd/Yb_N
阿什库勒	D4666/1	162.1	318.6	35.38	107.3	20.76	4.4	14.39	1.7	7.11	1.09	3.07	0.35	2.3	0.31	28.66	678.9	0.802	41.85	4.88	3.835
	D2147/5	99.63	207.5	25.75	78.49	16.47	4.02	13.38	1.58	6.97	1.09	2.93	0.34	2.12	0.29	0.48	460.6	0.878	27.9	3.781	3.868
	D4674/1	194.7	394.4	43.9	143.4	24.54	5.13	19.95	2.21	9.28	1.28	3.86	0.41	2.69	0.37	18.51	846.1	0.751	42.98	4.959	4.546
	D4676/1	186.4	395.9	43.76	141	24.05	5.42	17.72	2.21	9.2	1.39	4.02	0.45	2.93	0.39	5.26	834.8	0.837	37.77	4.844	3.707
	D2132/2	239.5	496.4	57.83	183.6	35.78	6.94	25.6	2.95	12.21	1.84	5.3	0.59	3.76	0.51	37.15	1 074	0.727	37.82	4.184	4.173
	D137/2	268.4	536.3	61.21	199.9	35.77	7.41	14.29	2.95	14.96	2.4	7.29	0.78	5.39	0.76	1.28	1 158	0.902	29.57	4.69	1.625
	D137/4	250.4	505.7	54.02	177.9	30.98	6.5	15.98	2.57	13.35	2.06	6.08	0.68	4.63	0.62	44.29	1 071	0.863	32.11	5.052	2.115
阿他木帕下	D822/1	220.2	402.8	42.63	148.7	23.89	4.56	14.1	2.21	8.86	1.32	3.92	0.41	2.68	0.36	33.66	876.6	0.757	48.77	5.759	3.225
	D3198/1	210.3	409.5	45.76	137.3	26.61	5.23	10.52	2.59	9.86	1.55	4.45	0.49	3.12	0.44	35.51	867.7	0.858	40.02	4.939	2.067
	D3199/1	227.1	492.6	54.88	166.4	25.91	5.86	15.63	2.6	10.44	1.61	4.51	0.46	3.09	0.41	33.92	1 012	0.892	43.64	5.478	3.1
	D095/1	233.4	465.9	52.42	175.1	29.68	5.65	14.69	2.59	10.45	1.61	4.8	0.49	3.49	0.45	21.13	1 001	0.791	39.71	4.915	2.58
郭扎错	D3161/1	51.12	85.99	10.21	40.58	6.49	1.92	6.73	0.92	5.42	1.1	3.2	0.45	2.93	0.43	27.52	217.5	0.971	10.36	4.923	1.408
	D069/1	64.35	125.8	13.91	48.83	9.7	3.02	9.51	1.31	7.05	1.26	3.43	0.45	2.9	0.44	33.99	292	1.045	13.18	4.146	2.01
	D069/2	84.14	167.6	19.6	76.41	11.48	4.28	13.3	1.83	9.16	1.62	4.54	0.56	3.59	0.48	30.47	389.6	1.169	13.92	4.581	2.271

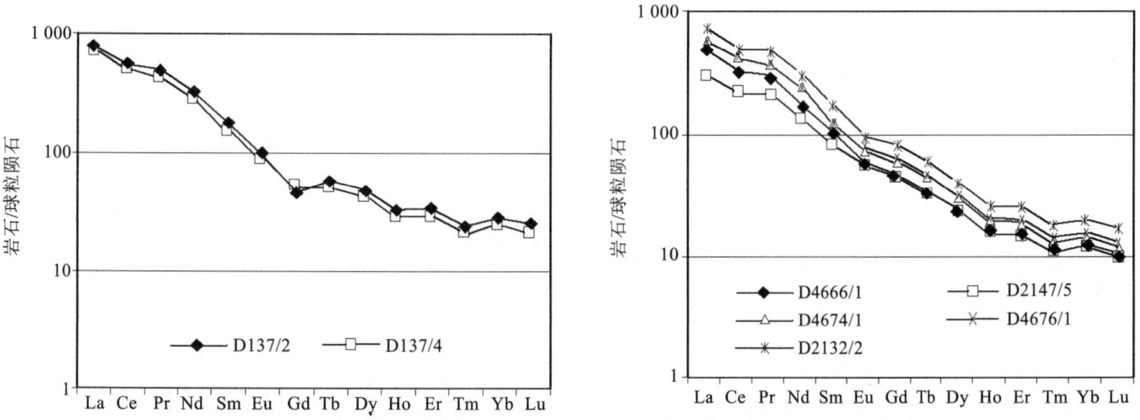

图 3-64 阿什库勒火山岩稀土配分模式图(左图为北侧样品，右图为南侧样品)

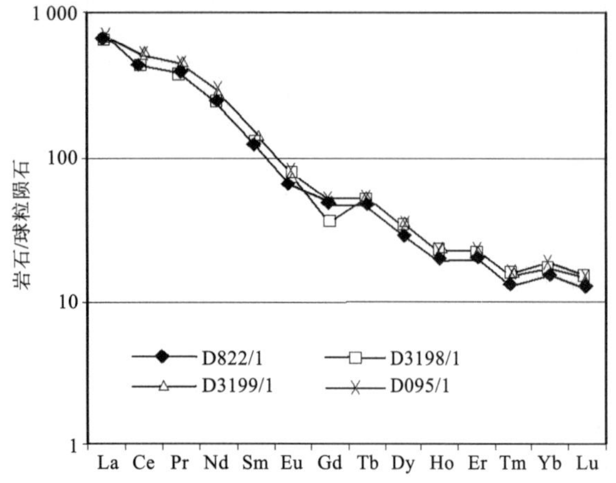

图 3-65　阿他木帕下火山岩稀土配分模式图

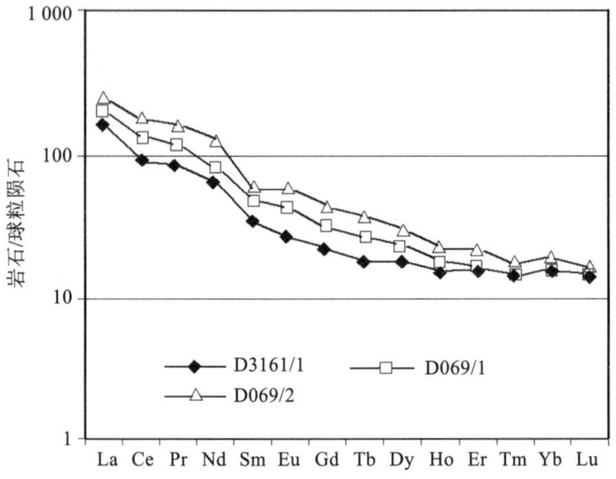

图 3-66　郭扎错火山岩稀土配分模式图

(六)微量元素特征

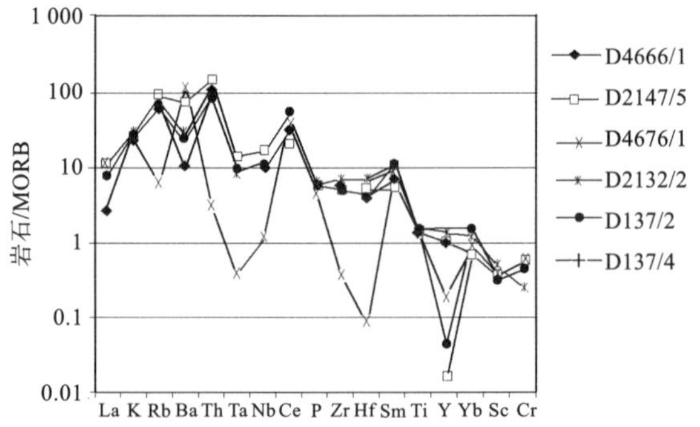

图 3-67　阿什库勒火山岩微量元素 MORB 标准型式图

微量元素含量见表 3-26。

以 MORB 作标准化，阿什库勒火山岩与阿他木帕下火山岩具有基本一致的微量元素组成(图 3-67、图 3-68)，曲线特征非常相近。均表现出强不相容元素强烈富集，高场强元素随相容性的增加，富集程度逐渐降低，亲铁元素呈弱亏损状，并表现出 Ba 和 Ta、Nb 的两个相对负异常，Rb、Th、Ce 则呈相对正异常。阿什库勒火山岩中最晚期规模极小的紫红色熔岩表现了明显不同的微量元素特征，曲线呈锯齿状，表现出 Th、Ce、Sm 强烈的相对正异常，Ta、Hf、Ti 突出的相对负异常。结合稀土总量极高的特点，可以推断其为经历强烈分异演化后残余岩浆喷出形成。

表 3-26　新生代火山岩微量元素含量表($\times10^{-6}$)

	样品号	Cr	Ni	Co	Sc	Ba	Sr	Rb	Zr	Nb	Hf	Ta	Th	Bi	Sb	As	Pb	Zn	Cu	Ag	Au(ppb)
阿什库勒	D4666/1	104.2	79.79	36.34	15.74	201.9	322	174.7	448.6	33.67	10.3	1.553	20.83	0.138	173.6	1.003	9.637	448.4	35.02	0.059	0.4
	D2147/5	136.4	112.6	30.38	13.15	1 481	1 310	179.1	451.1	59.7	11.08	2.48	28.06	0.103	0.084	0.488	9.018	118.7	41.03	0.063	0.4
	D4674/1	96.85	53.3	29.78	10.86	503.2	1 037	172.9	421.2	23.13	9.006	0.801	25.1	0.136	5.368	1.117	8.949	183.1	36.83	0.055	0.2
	D2096/1	175	65.67	39.53	10.68	512.5	959.1	133.8	407.8	34.64	10.91	1.371	25.24	0.105	0.298	1.25	11	162.2	66.13	0.05	0.2
	D4676/1	115.2	64.47	32.82	14.11	2 362	1 359	11.96	32.15	3.86	0.194	0.068	0.595	0.036	0.119	0.781	8.796	130.4	35.47	0.019	0
	D2132/2	58.27	35.43	37.86	19	570.5	1 024	153.7	609.9	42.72	15.83	1.544	22.58	0.141	5.411	1.117	10.48	209.7	45.43	0.075	0.4
	D2133/1	44.03	26.88	26.35	15.67	1 717	858.8	136.1	457.9	43.33	10.22	1.965	15.98	0.024	0.064	0.294	8.686	118.4	31.42	0.072	0.4
	D2134/1	49.74	37.01	28.42	15.2	1 868	939.2	162.5	545.6	41.32	12.64	2.28	21.68	0.038	0.061	0.485	7.038	127.1	34.36	0.089	0.5
	D137/2	102.9	54.87	23.24	11.44	464	884.8	130.7	430.1	38.58	9.231	1.713	16.79	0.389	0.048	0.75	18.77	138.5	47.61	0.068	0.4
	D137/4	120	63.89	23.16	13.39	434	812.9	131.3	554.3	52.2	14.36	2.389	18.72	0.337	0.066	1.014	20.47	151.2	34.85	0.077	0.5
阿他木帕下	D822/1	73.08	17.17	15.02	10.66	435.6	851.4	157.2	531.9	64.97	14.55	3.184	26.05	0.398	0.079	1.079	18.98	130.4	31.05	0.08	0.6
	D3198/1	61	27.17	19.1	12.61	243.2	1 202	153.5	521.5	57.07	15.22	0.988	22.92	0.433	0.041	1.184	19.15	152	26.56	0.079	0.3
	D3199/1	48.66	31.29	23.77	11.83	495.1	967.8	158.9	530.9	49.58	15.05	2.093	22.83	0.451	1.15	1.067	20.51	159.1	29.67	0.084	0.4
	D095/1	91.86	32.47	19.07	12.22	480.1	852.3	173.2	652.8	33.94	16.97	0.69	27.33	0.44	0.186	1.044	26.13	163.2	68.31	0.09	0.2
郭扎错	D3161/1	44.37	24.85	13.18	7.93	443.9	349.1	97.53	116.5	37.45	3.053	0.876	10.08	0.273	0.03	0.627	18.46	82.66	21.39	0.036	0.2
	D069/1	83.99	72.77	50.41	21.44	474	998.4	43.91	256.6	41.43	6.323	1.906	8.752	0.142	0.616	1.327	14.83	146.9	91.16	0.059	0.4
	D069/2	108	77.64	29.03	19.24	602.9	665	53.38	226.2	46.57	6.225	2.568	9.367	0.67	0.272	1.152	30.79	138.7	134.2	0.063	0.5
克拉克值(维)		83	58	18	10	650	340	150	170	20	1	2.5	13	0.009	0.5	1.7	16	83	47	0.07	4.3

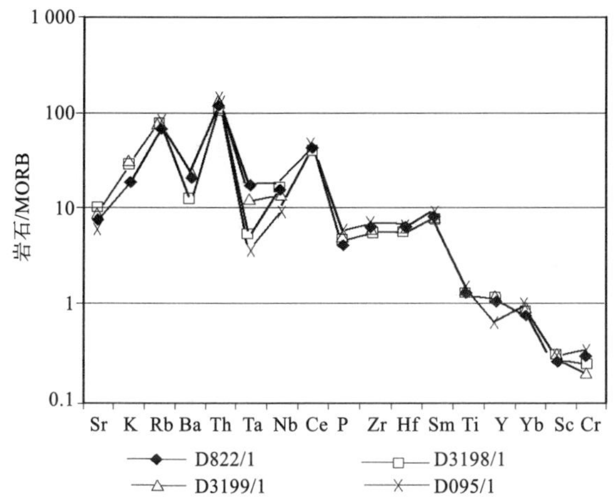

图 3-68 阿他木帕下火山岩微量元素 MORB 标准化型式图

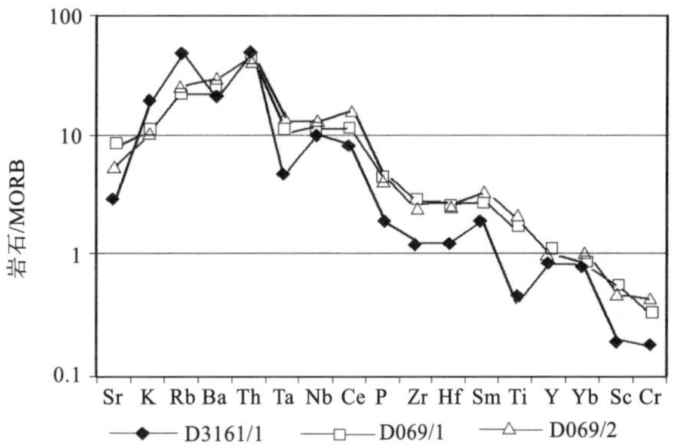

图 3-69 郭扎错区火山岩微量元素 MORB 标准化型式图

郭扎错区火山岩 MORB 标准化曲线(图 3-69)相对前两个区要光滑一些,表现出特征的板内碱性玄武岩的曲线特征。除 Y、Yb 和亲铁元素 Sc、Cr 外,其他所有元素均呈强烈或中等富集状,并且由 Th 到 Ti 富集程度逐渐减弱。

(七)同位素地球化学特征

阿什库勒火山岩区同位素组成见表 3-27(邓万明,1998),$^{87}Sr/^{86}Sr$=0.708~0.711,平均为中等偏高的玄武岩;εNd=-3.9~6.9,平均具有较大的负值,这些特征表明,阿什库勒火山岩中有大量地壳物质的加入。

表 3-27 阿什库勒盆地第四纪火山岩同位素含量表

序号	样品号	$^{87}Sr/^{86}Sr$	$^{143}Nd/^{144}Nd$	εNd	εSr	岩石
1	KP24-1	0.710 426	0.512 282	-6.9	163.6	安粗岩
2	KP25-3	0.710 020	0.512 250	-7.6	157.8	安粗岩
3	KP26-3	0.710 420	0.512 239	-7.8	163.5	钾玄岩
4	KP27-1a	0.710 536	0.512 264	-7.3	165.2	安粗岩
5	KP33-1	0.707 755	0.512 439	-3.9	125.4	碱玄岩
6	KP24-1	0.710 340	——	——	162.4	安粗岩

(八)成矿元素特征

第四纪火山岩成矿元素中 Pb、Cu 含量围绕克拉克值上下波动,最高为其 2~3 倍,最低为其 1/2;Ag 与克拉克值相差不大,含量稳定;Zn 含量明显高于克拉克值,为其 1~2 倍,出现了一个最大值,是克拉克值的 5 倍。Au 含量相对较为稳定,为克拉克值的 1/10~1/20。总体上,第四纪火山岩中成矿元素含量稳定,富集、亏损不十分明显,不利于成矿。

(九)岩浆来源、构造环境成因分析

1. 岩浆来源

在同位素地球化学研究中,Sr 和 Nd 两种同位素的结合使用,比蛛网图的形式更能直观地表达岩石成因的大量信息。阿什库勒火山岩 Sr、Nd 同位素成分投影在图 3-70 中,投影点均落入 EMII 的范围之内,其源区应属于轻稀土元素富集的一种壳幔混合地幔。EMII 被普遍认为是俯冲后再循环的大陆壳物质与地幔岩发生混合作用的产物。

另外,据亚东-格尔木地学大断面的人工地震测深资料,在青藏高原,尤其是藏北和周边地区,壳幔混合层普遍存在,埋深为 50~55km,厚度变化较大,平均为 20~30km(李廷栋,1988;李光岑等,1988)。

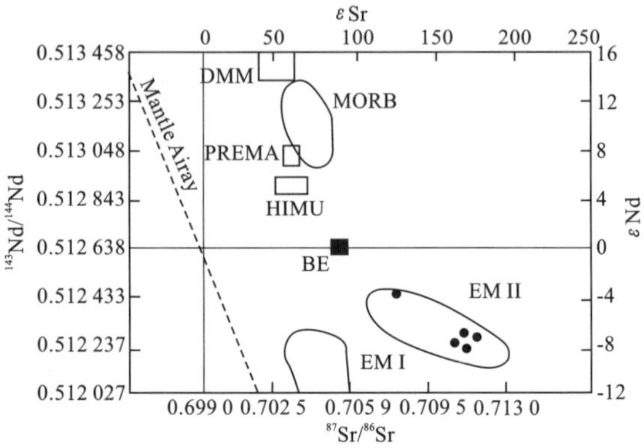

图 3-70　阿什库勒区火山岩 Sr-Nd 同位素成分投影图

DMM. 亏损型地幔;EMI. 富集Ⅰ型地幔;EMII. 富集Ⅱ型地幔;HIMU. $^{238}U/^{204}Pb$ 异常高型地幔;BE. 地球总成分;PREMA. 普通地幔

2. 构造环境

利用 Nb＊2-Zr/4-Y 图解(图 3-71)判别,区内新生代火山岩落入板内拉斑玄武岩和板内碱性玄武岩区。

从大的范围看,邦达错火山岩区位于巴颜喀拉山群的南部,新生代火山岩属于喀喇昆仑-玉门火山岩带的组成之一(李廷栋、潘桂棠,2000),位于三叠纪巴颜喀拉山群的北侧,局部在其内部。

广泛分布于青藏高原北缘祁连山到昆仑山的新生代火山岩,是人们认识青藏高原隆升的深部地质作用过程的重要依据,从而备受关注,前人的认识、观点也较多。结合本项目的调查成果和区域火山岩特征及地质构造背景对其进行综合分析,很明显,这些新生代火山岩形成于挤压构造背景,区域左旋运动为岩浆上升和喷发提供了构造前提。此处远离印度板块,也不存在塔里木板块和华北板块向昆仑山及祁连山的大规模俯冲,所以,新生代火山岩形成的根本原因在其内部。这一带目前仍在加速隆升之中,似不存在山根的拆沉作用。

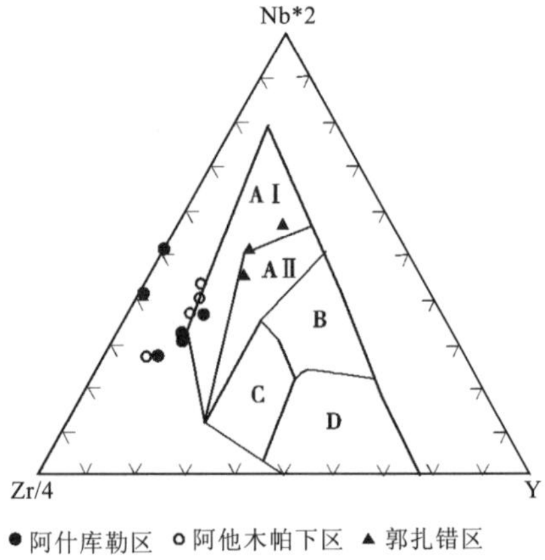

图 3-71　Zr/4-Nb＊2-Y 构造判别图解

AⅠ+AⅡ. 板内碱性玄武岩;AⅡ+C. 板内拉斑玄武岩;B. P-MORB;D. N-MORB;C+D. 火山弧玄武岩(Meschede,1986)

青藏高原北缘新生代火山岩与本图区有相当的一致性,均属钾玄岩系列,岩性较为齐全,有地幔玄武岩(含橄榄岩包体,肖序常、罗照华等个人资料),但更多的是安山岩(安粗岩等,有大量下地壳捕虏体),也有少量多呈次火山产出的英安岩和流纹岩,与火山岩的地球化学特征相一致,可以认为岩浆源深达地幔,是壳幔作用的结果,可能部分基性岩浆直接来自于地幔,并被地壳物质严重污染,但大部分是下地壳的物质,地幔提供了使其熔融的能量。火山岩总体上向北变新演化,向偏酸性演化。

青藏高原北缘新生代火山岩空间上比较明显地分布于巴颜喀拉山群的两侧,少部分位于其内部,越来越多的资料说明巴颜喀拉山群是在晚古生代残留洋盆中堆积的巨厚复理石,本章第一节已证明侏罗纪昆仑山花岗岩物质成分主要源于巴颜喀拉山群,是由于冈瓦纳大陆裂解板(地)块向北强烈挤压残留的古特提斯洋体系,残留洋壳发生被动的再俯冲,同时携带了部分巴颜喀拉山群在深部熔融的产物。新生代火山岩实际上是这种作用的继续,由于更大的印度板块的碰撞及向北俯冲,边缘动力通过远程效应施加于原特提斯体系,同时受北部塔里木板块和华北板块的阻挡,残留的洋壳再也不能被容纳于大陆板内而发生向南北两侧的(陆内)俯冲,从而形成了有大陆岛弧特点的新生代火山岩。

第三节　苏巴什蛇绿岩

新疆地质局和田大队(1960)、第二地质大队(1966)、区调队(1971)先后进入该区工作,发现了零星出露的超基性岩体，并将其时代定为海西晚期。20 世纪 80 年代初，西藏地质局区调队开展日土幅1∶100 万区域地质调查，在其《区域地质调查报告》(1987)中首次提出这些超基性岩体的出露可能代表了一个蛇绿岩带，命名为玉龙喀什-阿克苏蛇绿岩带，并认为系青海阿尼玛卿、新疆阿其克库湖蛇绿岩带的西延。姜春发等在《昆仑开合构造》(1992)一书中认为它属西昆仑北蛇绿岩带，时代为石炭纪。潘裕生等在《喀喇昆仑山—昆仑山地区地质演化》一书中首次提出了苏巴什蛇绿岩的名称，也认为它属昆仑山最北的一条蛇绿岩带，与库地、盖孜蛇绿岩对比连接，构成青藏高原第五缝合带，时代则划归加里东期(震旦纪至奥陶纪)。由于自然条件所限，前人对苏巴什蛇绿岩没有投入更多的实际工作，本次区调首次对其在组成、结构、时代、演化等方面进行了全面且较深入的研究。

一、地质特征

苏巴什蛇绿岩主体出露于伯力克幅北部，近 EW 向至 NEE 向延伸，东部伸入到于田县幅东南部。以蛇绿岩为标志的苏巴什蛇绿混杂岩带是一个罕见的十分复杂的构造混杂岩带(缝合带，详见第五章)，与现在昆仑山山脉平行，呈 EW 向到 NE 向横贯测区并延出区外，南北宽达 15～40km，其主体为被蛇绿岩、蛇绿混杂岩所环绕、相嵌的大型陆壳型碎块(简称大混杂带)。图区有 2 个较大的陆壳型块体，分隔、衔接这些块体的蛇绿混杂岩带(简称小混杂岩带)可分出北、中、南 3 个蛇绿混杂岩带(向东、西两侧区外似汇聚成一个带)，在蛇绿混杂岩带(小混杂带)中又可进一步分出较小规模的片岩、片麻岩等古老块体、台地相灰岩块体、复理石增生楔块体。除了这些外来块体，便是蛇绿岩，蛇绿岩占混杂带总面积的 10％～15％。

苏巴什蛇绿混杂岩带(大混杂岩带)中的南、中 2 个蛇绿岩带(小混杂岩带)均倾向南，而北带则向北陡倾，这可能是后期与青藏高原隆升有关的阿尔金断裂沿此带重新活动改造的结果。蛇绿岩各岩性和相关深水沉积岩石比较齐全，但均被强烈肢解破坏，未见一个层序完整的剖面，蛇绿岩不同岩性的出露也有一定的方向性和规律性，但不非常明显，超基性岩石的出现常紧邻片岩、片麻岩块体，层状堆晶岩较少。

北带蛇绿岩主体位于于田县幅(见于田县幅地质报告)，进入伯力克幅在苏巴什东侧则大量出露辉长岩、共生辉绿岩、玄武岩，未见相关沉积岩(图 3 - 72)，该辉长岩体具有很清楚的分异性和成层性，岩体向北倾，由南向北从含橄榄辉石岩析离体的深色辉长岩依次渐变为中色辉长岩、浅色辉长岩、闪长岩、石英闪长岩、英云闪长岩(斜长花岗岩)，之间没有明显界线，但岩性的总体变化清楚，石英闪长岩和英云闪长岩有时呈厚 50～100cm“夹互层状”，并有“顺层定向构造”，似为一破碎了的岩浆房。该岩体之北的辉绿岩席发生了角闪岩相自变质作用，辉绿岩席(图版Ⅲ，1)单层厚一般 10～30cm，“层状”产出，两边的冷凝边和内部的流动构造常很清楚。

中带蛇绿混杂岩中蛇绿岩未见辉绿岩和层状堆晶岩，但夹有大量老变质块体和复理石增生楔，而超基

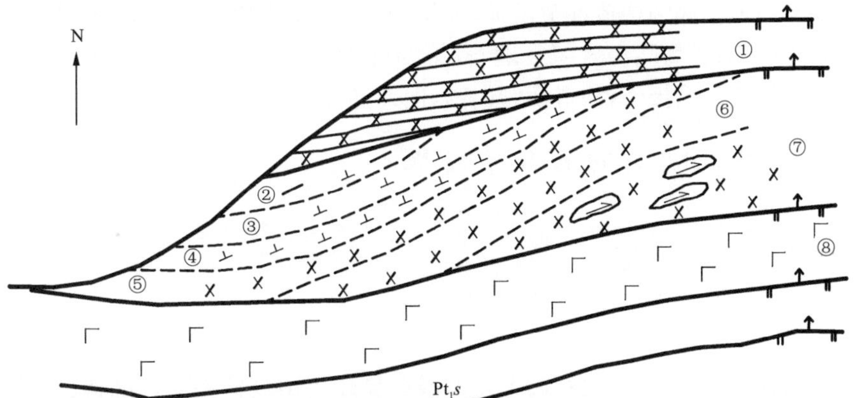

图 3 - 72　苏巴什东蛇绿混杂岩带平面图

①辉绿岩席；②英云闪长岩；③石英闪长岩；④闪长岩；⑤浅色辉长岩；⑥中色辉长岩；⑦中粗粒似斑状深色灰长岩，含橄榄辉石岩析离体；⑧玄武岩构造混入了大量片岩、片麻岩等深变质岩块体，$Cr\eta$ 石英二长花岗岩侵入于震旦—寒武系柳什塔格玄武岩之中；Pt_1s. 古元古界双雁山片岩

性岩则主要紧邻老变质块体出露，苏巴什体南侧(图 3-73)比较完好地反映了该带特点。

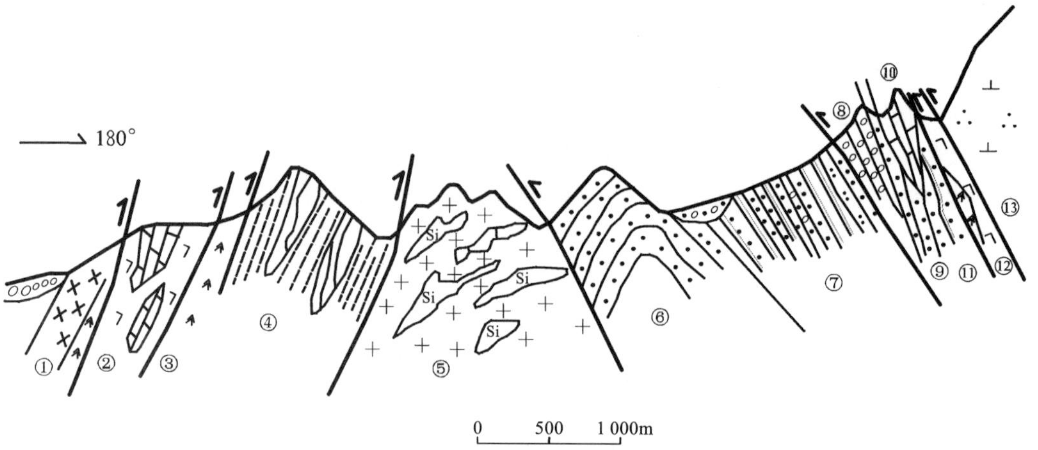

图 3-73 苏巴什南蛇绿构造混杂岩带剖面图

①强片理化蚀变辉长岩；②变玄武岩夹海百合茎灰岩；③蛇纹岩；④石榴黑云长英质糜棱岩(原岩为石榴黑云斜长片麻岩)；⑤细粒斜长花岗岩，含 30%的放射虫硅质岩，硅质灰岩捕虏体；⑥中层状砂岩；⑦砂岩、板岩、含砾砂岩构成韵律，砾石为同层中的板岩；⑧砾岩；⑨石英砂岩；⑩晚石炭世生物灰岩；⑪砂岩、板岩，同第⑦层；⑫强蚀变玄武岩夹碎裂蛇纹岩；⑬志留纪英云闪长岩

剖面中第①—③层蛇绿岩在剖面两侧含较多超基性岩和硅质岩块体，第⑤层斜长花岗岩仅见于剖面，向两侧很快为其他成分的蛇绿岩单元，第⑥、⑦层为硫磺达坂砂岩，属弧前复理石，第⑧层中的砾石主要是第⑬层岩体，磨圆很好，第⑨层石英砂岩成熟度很高，第⑩层为台地相灰岩块体，第⑪层为砂岩、板岩，第⑫层为蚀变玄武岩，显然第⑧—⑫层为蛇绿岩、增生楔复理石和稳定陆缘沉积物的构造混杂体。

苏巴什以西分隔北带和中带的较大型的陆块块体消失，两个带合为一个带，构造应力增强，则形成“砾岩状”混杂外貌，可以分出各种级别的“砾石”块体和胶结物，胶结物在北侧主要是硅质千枚岩(浅变质硅泥质沉积岩)，南部则主要是复理石。

南带蛇绿混杂岩带宽约 5km，在阿什库勒盆地东侧经加密路线填图，发现其由 4 大部分构成。北侧为蛇绿岩带，基本全由蛇纹岩、橄辉岩、辉长岩、玄武岩等不同岩性的蛇绿岩单元以韧性剪切带接触；中部为蛇绿构造混杂带，呈“砾岩状”特征，“砾石”为各种岩性单元的蛇绿岩、(放射虫)硅质岩、灰岩、深变质岩(双雁山片岩)等，大的数百米(图版Ⅲ，2)，小的仅数米，“胶结物”为极细粒的灰色、深灰色绢云石英千枚岩(原岩为远洋硅泥质沉积岩)；最南侧为构造混杂岩带，也具“砾岩状”，但蛇绿岩“砾石”极少，主要是灰岩，另有少量玄武岩和安山岩，“胶结物”为陆源碎屑复理石；第四种为夹于混杂岩带中部的较为完整的复理石楔(硫磺达坂砂岩)。带内构造变形极强，构造面倾向南，向北逆冲运动。

二、蛇绿岩和相关沉积岩的岩石学特征

(一)超基性岩类

1. 纯橄榄岩

仅见于阿什库勒盆地东部阿克苏河南侧，多在深绿色蛇纹岩中呈数米大小的块体。块状，粗粒，浅黄绿色。橄榄石含量大于 98%。

2. 蛇纹岩

为苏巴什蛇绿岩中超基性岩石的主要类型，已发现不同规模的蛇纹岩块体有 10 余处，均呈致密块状及角砾状，墨绿色，放大镜下显示很美的翠绿色，矿物成分以蚀变矿物蛇纹石为主，纤维状变晶结构，原岩主要为橄榄岩，根据蚀变程度即原岩的可恢复程度分为以下几种。

(1)蛇纹岩:岩石强烈蚀变,原岩特征已消失殆尽,蚀变矿物蛇纹石含量大于95%,其余为蚀变过程析出的磁铁矿和少量菱镁矿。

(2)滑石蛇纹岩:蛇纹石含量55%～60%,滑石大于25%,可见含量小于15%的菱镁矿及少量残留矿物辉石,析出矿物磁铁矿,其原岩可能是辉橄岩。

(3)蚀变斜辉辉橄岩:蛇纹石含量60%～80%不等,其次为绢石含量(20%～25%),残留矿物磁铁矿2%～3%,铬尖晶石少量,根据蛇纹石蚀变过程析出的磁铁矿为假六边形和纺缍形,原矿物为橄榄石;叶蛇纹石则保存了辉石的柱状外形,并残留辉石解理,一个叶蛇纹石代替一个斜方辉石,即成绢石。

(4)二辉橄榄岩:蛇纹石60%～70%,析出矿物磁铁矿沿原矿物边缘呈网格状分布,说明原矿物为橄榄石。绢石10%～15%,粗大单晶,原矿物为斜方辉石,仍保留斜方辉石的晶形特点。单斜辉石10%～15%,磁铁矿3%～5%,为蚀变过程的析出矿物,铬尖晶石少量。

3. 蚀变(橄榄)辉岩

黑色,纤状变晶结构,透闪石65%～70%,纤状,白云石20%～25%,绿泥石5%～8%,蛇纹石2%～3%。

4. 蚀变(橄)辉岩

灰黑及深绿色,块状、碎裂状(图版Ⅲ,2),经蚀变矿物成分变化较大,有以下几种。

(1)蛇纹岩:碎裂构造(图版Ⅲ,2),纤状变晶结构,粒径3～5mm,蛇纹石65%～70%,纤维状,磁铁矿2%～3%,从其蚀变过程析出的磁铁矿形态分析,原矿物为单斜辉石。绢石20%～30%,原矿物为斜方辉石,原岩为二辉岩。

(2)透闪岩:纤状变晶结构,透闪石65%～70%,纤状,白云石20%～25%,绿泥石5%～8%,蛇纹石2%～3%,原岩为辉石岩。

(3)强纤闪石化含长辉岩、辉岩:半自形粒状结构,含量40%,矿物粒径2～3mm,其余1～1.5mm。纤闪石70%～85%,单斜辉石5%～8%,无色,斜消光,大部分残留于纤闪石内部。斜长石0～15%,半自形短柱状,帘石化,个别可见复合双晶,可能为培长石,其他矿物有绿泥石2%～3%,黑云母、磁铁矿、磷灰石、黄铁矿、孔雀石少量。

(二)基性杂岩类

1. 辉长岩

深灰、灰黑色,块状,辉长结构及碎裂结构,矿物粒度0.3～2mm。矿物成分主要为斜长石40%～50%,纤闪石大于20%。纤闪石近于无色,为辉石的蚀变矿物,次要矿物有绿帘石、黝帘石、绿泥石等,均为蚀变矿物,常含磷灰石、榍石等副矿物,有时含30%～35%原生的棕色普通角闪石,岩性变为角闪辉长岩,偶见少量石英。

2. 辉绿辉长岩

深灰及灰绿色,块状,中粒辉绿辉长结构,粒度2～5mm,斜长石比辉石自形程度高。斜长石45%～50%,半自形柱状,少数近等轴状,钠长石律双晶清楚,An=66～68。纤闪石(原为单斜辉石)35%～40%,基本保留单斜辉石外形特点。次要矿物有单斜辉石5%～8%,无色,部分有角闪石反应边,黑云母3%～5%,石英2%～3%,角闪石、磁铁矿、褐铁矿、锆石、磷灰石等少量。

3. 辉绿岩(席)

苏巴什蛇绿岩基性岩石的主要类型,深灰及灰绿色,野外产状主要为似层状,即辉绿岩紧密共生,平行产出,单脉宽度一般20～30mm,两侧冷凝边宽度1～5mm,内部流动构造清楚,也有少量呈单脉状,侵入于玄武岩和相关沉积岩。辉绿岩多发生了同期自变质作用,形成斜长角闪岩。根据变质、蚀变程度可分为以下几种。

(1)蚀变辉绿岩：灰绿色，块状构造，辉绿结构，矿物粒度 0.6～1mm，少数 1.5mm，斜长石 60%～70%，纤闪石或次闪石 25%～30%，斜长石为板柱状，钠黝帘石化、泥化明显，少数可见双晶，三角形排列，之间充填辉石的蚀变矿物纤闪石。

(2)斜长角闪岩：深灰色，平行(变余流动)构造，粒状纤柱状变晶结构，粒度 0.15～0.5mm，斜长石和角闪石占矿物总量的 85%以上，但两者相对含量变化很大，另有少量绿泥石、石英、方解石、榍石、磁铁矿等。

(3)辉绿玢岩：斑状结构，斑晶 3～4mm，成分为单斜辉石 3%～5%，斜长石 2%～3%，晶体残缺不全。基质为辉绿结构，粒度 0.6～1mm，蚀变斜长石 55%～60%，单斜辉石 15%～20%，纤闪石 10%～15%，方解石、榍石、磁铁矿少量，个别粗大辉石中包含斜长石—包含结构。

(三)基性火山岩

苏巴什蛇绿岩的基性火山岩单元较发育，有 3 种岩石类型。

1. 蚀变玄武岩

斑状结构，斑晶主要为斜长石 5%～8%，个别见透辉石，粒度 1～2mm，斜长石为自形柱状，干净，聚片双晶，个别为环带状，透辉石为自形短柱状，无色，斜消光。基质为粗玄结构和交织结构，粒度 0.05～0.1mm，成分主要是斜长石 60%～65%，呈板条状微晶平行排列或杂乱分布，透辉石 20%～25%，夹于斜长石间，而辉石常蚀变成纤闪石、绿泥石、阳起石等矿物，磁铁矿少量。

2. 蚀变粗玄岩

绿色、灰绿色及深绿色，块状构造，粗玄结构，粒度 0.1～0.3mm，主要矿物为斜长石 50%～60%，暗色矿物有纤闪石(或次闪石)、绿泥石、绿帘石等，另有少量磁铁矿和次生方解石。少数具斑状结构，斑晶为斜长石 5%～8%，半自形柱状，因蚀变而显混浊，隐约显示钠长石律双晶，个别为卡氏巴双晶，基质具间隐结构。

3. 枕状玄武岩

深绿色，枕状，残余斑状结构，斑晶 0.3～1mm，含量 5%，为蛇绿石化橄榄石，保留其假象，半自形状。基质为帚状交织结构，微晶斜长石呈帚状和放射状，间填或夹玻璃质和绿泥石。可见方解石充填的杏仁体，直径 0.5mm。

(四)相关沉积岩

与苏巴什蛇绿岩相关的深水沉积岩石较发育，有以下几种。

1. 含放射虫硅质岩

透镜状及薄层状，多夹于石英千枚岩及玄武岩中，少数呈独立的构造块体，紫红色及灰黑色。块状构造，隐晶结构，隐晶石英 75%～80%，方解石 5%～8%，石英 1%～2%，放射虫 3%～5%，生物碎屑 1%～2%，泥质 3%～5%。

2. 含硅质泥板岩

深灰色，泥质结构，粒度小于 0.001mm，成分主要是泥质 80%，次为隐晶石英 15%～20%，石英少量。

3. 绢云石英千枚岩和绿泥石英千枚岩

灰及浅绿灰色，野外显示强烈的构造变形，千枚状构造，显微鳞片粒状变晶结构，粒度 0.03～0.1mm，绿泥石和绢云母总量 45%～50%，石英 45%～50%，长石 3%～5%，铁质少量。为硅泥质岩石强烈构造条件下的浅变质岩，泥质变成了绿泥石和绢云母，硅质结晶生成细、微晶石英。

4. 灰岩

深灰色，中薄层状，单层厚10～30cm，块状构造，粉晶结构，粒度0.02～0.05mm，方解石大于97%，石英和泥质少量。

三、岩石化学及地球化学特征

（一）岩石化学特征

苏巴什蛇绿岩的岩石化学和稀土元素分析结果见表3-28，微量元素分析结果见表3-29。

1. 超基性岩

在该混杂带中获得了6个超镁铁质岩石化学分析结果，变质橄榄岩的化学成分比较稳定（图3-74），其中SiO_2含量为37.72%～41.31%，具有高镁低铁，同时K_2O、Na_2O含量较高等特点，MgO/(MgO+FeOt)比值在0.81～0.86之间，其中001/2和007/1较高为0.86，其余均在0.81～0.83，显示了从方辉橄榄岩到二辉橄榄岩比值由高向低的演化趋势。FeO含量较高，为5.52%～7.85%，平均为7%。因而其MgO/(MgO+FeOt)比值偏低。另外，变质橄榄岩的Al_2O_3含量普遍较高，为1.24%～3.02%，平均为2.38%。同时，变质橄榄岩的TiO_2含量低，而K_2O、Na_2O含量稍高。由于岩石蚀变强烈，镜下鉴定都为蛇纹岩，其原岩类型难以恢复。在进行岩石化学分类的基础上，利用全岩化学分析结果计算的CIPW标准分子投图（图3-75），结果6个样品中4个落入方辉橄榄岩区，2个样品落入二辉橄榄岩区。

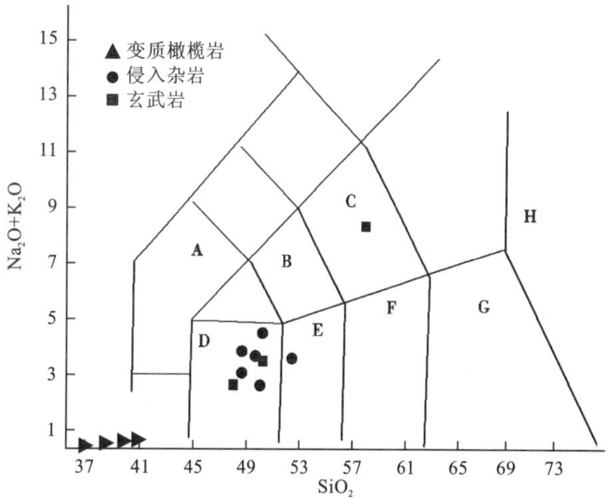

图3-74　苏巴什蛇绿岩TAS图解

A. 碱玄岩、碧玄岩；B. 玄武粗面安山岩；C. 粗面安山岩；D. 玄武岩；E. 玄武安山岩；F. 安山岩；G. 英安岩；H. 流纹岩

▲变质橄榄岩；●侵入杂岩；■玄武岩

因此，超基性岩的主要类型为方辉橄榄岩。根据其中橄榄石和斜方辉石为富镁的种属（Fo为93.6～100>91，En为93.7～100>90）以及与基性杂岩、玄武岩、深海沉积的放射虫硅质岩紧密共生的地质事实，认为该超基性岩为变质橄榄岩系列。

从表中的数据来看，其4个岩石的化学全分析结果列于表中，其特点是：SiO_2含量变化大，化学成分除D1433/2GS外相比基性杂岩更接近于大洋拉斑玄武岩，同时本区火山岩标准分子中除1个样品外，其余均含标准Q，属于SiO_2基本饱和的岩石；标准Or和标准Ab差异不大，说明岩石具高钾特征。

2. 基性杂岩

基性杂岩类成分也较稳定（图3-74），MgO/(MgO+FeOt)比值范围在0.34～0.63之间，平均0.45，与超基性岩相比，明显偏低。相比超镁铁质岩石，CaO、TiO_2、Al_2O_3及碱含量明显升高，FeOt含量略有增加，MgO显著减少。与大洋拉斑玄武岩比较，具有TiO_2低、K_2O高等特点。

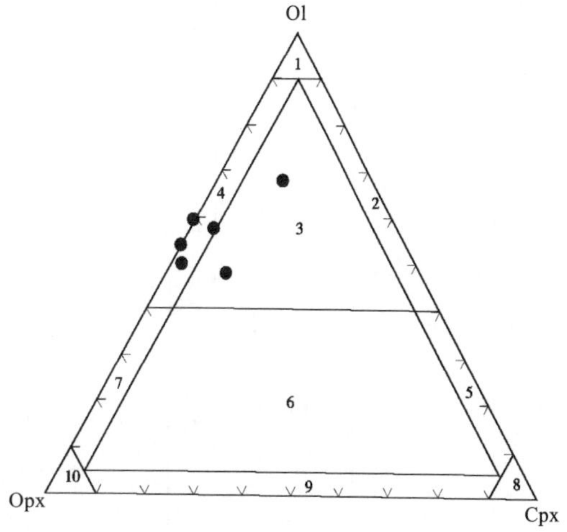

图3-75　超基性岩标准分子Ol-Opx-Cpx分类图解

1. 纯橄榄岩；2. 单辉橄榄岩；3. 二辉橄榄岩；4. 方辉橄榄岩；5. 橄榄单辉辉石岩；6. 橄榄二辉辉石岩；7. 橄榄方辉辉石岩；8. 单辉辉石岩；9. 二辉辉石岩；10. 方辉辉石岩

表 3-28 苏巴什蛇绿岩化学成分、CIPW 标准分子和稀土元素丰度表($\times10^{-6}$)

序号	1	2	3	4	5	6	7	8	9	10	11	12	13	14	15	16
样品号	D001/2	D007/1	D1033/2	DA/GS	D2118/1GS	D905/1GS	D1113/1GS	D1108/2GS	D1434/2GS	D4693/2GS	D008/1	D1038/1	D1433/2GS	D5157/1GS	D4702/1GS	D1081/3GS
SiO_2	41.31	39.11	39.28	41.85	40.68	37.72	50.41	50.00	48.80	48.98	52.49	50	58.15	50.40	48.25	50.27
TiO_2	0.084	0.037	0.065	0.07	0.12	0.04	1.33	0.59	1.24	0.49	0.92	0.67	0.39	1.35	1.82	0.89
Al_2O_3	3.02	2.27	2.48	2.41	2.87	1.24	17.17	15.71	12.52	15.30	14.09	16.71	20.39	16.10	15.59	13.72
Fe_2O_3	2.95	4.57	6.21	3.36	6.76	4.82	4.99	4.95	5.18	3.76	2.17	1.81	1.71	5.04	5.51	2.47
FeO	2.87	2.1	1.7	4.39	1.77	3.33	3.29	5.30	7.53	3.22	7.14	7.12	2.44	5.23	6.59	8.79
CaO	2.4	0.3	0.3	3.61	1.87	3.40	8.78	10.09	11.37	9.53	9.9	11.7	4.77	9.88	12.24	7.06
MgO	35.08	37.31	36.87	32.29	33.83	35.62	7.90	8.36	6.30	11.24	7.98	7.19	1.17	7.90	4.71	8.09
K_2O	0.2	0.2	0.13	0.09	0.09	0.04	1.64	0.94	0.12	0.96	0.25	0.6	5.28	0.91	0.28	0.22
Na_2O	0.1	0.1	0.04	0.16	0.22	0.13	2.88	2.69	2.89	2.94	3.35	2	3.02	2.55	2.29	3.17
MnO	0.088	0.082	0.06	0.10	0.12	0.08	0.15	0.20	0.27	0.14	0.18	0.19	0.13	0.18	0.24	0.12
P_2O_5	0.012	0.012	0.011	0.07	0.08	0.14	0.22	0.14	0.15	0.16	0.052	0.064	0.22	0.26	0.55	0.15
H_2O^+	2.52	4.13	10.62								0.75	0.31				
H_2O^-	0.19	0.19	0.35								0.01	0.04				
烧失量	12	13.58	12.47	11.72	11.38	13.31	1.22	0.94	3.70	2.89	1.04	0.87	2.39	0.30	2.21	4.76
总合	100.4	99.9	99.8	100.13	99.78	99.87	99.98	99.91	100.07	99.62	100.4	99.71	100.04	100.09	100.28	99.70
FeOt	5.52	6.21	7.29	7.41	7.85	7.67	7.78		12.19	6.60	9.09	8.75	3.98	9.76	11.55	11.01
M/M+F	0.86	0.86	0.83	0.81	0.81	0.82	0.50	0.49	0.34	0.63	0.47	0.45	0.23	0.45	0.29	0.42
Q							0.16		2.07		0.09	0.43	7.95	1.98	5.46	
Or	1.34	1.37	0.88	0.6	0.6		9.82	5.62	0.74	5.87	1.50	3.62	31.98	5.39	1.69	5.62
Ab	0.96	0.98	0.36	1.53	2.1		24.65	22.97	25.35	25.69	28.74	17.24	26.13	21.59	19.74	22.97
An	8.16	1.65	1.63	6.32	7.43		29.40	28.27	21.59	26.55	22.98	35.49	22.92	29.81	32.01	28.27
Di-Wo	2.2			5.63	1.06	6.45	5.6	8.98	15.05	8.93	11.1	9.75		7.43	11.12	8.98
En	1.85			4.62	0.91	5.46	4.83	6.54	9.73	7.25	6.91	5.77		5.64	7.26	6.54
Fs	0.06			0.31		0.14		1.58	4.75	0.58	3.50	3.47		1.01	3.07	1.58
Hy-En	30.99	35.3	39.33	31.86	38.17	15.52	15.17	12.53	6.97	4.9	13.34	12.56	2.99	14.15	4.75	12.53
Fs	1.01	0.06		2.11		0.39		3.02	3.54	0.39	6.76	7.55	2.72	2.53	2.01	3.02

续表 3 - 28

序号	1	2	3	4	5	6	7	8	9	10	11	12	13	14	15	16
样品号	D001/2	D007/1	D1033/2	DA/GS	D2118/1GS	D905/1GS	D1113/1GS	D1108/2GS	D1434/2GS	D4693/2GS	D008/1	D1038/1	D1433/2GS	D5157/1GS	D4702/1GS	D1081/3GS
Ol - Fo	46.68	51.13	46.51	38.39	39.61	57.33		1.43		11.83						1.43
Fa	1.68	0.1		2.81		1.57		0.38		1.05						0.38
Mt	4.85	7.70	6.29	5.51	6.50	8.07	7.33	7.25	7.79	5.64	3.19	2.68	2.54	7.32	8.15	3.77
Ol	48.36	51.23	46.51	41.2	39.61	58.9										
Opx	32	35.36	39.33	33.79	38.17	15.91										
Cpx	4.11			10.56	1.97	12.05										
La	5.360		36.340	4.476	2.887	3.696	27.408	5.994	3.609	2.447	8.31	53.480	87.147	18.109		9.946
Ce	8.470		53.780	8.612	4.954	7.331	69.483	15.860	9.556	6.354	14.8	87.650	141.084	37.244		19.761
Pr	0.840		6.280	2.096	5.734	1.592	9.905	2.571	2.533	0.838	1.97	10.290	15.18	6.418		4.527
Nd	3.200		21.030	4.874	1.832	7.360	41.380	11.930	9.815	4.069	8.09	40.030	51.59	23.58		14.41
Sm	0.760		4.490	0.714	0.491	0.595	6.508	2.236	3.319	1.384	2.19	7.970	9.448	4.824		3.296
Eu	0.180		0.650	0.667	0.117	0.144	2.111	0.693	1.292	0.512	0.69	2.140	2.741	1.436		1.611
Gd	0.670		4.740	0.593	0.567	0.535	7.167	2.483	4.449	1.382	2.19	8.070	8.933	5.293		3.856
Tb	0.120		0.730	0.096	0.109	0.078	1.066	0.452	0.936	0.313	0.43	1.040	1.125	0.922		0.691
Dy	0.800		4.560	0.568	0.692	0.423	6.363	2.942	6.804	2.178	2.76	6.120	5.527	5.483		4.495
Ho	0.170		1.030	0.109	0.145	0.075	1.254	0.620	1.488	0.460	0.63	1.250	1.033	1.167		0.922
Er	0.460		3.040	0.325	0.447	0.232	3.744	1.859	4.295	1.326	1.75	3.440	3.234	3.115		2.648
Tm	0.080		0.590	0.043	0.072	0.031	0.518	0.282	0.645	0.203	0.32	0.620	0.413	0.44		0.372
Yb	0.480		3.660	0.421	0.593	0.332	3.404	2.014	4.322	1.422	1.81	3.410	2.519	2.743		2.525
Lu	0.090		0.670	0.044	0.079	0.032	0.494	0.299	0.655	0.194	0.33	0.610	0.321	0.395		0.339
ΣREE	21.680		141.590	23.638	18.719	22.456	180.81	50.24	53.72	23.08	46.27	226.12	330.295	111.7		69.399
$(La/Yb)_n$	7.34		6.54	7.01	3.21	7.35	5.3	1.96	0.55	1.13	3.03	10.33	22.79	4.35		2.59
δEu																
岩石	蛇纹岩	蛇纹岩	蛇纹岩	蛇纹岩	蛇纹岩	蛇纹岩	辉长岩	辉长岩	斜长角闪岩	辉石岩	辉绿岩	辉长辉绿岩	粗安岩	玄武岩	玄武岩	玄武岩
产地	苏巴什	苏巴什	苏巴什	再依勒克			撒克斯库勒		苏巴什		苏巴什		苏巴什			撒克斯库勒
						超基性岩			基性杂岩				玄武岩			

注:(1)M/M+F是MgO/(MgO+FeOt),FeOt是全FeO,Ol是橄榄石,Opx是斜方辉石,Cpx是单斜辉石;(2)主量元素采用溶剂法测定(陕西地矿局实验室);稀土元素采用ICP法测定(北京大学地质系分析室)

表 3-29　苏巴什结合带蛇绿岩微量元素含量特征一览表

序号	元素含量($\times10^{-6}$)																			
	Sr	Rb	Ba	Th	Ta	Nb	Zr	Hf	Sc	Cr	Co	Ni	V	Ga	U	Ag	Cu	Pb	Zn	P	Sn	Cd
1	66.72	10.57	18.22	0.39	0.05	7.91	8.37	0.09	10.04	1 936	76.08	2 381	160.6	1.44	0.24	0.03	26.41	7.31	115.4	283.1	3.47	0.05
2	63.40	33.90	66.09	1.35	0.42	8.94	17.35	0.61	17.43	3.63	34.53	16.93	369.7	7.72	0.35	0.03	2.95	6.18	60.11	36.58	1.20	0.08
3	101.0	14.65	80.28	1.03	0.15	5.09	19.30	0.56	16.10	8.33	28.86	10.09	405.9	10.29	0.18	0.02	7.04	7.56	50.89	125.9	1.12	0.05
4	25.76	9.20	41.24	0.80	0.08	3.91	11.86	0.08	7.50	463.8	59.72	906.5	75.61	1.34	0.11	0.02	3.81	6.77	50.50	29.18	0.43	0.02
5	211.2	15.05	172.1	1.94	0.72	14.44	27.57	1.02	12.79	24.14	27.41	10.29	239.7	5.64	0.47	0.02	5.32	5.78	62.07	33.10	1.44	0.09
6	68.25	14.64	31.33	0.61	0.05	6.97	11.79	0.12	11.47	639.8	77.73	1 000	97.59	3.00	0.36	0.03	14.80	7.78	111.7	59.23	3.22	0.06
7	23.63	18.12	40.61	1.09	0.09	10.84	26.22	0.40	14.78	662.7	73.82	957.1	128.6	3.90	0.31	0.02	9.63	12.96	78.75	65.32	1.76	0.03
8	143.4	18.33	41.75	0.27	0.17	9.66	34.32	0.80	19.41	120.0	50.31	66.83	198.6	7.73	0.19	0.02	140.4	7.66	91.71	99.29	0.84	0.08
9	606.4	45.02	166.5	3.68	1.31	20.16	46.85	1.70	23.53	203.8	28.98	93.61	236.3	17.07	1.48	0.03	46.23	23.30	105.3	1 370	2.99	0.06
10	1 150	101.4	961.2	14.27	0.94	18.45	53.41	1.22	9.10	60.47	20.93	42.88	80.56	13.46	2.81	0.02	32.08	25.89	522.6	1 370	3.56	0.06
11	198.6	13.40	60.00	0.74	0.24	8.48	24.06	0.89	33.31	41.24	48.83	42.10	393.5	11.71	0.39	0.03	63.71	8.93	87.39	135.4	9.31	0.12
12	126.6	18.73	50.37	0.77	0.27	21.25	36.01	0.74	33.31	74.14	39.33	55.33	409.2	9.75	0.22	0.01	20.40	8.56	85.43	152.9	1.21	0.03
13	133.3	31.21	91.95	0.61	0.96	21.09	40.80	1.30	34.63	47.93	47.29	32.90	566.2	16.44	0.95	0.01	14.80	8.36	120.4	194.2	1.81	0.08
14	209.1	39.47	37.19	1.08	0.16	12.66	32.39	1.02	45.88	83.44	42.26	48.24	308.2	7.85	0.33	0.02	20.83	5.42	107.4	163.7	3.69	0.07
15	843.3	18.29	41.35	1.58	0.07	12.30	15.95	0.21	12.48	29.95	14.74	11.83	399.7	18.46	0.32	0.02	40.69	12.20	28.35	664.1	0.92	0.02
16	91.00	48.36	24.98	1.26	0.30	10.32	22.04	0.57	52.39	250.2	38.57	121.9	235.1	13.58	0.42	0.02	40.45	9.33	114.4	1 010	4.02	0.06
17	1 094	170.6	261.8	12.90	1.51	31.94	45.56	0.97	8.32	32.83	6.90	12.28	84.62	4.07	3.03	0.02	24.15	22.41	86.82	1 337	5.58	0.08
18	977.6	127.3	993.8	16.57	0.44	19.71	44.21	1.14	10.92	41.87	29.29	26.03	84.17	33.48	3.22	0.02	48.65	59.79	63.32	1 313	2.50	0.07
19	772.6	48.88	681.3	12.54	0.46	13.04	14.61	0.23	32.76	135.7	66.34	65.92	323.4	65.23	3.06	0.01	166.3	69.24	69.18	2 049	1.95	0.05
20	205.7	11.58	101.7	6.29	0.49	9.50	94.43	2.75	19.31	270.5	22.36	166.2	161.4	10.89	0.46	0.03	39.84	3.71	90.18	1 104	1.59	0.07
21	276.3	34.38	47.32	3.16	0.42	17.77	48.62	1.37	29.59	238.5	49.35	112.7	269.5	22.21	0.34	0.01	46.34	16.76	98.63	1 441	2.55	0.06

注:(1)序号 1—6 变质橄榄岩分别为:D905/1 、D1431/4G 辉长质碎裂岩、D1431/5G 透闪石岩、D1431/6G 碎裂蛇纹岩、DA/GS 辉石橄榄岩、D2118/1 辉石岩;7—14 基性杂岩分别为:D1434/3G 角闪石岩、D4693/2G 蚀变辉橄岩、D1113/1 辉长岩、D1113/2 闪长岩、D1434/2 斜长角闪岩、2086/2XT. G 蚀变辉绿岩、2103/1XT. G 辉长岩、D1108/2 辉长岩;序号 15—21 玄武岩分别为:D4702/1GS. G、D1081/3 安山玄武岩、D1433/2 变英安岩(可能为 Pz1)、D1433/1G、D1433/3G、D841/1G 枕状玄武岩、D5157/1 玄武岩;(2)样品由北京大学地质系实验室采用 ICP 法测定

3. 火山岩

火山岩或因原岩含有大量的火山玻璃，或因热水蚀变、区域变质作用的影响其原始矿物成分无法定量测得。因此，在确定火山岩名称时主要以化学成分为基础，同时结合 CIPW 标准分子来确定。从岩石分类投影图上(图 3－74)看，3 个为玄武岩，1 个落入粗安岩类区。

(二)稀土元素特征

苏巴什蛇绿岩的稀土元素分析结果见表 3－28，如表中所示，该套蛇绿岩稀土总量较经典的 N－MORB 型蛇绿岩偏高，其中超镁铁质岩石 ∑REE 主要在 18.719～23.638ppm 之间，另有一个样品高达 141。基性岩可分为两个类型，多数在 23～53ppm 之间，两个样品分别高达 180.81ppm 和 226.12ppm。基性火山岩的稀土总量差别大，在 69.399～330.295ppm 之间。以 E－MORB 标准化的稀土配分模式见图 3－76 中左图，可以看出，超镁铁质岩石位于图最下部，其轻、重稀土均略有亏损，轻、重稀土分馏也不明显，除一个样品显示 Eu 为正异常之外，其余略显负异常；基性杂岩基本位于橄榄岩之上，少部分与之重叠，相对 E－MORB 大部分显示为一平直线，说明轻重稀土分馏不明显，稀土总量或略有亏损或略有富集，少数样品轻、重稀土明显富集，也显示一定的轻重稀土分馏特征，所有样品均无 Eu 的异常出现。

基性杂岩的稀土总量差异不明显，反映其没有经历充分的分离结晶作用，这与野外基性杂岩的主体为块状辉长岩、缺少典型的层状辉长岩的事实相符合，同时无 Eu 异常反映富 Eu 的相(斜长石)和耗损 Eu 的相(辉石)按共结比结晶形成。火山岩的稀土分配形式与基性杂岩具有共性，也可分为两种，只是较前者稀土总量更高，后一种类型的轻重稀土分馏也更加明显，也无 Eu 的异常出现。蛇绿岩的以上稀土特点反映，该套蛇绿岩来源于富集型地幔，与常量元素特征相吻合。

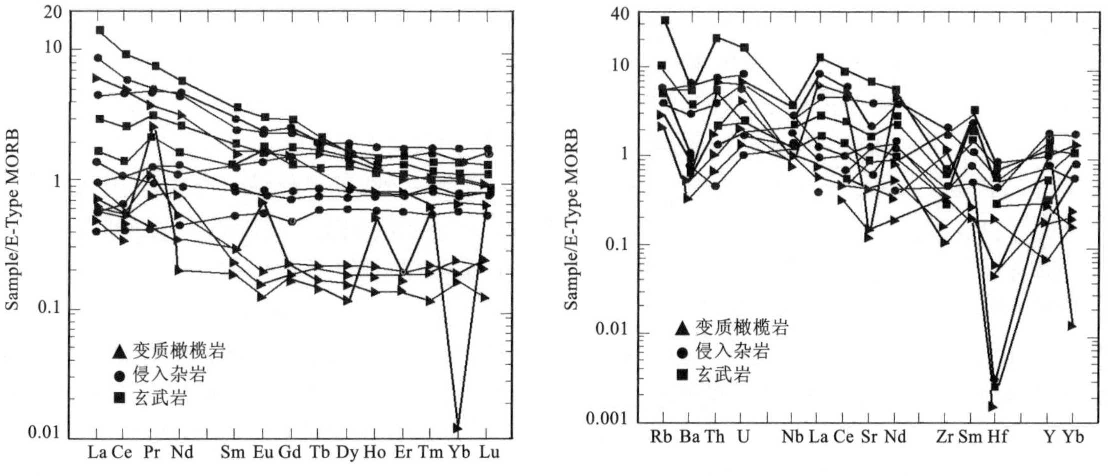

图 3－76　苏巴什蛇绿岩稀土配分模式图(左图)、微量元素蛛网图(右图)

▲变质橄榄岩；■玄武岩；●基性杂岩，标准样为富集型地幔

(三)微量元素特征

稀土元素特征指示，该蛇绿岩岩浆源区为富集型地幔，因此选择富集型地幔作为该蛇绿岩微量元素的标准化值，其微量元素蛛网图见图 3－76 右图。可以看出，橄榄岩-基性杂岩-玄武岩在图上的位置总体上是由下向上排列的，其中变质橄榄岩中大离子亲石元素(Rb、Ba、Th、U)基本无富集、亏损现象，高场强元素 Nb、Ce、Sm 略具亏损，其他元素均不同程度亏损，总体为一向右缓倾曲线。基性杂岩中大部分为一平坦型曲线，所有元素或略有富集或略有亏损，只有两个样品相对富集大离子亲石元素和高场强元素，呈右倾曲线。玄武岩中 4 个样品微量元素总量差别较大，但是均呈右倾曲线，相对而言更加富集大离子亲石元素和高场强元素。以上微量元素特征可提供两个方面的信息：其一，高的微量元素总量和相似的微量元素组成暗示三者有内在的成因关系，来源于富集地幔，另外变质橄榄岩与基性杂岩以及玄武岩的微量元素在

蛛网图上比较接近说明熔融程度低;其二,基性杂岩的微量元素非常接近并且多数为平坦型曲线反映原始岩浆基本没有经历结晶分离作用。这一结果与稀土元素反映的信息不谋而合。

总之,该蛇绿岩的地球化学特征与典型的 N-MORB 型蛇绿岩差异悬殊,而属于 E-MORB 型,源于富集地幔。以此蛇绿岩带为中心向南北两侧均有时空特征配套关系明确的沟-弧-盆体系,说明苏巴什蛇绿岩代表了一个有相当规模的洋盆。

(四)苏巴什蛇绿岩的时代

本次 1∶25 万区调首次在与蛇绿岩相关的沉积硅质岩、硅质灰岩中采获大量放射虫化石(由中国地质科学院王乃文等鉴定),从而解决了苏巴什蛇绿岩的时代问题。苏巴什东约 2km 处(北带)采获放射虫:*Albaillella asymmetrica* Ishiga and Imoto, *Albaillella* sp., *Follicucullus scholasticus*, *Pseudoalbaillella elongata* Ishiga and Imoto, *Pseudoalbaillella* sp.,时代为中二叠世。苏巴什南约 3km 处(中带)采获放射虫:*Albaillella* cf. *cartalla* Oymiston,*A. deflandrei* Gouymelon,*A. paradoxa* Deflandrei, *Albaillella* sp.,*Scharfenbergia* cf. *plenospongiosa* Won,时代为早石炭世。在硅质灰岩及所夹硅质岩中采获大量放射虫:*Albaillella* cf. *brushensis* Cheng, *A.* cf. *macrocephalata* Cheng, *A.* aff. *nigriniae* Cheng, *A. procera* Cheng, *A.* cf. *spinosa* Cheng,*A. tumida* Cheng,*A.* cf. *tumida* Cheng,*A. unusalata*,*Albaillella* sp.,*Astroentactinia*? sp., *Callella* sp., *Pseudoalbaillella* aff. *annulata*,*P. nodosa* Ishiga,*P.* cf. *uforma* Holdsworth and Jones,*Pseudoalbaillella* sp., *Spongentactinella* sp.,*Srakaeopshera*? sp.,时代为晚石炭世切斯特—莫若望期,含六射海绵骨针 *Sponge spicul*,反映其为半深海沉积环境。在阿什库勒盆地东南侧阿克苏河南蛇绿混杂岩带硅质岩中(南带)采获放射虫,时代为早二叠世。

这些化石明确说明了苏巴什蛇绿岩的时代为石炭纪—中二叠世。此外,在苏巴什南侧蛇绿混杂岩带(中带)中的浅灰白色台地相生物灰岩、礁灰岩混入块体中见珊瑚:*Arachnolasma sinensis* (Yabe et Hayasaka), *Gangamophyllum hammiensis yamansuense*, *Neoclisiophyllum* sp., *Lithostrotion portilocki* (Bronn),*Arachnolasma sinensis* (Yabe et Hayasaka),*Caninia* sp.;腕足类:*Gigantoproductus tilensis* var. *kasakstanensis* Andr 等化石,时代均为早石炭世晚期。这同时也说明了苏巴什蛇绿岩所代表的洋盆在二叠纪开始发生俯冲消减,中二叠世末两侧陆块发生碰撞,洋盆消失。

与蛇绿岩中放射虫和混入块体所反映的地质时代、过程非常一致,苏巴什蛇绿混杂岩带(大混杂)中的大型陆壳型碎块(陆岛)上的沉积盖层也为石炭纪—中二叠世,地层沉积特征反映石炭纪为扩张机制,二叠纪转入收缩背景,中二叠世晚期在陆岛上出现了岛弧型火山岩(详见第二章第四节)。

问题似乎并非如此简单,在苏巴什蛇绿混杂岩带北侧出露的震旦纪柳什塔格玄武岩,具典型洋岛玄武岩特点,地球化学特征与早古生代其曼于特蛇绿岩相似(详见第二章),而较大的陆岛上有规模不大的两个早志留世俯冲型石英闪长岩、英云闪长岩体(详见第三章第一节),这说明苏巴什洋的历史要下延到与其曼于特洋同时的震旦纪—早古生代,早古生代中期开始的俯冲、消减在该洋盆也有反映,但洋壳可能没有消失(未见早古生代的任何碰撞记录),晚古生代主要是石炭纪的再次扩张在残留原特提斯洋的基础上产生了古特提斯洋。

第四章　变质岩

图区变质岩分布较少，除前寒武纪变质地层外，其余地层均为浅变质或未变质地层。主要岩石类型为区域变质岩，其次为少量动力变质岩和接触变质岩。区域变质岩主要分布在苏巴什地层分区的古元古界双雁山片岩(Pt_1s)、石炭系塔斯坎萨依组(C_1t)，二叠系卡拉孔木组(P_2K)、再依勒克组($P_{1-2}z$)和羌塘地层分区长城系浅粒岩组(Ch^{lnt})，二叠系卡拉勒塔什岩群(PK)、黄羊岭岩群(PH)，三叠系巴颜喀拉山群(T_3B)中，少量分布在昆南地层分区的蓟县系阿拉玛斯岩群(JxA)中。动力变质岩主要分布在苏巴什缝合带和断层带中。区域变质岩的主要变质期为晋宁期和印支期。

变质岩分类命名及变质相、变质相系划分依据部直管局《变质岩区 1∶5 万区域地质填图方法指南》(1991)和贺东兴等《变质岩石学》(1980)提出的方案进行。

第一节　区域变质岩

图区区域变质岩包括变质沉积岩和变质火山岩两大类，依据变质变形程度可划分为低级变质岩和中、高级变质岩两类。进一步根据主要岩石结构构造和矿物特征划分岩石类型，其岩石学、岩石地球化学特征和原岩建造等方面均各具特色。其中低级变质岩类在图区分布不均匀，多呈条带状分布，其原因可能与后期构造活动有关。依据原岩不同可划分为两类，即泥质—长英质岩类和基性火山岩类，其中基性火山岩类岩石学特征见“第五章火山岩”部分。它们主要不均匀地分布在苏巴什地层分区的石炭系塔斯坎萨依组，羌塘地层分区的卡拉勒塔什岩群、黄羊岭岩群以及三叠系巴颜喀拉山群中。岩石大部分变质变形较弱，变质达低绿片岩相的片岩、千枚岩、板岩、变砂岩等。中、高级变质岩类依据原岩建造不同可划分为三类：①泥质—长英质岩类；②基性火山岩类；③碳酸盐岩类。主要分布在羌塘地层分区的古元古界双雁山片岩、长城系浅粒岩组中，少量分布在昆南地层的蓟县系阿拉玛斯岩群中。岩石变质变形较强烈，变质达高绿片岩相—角闪岩相的片岩、片麻岩、粒岩类、斜长角闪岩及大理岩类等。

本节除岩石类型及变质作用类型进行论述外，还对其原岩恢复、形成构造环境进行了分析探讨。

一、低级变质岩类

低级变质岩依据岩石特征和共生岩石组合能准确地恢复其原岩，可分变质火山岩和变质沉积岩，变质火山岩见第三章第二节，变质沉积岩有片岩、千枚岩、板岩、变砂岩等，岩石特征如下。

(一)片岩类

该岩石类型主要分布在苏巴什地层分区的双雁山片岩和羌塘地层分区的浅粒岩组中，黄羊岭岩群中有少量分布。现将各类岩石的岩石学特征列述如下。

1. 斜长二云石英片岩

岩石为浅灰色，鳞片粒状变晶结构，片状构造。主要矿物：石英 55%左右，斜长石 15%左右；次要矿物：黑云母 15%～20%，白云母 5%～8%，矽线石 1%左右。副矿物主要有少量磷灰石等。岩石中石英、长石呈等轴变晶粒状，粒径大小为 0.2～0.3mm，分布较均匀；新生矿物为黑云母和白云母鳞片，平行相间排列。

2. 绢云石英片岩

岩石为浅灰色，显微鳞片粒状变晶结构，片状构造。主要矿物：石英 65%～70%，绢云母 25%～30%；

次要矿物：白云石 1%～2%，铁质 1%～2%。副矿物主要有电气石、锆石等。岩石中石英呈等轴变晶粒状，与绢云母鳞片各自呈条纹状聚集相间平行排列，形成显微片状构造。

3. 二云钙质石英片岩

岩石为灰色，显微鳞片粒状变晶结构，片状构造。主要矿物：方解石 25%～30%，石英 40%～45%，白云母 15%～20%；次要矿物：黑云母 8%～10%。副矿物主要有磁铁矿等。岩石中石英呈变晶粒状，所含方解石也变晶加大，粒径大小为 0.1～0.15mm，少数可达 2～3mm，平行定向分布。

4. 绿泥白云钠长片岩

岩石为浅灰绿色，鳞片粒状变晶结构，片状构造。主要矿物：钠更长石 35%～40%，石英 25%～30%，白云母 15%～20%，绿泥石 10%～15%；次要矿物：绿帘石 3%左右，方解石 1%～2%，磁铁矿 1%～2%。岩石中长英质矿物呈等轴变晶粒状，粒径大小为 0.1～0.15mm，平行定向排列；新生矿物为白云母和绿泥石鳞片，混合在一起呈条纹聚集平行相间排列。

5. 绿泥云母长英质片岩

岩石为灰绿色，显微鳞片粒状变晶结构，片状构造。主要矿物：石英 45%左右，斜长石 10%～15%，绿泥石＋白云母 35%～40%；次要矿物：方解石 2%～3%。副矿物主要有磁铁矿、电气石等。岩石中石英呈变晶粒状，斜长石多蚀变绢云母，粒径大小为 0.1～0.15mm；新生矿物绿泥石和白云母混合在一起，平行定向排列。

（二）千枚岩、板岩类

该岩石类型主要分布在羌塘地层分区的塔斯坎萨依组砂岩段、黄羊岭岩群、巴颜喀拉山群中（图版Ⅳ，5；图版Ⅳ，6），少量分布在卡拉孔木组、卡拉勒塔什岩群及硫磺达坂砂岩组中。现将各类岩石的岩石学特征列述如下。

1. 绢云石英千枚岩

岩石为浅灰色，鳞片粒状变晶结构，千枚状构造。主要矿物：石英 45%左右，绢云母 35%～40%，黑云母 5%～10%，绿泥石 3%左右；次要矿物：斜长石 3%～5%，磁铁矿 1%左右。岩石中的石英粉砂呈变晶粒状，大小为 0.05～0.1mm，新生矿物绢云母、黑云母和少量绿泥石等鳞片，明显平行定向排列。

2. 云母石英千枚岩

岩石为灰色，显微鳞片粒状变晶结构，千枚状构造。主要矿物：石英 50%左右，黑云母 10%～15%，绢云母＋绿泥石 35%～40%。岩石中粘土矿物已重结晶形成绢云母、黑云母和绿泥石等鳞片，原石英粉砂已重结晶为粒状变晶，且有拉长现象，粒径大小为 0.06～0.12mm。

3. 绢云板岩

岩石为浅灰色，显微鳞片变晶结构，板状构造。主要矿物：绢云母＋粘土矿物 95%左右；次要矿物：石英 2%～3%，绿泥石 1%～2%。岩石中粘土矿物发生明显变质重结晶作用，绝大部分生成绢云母鳞片，平行定向排列明显。

4. 粉砂质板岩

岩石为灰色，变余粉砂显微鳞片变晶结构，板状构造。主要矿物：绢云母＋粘土矿物 65%左右，石英 25%～30%；次要矿物：绿泥石 2%～3%，炭质 1%～2%，磁铁矿 1%左右。岩石中原粘土矿物仅部分发生重结晶，生成绢云母鳞片，其石英粉砂稍显重结晶，呈变晶粉粒状，大小为 0.03～0.06mm，在岩石中分布不均匀。

5. 硅质钙质泥板岩

岩石为灰色，隐晶泥质结构，板状构造。主要矿物：泥质成分 35%～40%，方解石 35%～30%，隐晶石英 20%～25%；次要矿物：放射虫 1%左右，生物碎屑 2%～3%，石英 1%左右。岩石中泥质成分重结晶不明显，呈泥质质点，方解石和隐晶石英一起均匀分布在岩石中，粒径小于 0.001mm 。

6. 硅质泥板岩

岩石为深灰色，泥质结构，板状构造、定向构造。主要矿物：泥质成分 80%左右；次要矿物：隐晶石英 15%～20%，石英 1%左右。岩石中泥质矿物重结晶极不明显，混入的隐晶石英粒径小于 0.01mm，大致定向分布。

7. 粉砂绢云板岩

岩石为浅灰色，变余粉砂显微鳞片变晶结构，板状构造。主要矿物：绢云母＋绿泥石 60%～65%，石英 25%～30%；次要矿物：白云石＋方解石 5%～10%。岩石中石英粉砂呈变晶粒状，粒径大小为 0.03～0.1mm，均匀分布；新生矿物绢云母和少量绿泥石呈鳞片状分布。岩石中由于剪切作用，早期面理 S_0 被晚期构造面理 S_1 置换，即形成"W"型置换形式。

8. 砂质绢云板岩

岩石为灰色，变余砂质显微鳞片变晶结构，板状构造。主要矿物：绢云母 50%～55%，石英 20%～25%，斜长石＋钾长石 10%～15%，硅质岩屑 5%～8%，泥质板岩屑 2%～3%；次要矿物：绿泥石 1%～2%。岩石中粘土矿物已变质重结晶生成绢云母鳞片，平行定向排列明显；原砂屑成分有石英、长石和少量岩屑经变质呈粒状，棱角不清，显示拉长现象，长径大小为 0.06～0.2mm，较均匀分布在鳞片之间，形成板状构造。

9. 含钙粉砂绢云板岩

岩石为浅灰色，含粉砂显微鳞片变晶结构，板状构造。主要矿物：粉砂成分石英 70%～75%，斜长石 5%左右，硅质岩屑 3%左右；填隙物成分：粘土矿物 10%～15%左右，方解石 1%～2%，隐晶石英 3%～5%。副矿物主要有锆石等。岩石中粘土矿物发生变质重结晶，生成大量的绢云母鳞片，均匀分布，平行定向排列明显。石英粉砂粒径为 0.03～0.1mm，均匀分布于鳞片矿物之间。

10. 斑点状粉砂质绢云板岩

岩石为灰色，变余粉砂显微鳞片变晶结构，板状构造、斑点状构造。主要矿物：绢云母 55%～60%，石英 20%～30%；次要矿物：铁质 2%～3%，斑点成分由铁质和少量方解石聚集形成，占 5%左右。岩石中粘土矿物和石英粉砂发生明显的变质变晶作用，使粘土矿物变晶生成绢云母鳞片，石英变质重结晶生成变晶粒状，大小为 0.03～0.06mm，均匀分布，平行定向排列明显。岩石中斑点呈椭圆形，大小为 1.5～3mm。

11. 粉砂泥板岩

岩石为深灰色，粉砂泥质结构，板状构造。主要矿物：粘土矿物＋绢云母 70%～75%，石英 25%～30%。岩石中粘土矿物部分变为绢云母极细鳞片，石英粉砂粒径为 0.01～0.03mm，两者与大部分粘土矿物均匀定向分布。

12. 含粉砂粘土板岩

岩石为灰色，含粉砂泥质结构，定向构造、板状构造。主要矿物：粘土矿物 75%左右，石英 15%～20%，绢云母 2%～3%；次要矿物：斜长石 3%左右。副矿物主要有锆石等。岩石中粘土矿物发生轻微变质作用，使其矿物粒度有所增大，显示显微鳞片状特点，且平行定向排列；石英及斜长石粉砂不均匀散布于粘土矿物中，粒径大小为0.03～0.06mm。

13. 粘土板岩

岩石为深灰色，显微鳞片变晶结构，板状构造。主要矿物：粘土矿物＋绢云母85%～90%；次要矿物：石英2%～3%，长石3%～5%，方解石2%～3%。岩石中泥质成分多重结晶为粘土矿物及少量绢云母鳞片，由于固结和应力作用，矿物平行定向分布，形成板状特点。

14. 绢云绿泥硅质板岩

岩石为灰色，变余隐晶显微鳞片变晶结构，显微皱纹及板状构造。主要矿物：隐晶石英40%～45%，绢云母25%左右，绿泥石25%～30%；次要矿物：方解石3%～5%。岩石中的隐晶石英发生变晶作用，使粒径变为0.001～0.01mm，在粒间出现变质新生矿物绢云母和绿泥石鳞片，平行定向分布。

15. 含粉砂绢云板岩

岩石为灰色，变余粉砂显微鳞片变晶结构，板状构造。主要矿物：绢云母85%左右，石英10%～15%；次要矿物：白云母1%～2%，磁铁矿1%左右。岩石中粘土矿物全形成绢云母鳞片，其石英粉砂也重结晶生成变晶粒状，大小为0.06～0.1mm，鳞片矿物平行定向排列形成先期的板劈理面构造，晚期应变滑劈理S_1与先期板劈理S_0截切或斜切。

16. 含粉砂绢云绿泥板岩

岩石为浅灰绿色，变余粉砂显微鳞片变晶结构，板状构造。主要矿物：绿泥石＋绢云母75%～80%；次要矿物：炭质成分5%～8%，石英10%～15%。副矿物主要有锆石等。岩石中的新生矿物绿泥石、绢云母混在一起，平行定向排列，形成板劈理面构造；石英粉砂粒径大小为0.05～0.1mm，较均匀分布其中。

（三）变砂岩类

该岩石类型主要分布在羌塘地层分区的黄羊岭岩群和巴颜喀拉山群中，少量分布在塔斯坎萨依组、卡拉勒塔什岩群及硫磺达坂砂岩组中。现将各类岩石学特征列述如下。

1. 变质细粒石英砂岩

岩石为灰色，变余细粒砂状结构，平行构造。砂屑成分：石英80%左右，斜长石2%～3%；填隙物成分：绢云母杂基15%左右。副矿物主要有少量锆石等。岩石明显受应力剪切变质作用，岩石中的砂屑石英，大部分多变质重结晶呈变晶粒状，少数残余原次棱角状特点，粒径大小为0.1～0.15mm，说明原岩磨圆度差，而分选良好，成熟度较高的特点。

2. 变质中细粒石英砂岩

岩石为浅灰色，变余中细粒砂状结构，块状构造。砂屑成分：石英80%左右，斜长石3%左右，白云母1%左右；填隙物成分：绢云母＋粉砂碎屑10%～15%。副矿物主要有少量锆石、电气石等。岩石中的砂屑成分以石英为主，含少量长石和云母等，粒径大小可分为0.1～0.2mm细粒级和0.25～0.5mm中粒级。由于变质作用，原泥质成分已形成绢云母鳞片杂基，并与粉砂级碎屑混合形成接触式胶结和颗粒支撑结构。

3. 变质中细粒长石石英砂岩

岩石为灰色，变余中细粒砂状结构，块状构造。砂屑成分：石英60%～65%，斜长石＋钾长石8%～10%左右，硅质岩屑5%～10%；填隙物成分：绢云母10%～15%，黑云母3%～5%。副矿物主要有锆石等。岩石中砂屑成分显示变晶粒状和拉长现象，原次棱角形态仍有残余，粒径大小可分为0.1～0.2mm

细粒级和 0.25～0.3mm 中粒级，由此可以看出原分选性差，磨圆度也差。

4. 变质中细粒长石砂岩

岩石为灰绿色，变余中细粒砂状结构，块状构造。砂屑成分：石英 30％～35％，斜长石＋钾长石 40％～45％，硅质岩屑 3％～5％，白云母 1％；填隙物成分：绢云母＋粉砂碎屑 10％～15％。副矿物主要有锆石等。岩石中砂屑成分主要由长石及少量石英、岩屑等组成，粒径大小可分为 0.1～0.2mm 细粒级和 0.25～0.3mm 中粒级，分选性差，且成熟度不高，部分呈变晶粒状特点。

5. 变质中粒长石砂岩

岩石为浅灰色，变余中粒砂状结构，块状构造。砂屑成分：石英 45％～50％，斜长石＋钾长石 30％～35％，硅质岩屑 3％～5％，白云母 1％～2％；填隙物成分：绢云母＋粉砂碎屑 10％左右。岩石中砂屑成分主要为石英、长石和少量岩屑等。主要砂屑粒径大小为 0.25～0.5mm，少数可达 0.6mm，分选中等，而磨圆度差，绝大部分呈棱角状。

6. 变质钙质石英砂岩

岩石为浅灰色，变余砂状结构，块状构造。砂屑成分：石英 55％～60％；填隙物成分：方解石 35％～30％，绢云母 5％～8％。副矿物主要有少量锆石、电气石等。岩石由于变质作用，砂屑呈变晶粒状，粒径大小为 0.1～0.15mm，相互较均匀分布在岩石中，原岩屑分选良好，而磨圆度差。

7. 变质细粒钙质石英砂岩

岩石为灰色，变余细粒砂状结构，块状构造。砂屑成分：石英 70％～75％，斜长石 3％左右，白云母 1％左右；填隙物成分：方解石 20％～25％，绢云母 2％～3％。副矿物主要有少量锆石等。岩石中石英砂屑已重结晶呈变晶粒状，大小为 0.1～0.15mm，个别为 0.2mm，少数仍残余原次棱角状特点，反映原岩分选性良好，但磨圆度较差，总体成熟度较高。

8. 变质细粒含钙长石石英砂岩

岩石为灰色，砂屑成分：石英 70％～75％，斜长石＋钾长石 5％～8％，硅质岩屑 1％左右，白云母 1％左右；填隙物成分：方解石 10％～15％，绢云母＋泥质成分 5％～10％。副矿物主要有电气石、锆石等。岩石中砂屑成分以石英为主，次有少量长石、岩屑、白云母等，由于变质作用影响，原生砂屑形态不清，其粒径大小为 0.1～0.15mm，形成变晶粒状，少数次棱角状，说明原岩分选良好，而磨圆度差，成熟度中等。

9. 变质细粒长石石英砂岩

岩石为灰色，细粒砂状结构，块状构造。砂屑成分：石英 65％～70％，斜长石＋钾长石 10％～15％，硅质岩屑 3％～5％，石英岩屑 3％左右，白云母 1％左右；填隙物成分：绢云母粉砂碎屑 10％左右。副矿物主要有电气石、锆石等。岩石中砂屑成分主要为石英、长石和岩屑等，其粒径大小为 0.1～0.25mm，少数可达0.3mm，分选良好，而磨圆度由于受变质作用影响，显示重结晶作用，但次棱角形态仍清楚，反映原岩石的成熟度不高。

10. 变质中细粒长石石英杂砂岩

岩石为浅灰色，变余中细粒砂状结构，块状构造。砂屑成分：石英 55％左右，斜长石＋钾长石 10％～15％，硅质岩屑 2％～3％，石英岩屑 1％～2％，白云母 1％左右；填隙物成分：绢云母 15％～20％，黑云母 5％左右。副矿物主要有电气石、锆石等。岩石中砂屑成分为石英、长石和少量岩屑等，由于变质作用，砂屑粒径可分为 0.05～0.1mm 细粒级，其余部分为 0.15～0.3mm 中粒级，分选性差，而磨圆度较差，反映岩石的成熟度不高，为杂基支撑。

11. 变质中粒长石石英杂砂岩

岩石为浅灰色,变余中粒砂状结构,定向构造。砂屑成分:石英40%～50%,硅质岩屑15%～20%,斜长石+钾长石1%～10%,白云母1%左右;填隙物成分:绢云母+粉砂碎屑20%左右。副矿物主要有锆石、电气石等。岩石中砂屑主要为石英、长石和岩屑等,由于变质作用,石英及硅质岩屑变晶压扁拉长,但长石碎屑仍显示次棱角状,粒径大小为0.25～0.5mm,少数为0.15mm和0.6mm,分选性中等,磨圆度差,反映成熟度不高的特点。

12. 变质细粒长石石英杂砂岩

岩石为灰色,变余细粒砂状结构,块状构造。砂屑成分:石英40%左右,硅质岩屑25%左右,斜长石+钾长石10%～15%,白云母1%左右;填隙物成分:绢云母+绿泥石15%～20%。岩石中的砂屑成分为石英、硅质岩屑和长石等,由于受变质作用,使砂屑成分显示压扁拉长现象,且平行定向排列明显。

13. 变质细粒岩屑石英砂岩

岩石为浅灰绿色,变余细粒砂状结构,块状构造。砂屑成分:石英70%左右,硅质岩屑8%～5%,石英岩屑3%～5%,斜长石3%～5%,磁铁矿1%左右;填隙物成分:绢云母+黑云母10%～15%。岩石中的砂屑成分为石英和少量岩屑、长石等,粒径大小为0.1～0.2mm,个别为0.3mm,原岩分选良好,由于受变质作用,原次棱角状不明显,显示变晶特点。

14. 变质岩屑石英杂砂岩

岩石为浅灰绿色,变余不等粒砂状结构,块状构造。砂屑成分:石英55%～60%,硅质岩屑8%～10%,泥板岩屑2%～3%,石英岩屑3%左右,斜长石+钾长石5%～8%,白云母1%左右;填隙物成分:绢云母+黑云母15%～20%。岩石中的砂屑成分主要为石英及少量岩屑、长石、云母等,粒径大小不等,分选性差,磨圆度差,虽经变质作用,原形态仍清楚。

15. 变质绢云石英粉砂岩

岩石为灰色,变余粉砂结构,层状构造。砂屑成分:石英60%～70%,白云母1%左右;填隙物成分:绢云母+粘土矿物25%～30%,方解石5%～8%。副矿物主要有少量电气石等。岩石中砂屑成分以石英为主,其次为绢云母等,粉砂石英受变质作用,大部分呈变晶等轴粒状,大小为0.03～0.05mm,原砂屑形态不清,仅个别显示次棱角状,可以大致确定原砂屑分选性良好,而磨圆度差的特征。

16. 变质长石石英粉砂岩

岩石为灰黄色,变余粉砂结构,块状构造。砂屑成分:石英70%左右,斜长石+钾长石10%左右,白云母1%～2%;填隙物成分:绢云母10%～15%,铁方解石2%～3%。岩石中的石英、长石显示变质重结晶现象,原岩中的次棱角形状仍较清楚,粒径大小为0.05～0.1mm,少数为0.12mm,较均匀分布;原粘土矿物已变质形成绢云母细小鳞片,分布于粉砂碎屑之间。

17. 变质石英粉砂岩

岩石为灰黄色,变余粉砂结构,块状构造。主要矿物:石英75%～80%,长石2%～3%;次要矿物:绢云母10%～15%,黑云母3%左右,磁铁矿1%左右。岩石中石英粉砂多呈变晶粒状,粒径大小为0.03～0.06mm;变质新生矿物绢云母和黑云母鳞片大致定向分布。

18. 变质长石粉砂岩

岩石为浅灰绿色,变余粉砂状结构,块状构造。粉砂成分:石英45%～50%,斜长石+钾长石35%左右,白云母1%左右;填隙物成分:绢云母15%左右。副矿物主要有锆石、电气石等。岩石中粉砂成分主要由石英和长石组成，其粒径大小为0.05～0.1mm粉砂级，少数为0.12mm细砂级。

19. 变质白云质石英粉砂岩

岩石为灰黄色，变余粉砂状结构，层状构造。粉砂成分：石英60%左右；填隙物成分：绢云母3%～5%，白云石30%～35%，氧化铁1%～2%。副矿物主要有少量锆石等。岩石中粉砂成分主要为石英，皆变质重结晶，形成的变晶粒状大小为0.03～0.05mm，相互紧密嵌接；白云石成分呈堆积分布出现。

20. 变质云母长石石英粉砂岩

岩石为浅灰色，变余粉砂状结构，平行构造。粉砂碎屑成分：石英60%～65%，斜长石+钾长石5%～10%；填隙物成分：绢云母15%～20%，黑云母10%左右。副矿物主要有锆石、电气石等。岩石中的石英、长石等砂屑显示明显的变晶特征，使原棱角变得圆滑，其粒径大小为0.05～0.1mm，少数为0.15mm，部分仍残余次棱角状特点；原填隙物变质重结晶生成绢云母和黑云母等细鳞片状，使粉砂碎屑呈"悬浮"状分布其中。

二、中、高级变质岩类

图区中，高变质岩类主要分布在苏巴什地层分区的双雁山片岩、浅粒岩组和少量昆南地层分区的阿拉玛斯岩群中。受变质地层的主要岩石类型有片麻岩、粒岩类、片岩、斜长角闪岩及大理岩等。其岩石类型、原岩恢复及形成构造环境特征如下。

（一）片麻岩类

该岩石类型主要分布在苏巴什地层分区的双雁山片岩和昆南地层分区的阿拉玛斯岩群中。岩石变质程度较深，变质达高绿片岩相—低角闪岩相。现将各岩石类型岩石学特征列述如下。

1. 黑云斜长片麻岩

岩石为灰色，鳞片粒状变晶结构，片麻状构造。主要矿物：石英45%～50%，斜长石35%左右；次要矿物：黑云母15%～20%，白云母2%左右。副矿物主要有锆石等。石英、斜长石呈变晶粒状，大小为0.8～1.0mm，少数可达1.2～1.5mm，黑云母呈鳞片状，粒径一般为0.3～0.5mm，多色性为红褐色。

2. 角闪斜长片麻岩

岩石为灰绿色，纤柱状粒状变晶结构，微片麻状构造。主要矿物：斜长石50%～55%，角闪石40%～35%；次要矿物：石英10%左右。副矿物主要有少量磷灰石等。斜长石呈他形变晶粒状，大小为0.3～0.4mm，聚片双晶一般不甚清楚，显示环形消光；角闪石呈半自形纤柱状，长轴直径0.5～0.6mm居多，少数达1mm，为浅色角闪石类；石英呈他形粒状。

3. 石榴石二云斜长片麻岩

岩石为灰色，鳞片粒状变晶结构，片麻状构造。主要矿物：斜长石40%～45%，石英20%～25%；次要矿物：石榴石3%～5%，黑云母15%～20%，白云母5%～8%。副矿物主要有榍石、锆石、磷灰石等。岩石中长石和石英呈变质重结晶粒状，加大现象明显，粒径大小为0.5～1mm，呈半自形—他形粒状，斜长石稍混浊仍显示钠长石律双晶，变质新生矿物黑云母、白云母及石榴石，相间聚集断续平行分布；石榴石变斑晶呈半自形—自形粒状，大小为0.3～0.5mm，为铁铝榴石。

（二）粒岩类

该岩石类型主要分布在苏巴什地层分区的双雁山片岩和羌塘地层分区的浅粒岩组中，其岩石学特征如下。

1. 斜长浅粒岩

岩石为浅灰色，粒状变晶结构，块状构造。主要矿物：石英 60%～65%，斜长石 25%～30%；次要矿物：绢云母 5%左右，黑云母 2%～3%，白云母 2%左右。副矿物主要有锆石、磁铁矿等。岩石中的石英、长石呈等轴变晶粒状特征，粒径大小为 0.1～0.15mm，互相紧密接触，均匀分布，形成变晶结构和块状构造；新生矿物绢云母、黑云母和少量白云母鳞片，不均匀分布于长英矿物粒间。

2. 含钙石榴石浅粒岩

岩石为灰色，粒状变晶结构，块状构造。主要矿物：石英 50%～60%，斜长石 15%左右；次要矿物：方解石 10%～15%，黝帘石 8%～10%，绿泥石 3%～5%，石榴石 2%左右。副矿物主要有榍石、锆石等。岩石中原石英呈变晶等轴粒状，粒径大小为 0.15～0.25mm，原斜长石已蚀变为绢云母、黝帘石和碳酸盐化，在岩石中分布较均匀。石榴石呈雏晶，晶体不完整，大致外形清楚。

3. 条带状堇青云母石英粒岩

岩石为浅灰色，粒状变晶结构、显微鳞片斑状变晶结构，条带状构造。变斑晶成分：堇青石 15%左右；基质成分：石英 45%～50%，绢云母 20%～25%，黑云母 10%～15%。岩石中原石英呈等轴变晶粒状，大小为 0.1～0.15mm，粒间形成绢云母和黑云母鳞片，并形成条带；另一种由绢云母、黑云母和特征矿物堇青石组成另一种条带，两者相间出现，即形成条带状构造。变质矿物黑云母多色性为褐红色，说明岩石变质温度较高。

4. 黑云斜长变粒岩

岩石为深灰色，鳞片粒状变晶结构，块状构造。主要矿物：石英 50%～55%，斜长石 30%～35%；次要矿物：黑云母 10%～15%。副矿物主要有锆石等。岩石中的石英、长石发生强烈的变质重结晶加大现象，呈变晶等轴粒状，粒径大小为 0.25～0.3mm，个别为 0.5mm，均匀分布；其粒间出现新生矿物黑云母变晶，大致平行定向分布；黑云母显示一期退变质作用，少数形成绿泥石。

5. 石榴石角闪斜长变粒岩

岩石为灰色，粒状变晶结构，块状构造。主要矿物：石英 45%～50%，斜长石 30%～35%；次要矿物：角闪石 10%～15%，石榴石 3%～5%，方解石 1%左右，绿帘石 1%左右。副矿物主要有榍石等。岩石中石英、斜长石呈变晶等轴粒状，粒径大小为 0.1～0.15mm，晶体之间紧密嵌接；变质矿物角闪石为浅绿色，呈自形柱状；石榴石为初晶，仅形成变斑晶轮廓，而晶体内长英质矿物包体较多。

6. 石榴石黑云钾长变粒岩

岩石为灰黄色，鳞片粒状变晶结构，平行构造。主要矿物：石英 35%～40%，钾长石＋斜长石 30%～35%，黑云母 15%～20%，绿帘石 2%～3%；次要矿物：角闪石 5%～8%，石榴石 2%～3%。副矿物主要有磁铁矿等。岩石中长石、石英呈变晶粒状，由于应力作用，造成石英显示拉长现象，粒径长轴大小为 0.06～0.1mm，经变质作用，钾长石和石英表现都较洁净新鲜；新生矿物角闪石、黑云母和石榴石变斑晶粒径大小为 0.6～1.5mm。

7. 石榴石角闪钾长变粒岩

岩石为灰色，粒状变晶结构，平行构造。主要矿物：石英 35%～40%，钾长石＋斜长石 35%左右，角闪石 15%～20%；次要矿物：石榴石 2%～3%，绿帘石＋黝帘石 2%～3%。副矿物主要有榍石等。岩石中的长石、石英呈变晶粒状，由于应力作用，造成石英显示拉长现象，粒径长轴大小为 0.1～0.3mm，经变质作用，钾长石和石英表现都较洁净新鲜；新生变质矿物角闪石和石榴石呈变斑晶状，大小为 0.6～2mm，石榴石为雏晶形态，晶体内石英包体较多。

8. 黑云二长变粒岩

岩石为灰色，鳞片粒状变晶结构，块状构造。主要矿物：斜长石 20%～30%，钾长石 15%左右，石英 35%～40%；次要矿物：黑云母 15%左右，白云母 3%～5%，绿泥石 2%～3%。岩石中的长石和石英呈变质重结晶等轴粒状，粒径大小为 0.3～0.5mm，且较均匀，互相之间紧密接触，形成块状构造；新生矿物黑云母和少量白云母鳞片较均匀分布，显示有退变质现象，出现少量绿泥石晶片；斜长石显示绢云母化。

9. 石英岩

岩石为浅灰色，粒状变晶结构，块状构造。主要矿物：石英 92%左右；次要矿物：白云母 5%～8%。副矿物主要有少量锆石等。岩石中的石英已变质重结晶为等轴变晶粒状，粒径大小为 0.15～0.25mm，颗粒边缘显示齿状接触现象，分布均匀；粒间出现少数新生矿物白云母鳞片，大致平行分布。

(三)片岩类

1. 十字石二云石英片岩

岩石为灰色，显微鳞片粒状变晶结构，显微片状构造。主要矿物：石英 60%～65%，白云母 15%左右，黑云母 15%左右；次要矿物：十字石 3%左右，石榴石 1%～2%。副矿物主要有电气石、锆石等。岩石中石英呈变晶等轴粒状，大小为 0.1～0.15mm，新生矿物黑云母和白云母相间聚集，平行排列；特征变质矿物十字石呈变晶粒状，大小为 1～2mm。

2. 石榴石黑云长英质片岩

岩石为灰色，斑状变晶结构、基质鳞片粒状变晶结构，显微片状构造。主要矿物：石英 40%～45%，斜长石 20%，变斑晶石榴石 10%；次要矿物：黑云母 15%～20%，白云母 3%～5%，绿泥石 2%～3%。副矿物主要有锆石等。岩石中石榴石呈变斑晶，大小为 1～2mm，结晶程度较高，呈半自形粒状，晶体中具有残缕结构，为同构造期变质形成，同时还形成新生矿物黑云母和白云母等鳞片，第二期变质即为退变质作用，表现为个别黑云母退变质为绿泥石及斜长石的绢云母化等。

3. 石榴石二长石英片岩

岩石为灰色，鳞片粒状变晶结构，显微片状构造。主要矿物：石英 70%～75%，白云母 10%～15%，黑云母 10%左右；次要矿物：长石 1%～2%，石榴石 2%～3%。副矿物主要有电气石、锆石、磁铁矿等。岩石中变晶石英呈等轴粒状，粒径大小为 0.1～0.2mm，少数可达 0.3mm，多紧密嵌接在一起，大致平行定向排列。新生矿物白云母、黑云母呈鳞片状及不规则粒状，石榴石雏晶的首次出现从变质矿物相互穿插关系分析为同世代变质形成的产物。

4. 石榴石角闪斜长片岩

岩石为灰绿色，鳞片纤状、粒状变晶结构，显微片状构造。主要矿物：斜长石 35%～45%，石英 30%～35%；次要矿物：角闪石 10%～15%，绿泥石 8%～10%，黑云母 1%～2%，石榴石 2%～3%。副矿物主要有磁铁矿、锆石、磷灰石等。岩石中斜长石、石英发生变晶重结晶作用，粒径一般为 0.1～0.2mm，个别可达 0.3～0.6mm。主变质同构造期形成的新生矿物角闪石、石榴石和黑云母等均为同一世代变质形成，角闪石呈纤柱状，石榴石呈他形粒状。晚期又发生退变质作用，表现为岩石中的黑云母大部分退变质为绿泥石和斜长石退变质为绢云母等。

5. 堇青石二云石英片岩

岩石为浅灰色，斑状变晶结构、基质鳞片粒状变晶结构，显微片状构造。主要矿物：石英 45%～50%，黑云母 25%～30%，白云母 10%～15%；次要矿物：堇青石 8%～10%，斜长石 2%～3%。副矿物主要有磁铁矿等。岩石中石英呈等轴粒状，大小为 0.03～0.05mm，较均匀分布在岩石中；新生矿物黑云母、白云母鳞片平行定向排列，形成显微片状构造；堇青石变斑晶，大小为 2～3mm，多呈椭圆形态。

（四）斜长角闪岩类

该类岩石主要分布在苏巴什地层分区的双雁山片岩和昆南地层分区的阿拉玛斯岩群中，其岩石学特征如下。

岩石为灰绿黑色，柱状、粒状变晶结构，块状构造。主要矿物：角闪石 40%～45%，斜长石 40%左右；次要矿物：石英 1%～2%，黑云母 10%左右。岩石中的斜长石呈变晶粒状，粒径大小为 0.3～0.4mm，稍显绢云母化，接触紧密；变质形成的角闪石呈短柱状，大小为 0.3～0.5mm，为浅绿色，大致定向均匀分布于岩石中。

（五）大理岩类

该类岩石主要分布在苏巴什地层分区的双雁山片岩和羌塘地层分区卡拉勒塔什岩群中，其岩石学特征如下。

1. 大理岩

岩石为浅灰色，中晶结构，块状构造。主要矿物：方解石 98%左右；次要矿物：石英 1%左右，白云石 1%～2%。岩石中方解石呈半自形—自形中晶粒状，粒径大小为 0.25～0.5mm，岩石由于动力挤压作用，造成单晶体双晶和解理发生弯曲及边缘显示碎粒化等。

2. 粗晶大理岩

岩石为浅灰色，粗晶结构，块状构造。主要矿物：方解石 98%左右；次要矿物：炭泥质 1%～2%，石英 1%左右。岩石中的方解石呈自形—半自形粒状，大小为 1～1.5mm，晶体之间呈折线状紧密接触，构成块状特征；同样受构造变形，造成单晶体双晶和解理发生弯曲，个别折断等，但边缘未显示碎粒化现象。造成单晶体双晶和解理发生弯曲及边缘显示碎粒化等。

三、原岩恢复及形成环境探讨

（一）双雁山片岩

组成双雁山片岩的中、高级变质岩主要有黑云斜长片麻岩、角闪斜长片麻岩、石榴石二云斜长片麻岩、含钙石榴石浅粒岩、黑云斜长变粒岩、石榴石角闪斜长变粒岩、石榴石黑云钾长变粒岩、石英岩、石榴石二长石英片岩、十字石二云石英片岩、石榴石黑云长英质片岩及斜长角闪岩、大理岩等。现将各类岩石原岩恢复及形成构造环境探讨分述如下。

1. 原岩恢复

双雁山片岩中的片麻岩类、粒岩类和片岩类，根据野外产状特征，岩石中残余有层状构造特征，结合岩石组合及岩石学特征综合分析，其原岩主要为一套沉积砂岩类和粘土质粉砂岩类。

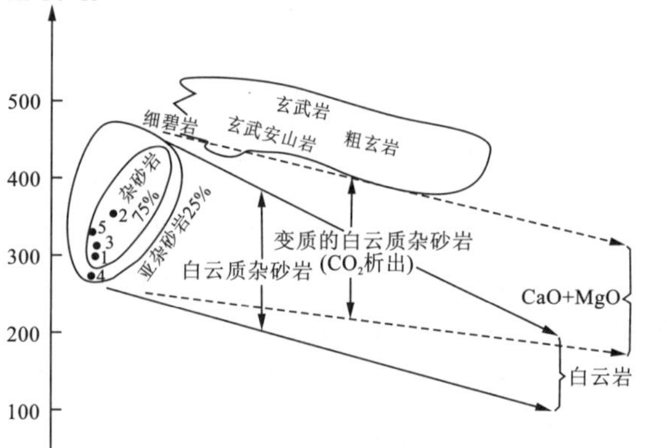

图 4-1　双雁山片岩变质基性火山岩(Al＋Fe＋Ti)-(Ca＋Mg)图解(Moine 等，1968)

双雁山片岩中的斜长角闪岩，根据野外产状及岩石学特征，其原岩为基性火山岩。依据岩石化学计算，利用(Al＋Ti＋Fe)-(Ca＋Mg)图解(图 4-1)恢复原岩，均投影到玄武岩(粗玄岩)区。

双雁山片岩中的大理岩类根据野外产状特征，结合岩石组合及岩石学特征分析，其原岩主要为一套纯灰岩。

2. 形成构造环境探讨

双雁山片岩中的变质碎屑岩微量元素平均值与 Bhatia(1986)的不同构造环境杂砂岩微量元素特征值相比较(表 4-1)，则显示比较复杂，总体介于活动陆缘与大陆岛弧型之间，少数微量元素值与被动陆缘型杂砂岩相似，综合分析其构造环境主体属于活动陆缘型。同时，反映了本区变质沉积岩的微量元素含量变化较大，而这种变化受控物源区的岩石性质和沉积盆地的构造环境，其物源区可能主要是长英质岩石。

双雁山片岩中的变质基性火山岩，在 A-F-M 三角图解上显示为拉斑玄武岩系列。岩石中 FeO 含量为 6.19%～11.42%，FeO/MgO 值为 0.67～1.96，TiO_2 含量较高(0.78%～1.60%)，平均为 1.19%，接近 1.25%，表明其具有洋脊玄武岩的特征(Pearce，1982；Condie，1989)。

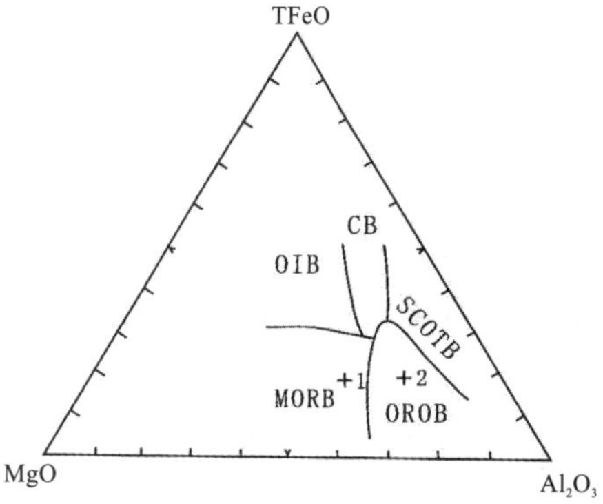

图 4-2　双雁山片岩变质基性火山岩 $TFeO-MgO-Al_2O_3$ 图解 (Pearce，1977)

MORB. 洋脊和洋底玄武岩；OIB. 洋岛玄武岩；CB. 大陆玄武岩；OROB. 造山玄武岩(岛弧或活动陆缘)；SCOTB. 扩张中心洋岛玄武岩

通过进行岩石化学计算，利用 $TFeO-MgO-Al_2O_3$ 图解(图 4-2)判别环境，变质基性火山岩均投影到洋岛玄武岩(OIB)区，利用 $TFeO/MgO-TiO_2$ 图解(图 4-3)判别环境，其变质基性火山岩多数投影到洋脊玄武岩区，少数投影到岛弧或活动陆缘区。

表 4-1　双雁山片岩、浅粒岩组变质构造环境杂砂岩的微量元素特征对比表

类型	大洋岛弧	大陆岛弧	活动陆缘	被动陆缘	双雁山片岩	浅粒岩组
K/Rb	578±92	219±28	189±20	178±20	190.5	180.8
Rb/Sr	0.05±0.05	0.65±0.33	0.89±0.24	1.19±0.40	0.87	0.5
Ba/Rb	21.3±5.0	7.5±1.3	4.5±0.8	4.7±1.1	4.90	5.39
Ba/Sr	0.95±0.6	3.55±1.4	3.8±0.7	4.7±1.3	4.19	3.72
Th	2.27±0.7	1.11±1.1	18.8±3.0	16.7±3.65	11.97	8.9
U	1.09±0.21	2.53±0.24	3.90±0.5	3.20±0.8	1.67	1.7
Zr	96±20	229±27	179±33	298±80	41.04	32.6
Nb	2.0±0.4	8.5±0.8	10.7±1.4	7.9±1.9	9.60	9.8
Y	19.5±5.6	24.2±2.2	24.9±3.6	27.3±5.3	24.94	25.6
Th/U	2.1±0.78	4.6±0.45	4.8±0.38	5.6±0.67	7.17	5.24
Zr/Th	48.0±13.4	21.5±2.4	9.5±0.7	19.1±5.8	3.43	3.63
Zr/Y	5.67±1.94	9.6±0.8	7.2±0.4	12.4±4.0	1.65	1.27
Nb/Y	0.11±0.03	0.36±0.04	0.43±0.04	0.30±0.06	0.39	0.38
La	8.72±2.5	24.4±2.3	33.0±4.5	33.5±5.8	30.60	28.6
Ce	22.53±5.9	50.5±4.3	72.7±9.8	71.9±11.5	70.20	68.5
Nd	11.36±2.9	20.8±1.6	25.4±3.4	29.0±5.03	24.50	26.8
Ti($\times10^{-2}$)	0.48±0.12	0.39±0.06	0.26±0.02	0.22±0.06	0.35	0.3
Ti/Zr	56.8±21.4	19.7±4.3	15.3±2.4	6.74±0.9	90.0	92.02
Sc	19.5±5.2	14.8±1.7	8.0±1.1	6.0±1.4	16.95	11.7
V	131±40	89±13.7	48±5.9	31±9.9	138.9	137.3
Cr	37±13	51±6.5	26±4.9	39±8.5	198.77	130.5
Co	18±6.3	12±2.7	10±1.7	5±2.4	41.01	13.6

续表 4-1

类型	大洋岛弧	大陆岛弧	活动陆缘	被动陆缘	双雁山片岩	浅粒岩组
Ni	11±5.1	13±2.0	10±2.5	8±4.4	96.51	13.5
Ga	17±1.9	13±1.3	14±1.5	8±1.6	50.17	46.8
Ni/Co	0.62±0.16	1.22±0.25	1.04±0.19	1.42±0.41	2.35	0.99
Sc/Cr	0.57±0.16	0.32±0.06	0.30±0.02	0.6±0.02	0.09	0.09

进一步利用微量元素特征值判别环境，选用 Zr/Y－Zr 图解（图 4－4）、Ti－Cr 图解（图 4－5）和 Zr－TiO_2 图解（图 4－6）判别环境，变质基性火山岩多数投影到洋脊玄武岩（MORB）和岛弧玄武岩（VAB）区，个别投影到板内玄武岩（WPB）区。

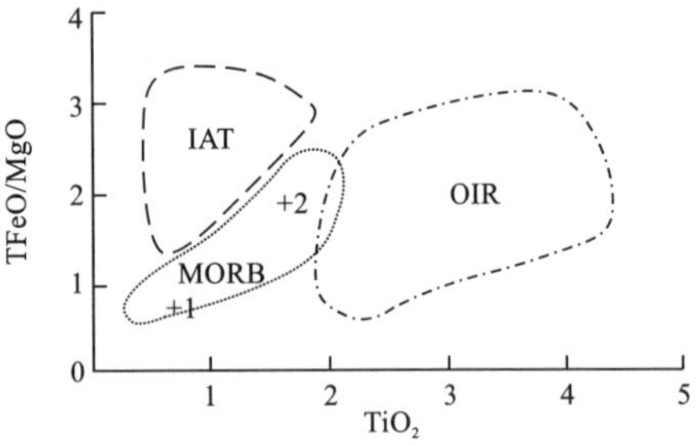

图 4－3　双雁山片岩变质基性火山岩 TFeO/Mg－TiO_2 图解
（Glassiey，1974）
IAT. 岛弧拉斑玄武岩；MORB. 洋脊拉斑玄武岩；OIB. 洋岛玄武岩

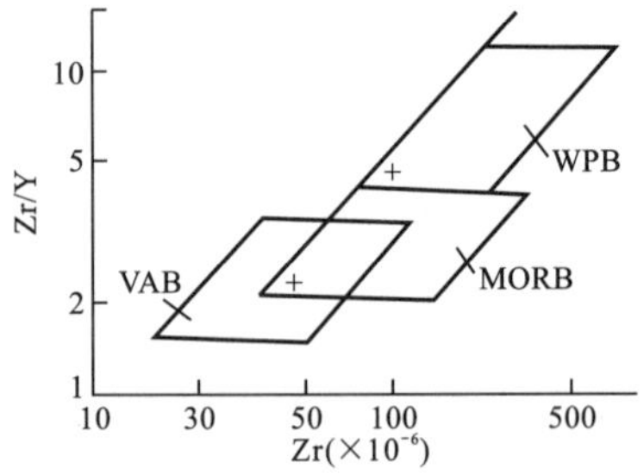

图 4－4　双雁山片岩变质基性火山岩 Zr/Y－Zr 图解
（Pearce，1982）
WPB. 板内玄武岩；MORB. 洋脊玄武岩；VAB. 岛弧玄武岩

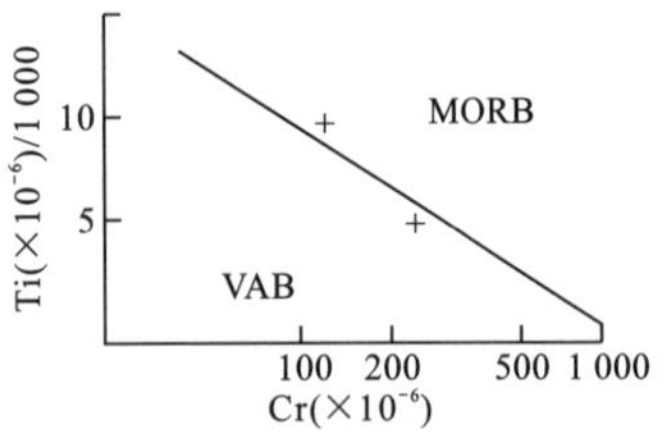

图 4－5　双雁山片岩变质基性火山岩 Ti－Cr 图解
（Pcarce，1982）
MORB. 洋脊玄武岩；VAB. 岛弧玄武岩

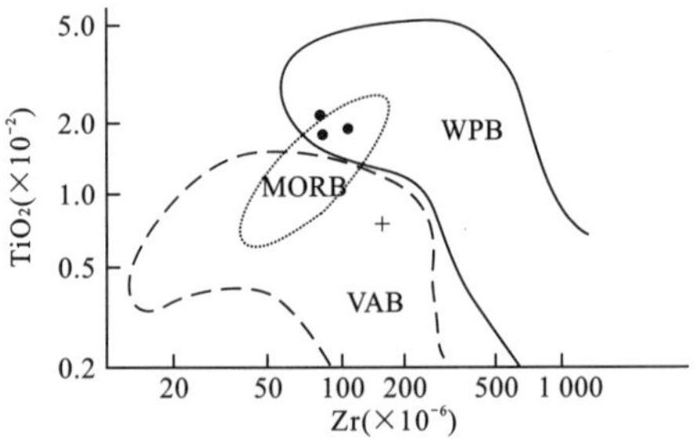

图 4－6　双雁山片岩变质基性火山岩 Zr－TiO_2 图解
（Pearce，1982）
VAB. 火山弧玄武岩；MORB. 洋脊玄武岩；WPB. 板内玄武岩

由上可见，双雁山片岩变质基性火山岩其形成构造环境比较复杂，总体介于洋脊玄武岩与岛弧玄武岩之间，主体属于洋脊（洋岛）拉斑玄武岩，但兼具岛弧玄武岩的特性。

（二）浅粒岩组

组成浅粒岩组的中、高级变质岩类主要有斜长浅粒岩、石榴石角闪斜长变粒岩、含石榴石浅粒岩和堇青石二云石英片岩等。现将各类岩石原岩恢复及形成构造环境探讨分述如下。

1. 原岩恢复

浅粒岩组中的粒岩类和片岩类，根据野外产状特征，岩石中残余有层状构造特征，结合岩石组合及岩石学特征综合分析，其原岩主要为一套沉积砂岩类夹粘土质粉砂岩类。

2. 形成构造环境探讨

浅粒岩组中的变质碎屑岩微量元素平均值与 Bhatia（1986）的不同构造环境杂砂岩微量元素特征值相比较，则显示比较复杂（表 4－1），总体介于活动陆缘与大陆岛弧型之间，以活动陆缘型为主体。同时，由表 4－1

可以看出长城系浅粒岩组与古元古界双雁山片岩微量元素特征非常相似，说明其构造环境基本相同。

3. 阿拉玛斯岩群

由于阿拉玛斯岩群在图区出露极少，且多被冰雪覆盖，其样品均采自北邻《于田县幅》，其原岩恢复及构造环境探讨详见《于田县幅》区调报告。

四、变质带、变质相系和变质作用特征

（一）变质矿物组合

图区各类变质岩矿物组合主要为泥质—长英质沉积岩，少量为基性火山岩。其主要变质岩典型岩石矿物组合如下。

1. 片麻岩类

(1)黑云斜长片麻岩	黑云母＋白云母＋斜长石＋石英
(2)角闪斜长片麻岩	角闪石＋斜长石＋石英
(3)石榴石二云斜长片麻岩	石榴石＋黑云母＋白云母＋石英

2. 粒岩类

(1)斜长浅粒岩	黑云母＋白云母＋斜长石＋石英
(2)含钙石榴石浅粒岩	石榴石＋斜长石＋石英
(3)条带状堇青云母石英粒岩	堇青石＋黑云母＋石英
(4)黑云斜长变粒岩	黑云母＋斜长石＋石英
(5)黑云二长变粒岩	黑云母＋白云母＋斜长石＋钾长石＋石英
(6)石榴石角闪斜长变粒岩	石榴石＋角闪石＋斜长石
(7)石榴石黑云钾长变粒岩	石榴石＋角闪石＋黑云母＋斜长石＋钾长石＋石英
(8)石榴石角闪钾长变粒岩	石榴石＋角闪石＋斜长石＋钾长石＋绿帘石

3. 片岩类

(1)斜长二云石英片岩	黑云母＋白云母＋斜长石＋钾长石＋石英
(2)十字石二云片岩	十字石＋石榴石＋黑云母＋白云母＋石英
(3)绢云石英片岩	绢云母＋白云母＋石英
(4)二云钙质石英片岩	黑云母＋白云母＋石英＋方解石
(5)石榴石黑云长英质片岩	石榴石＋黑云母＋白云母＋斜长石
(6)石榴石角闪斜长片岩	石榴石＋角闪石＋黑云母＋斜长石
(7)石榴石二长石英片岩	石榴石＋黑云母＋白云母
(8)堇青二云石英片岩	堇青石＋黑云母＋白云母＋石英
(9)绿泥白云钠长片岩	白云母＋石英＋绿帘石＋绿泥石
(10)绿泥云母长英质片岩	白云母＋石英＋斜长石＋绿泥石

4. 千枚岩、板岩类

(1)绢云石英千枚岩	绢云母＋石英＋绿泥石
(2)云母石英千枚岩	绢云母＋黑云母＋石英＋绿泥石
(3)绢云板岩	绢云母＋绿泥石＋石英
(4)粉砂质板岩	绢云母＋石英＋绿泥石
(5)粉砂质绢云板岩	绢云母＋石英＋绿泥石

(6)砂质绢云板岩　　绢云母+斜长石+钾长石+石英
(7)含钙粉砂绢云板岩　　绢云母+石英+方解石
(8)含粉砂绢云板岩　　绢云母+白云母+石英
(9)含粉砂绢云绿泥板岩　　绢云母+石英+绿泥石

5. 斜长角闪岩类

斜长角闪岩　　角闪石+黑云母+斜长石+石英

(二)变质带、变质相系划分

依据不同变质岩石发育的不同构造环境、埋深环境，在区域热流动力作用的环境中，形成了具有代表性的特征变质矿物和矿物组合面貌。由于图区变质地层多叠加了后期动力热流变质作用，使其变质相、带分布不均，多呈条带状展布。各变质地层中典型变质矿物组合及变质带、变质相系划分见表4-2。

根据不同变质矿物组合及特征变质矿物的产出和分布，图区变质地层主要属于动力热流变质。

表4-2　变质矿物组合及变质相系划分表

<table>
<tr><th>变质岩类</th><th>典型岩石</th><th>特征矿物组合</th><th>变质带</th><th>变质相</th><th>相系</th></tr>
<tr><td rowspan="9">泥质—长英质变质岩</td><td>十字石二云石英片岩</td><td>十字石+石榴石+黑云母+白云母+石英</td><td>十字石带</td><td>低角闪岩相</td><td>中压相系</td></tr>
<tr><td>石榴石角闪斜长变粒岩
石榴石黑云钾长变粒岩
石榴石角闪钾长变粒岩
石榴石角闪斜长片岩</td><td>石榴石+角闪石+斜长石
石榴石+角闪石+黑云母+斜长石+钾长石+绿帘石
石榴石+角闪石+斜长石+钾长石+绿帘石
石榴石+角闪石+黑云母+斜长石</td><td>石榴石带</td><td rowspan="2">低角闪岩相</td><td rowspan="2">低压相系</td></tr>
<tr><td>堇青二云石英粒岩
堇青二云石英片岩</td><td>堇青石+黑云母+石英
堇青石+黑云母+白云母+石英</td><td>黑云母带</td></tr>
<tr><td>含钙石榴石浅粒岩
石榴石黑云长英质片岩
石榴石二长石英片岩</td><td>石榴石+斜长石+石英+方解石
石榴石+黑云母+白云母+斜长石
石榴石+黑云母+白云母</td><td>石榴石带</td><td rowspan="3">高绿片岩相</td><td rowspan="3">低压—中压相系</td></tr>
<tr><td>黑云斜长片麻岩
斜长二云石英片岩</td><td>黑云母+白云母+斜长石+石英</td><td rowspan="2">黑云母带</td></tr>
<tr><td>角闪斜长片麻岩
黑云斜长变粒岩
黑云二长变粒岩</td><td>角闪石+斜长石+石英
黑云母+斜长石+石英
黑云母+白云母+斜长石+钾长石+石英</td></tr>
<tr><td>绢云石英片岩
绿泥白云钠长片岩
绿泥云母长英质片岩</td><td>绢云母+石英+绿泥石
白云母+石英+绿帘石+绿泥石
白云母+绿泥石+斜长石+石英</td><td rowspan="3">绿泥石带</td><td rowspan="3">低绿片岩相</td><td rowspan="3"></td></tr>
<tr><td>绢云石英千枚岩
云母石英千枚岩
含粉砂绢云板岩</td><td>绢云母+石英+绿泥石</td></tr>
<tr><td>砂质绢云板岩
含钙粉砂绢云板岩
含粉砂绢云板岩</td><td>绢云母+斜长石+钾长石+石英
绢云母+石英+方解石
绢云母+白云母+石英</td></tr>
<tr><td>基性变质</td><td>斜长角闪岩</td><td>角闪石+黑云母+斜长石+石英</td><td>角闪石+斜长石带</td><td>低角闪岩相</td><td>低压相系</td></tr>
</table>

(三)变质作用特征

图区苏巴什地层分区、羌塘地层分区出露的不同时代、不同构造层次的热变质地层，依据其变质变形差异，可划分两个不同时代的构造层次，即古元古界—新元古界基底和震旦系—三叠系，现将不同构造层次变质地层的变质作用特征分述如下。

1. 过渡性基底——双雁山片岩、浅粒岩组

图区出露的变质地层主要为双雁山片岩，而浅粒岩组分布极少。该地层多处于构造强变形带，因而，动力变质作用较强烈，且经常叠加在区域变质之上，发生递进变质作用，致使变质地层中变质相、带差异明显。其分布不均匀，多呈条带状或构造透镜体状沿苏巴什缝合带展布。根据显微镜下矿物共生组合及交代残留关系，结合区域资料综合分析，将过渡性基底变质作用大致分为两期。

(1)第一期主期低绿片岩相区域变质作用

根据岩石矿物组合及变质变形特征，结合岩相学资料、其特征变质矿物的接触穿插关系，可见有两期构造形成的不同时代的矿物组合，同时，显示有两期构造变质作用的存在。综合分析双雁山片岩和浅粒岩组主要经历了两期变质作用，即晋宁期主变质区域热流变质和印支期动力热流变质作用。其中主变质期温压条件，依据矿物共生组合，结合区域资料综合分析，初步确定形成温度在 300～500℃，压力为 200～500MPa。属于低绿片岩相区域变质作用。

(2)第二期高绿片岩相—低角闪岩相动力热流变质作用

由于后期构造变形强烈，对其变质地层发生了动力热流递进变质作用，主体形成于印支期。该变质地层由于受构造动力热流变质作用的叠加，发生了递进变质作用，使其变质地层由低绿片岩相递变为高绿片岩相—低角闪岩相。变质矿物组合主要有十字石＋石榴石＋白云母＋黑云母＋石英，石榴石＋角闪石＋黑云母＋斜长石＋绿帘石，石榴石＋角闪石＋斜长石，堇青石＋黑云母＋白云母＋石英，黑云母＋白云母＋斜长石＋石英等。

根据矿物共生组合，结合区域资料分析，初步确定其变质作用温度为 575～640℃，压力为 500～800MPa。

2. 震旦—三叠纪变质地层

图区出露的震旦—三叠纪变质地层主要有塔斯坎萨依组、再依勒克组、卡拉孔木组、卡拉勒塔什岩群、黄羊岭岩群、硫磺达坂砂岩组及巴颜喀拉山群等，其大部分地层未变质或轻微变质，而部分地层经历了一期动力热流变质作用，主要发生于印支期。由于受构造动力热流变质作用，使其变质地层分布不均，多呈条带状沿断裂构造带展布。根据岩石矿物组合及变质变形特征，结合岩相学资料综合分析，其泥质—长英质岩变质矿物组合主要有绢云母＋石英＋绿泥石，绢云母＋黑云母＋石英＋绿泥石，绢云母＋石英＋方解石，黑云母＋白云母＋斜长石＋石英，白云母＋石英＋绿泥石＋绿帘石等。

根据矿物共生组合关系，结合区域资料分析，其变质作用温压条件初步确定温度为 350～500℃，压力为 200～500MPa。属于低绿片岩相变质作用。

第二节 动力变质岩

图区动力变质岩比较发育，主要分布在苏巴什缝合带和羌塘地层分区的断裂带中。依据岩石类型可划分为碎裂岩系列和糜棱岩系列，现将其岩石类型及动力变质作用列述如下。

一、岩石类型及岩石学特征

(一)碎裂岩系列

图区主要分布在晚期脆性断裂带中，岩石类型主要有长英质碎裂岩、石英闪长质碎裂岩、含石榴石碎粒岩、白云质断层角砾岩等。其主要岩石学特征见表 4-3。

碎裂岩系列中岩石普遍遭受动力挤压破碎作用明显，使原岩中的主要矿物遭受强烈的破碎和脆性破裂，致使矿物破碎成大小不等碎块，一般粒径为 0.3～1mm，少数可达 3～4mm，个别呈残斑状。常见有斜长石双晶弯曲、折断及角闪石晶体弯曲等现象。

表 4-3　碎裂岩系列岩石学特征表

岩石类型	颜色	结构构造	主要矿物成分
石英闪长质碎裂岩	灰色	碎裂结构，块状构造	斜长石 70%～75%，石英 10%～15%，钾长石 3%～5%，角闪石 8%～10%，榍石 1%左右，锆石 0.5%左右
长英质碎裂岩	浅灰色	碎裂结构，块状构造	斜长石 30%～35%，钾长石 15%～20%，石英 25%～30%，绿帘石 10%～15%
含石榴石碎粒岩	灰色	碎裂结构，块状构造	石英 90%左右，斜长石 3%～4%，白云母 2%～3%，黑云母 1%左右，电气石 1%左右
石英闪长质碎裂岩	灰白色	碎粒结构、残碎斑结构，块状构造	斜长石 60%左右，石英 5%～10%，绿泥石 15%～20%，绿帘石 5%～10%，石榴石 3%～5%，磁铁矿 1%左右，锆石 1%左右
石榴长英质碎裂岩	浅灰色	碎裂结构，定向构造	石英 50%～55%，斜长石 25%～30%，石榴石 5%～10%，黑云母 5%～7%，白云母 2%～3%
石英闪长质碎粒岩	灰绿色	碎裂(碎斑)结构，块状构造	斜长石 50%～60%，角闪石 15%～20%，石英 10%～15%，绿帘石＋黝帘石 5%～10%，绿泥石 3%～5%，钾长石 1%～2%
辉长质碎粒岩	灰绿色	碎斑结构，块状构造	透闪石 65%～70%，白云石 20%～25%，绿泥石 5%～8%，蛇纹石 2%～3%
强蚀变构造角砾岩	灰绿色	角砾状结构，定向构造、块状构造	角闪成分：绿泥阳起蚀变岩 45%～50%，绿帘石英蚀变岩屑 10%～15%，石英岩屑 5%～8%；胶结物成分：阳起石＋钠更长石 20%～30%，绿帘石 5%～10%
白云质断层角砾岩	灰色	角砾状结构，块状构造	角砾成分：白云岩屑 70%～75%；填隙物成分：白云石 20%～25%，泥质 1%～2%，石英 1%左右

（二）糜棱岩系列

图区分布较少，主要分布在苏巴什缝合带以及断裂带中。根据岩石类型不同可划分为两类：糜棱岩化岩石类和糜棱岩类。现将各岩石类型及岩石学特征分述如下。

1. 糜棱岩化岩石类

主要岩石类型有糜棱岩化生物灰岩、糜棱岩化蚀变石英安山岩、糜棱岩化二长花岗岩、糜棱岩化硅质岩等。其主要岩石学特征见表 4-4。

表 4-4　糜棱岩化岩石类岩石特征表

岩石类型	颜色	结构、构造	主要矿物成分
糜棱岩化生物灰岩	浅灰色	粉晶结构、糜棱结构，平行构造、眼球状构造	方解石 80%左右，方解石眼球及碎斑 15%～20%，泥质 1%左右
糜棱岩化蚀变石英安山岩	浅灰绿色	残余显微晶质粒状结构、糜棱结构，显微片状构造	斜长石 25%～30%，石英 25%～30%，钾长石 40%左右，锆石 0.5%左右
糜棱岩化中粗晶灰岩	浅灰色	残余中粗晶粒结构、糜棱结构，平行构造、眼球状构造	方解石 70%左右，方解石残斑及眼球 25%～30%，石英 1%左右
糜棱岩化二长花岗岩	浅灰色	残余半自形粒状结构、轻糜棱结构，定向构造	斜长石 25%～30%，钾长石 20%～30%，石英 30%～35%，角闪石 5%～8%，绿帘石 5%～8%
糜棱岩化细粒二长花岗岩	浅灰色	残余细粒花岗结构、轻糜棱结构，块状构造	斜长石 35%～40%，钾长石 30%左右，石英 20%～25%，黑云母 5%～8%，锆石 0.5%左右
糜棱岩化凝灰质板岩	灰色	残余凝灰质显微鳞片变晶结构、糜棱结构，平行纹理构造	绢云母＋粘土矿物 50%～55%，石英 10%左右，安山岩屑 10%～15%，斜长石晶屑 5%～10%，石英晶屑 5%～8%，火山灰尘 5%～10%
糜棱岩化石英岩	浅灰色	压扁拉长变晶结构，平行定向及条纹构造	石英 90%左右，白云母＋绿泥石 3%左右，黑云母 2%～3%，方解石 3%～5%
糜棱岩化硅质岩	浅灰色	显微齿状变晶结构，平行定向构造	石英 98%左右，绢云母 1%左右，方解石 1%左右
糜棱岩化凝灰质长石石英砂岩	灰色	变余细粒砂状结构、糜棱结构，平行条纹构造	石英 50%～55%，黑云母 10%左右，斜长石＋钾长石 10%～15%，阳起石 8%～10%，绿帘石 1%

糜棱岩化岩石中普遍遭受动力韧性剪切变形作用，岩石均具有糜棱岩化，表现为岩石中所有石英、长石矿物被细粒化重结晶，形成不规则拔丝构造及拉长线理构造，细小物质绕碎斑显示流动或充填于碎斑的张裂隙中，可见角闪石、黑云母晶片呈"S"型变形及波状消光，常见长石晶形有弯曲折断现象。

2. 糜棱岩类

该岩石类型在图区分布较少，主要岩石有斜长绢云糜棱岩、云母长英糜棱岩、长英质糜棱岩、石英二长质糜棱岩、角闪长英质糜棱岩等。其各类岩石学特征如下。

(1)斜长绢云糜棱岩

岩石为灰色，糜棱显微鳞片变晶结构，眼球状纹理构造。碎斑粒径一般为1～1.2mm，碎基粒径为0.1～0.15mm。主要矿物：斜长石40%～45%，黝帘石+绿帘石20%～25%，玻璃成分10%～15%，斜长石斑晶1%～2%，石英1%～2%，方解石20%～25%。副矿物主要有榍石、磷灰石、锆石等。岩石发生明显的韧性变形，主要表现为长英矿物碎粒化且又重结晶，出现以斜长石为主的残碎斑晶，由于变形旋转形成眼球状构造特征，眼球周围蚀变矿物绢云母、绿泥石绕眼球而过，形成眼球纹理状构造；除碎斑周边粒化及晶内破裂的脆性变形外，还具有塑性变形特征，表现波状消光、双晶弯曲和动态重结晶等。

(2)云母长英质糜棱岩

岩石为浅灰色，具糜棱结构，平行纹理构造。碎斑粒径一般为0.3～1mm，基质粒径为0.01～0.15mm。主要矿物：石英35%～40%，绢云母20%左右，长石30%左右；次要矿物：绿帘石5%～8%，白云母3%～5%，黑云母1%左右。副矿物主要有锆石及黄铁矿等。岩石在强压应力作用下，使原岩中的矿物石英和长石发生碎粒化，又将粉碎的糜棱物质动态重结晶，形成长英矿物的拉长线理，同时还有一部分成分发生分异生成绢云母鳞片，平行定向呈纹层分布，即形成了"S-C"组构，残余的小碎斑为石英，已呈小透镜状和眼球状，较大的白云母晶片明显扭折弯曲形成"云母鱼"，石英和云母的波状消光十分明显。

(3)长英质糜棱岩

岩石为浅灰色，显微鳞片变晶结构、显微齿状变晶结构，平行条带状构造、眼球纹理状构造。碎斑粒径一般为1.5～3mm，基质粒径为0.02～0.1mm。主要矿物：石英35%～40%，钾长石5%～7%，斜长石15%～10%，绢云母20%～25%，黑云母5%～10%；次要矿物：绿帘石+黝帘石10%～15%。副矿物主要有锆石、磁铁矿等。岩石具有明显的"S-C"组构，碎斑的变形旋转形成眼球纹理构造，由变质变晶作用形成的云母鳞片和碎粒化的石英发生塑性变形和动态重结晶，形成齿状变晶结构，这两种不同的物质成分大致不规则的平行相间出现，即形成条带和"S-C"组构。眼球体为长石碎斑，且明显边缘粒化又重结晶显示流动特点，有的被压碎弯曲、折断、双晶错断等，且波状消光明显。黑云母晶片沿C面理显示S型弯曲；石英亚晶化和动态重结晶后形成明显的分异条带和矿物拉伸线理等特征。

(4)石英二长质糜棱岩

岩石为浅灰色，具糜棱结构，眼球状纹理构造。碎斑粒径一般为0.3～1mm，碎基粒径为0.02～0.15mm。碎斑成分：钾长石15%～20%，斜长石5%～10%；碎基成分：石英20%～25%，斜长石10%左右，钾长石20%～25%，绢云母+黑云母15%～20%，白云母1%～2%。副矿物主要有锆石、磷灰石、褐帘石等。岩石中的碎斑成分为钾长石和斜长石，由于应力作用发生旋转形成眼球状构造，个别长石碎斑显曲颈状形态，普遍具波状消光，个别出现扭折及变形双晶等；碎基中的石英矿物表现明显的塑性变形，被碎化发生动态重结晶和分异形成条纹平行分布，形成纹理构造，绕碎斑显示流动构造和"S-C"组构。

(5)角闪长英质糜棱岩

岩石为浅灰色，具糜棱结构，平行定向构造，局部眼球状构造。碎斑粒径一般为0.2～0.3mm，少数可达1～1.2mm，基质粒径为0.01～0.1mm。主要矿物：石英40%～45%，角闪石5%左右，绢云母25%左右；次要矿物：钾长石10%～15%，绿帘石+黝帘石5%左右，斜长石1%～2%。岩石中具"S-C"组构和局部碎斑变形旋转形成的眼球状构造。眼球体主要为钾长石、角闪石和少数石英、钾长石集合体；基质主要由动态重结晶的细小石英、长石和蚀变的绢云母鳞片及粉碎的角闪石等组成；石英碎斑大部分已发生动态重结晶，形成分异的条纹和矿物的拉长线理；钾长石碎斑具明显的塑性变形特征，表现为波状消光、扭折、亚晶化和动态重结晶；角闪石普遍变形呈透镜状和扁豆状，波状消光明显，少数晶体已变形为拖尾构造。

(6)石英长英质糜棱岩

岩石为浅灰色，具糜棱结构，平行定向构造。碎斑粒径为1～1.5mm，基质粒径一般为0.01～0.15mm。主要矿物：钾长石40%～50%，石英15%左右，斜长石30%～35%；次要矿物：绢云母2%～3%，黑云母1%左右，绿帘石+黝帘石2%～3%，白云母1%左右。副矿物主要有锆石等。岩石中碎斑较少，占20%～25%，被粉碎的长英质物质占80%左右。碎斑系中未见石英，主要为钾长石碎粒化和波状消光、扭折、条纹弯曲、核幔构造等塑性变形的动态重结晶现象，斜长石个别呈碎斑，多数被碎粒化呈粉碎的细小颗粒，又发生动态重结晶等；钾长石出现曲颈状塑性变形特征。

二、动力变质作用

(一)碎裂岩系列

变质作用发生于浅表层次，在脆性剪切拉张、挤压等应力变形作用下，岩石发生脆性破碎，局部发生碎粒化，形成碎裂岩系列的构造岩石。

(二)糜棱岩系列

1. 糜棱岩化岩石

变质作用主要发生于中浅构造层次，是在以脆性剪切应力为主的作用下，岩石发生变形，变形机制以细粒化为特征。

2. 糜棱岩

变质作用发生于中深构造层次，是在韧性剪切应力作用下发生变形，变质机制以固态塑性流变为特征。

第五章　构　造

第一节　构造单元划分

构造单元划分依据测区实际资料结合中国地调局组织的数次有关青藏高原空白区 1∶25 万区调会议所取得的指导性意见，并将《于田县幅》和《伯力克幅》两个连测图幅一并考虑统一划分。

一、构造单元划分的依据

（1）依据板块构造理论的基本思想，结合大地构造学研究的新进展，按照活动论的观点，重点反映前寒武纪晚期以来的地体动态拼接和盆山耦合过程的基本特征及规律。

（2）地层的发育状况以及构成地层的岩石、岩石组合、古生物特征，地层的相互关系等自身特点所反映的大地构造环境和地壳活动性。

（3）侵入岩的发育状况以及侵入岩岩石、岩石化学和地球化学等自身特点所反映的构造环境和地壳活动性。

（4）地层、岩体的变质-变形程度、性质和时代、层次等特征，成矿性特征。

（5）依据板块构造学说，充分考虑区域地质构造格架和前人认识成果。

（6）以主期构造为骨干，对主期之前的构造和以后的主要构造给予尽可能地反映。

二、构造单元划分

根据以上所述构造单元划分依据，工作区构造单元可划分三级，于田县和伯克力两幅构造单元划分见图 5-1。根据盆山耦合的一致性、实体建造与构造变形的相关性，构造单元的命名以求能最突出地反映其基本特征和性质。

Ⅰ级单元：为板块级单位，区分大陆上相对稳定的大陆板块和活动性很强的造山带（消失了的大洋的残留体洋/陆强烈作用的大陆边缘）两个性质截然不同的地质单元。于田县幅北部为塔里木板块，南为昆仑造山带，两者的前长城系结晶基底并无太大的区别，中、晚元古代过渡基底也有相似性，但长城纪和蓟县纪时塔里木板块已逐步趋于稳定，而昆仑造山带仍显示了较大的活动性，在青白口纪两者又趋于一致。最大的不同在震旦纪以后，塔里木板块一直为相对稳定的大陆板块，而昆仑造山带却裂解进入特提斯洋系统，至今仍强烈活动，为青藏高原的北缘。

Ⅱ级单元：为地块级单位，是Ⅰ级单元内部性质不同的地体，具有区域可对比性。塔里木板块古生代以前的历史已被掩盖，中、新生代以来最明显的是周缘隆起带（如图区以东的铁克力克断隆）和相对于周缘山脉的沉积盆地，图区位置属于后者。

昆仑造山带是一个罕有的复杂构造带，至今仍在剧烈活动。总体上代表了一个消失了的大洋，该大洋从原特提斯、古特提斯至特提斯，既有继承性，又有突变性，长期演化，而它的多岛（陆壳性质和洋岛性质）洋特点比较完整地记录了这种复杂演化，清楚地反应了具有自北向南的方向性。多岛洋特点也就决定了造山带内部的蛇绿岩均不可能代表一个完整、巨大的大洋板块。造山带主构造期为晚古生代，晚古生代构造体制对前期构造有显著的破坏，但早期构造的格局仍可识别。全工作区自北向南划分了 6 个二级构造单元，即：昆北地块、（其曼于特）早古生代蛇绿混杂岩带、昆南地块、柳什塔格地块（早古生代洋岛）、（苏巴什）晚古生代蛇绿混杂岩带、甜水海地块。

Ⅲ级单元：基本上是地体级的构造单元，具有比较明确的建造属性和与之相联系的构造变形属性，包括两种类型。

一是Ⅱ级单元内部同构造期不同活动性建造的进一步划分，边界为区域性大型断裂，如苏巴什蛇绿混杂岩带(大混杂带)内部可分蛇绿岩带(小混杂带)、陆壳性质的大型块体、比较完整的增生楔复理石块体。

二是不同构造期的地体，其曼于特蛇绿混杂岩带之北的昆北地块上可分早古生代地体(早古生代的被动边缘建造和碰撞作用产生的厚皮岩片构造体)，晚古生代地体(晚古生代的裂谷-弧后盆地型建造和冲褶构造体系)，中、新生代山前一带的类前陆盆地。昆南地块上可分早古生代活动边缘地体(早古生代的活动边缘建造和俯冲、碰撞作用产生的厚皮岩片构造体系)，早古生代已拼到昆南地块上的洋岛地质体，晚古生代活动型火山沉积建造，苏巴什蛇绿混杂岩带中的中、新生代山间盆地火山-沉积建造体。

伯力克幅包括了图 5-1 所示的昆仑-喀喇昆仑造山带的昆南地块、柳什塔格地块、苏巴什晚古生代蛇绿混杂岩带和甜水海地块。对不同构造单元的构造按时间进行划分，可分为特提斯洋演化之前的基底构造，特提斯洋演化阶段又分为原特提斯构造、古特提斯构造、特提斯洋关闭之后的新生代(板内)构造。伯力克幅构造纲要图如图 5-2 所示。

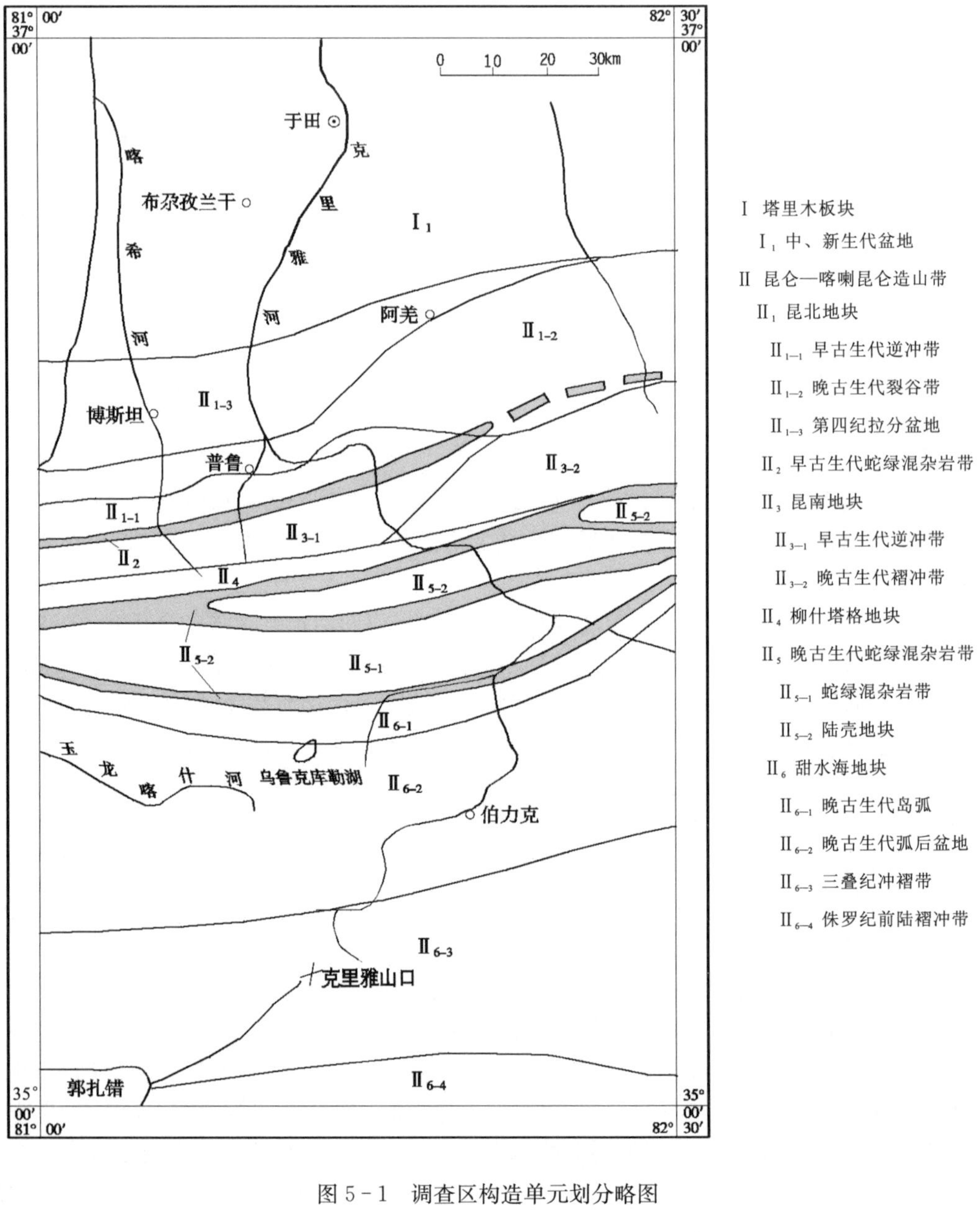

图 5-1　调查区构造单元划分略图

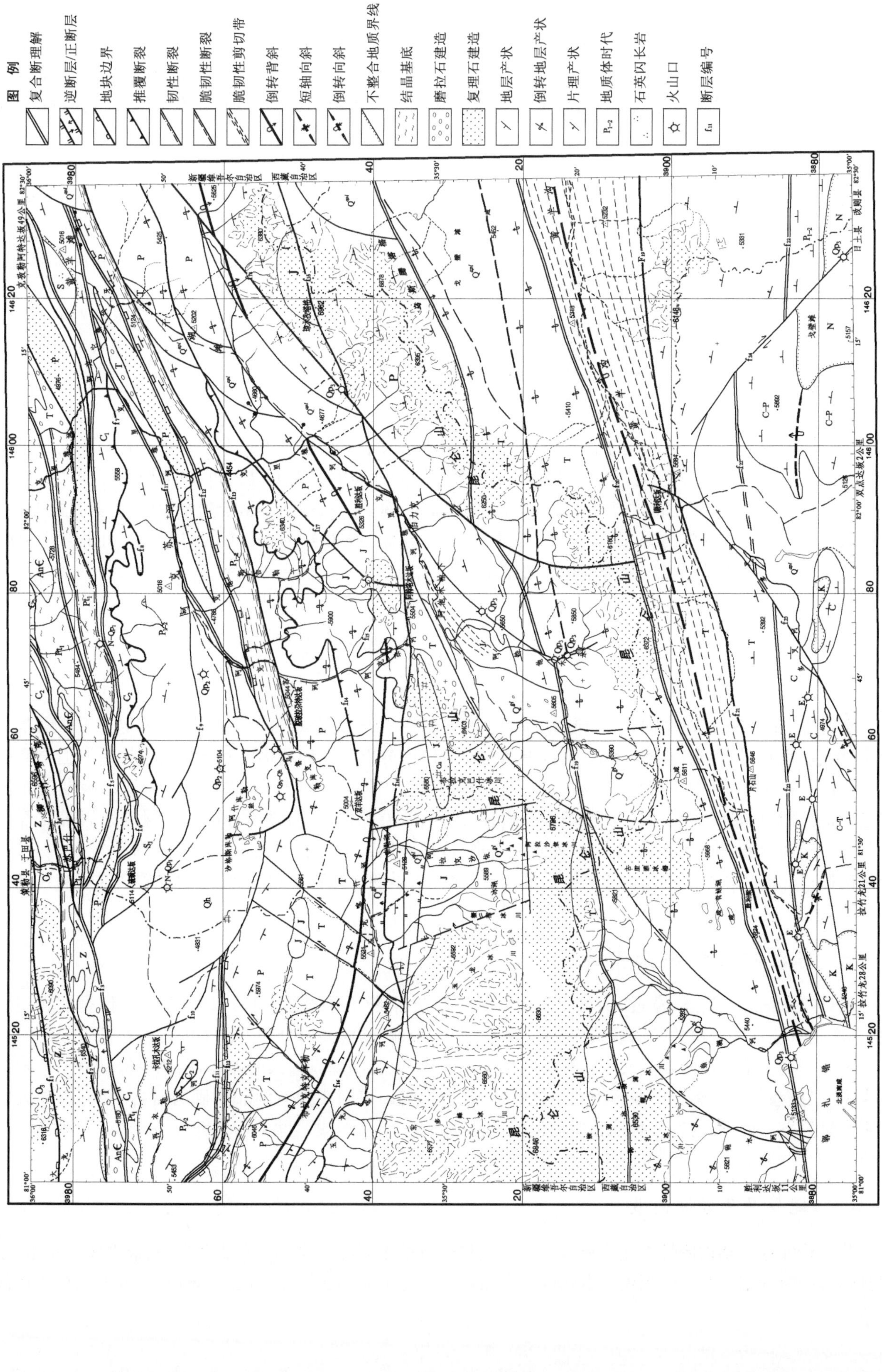
图 例
复合断理解
逆断层/正断层
地块边界
推覆断裂
韧性断裂
脆韧性断裂
脆韧性剪切带
倒转背斜
短轴向斜
倒转向斜
不整合地质界线
结晶基底
磨拉石建造
复理石建造
地层产状
倒转地层产状
片理产状
地质体时代
石英闪长岩
火山口
断层编号

图5-2 构造纲要图

第二节 基底构造

和《于田县幅》相似，本图区基底构造可分结晶基底和过渡基底两部分，但出露均很有限。结晶基底为出露于苏巴什缝合带中的陆壳碎块的基底——双雁山片岩，由于这些块体单独存在，又被后期构造强烈改造置换，所能看到的早期构造只是深变质时期在地层和深成岩体中形成的片理、片麻理构造，有时可见清楚的矿物生长线理。

过渡基底有两处，一为仅见于克里雅河中总出露面积不足 $1km^2$ 的浅粒岩组（可能为甜水海微地块的长城系），高绿片岩相同变质变形产生了清楚的矿物分集，形成片状构造及条纹、条带构造，同时也形成了大致顺层的韧性剪切带；另一类过渡基底为出露于图区西北角的昆南地块阿拉玛斯岩群，但本图区仅见角闪岩组，角闪岩相变质使岩石完全结晶，形成片理、片麻理构造，微弱混合岩化产生了浅生肠状脉体，同变质的变形则使岩石塑性流变，形成流变褶皱。

第三节 原特提斯构造

原特提斯构造在本图区仅见于柳什塔格玄武岩。柳什塔格玄武岩作为一个震旦—寒武纪形成的洋岛性质的独立地块，位于晚古生代苏巴什蛇绿混杂岩带和陆壳性质的昆南地块之间，内部构造可能为一套逆冲岩系，主要是一组稳定向北倾斜的片理和局部糜棱面理，两者产状相同。由于其岩性单调，可分性差，仅从枕状玄武岩中岩枕的排列看，面理与层理基本一致，从岩枕间充填物形态分析，地层北倾为倒转，上部沉积岩段地层向北陡倾显然是后期构造作用的结果。

第四节 古特提斯构造

晚古生代的古特提斯洋演化是本区地质的主题，古特提斯构造是本区的主期构造，奠定了本区的基本地质、构造面貌。与《于田县幅》相似，古特提斯构造可以区分出早期伸展构造和晚期挤压构造。但早期的伸展构造除在柳什塔格玄武岩中造成石炭纪花岗岩带状侵入外，未见明显的构造变形形迹。晚期的挤压构造却很强烈，均属中、浅层次。构造类型有劈理、线理、断层和褶皱，劈理除苏巴什蛇绿混杂岩带北部倾向北外一致为南倾，拉伸线理基本与劈理面走向垂直，褶皱发育程度和样式在不同的构造单元很不一致。分隔构造单元的大型断裂构造由于均被后期构造所改造，早期构造特征很少保存，能被清楚观察的只是中小型断裂。

一、苏巴什蛇绿混杂带构造

如第三章第二节所述，宽近 50km 的苏巴什蛇绿混杂岩带（大混杂带）可分两大部分，主体是陆壳型碎块，其次是分隔这些碎块的蛇绿混杂岩带（小混杂带），（小）蛇绿混杂岩带和陆块上的构造特征完全不同。

阿什库勒盆地东西两侧基底和陆块基底虽完全一致，但盖层却有很大的差异，西侧再依勒克一带缺失石炭系，二叠系直接不整合于双雁山片岩之上，二叠系空喀山口组中没有河流相砾岩，再依勒克组中火山岩则大量发育。另外，两者二叠系和生物化石组合也不完全一致，说明盆地两侧并非一个统一的块体，之间应有一个 NW 向的蛇绿岩带。

（一）蛇绿混杂岩带构造

苏巴什蛇绿混杂构造带中蛇绿混杂岩带（小混杂带）总体上可分北、中、南 3 个带，北带主体分布于《于田县幅》，中带和南带基本全部位于本图区。带内不同岩性单元的蛇绿岩、古老变质块体、台地相沉积块体及增生楔复理石块体以韧性逆冲断层相接触，这些块体规模较大，路线或区域上可以填图，总体上蛇绿岩不同岩性单元的出现有一定方向性规律可循，蛇绿岩自身的变质变形也稍弱。

（二）陆块区构造

1. 基底构造

陆块基底中晚古生代构造变形比较普遍的是片理、片麻理的宽缓褶皱，另外是多在块体边缘发育的与周围蛇绿岩带中逆冲断层基本一致的大型糜棱岩带。糜棱岩带为低绿片岩相退变质作用，细粒化并产生明显的构造分泌条纹条带、长英质脉体产生的旋转碎斑系、早期变斑晶的旋转及退变、S-C构造等。在大型糜棱岩带的弱变形域早期片岩、片麻岩特征保存尚好。

2. 盖层构造

苏巴什蛇绿混杂岩带中的陆壳碎块上石炭统—中二叠统沉积盖层基本未变质，构造也比较简单，以向南的逆冲推覆为主，多处形成“飞来峰”，但运动量不大，推覆构造伴有较宽缓褶皱构造，局部发育不明显的劈理构造。图5-3为阿克苏河北80方里网线西侧构造剖面图，基本反映了盖层区构造特征（图版Ⅲ，5，6）。

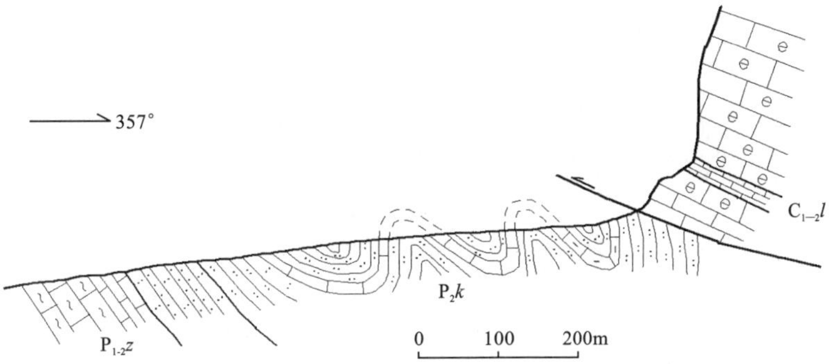

图5-3 苏巴什蛇绿混杂岩带中陆块盖层构造剖面图

$C_{1-2}l$. 早—中石炭世龙门沟组；$P_{1-2}z$. 早—中二叠世再依勒克组；P_2k. 早—中二叠世卡拉孔木组

二、卡拉勒塔什逆冲叠瓦构造带

卡拉勒塔什构造带为具岛弧性质的卡拉勒塔什岩群，呈向南的弧形贯通全区。卡拉勒塔什岩群总体为向南倾的单斜构造，但内部大致顺层的剪切变形极强（图5-4），大部分岩石已成糜棱岩或糜棱岩化，强、弱带交替形成构造透镜体。

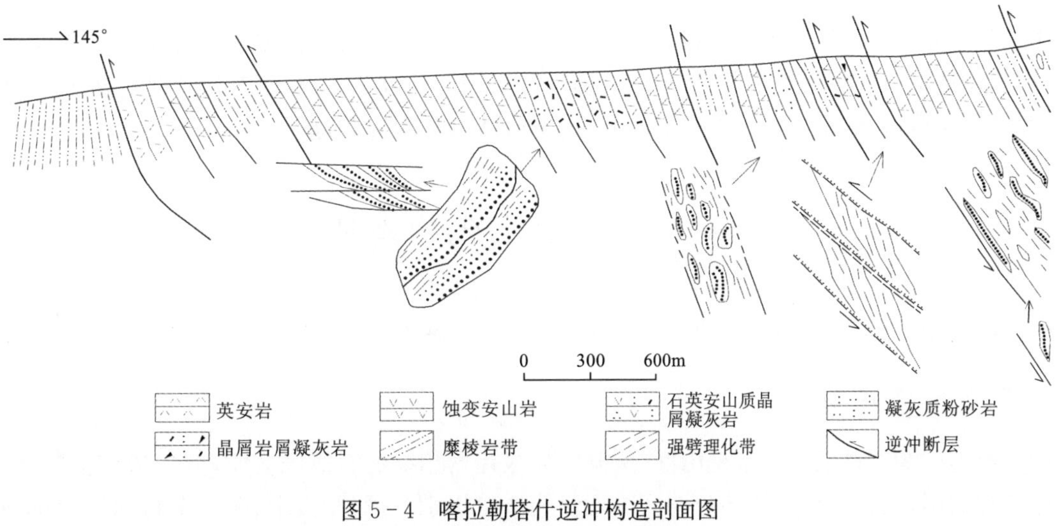

图5-4 喀拉勒塔什逆冲构造剖面图

由图 5-4 可以看出，向北的逆冲推覆构造面基本全发生于火山岩间的凝灰质沉积层中，弱变形地段均反映地层向南倾为正常，也未见褶皱构造。所以，该带应为运动面沿软弱层发生的叠瓦扇构造。

三、阿克苏褶冲带

阿克苏褶冲带出露具弧后盆地性质的黄羊岭岩群，构成本图区宽度最大的构造带。黄羊岭岩群为低绿片岩相变质，同变质过程形成了透入性区域轴面劈理和脆韧性剪切带，对 S_0 发生较强烈的置换改造，但多数地区两者在野外均能区别。以中部的玉龙喀什-阿他木帕下-琼木孜塔格断裂为界，分北部双羊达坂褶冲带和南部昆仑山冲起构造带两个特征不同的构造体系。

（一）双羊达坂褶冲带

组成地层主要是下板岩组、凝灰岩组和上板岩组，砂岩组很少。该带总体为一南倾北倒的倒转背斜构造——双羊达坂背斜，比较特殊的是在同斜褶皱的基础上进一步挤压，能干性较强的凝灰岩组和砂岩组发生向北的逆冲推覆，形成两个规模较小的推覆体构造。图 5-5 为阿克苏河构造剖面图，反映了该带的构造面貌。

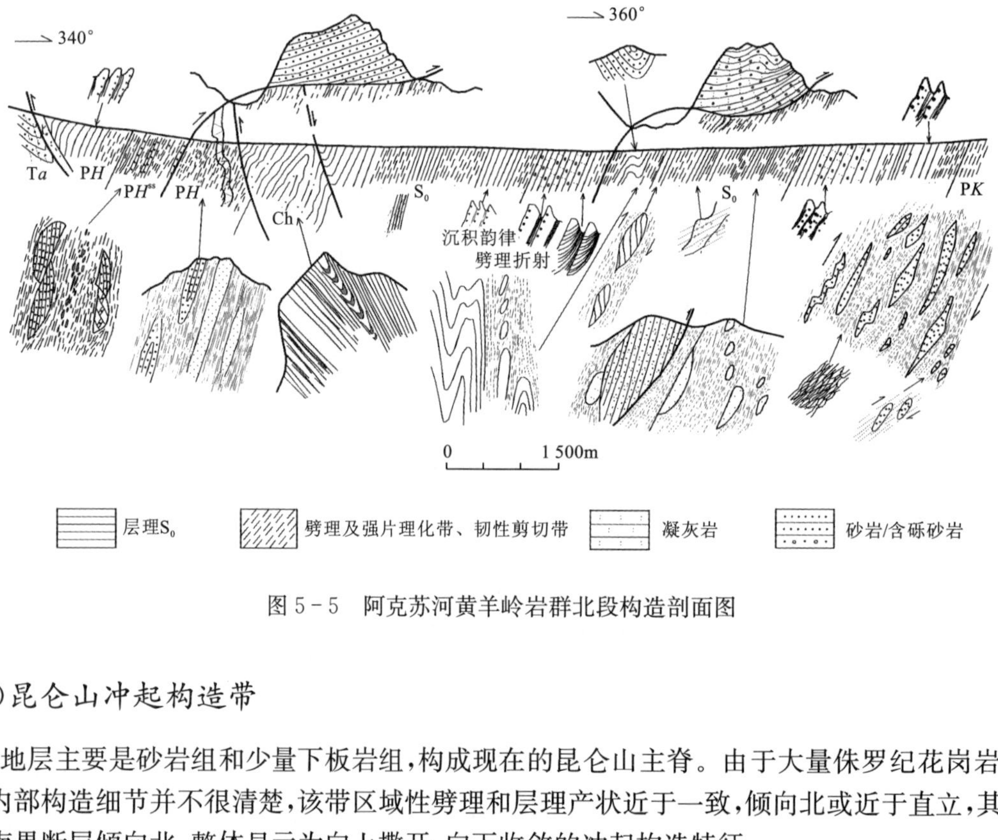

图 5-5　阿克苏河黄羊岭岩群北段构造剖面图

（二）昆仑山冲起构造带

组成地层主要是砂岩组和少量下板岩组，构成现在的昆仑山主脊。由于大量侏罗纪花岗岩侵入和地形限制，内部构造细节并不很清楚，该带区域性劈理和层理产状近于一致，倾向北或近于直立，其北界断层倾向南，南界断层倾向北，整体显示为向上撒开、向下收敛的冲起构造特征。

第五节　中生代构造域

中生代构造位置进一步南移，主体位于图区中、南部，三叠系、侏罗系和白垩系构造特征各不相同。

一、三叠系褶冲带

构造变形地层为三叠系巴颜喀拉山群，该群为低绿片岩相绿泥石级浅变质，但构造变形较强，形成了透入性劈理和韧脆性剪切带，但大部分地区层理仍能清楚识别。可分北、中、南 3 个特征完全不同的构造岩片，依次命名为克里雅山口岩片、顺利达坂岩片、片石山岩片。

（一）克里雅山口岩片

组成地层为片石山砂岩、黄羊沟组，区域性地层层理倾向北，层理和劈理关系、沉积韵律和层间不对称褶皱显示绝大部分地区地层向北为倒转，局部正常，层理与劈理的交角从微交到近于垂直，显示内部发育小型褶皱，图 5-6 反映了该岩片内部克里雅山口以南的构造面貌。

克里雅山口以北的区域则稳定向北倒转，发育少量顺层的剪切带，未见中等尺度的褶皱。

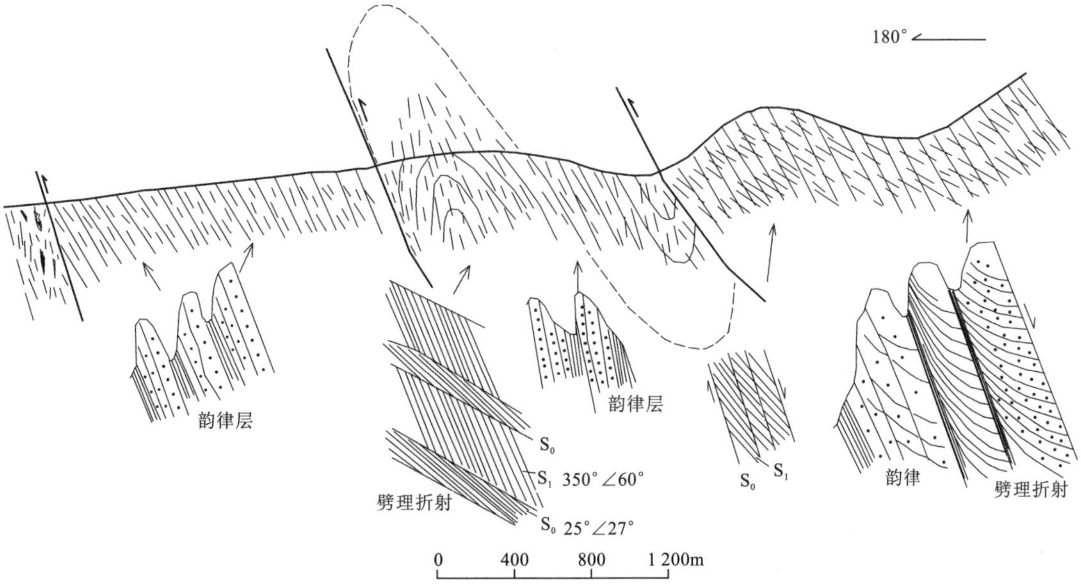

图 5-6　克里雅山口南克里雅山口岩片构造剖面图

（二）顺利达坂岩片

组成地层以胜利梁组为主，黄羊沟组少量，黄羊沟组中夹安山岩，也见台地相生物灰岩滑来块体。该岩片为一很强的劈理化带，并有大量石英脉产生。劈理比较彻底地置换了层理，以致于其外貌反倒简单，但构造较弱处可见沉积纹层、薄层与劈理均大角度相交（图 5-7），劈理产状为向北陡倾。综合分析认为该岩片可能为一复杂的向斜构造核部。

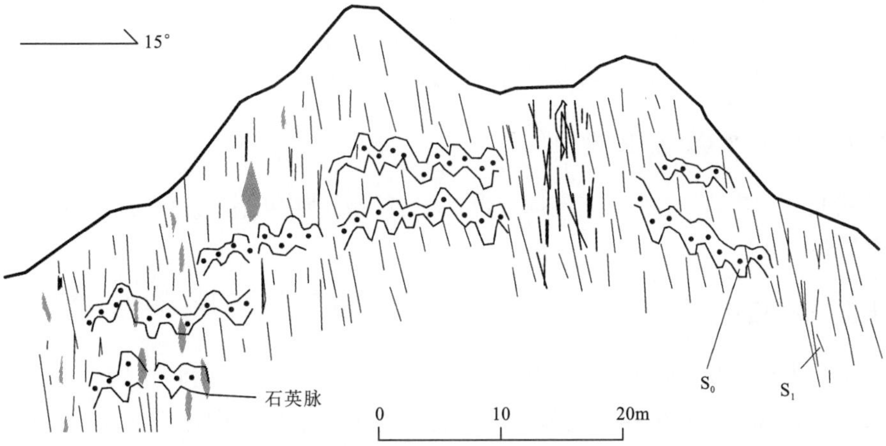

图 5-7　胜利梁岩片片层关系（局部）素描图

(三)片石山岩片

组成地层为黄羊沟组、片石山砂岩和多叉河组,该岩片地层层理普遍倾向北。相对于以上两个岩片,黄羊沟岩组中灰岩夹层较多,相对于克里雅山口岩片,该岩片中的片石山砂岩体规模小、相变大,此外,构造变形明显复杂,中等尺度的剪切带、褶皱(常见转折部位)非常发育,两个剪切带之间的地层普遍为南侧为倒转背斜、北侧为倒转向斜的褶皱对(图 5 - 8),可见该岩片具褶冲叠瓦扇构造特点。

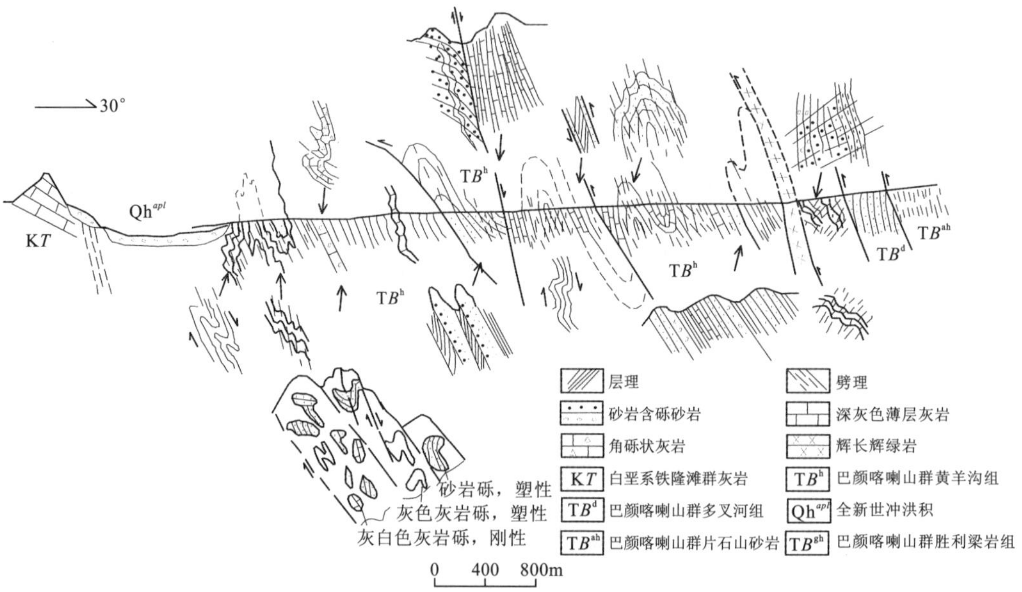

图 5 - 8　片石山西侧片石山岩片构造剖面图

综上所述,三叠系巴颜喀拉山群构造具有以下两个方面显著特点。

其一,包括《于田县幅》在内,三叠纪以前的各期构造的构造面除局部地段外,总体为倾向南,具向北逆冲运动特征,而三叠系巴颜喀拉山群的构造面却统一倾向北,具向南逆冲运动特征,这种构造运动方向、形式的转变在以北的前期构造层中形成集中分布的强劈理化带及断层,特别是苏巴什蛇绿混杂岩带位置构造运动更强,使这一带出露的三叠系阿他木帕下组强烈变形,甚至产生透入性劈理和砾石的压扁拉长。

其二,三叠纪之前各期构造以逆冲推覆为主,而三叠系巴颜喀拉山群褶皱构造非常发育,并具褶皱构造和断裂构造同时发生、同等重要的特点。主要断层是南北两侧的分界断层及内部岩片边界断层,控制了该群总体构造格局,这些断层似独立于褶皱构造而发生发展。结合区域地层分布特征分析,该区总体上是以中部胜利梁组为核的复式向斜构造,但褶皱过程沿倒转翼产生露头所见的小型断层,进一步发生了明显的向北的逆冲推覆运动,这些断层受控于褶皱又改造、破坏褶皱。

二、侏罗纪陆内逆冲推覆构造

侏罗纪以郭扎错断裂为界,以北的前期各构造带发生强烈的陆内向南的逆冲推覆构造,以南的甜水海地块上则发生前陆冲褶变形。

(一)郭扎错前陆冲褶带

位于图区最南部甜水海地块(内部),甜水海地块从下古生界至三叠系为较连续、稳定的台地相沉积,之间未见角度不整合关系,侏罗系(出露于紧邻图区南边拉竹龙一带)出现不稳定环境下的陆源碎屑沉积,并发生了较强的构造变形,前侏罗系向南逆冲其上(图 5 - 9),而白垩系则角度不整合于所有地层之上,变形甚微,产状比较平缓,说明甜水海地块盖层的变形发生于侏罗纪末,构造形式以向南的逆冲推覆为主,同时致使地层褶皱,褶皱轴面走向近 EW—NE,NE 向褶皱具花边状特点,沿背斜轴部或平行褶皱轴有基性—酸性脉岩侵入，说明侏罗纪构造机制为SN向挤压的同时有较强的右旋走滑。

(二)昆仑山逆冲带

侏罗纪发生向南的逆冲推覆构造不仅仅限于甜水海地块，在以北的前期各构造带上也有明显的表现(包括北侧的于田县幅)，早期地体逆冲于上覆沉积的三叠系阿他木帕下组磨拉石和早、中侏罗世叶尔羌群之上(图5-10)。苏巴什蛇绿混杂岩带是构造最强的地段，使其发生显著的劈理化，砾石发生旋转、定向，局部被拉长。阿克苏构造带变形稍弱，阿他木帕下组和叶尔羌群只是发生倾斜、褶皱，仅局部弱劈理化。

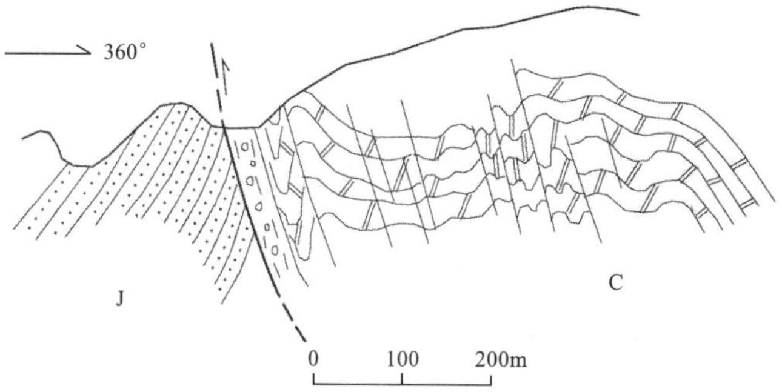

图5-9 拉竹龙(区外)石炭系白云岩(C)向南逆冲于侏罗系(J)砂岩上

南倾的逆冲断层除追踪、改造早期已有断层活动外，也产生新的宽大的向北倾的强劈理带，进一步发展成断裂带，具右旋斜冲性质(图5-11)。

与侏罗纪大规模逆冲推覆相对应的另一重大构造现象是大致沿昆仑山脊一带的大型似斑状二长花岗岩侵入，其晚期小岩体为昆仑山最重要的斑岩型铜矿化体。

显然，侏罗纪构造形式是三叠纪的继续和发展。

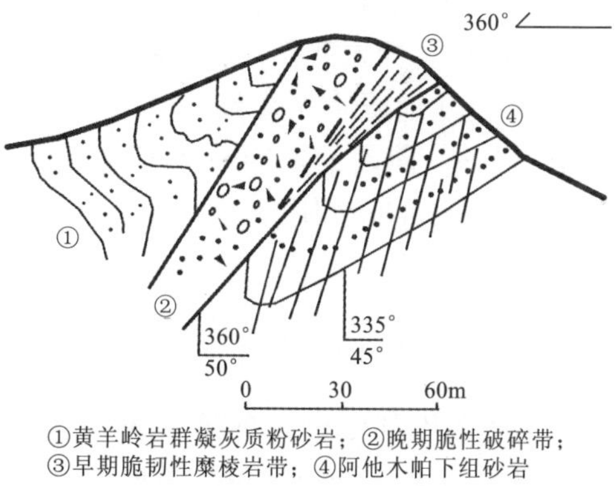

图5-10 阿他木帕下达坂断层剖面图

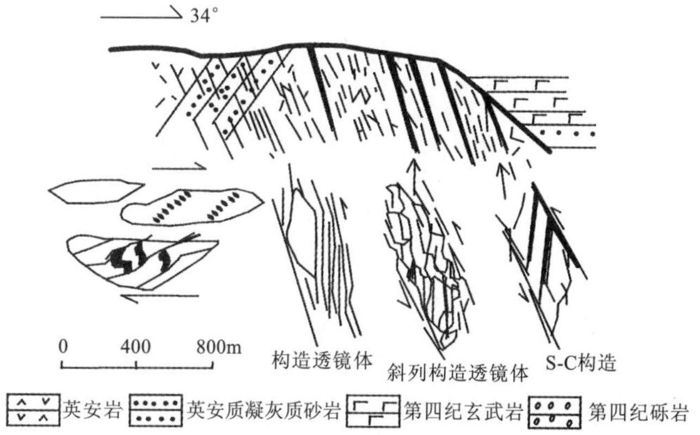

图5-11 阿克苏河口中生代强劈理化带局部成北倾右旋斜冲断层

三、白垩纪宽缓褶皱

由于区域性缺乏白垩系记录，白垩纪构造面貌并不清楚，郭扎错以东甜水海地块上的白垩系仅表现为很开阔的褶皱构造，据此可以认为白垩纪构造并不强烈。

第六节 新生代构造

新生代形成了举世闻名的青藏高原，本图幅处于青藏高原的北缘。

本区前新生代漫长的地质构造演化并未使其完全固化成刚性块体，如前所述，始于第三纪的冈瓦纳大陆裂离(地)板块向北与欧亚大陆板块的碰合，以及由此所产生的远程效应使本区在中生代构造的基础上进一步发生强烈的断裂活动，并发生显著的断块隆升，从而构成青藏高原的北缘。

本区又是阿尔金断层的SW端，阿尔金断裂本身是一个特殊的构造体制。《于田县幅地质报告》详细叙述了于田县幅整体处于阿尔金断裂系，为阿尔金断裂系在西昆仑和塔里木南缘一带构造方向和运动性质的转换部位，作为阿尔金断裂主体的南缘断裂进入昆仑山后微向南偏转，在图区以东形成很显著的库牙克断裂谷地，进入本图区即追踪苏巴什蛇绿混杂岩带，转化成 NW 向延至康西瓦以西，本图区为其转折部位，呈近 EW 向向南突出的弧形。区域航磁异常图和本次区域地质填图均清楚反映了这一转化（地质图角图），与构造方向的转化相适应，构造运动性质也从较简单地走滑转化为压扭，使测区总体构造机制为以苏巴什断裂（阿尔金南缘断裂的西延）为核心的正花状构造。GPS 定位测量证明青藏高原隆升过程存在明显的顺时针旋转（肖序常等，2002），阿尔金断裂在本图区构造性质的转换与高原隆升中的整体旋转相叠加，产生大量拉分盆地，并诱发剧烈的火山活动。

一、主要断裂构造

新生代构造以断裂为主，断裂性质以逆冲为主，其次为走滑断层和正断层。断裂方向有 EW 向和近 EW 向、NE 向、NW 向和近 SN 向，主要是 EW 向和近 EW 向，而且主要是追踪早期已有断层，其他方向的断裂为新生断裂。

（一）再依勒克-苏巴什-黄羊滩（f_3）断裂

是昆仑山正花状构造的主断裂，于昆仑山北脊南侧形成一条宽阔的线状负地形，在所有比例尺的航、卫片上都能非常清楚地显示出来。断裂追踪苏巴什蛇绿混杂岩带最北的小混杂岩带而活动，将混杂岩带及两侧地体中的早期面理均强烈改造为向北陡倾，影响宽度达 2～3km，其北界是与之平行的 f_2 断裂。该断裂具韧脆性特点，在其影响范围内形成了密集的小断裂，局部形成强劈理带，将岩石碎裂成 0.5～1cm 的小凸镜及薄片，变形较弱处则是普遍的碎裂作用。宽阔、普遍、强烈的变形与早期变形相混杂，致使在一个露头上各种方向、各种性质的运动标志都存在，总体运动性质却不易确定，从地质体关系和对现代水系和改造变位分析，向南的逆冲是清楚的，水平方向上左行运动虽然明显，但也有右行的标志。

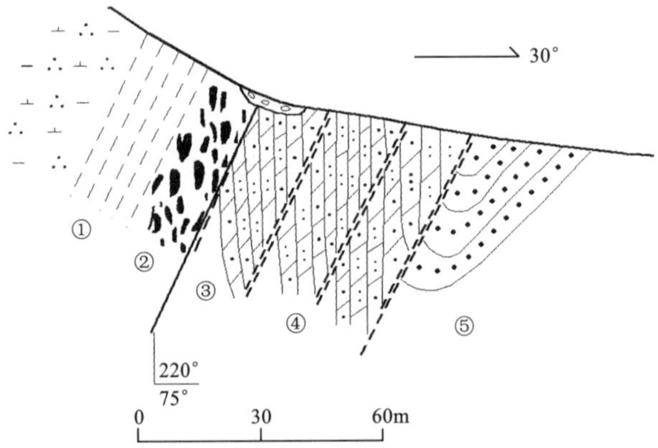

图 5-12 硫磺达坂断岩剖面素描图

①志留纪英云闪长岩；②劈理化英云闪长岩；③碎裂蚀变英云闪长岩；④劈理化碎裂砂岩（硫磺达坂砂岩）；⑤硫磺达坂砂岩

（二）硫磺达坂断裂（f_6）

追踪苏巴什缝合带的第二条蛇绿混杂岩带南界活动，走向近 EW，微向南弧形突出，80 方里网线西侧倾向南，以东倾向北，倾角 70°～90°，南盘向上运动，特别是在西段形成极险峻的陡崖，航、卫片反映均极清楚，断裂带常被大量坡积物所覆盖，硫磺达坂北倾断裂特征表示于图 5-12。断裂带宽约 100m，上盘岩体和下盘硫磺达坂砂岩碎裂、透镜化的同时产生了一组脆性破劈理，并有明显的蚀变。

（三）阿什库勒断裂（f_{11}、f_{12}）

追踪苏巴什缝合带的最南部蛇绿混杂岩带北界断裂（f_{11}）倾向北、南界断裂（f_{12}）倾向南活动，宽近 5km。断裂带主运动面在蛇绿岩带的南界和北界 60 网线以西走向为 NWW，以东走向为 NEE，呈向南突出的弧形，断层带倾向南，倾角 60°～75°，具逆冲性质。断裂活动使早期的糜棱岩和蛇绿岩带中的块体再次发生碎裂、褶皱而更显混乱，图 5-13、图 5-14 反映了该断裂带特征。

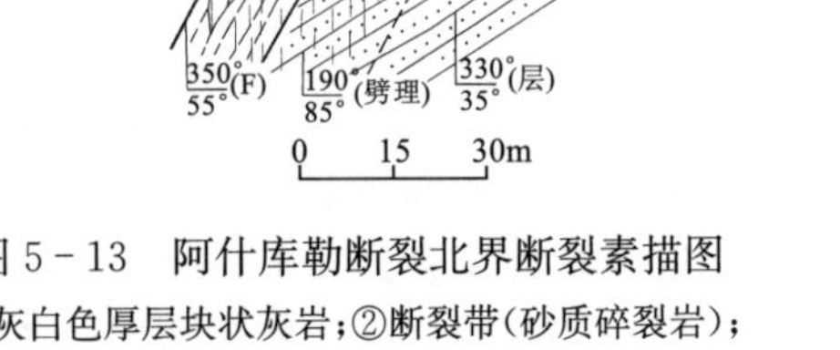

图 5-13 阿什库勒断裂北界断裂素描图

①灰白色厚层块状灰岩；②断裂带（砂质碎裂岩）；③灰色杂砂岩；④强劈理化带

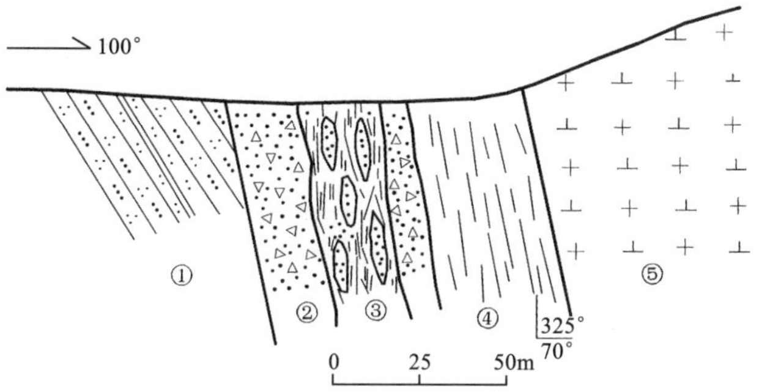

图 5－14　阿什库勒盆地南界断裂素描图
①石英砂岩；②断层碎裂带；③糜棱岩化砂岩；
④强片理化带；⑤花岗闪长岩

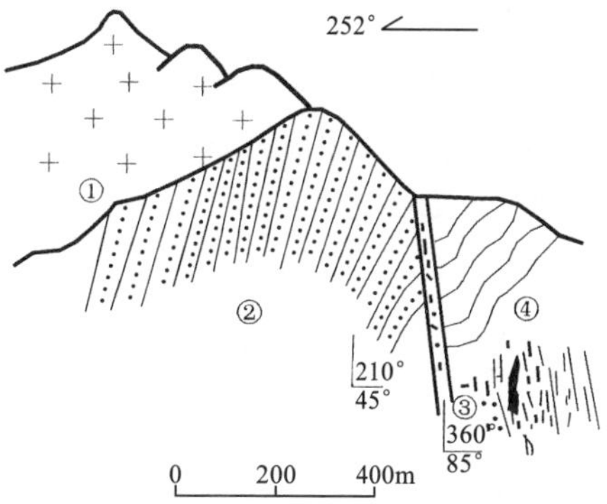

图 5－15　玉龙喀什河玉龙喀什断层剖面图
①侏罗纪花岗岩；②黄羊岭岩群砂岩组；
③断层破碎带；④黄羊岭岩群粉砂质板岩

（四）玉龙喀什－琼木孜塔格断裂（f_{16}）

近 EW 向贯通全区，追踪早期断裂活动，但在不同部位表现特点很不一致，阿特塔木达坂处几乎没有明显的新生断裂迹象，向西 10km 形成宽约 24m 的破碎及构造角砾岩带，倾向北，北盘下滑（图 5－10），再向西在苦日苦勒满则呈宽达 200 余米的角砾岩带。在玉龙喀什河牙克巴克塔克南侧为图 5－15 所示的正断裂，早期构造岩被彻底改造。

（五）冰爪多断裂（f_{17}）

近 EW 向贯通全区，追踪早期断裂活动。倾向北，倾角 60°～75°，具逆冲性质，北盘抬升形成昆仑山主脊。断裂特征在冰爪多以东表现清楚，表示于图 5－16，断裂活动历史见后。

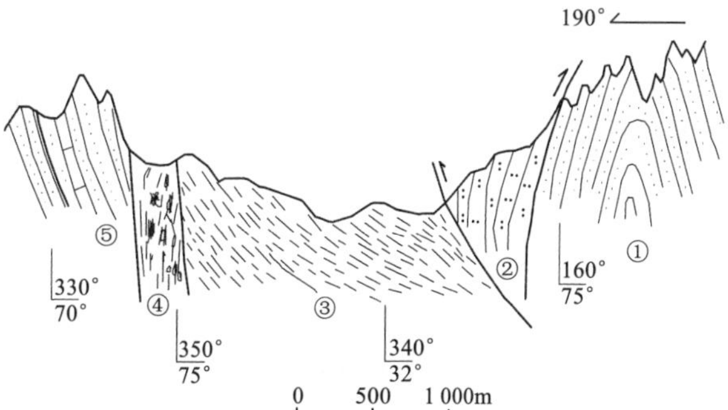

图 5－16　冰爪多断层剖面图
①黄羊岭群砂岩组；②黄羊岭群上板岩组；③强劈理化带；
④黄羊岭群凝灰岩组；⑤黄羊岭群下板岩组

（六）胜利梁－黄羊沟断裂（f_{18}）

NEE 向贯通全区，完全追踪早期片糜岩带活动，可能由于早期强烈的韧脆性劈理带易于释放应力，新生代断裂活动产生的构造岩并不发育，可见宽约 20m 的小型断裂密集带，向北陡倾或近直立，北盘抬升，至今仍在活动（见后）。航、卫片上该断裂线性质构造特征极清楚。该断裂的活动在东邻图区诱发形成黑石北湖火山岩区。

（七）郭扎错断裂（f_{20}）

郭扎错断裂在地貌上表现为宽达 2～3km 的线状负地形，新生代断裂活动的具体表现因大量覆盖并不清楚，但该断裂北盘明显抬升使地形高、山体大、山脉延伸长远、切割较深，而以南为低山丘陵，多为孤山，大量发育更新世平坦的湖积。该断裂旁侧的次级断裂所控制的古近纪（系）火山岩的产出特征（图 5－17）又反映它具左行走滑性质。

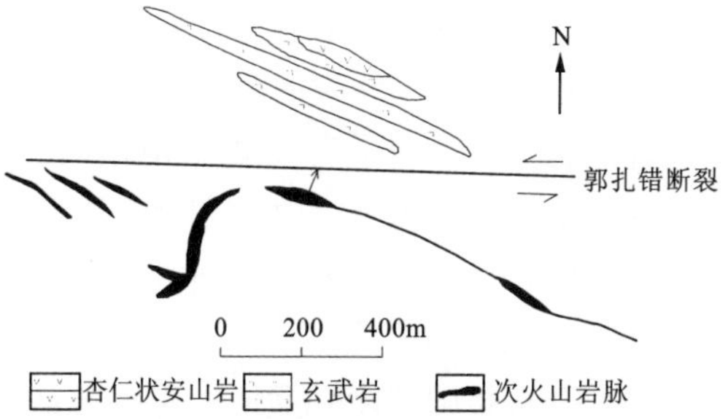

图 5－17　邦达错北次火山岩的产状反映
郭扎错断裂具左旋特点平面图

二、次级断裂构造及组合

上述主要断裂构成本区新生代基本构造格架，但受构造位置、早期地质体力学性质、边界条件的影响，不同区段的构造细节却不尽一致，形成不同的构造面貌。本图区新生代构造进一步可分为图 5-18 所示的 5 种次级断裂组合形式。

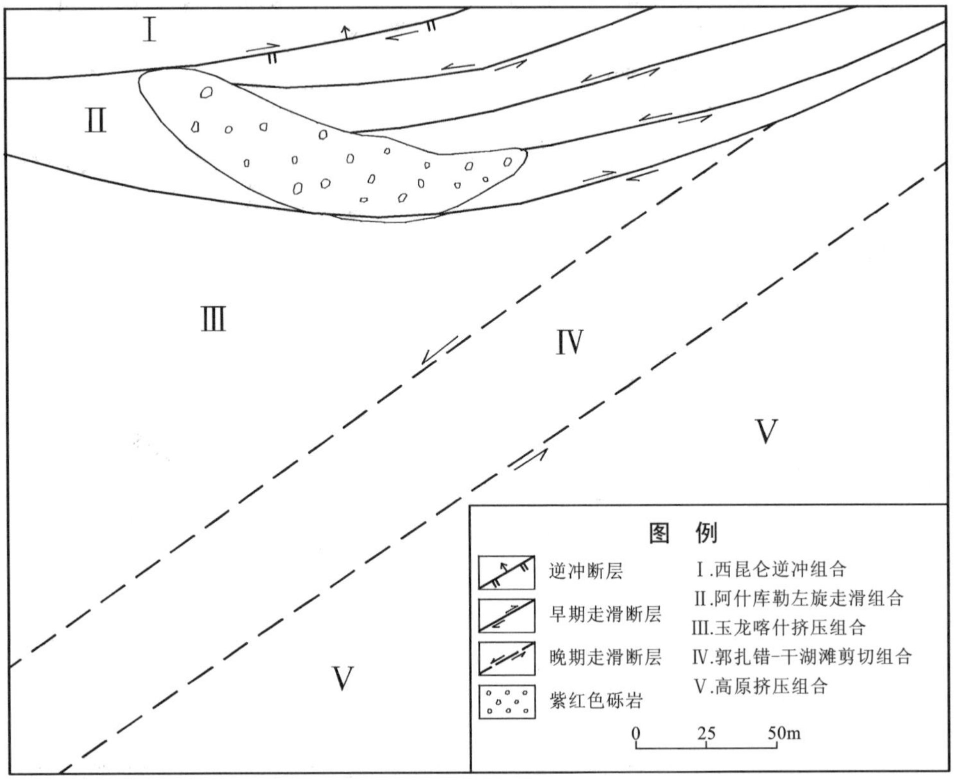

图 5-18　伯力克幅新生代构造组合分区示意图

(一)西昆仑逆冲构造组合

主体位于《于田县幅》，本图区仅在西北角少量出露。受其南界断裂——再依勒克-苏巴什-黄羊滩断裂控制发生向南的高角度左旋斜冲，形成目前昆仑山的北脊(雪山)，逆冲体北侧可能由于重力作用形成向北倾的一组正断层(f_1)。

(二)阿什库勒左旋走滑构造组合

为晚古生代苏巴什蛇绿混杂岩带区域，主要断裂追踪早期的蛇绿岩带左旋斜冲运动，其北界断裂——再依勒克-苏巴什-黄羊滩断裂向南斜冲，南界断裂向北斜冲，使其总体为一相对沉降、地形最低缓的地带，在总体沉降的背景下形成了有大量火山喷发的阿什库勒盆地。

阿什库勒盆地是区内规模最大和火山岩最发育的盆地，面积约 800km²，盆地走向为 NW，其 NE 界和 SW 界呈突向 SW 的弧形并在 SE 侧收敛，北界为苏巴什断裂，即该盆地形态为向 SE 收敛、向 NW 撒开的弧形。

本章第四节分析阿什库勒盆地的基底应是一个与苏巴什缝合带中其他蛇绿岩带方向不一致的蛇绿混杂岩带，是一构造软弱地带，新生代左旋压扭体制下沿该蛇绿岩带发生裂离，形成盆地。盆地周缘多处可见已倾斜的古近系和水平的新近系红层，说明盆地形成于古近系，与青藏高原的隆升同步发生，古近纪、新近纪盆地规模较第四纪稍大。新近纪以后盆地演化受断裂控制，分 3 个阶段由北向南迁移。

古近纪至新近纪早期，盆地北界在苏巴什西侧一线，堆积了巨厚的河湖相砾岩、砂岩(地质图上未表示)，新近纪晚期至早更新世盆地向 SW 侧迁移至现在盆地的北部，北界仍为苏巴什断裂，南界为硫磺达坂断裂，硫磺达坂断裂向西终结于蛇绿岩带(被盆地掩埋)，在断裂终止部位和东侧80网线附近产生基性、中性和偏酸性的火山喷发。中更新世盆地中心沿蛇绿混杂岩带方向向SE侧迁移，盆地北界为硫磺达坂断裂，南界为阿什库勒断裂组的北部，该断裂同样也终止于蛇绿岩带，并在终止部位和西侧形成了规模最大的3、4、5号火山，在盆地东侧进一步沿断裂发生裂隙式喷发，这一时期盆地规模最大，火山活动最为强烈，火山熔岩流堵塞河流，形成阿什库勒(湖)和萨格斯库勒(湖)。晚更新世—全新世盆地中心进一步向SW侧迁移，盆地的南界为阿什库勒断裂组的南部，这一时期盆地规模变小，火山活动也减弱，沿断裂带形成了1、2号火山，火山熔岩流堵塞了双羊达坂以北的水系，形成乌鲁克库勒(湖)。

(三)玉龙喀什挤压构造组合

为阿什库勒左旋走滑体系和郭扎错-黄羊滩左旋走滑体系之间所挟持的三角形区域，为一相对完整的块体，在南北挤压构造体制下发生隆升，构成测区西部及图区以西的昆仑山主脊，也造成了昆仑山规模最大的克里雅冰帽，同时玉龙喀什河则快速向东溯源侵蚀至本图区中部。SN向挤压应力在该区形成了大量EW向及近EW向、NE向、NW向和近SN向断裂，这些断裂航、卫片影像特征均很清晰。NE向断层和NW向断层产状近直立，前者左旋运动，后者右旋运动，断距不大。SN向断层为近直立的正断层，兼很小量左旋运动，近EW向断层也为高角度，既有正断层，也有逆断层。一般不同方向的断层在不同地区优选一组，构成同一方向的断裂组，但在玉龙喀什河的源头一带却组合出现，形成阿拉克萨依三角形断陷盆地。

阿拉克萨依盆地是一个正在发展中的盆地，在茫茫的克里雅冰盖中陷落出现面积约300km^{2}的三角形谷地，玉龙喀什河源头的阿拉克萨依等河流由此流出。盆地东界为SN向正断裂组，西界为NW向断裂，因冰碛物覆盖断层性质不清，航、卫片上显示较清楚，可能倾向NE，具正断层性质。盆地北界及内部倾向北及倾向南的两组正断层，呈地垒、地堑式。盆地内部沉积物主要是晚更新世冰碛，其次为全新世冰碛及冲、洪积，而中更新世冰碛发育在盆地北侧的玉龙喀什河谷一带，并被EW向北倾正断层切割，使平原化的冰碛顶面倾向南，在局部形成向南的汇水盆地，水倒流入一个基岩沟谷，形成奈勒湖，说明盆地开始形成于晚更新世。从盆地形态及控制断裂特征分析，该盆地可能是由于山体快速隆升并在SN上挤压应力场条件下发生塌陷所致，未见火山活动，可能没有深部动力因素。

(四)郭扎错-黄羊滩左旋走滑构造组合

郭扎错-黄羊滩左旋走滑体系为一总体NE走向的带状谷地，与两侧常无明确的边界。原本存在的且在新生代复活了的EW向及近EW向断层，沿图区东部的NE向库牙克断裂(前述该断裂沿苏巴什蛇绿混杂岩带位置向NW方向转换)向SW的延长方向发生一组密集的向NW弧形突出的次级断裂组，这些弧形断裂向北收敛于EW向主断裂，向南发散并终止或切割另一条EW向主断裂，这些次级断裂形成一个向NE收敛、向SW发散的弧形帚状盆地。南侧的EW向主断裂又在同一方向上新生次级断裂，形成另一个帚状盆地，以此类推共有3个弧形断裂组及由其所控制的小盆地。

该走滑体系及所产生的帚状小盆地虽与库牙克断裂基本相连，且方向一致，但它的演化却是由南向北，其规模也是向北变弱变小。

1. 郭扎错弧形断裂组及帚状盆地

最南部的郭扎错盆地面积大于800km^2，控制该盆地EW向主断裂的是冰爪多断裂，次级断裂组始于克里雅冰帽山下，向SW弧形发散，包括了郭扎错(湖)断裂组，航、卫片影像清晰，在郭扎错北岸东部控制了一个小型火山。盆地中的沉积物主要是中更新世区内出露面积最大的冰碛层，冰碛物向南一直延伸到郭扎错之中，晚更新世及全新世冰碛明显缩减，说明中更新世该盆地已经成型，但也可能形成于早更新世。晚更新世以后盆地已被明显改造，沿郭扎错北岸胜利梁断裂(f_{18})北盘抬升使沿岸地带基岩露出并切割成峡谷，仅在山头上有部分中更新世冰碛残留，再向北中更新世冰碛层虽较连续，但也被侵蚀成丘陵状。

2. 阿特他木水弧形断裂组及帚状盆地

阿特他木水弧形断裂组及帚状盆地位于图区中部偏南，面积约400km^2，控制该构造的EW向主断裂为玉龙喀什-琼牧孜塔格断裂。断裂组和盆地NE端始于伯力克，向南弧形散开，中部切割了冰爪多断裂向南到克里雅山口一带。盆地中堆积的最老、最多的地层是晚更新世冰碛层，也是区内晚更新世冰碛分布面积最大的一处，说明该构造形成于晚更新世。全新世构造减弱，冰爪多断裂以北抬升剥蚀，使断裂以南形成长达10km的英拉乌可尔湖，周围有连续的冲、洪积物。

盆地北界为弧形右列小断裂组，倾向东，为正断层(图5-19、图5-20)。中部则显示为强烈的剪切变形，在伯力克一带的侏罗系叶尔羌群中形成极密集的劈理，劈理与砂岩层理的关系反映平面上左行运动，剖面上表现为西侧上移，东侧下移。在阿特他木水河口一带的似斑状二长花岗岩中产生极密集的透入性劈理(图5-21)，劈理间距常不足1cm，单个劈理长达1～2m，劈理面平直，切割了斑晶，致使岩体呈层状外貌，但劈理并未影响西侧的晚更新世冰碛层，应为构造初期的产物。以盆地西侧的大花岗岩体北界为标志，该剪切带左旋平移约10 km。东界是一个比较完整的弧形断裂，SW端向东极度偏转，末端则呈NNE向，转折部位形成了阿他木帕下火山岩和阿特他木水火山岩，前者获热释光年龄值为(560±34)ka，为晚更新世早期，熔岩流沿沟流动，说明本图区晚更新世早期的山川面貌与今无异。火山岩已被河流切割，阿特他木水火山岩切割深10～15m，阿他木帕下火山岩切割深可达30～40m，均未见底。

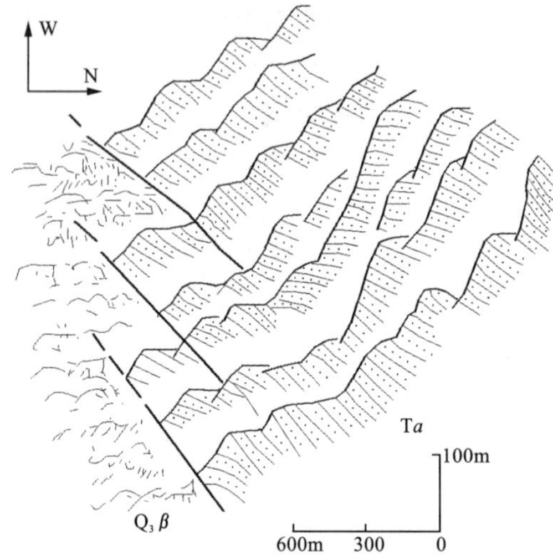

图5-19　阿他木帕下盆地西界NE向左旋右列断层地貌特征素描图

Ta.阿他木帕下组；$Q_3\beta$.晚更新世安山玄武岩

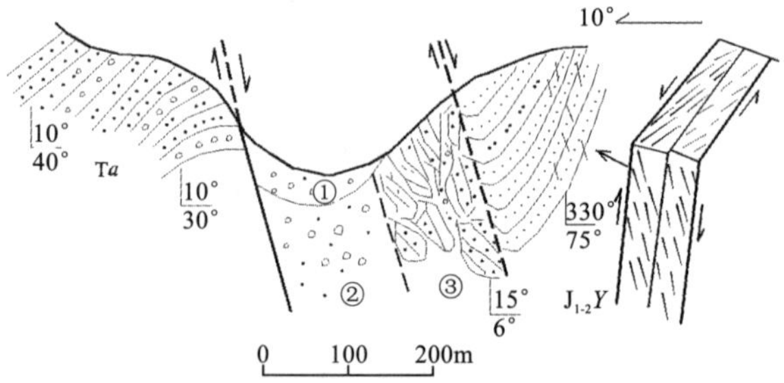

图5-20　阿他木帕下盆地西NE向断层剖面图

Ta.阿他木帕下组紫红色砂岩、砾岩、粉砂岩；$J_{1-2}Y$.侏罗系叶尔羌群：深灰色砂岩、粉砂质板岩夹含植物化石；①坡积覆盖；②断层角砾岩带(推测)；③叶尔羌群破碎带

3. 干湖滩弧形断裂组及帚状盆地

位于图区NE部，是一个正在发展中的弧形断裂组，断裂组的影响区域达1 000km²，而中心地带有沉积物堆积的盆地面积不足200km²。控制该构造的近EW向主断层是阿什库勒走滑体系(苏巴什蛇绿混杂岩带)的南界断层。中心地带断裂短而密，断陷产生干湖滩-琼木孜塔格西弧形帚状盆地，盆地中堆积了全新世冲、洪积物。外侧断裂稀疏，但延长可达数百千米，NW侧断裂倾向南，SE侧断裂倾向北，倾角70°～76°，正断层兼左行走滑运动(图5-22)，断裂南端均向南偏转成近SN向。NW侧断裂在塔斯吉勒干(河)上游偏转部位形成火山喷发。SE侧断裂在琼木孜塔格峰西侧诱发火山活动，熔岩流沿克里雅河向下流动余200km。该构造系统中的火山岩保存较好，河流切割甚微。从火山岩保存特点和盆地中的沉积物分析，该构造形成于更新世晚期至全新世。

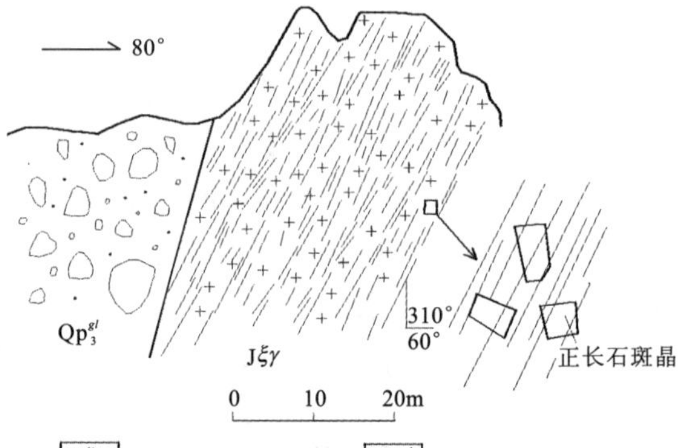

$J\xi\gamma$ 侏罗纪似斑状二长花岗岩　Qp_3^{gl} 晚更新世冰碛层

图5-21　阿他木帕下南花岗岩中密集劈理素描图

(五)高原挤压构造组合

为图区南部广大地区，上述几条主要EW向断裂将该区分化为北部高山带、中部中低山带、南部低山丘陵带，内部次级断裂不甚发育，也无显著的特点。SN向挤压应力条件下形成NW向和NE向两组次级断裂，前者右旋，后者左旋。最主要的是顺利达坂-多叉河NE向断裂和其东部的NW向断裂相组合，之间陷落形成盆地，盆地中堆积的最老地层为新近系，NW向断裂诱发了少量火山活动。

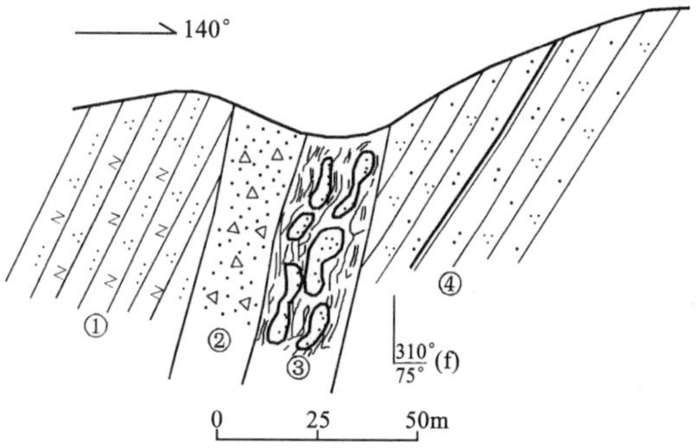

图5-22 干湖滩盆地东边界断层素描图
①长石石英砂岩；②断层碎裂岩；③糜棱岩化砂岩；④石英砂岩夹粉砂质板岩

三、昆仑山-喀喇昆仑山的隆升

以苏巴什蛇绿混杂岩带(北界)为界，以北为昆仑山，以南为喀喇昆仑山，本图区主体属喀喇昆仑山。《于田县幅》地质报告对昆仑山的隆升作了详细叙述，本图区已属青藏高原的内部，高原隆升过程的标志及记录不多，隆升过程可分三个大的阶段。

(一)第一阶段(K—E)：昆仑山隆起

《于田县幅》地质报告指出：白垩纪昆仑山已有雏形，至古近纪时昆仑山沿苏巴什主断裂一带率先于青藏高原主体隆起的面貌已经较为明确。本图幅阿什库勒盆地周缘残留有已完全固结变形的古近系红层，靠近主断裂的苏巴什南侧，其为河流相，砾石粗大，磨圆甚差，流向向南，砾石成分也是来自于主断裂以北昆南地块上的深变质岩和花岗质侵入岩。向南到盆地南侧的阿克苏河口一带，主要为含砾砂岩、砂岩、粉砂岩及泥岩，为河湖相沉积，水流流向也是向南。前人资料反映现在靠近昆仑山的塔里木盆地南缘古近系为一套海陆交互相沉积，粒度很细，区域上郭扎错断裂以南有海相古近系，说明古近纪昆仑山是一条很窄的受阿尔金南缘断裂控制的线状山脉，向北在塔里木盆地，向南在郭扎错断裂以南仍不时被海水淹没。

(二)第二阶段(N_1)：喀喇昆仑隆起

苏巴什断裂之南的山间盆地中发育近水平的弱固结新近系红层，苏巴什南侧与前述古近系共生的新近系也为一套河流相沉积，切割了已倾斜的古近系(图5-23)。冲积层砾石最大可达1m，砾石排列方向反映河流流向北，砾石成分主要是分布于南侧的石炭系、二叠系灰岩。在阿什库勒盆地南部出露的新近系整合伏于第四纪火山岩之下，砾石中有较多铜矿化含电气石二长花岗岩，该花岗岩分布于现在的昆仑山主脊一带。这充分说明了新近纪喀喇昆仑区发生了快速隆升，高度超过了其北已经存在的昆仑山。

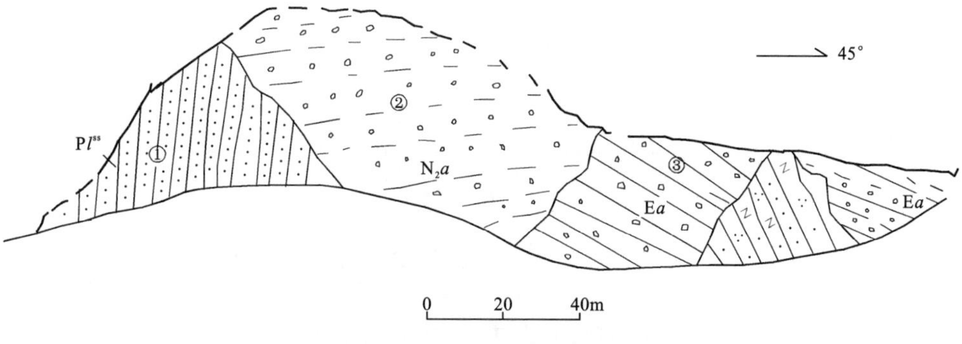

图5-23 N_2a/Ea 不整合关系示意图
①变砂岩；②紫红色砾岩；③灰色砾岩； Pl^{ss}. 硫磺达坂组；Ea. 阿尔塔什组；N_2a. 阿图什组

(三)第三阶段(N_2—Q):整体快速降升

进入上新世以来,青藏高原的隆升明显加速,主要表现在以下几个方面。

(1)《于田县幅》山前一带(拉分盆地中)巨厚—粗粒冲、洪积性质的磨拉石建造。最下部的西域砾岩角度不整合于新近系之上,西域砾岩也已近于直立,微固结,砾石粒度粗大,分选、磨圆很差,成分已与现代河流冲积层完全相同。说明中新世和上新世之间发生过一次剧烈的构造运动,强烈的构造变形只发生于昆仑山向北推进的部位,使前上新统地层发生褶皱及断裂变形,进一步使上新世—早更新世的西域砾岩也发生了强烈变形。但在高原内部只表现为垂向隆升,侧向挤压并不明显,古近系仍为水平状。

(2) 大面积的火山喷发(西昆仑-玉门火山岩带)。前人资料可分 0.1～0.3Ma、0.5～0.7Ma、1.1～2.8Ma三个时段,多为晚更新世,是青藏高原北部最年轻的火山岩区。地球化学特征反映第四纪火山岩来源于地幔及壳幔过渡带,说明昆仑山的隆升有其深部因素。

(3) 大范围的冰川活动。主要始于中更新世,和火山活动相一致,主期是晚更新世。全新世冰川退缩,目前处于稳定态势。

(4) 河流阶地。各地的阶地数不同,说明高原隆升过程的细节很复杂,昆仑山一般可见 4～5 级,喀喇昆仑山区仅 2～3 级。全新世以来形成很窄而陡直的峡谷。

(5) 向主河道发展的洪积扇,这种现象全区普遍存在。

(四)昆仑山及青藏高原隆升与环境变迁

中科院寒区旱区环境与工程研究所姚檀栋等对昆仑山最大的古里雅冰原采集冰芯进行研究(1992 年采集冰芯样 309m,位置:35°17′N,81°29′E),高分辨率地研究了过去 2 000 年来的气候变化(图 5-24):① 温度在波动中上升变暖,进入 20 世纪有加速变暖的趋势;② 准确记录了小冰期的 3 次冷期,但公元初的寒冷程度大于小冰期;③ 温度和降水量呈相关关系,但在短时间内两者并不同步,降水变化滞后于温度变化 50～100a;④ 古里雅冰芯中 $\delta^{18}O$ 的积累大多与太阳活动有关,表明青藏高原气候变化的主要驱动力可能是太阳活动的变化。

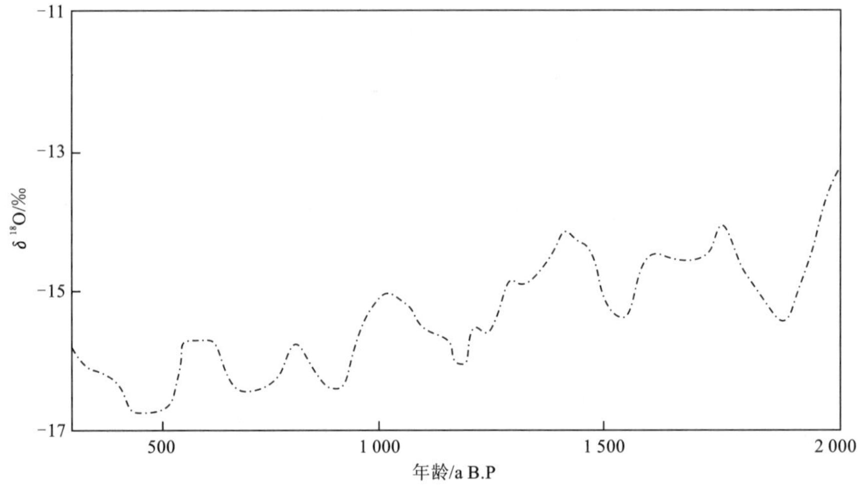

图 5-24　过去 2 000 年来古里雅冰芯中 $\delta^{18}O$ 记录

总体上的升温与西部荒漠化加剧相一致,9 世纪(唐朝)以前温度最低,西域 36 国达到空前繁荣,于田古为“拘弥国”,东汉时还算强盛,唐之后人口锐减,由“国”成村,大概与“精绝国”的灭亡同时,政治、军事的因素只是表面,根本的原因可能是水。于田县南侧的大弧形断裂是阿尔金断裂系的北部第二条断裂,断裂之北是正在发展中的沙漠区,野外路线调查发现这里曾经历了湖—沼—沙漠过程。于田县西侧到策勒县虽沙化严重,但仍属绿洲及草地,于田县东侧则是一片沙海,在沙丘之间的洼地有长势较好的芦苇和其他沙生草灌,水源为地下水,说明此处沙漠历史不长,地下水位很浅。唐僧前后的西域探险家都提到塔里木盆地的南河、北河(南路、北路),北河即塔里木河,南河在地质上讲是不存在的。从上述地质调查发现可以推测,在唐之前,沿阿尔金断裂系北侧两个断裂之间是一比较连贯的绿色长廊,有大片大片基本互通的湖泊。之后温度快速升高,大片大片的绿洲消失,20 世纪以来急速转暖,盆地环境则急剧恶化,这一过程仍在继续。

与总体升温与荒漠化相一致的现象形成显明对比的是:克里雅冰芯所记录的温度变化与中原(内地)的政治、社会状况有极清楚的吻合性,即高温期社会繁荣,出现盛世,低温期社会动乱乃致改朝换代。

第六章　地质演化

第一节　事实与观点

对1∶25万比例尺的区调图幅所有地质体的形成、地质关系的产生给予合理的解释，并探求其地质构造演化过程的动力学机制，实际已是大地构造学的研究范畴，虽不是区调工作的主要目的，但在空白区开展的此项工作，大量新的地质体、地质关系的发现，大量测试成果的形成，迫使我们必须对此问题有所回答。为了不致一叶障目，本节对基本事实的总结包括了于田县和伯力克南北向纵贯塔里木板块、西昆仑造山带和喀喇昆仑造山带的两个图幅，并尽可能地将视野投向与图区有关的相邻地区。

一、基本事实

对测区取得的大量实际资料进行理性地概括总结，可以得出如下5个方面的基本事实。

1. 西昆仑造山带和东昆仑造山带并一直向东到秦岭造山带是基本一致的，是一个统一的造山带，所以姜春发等(1992，2000)称之为(中国)中央造山带，其典型的板块构造机制演化阶段为早古生代到三叠纪，西昆仑则下延到震旦纪。震旦纪以前的地质过程及构造机制已难说得清楚。三叠纪最终奠定了基本的地质构造格局，侏罗纪进一步发生了大规模的逆冲推覆运动，新生代在板内条件下发生快速隆升，成为目前横亘于中国中部的巨大山系。

2. 人们已经发现了昆仑造山带和秦岭造山带在其板块构造演化阶段具有明显的自北而南演化的方向性(潘裕生，1998，2000；丁道桂，1996；潘桂棠，2000；李继亮，1998，2000)。这一特征在本区调图区反映的更加清楚，北部是以其曼于特蛇绿混杂岩带为核心的早古生代造山带，南为以苏巴什蛇绿混杂岩带为核心的晚古生代造山带，再向南在伯力克幅中南部是以巴颜喀拉山群为代表的三叠纪褶冲带，该带在东邻图区及以东有蛇绿岩发育。古生代的两个造山带均以蛇绿混杂岩带为核心，蛇绿岩带两侧为不同性质的陆块，两侧陆块上有与蛇绿岩配套的边缘沉积及火山岩建造，有俯冲到碰撞型乃至碰撞期后型花岗岩带，也有反映造山作用的磨拉石建造，这些特征反映这种造山属碰撞(软碰撞或硬碰撞)造山作用。自北向南极有规律的方向性演化是我们研究昆仑造山带的基本事实依据和出发点。

3. 长期演化及造山带向南依次推进是昆仑造山带的基本特点，是我们深入研究其大陆动力及机制必须把握的基本点。这一特点说明总体上为一次性开合，但在合的过程中又有阶段性的扩张，如石炭纪大规模扩张对早古生代造山带的改造、肢解。震旦纪—早古生代和晚古生代蛇绿岩和火山岩地球化学特征有较明显的相似性，说明造成阶段性演化自有其不同的但可能是有机联系的深部动力学机制。

4. 其曼于特蛇绿岩及早古生代碰撞造山带无疑与属于冈瓦纳大陆的南羌塘地块上的早古生代造山带相对应，说明我国境内的东特提斯在时空上也具二分性，即空间上青藏高原可分北部特提斯和南部特提斯，时间上北部特提斯始于原特提斯，应与Rodinia超大陆的裂解有关，完全闭合于三叠纪。南部特提斯则与三叠纪以后冈瓦纳大陆的裂解有关。

前人及邻区工作已经查明阿尔金构造带(造山带)存在早古生代蛇绿岩，而其曼于特蛇绿岩在空间上与阿尔金构造带已非常接近，说明阿尔金断裂东、西两侧的早古生代蛇绿岩通过阿尔金是相连通的，亦即原特提斯的北界至塔里木板块和华北板块，南界至冈瓦纳大陆。阿尔金构造带两侧的多条早古生代蛇绿(混杂)岩带间夹持了许多小型陆块，属晚古生代闭合的康西瓦-苏巴什洋盆的历史也可下延到震旦纪—早古生代，说明从震旦纪—寒武纪打开的原特提斯洋为一多岛洋，洋中漂浮着许多大大小小的陆块，从前震旦纪变质、沉积建造、古生物和地壳结构看，这些陆块具扬子型特点，实际上扬子板块应是该大洋中最大的一个陆块。北羌塘(昌都)地块似更接近于冈瓦纳大陆(任继舜，1997)。

5. 从花岗岩类侵入岩的分布量和构造变形强度分析，北特提斯洋在其漫长而复杂的合的过程中，构造变形强度是逐渐减弱的。

二、前人观点

(1)黄汲清(1987)认为特提斯是大洋，按槽台观点划分为本部和外围，包括了经典特提斯及两侧的海槽、盆地、地块，空间上分为北特提斯和南特提斯，时间上古生代称古特提斯，中生代称中特提斯，新生代称新特提斯。将龙木错-玉树和雅鲁藏布江两个缝合带称为东部特提斯的两个主缝合带，之间的部分称“互换构造域”。

(2)姜春发(1989，1992，2000)首次对包括测区的东、西昆仑，乃至秦岭进行了全面的工作和总结，提出了“开合构造”的观点和机制，认为东、西昆仑的构造基本上是可以对比的，并可东延至秦岭，首提“中央造山带”新概念。该造山带的主要活动时期为晚古生代，但可下延至早古生代，结束于三叠纪，分3个大的阶段，每个阶段都是一次“手风琴式”开合过程。

(3)萧序常、李廷栋等(1979，1988，1996，1998，2000)主要从青藏高原众多蛇绿岩自身特点出发，认为不存在广阔的特提斯大洋，南北大陆之间是小洋盆、微陆块、海湾相间的构造格局，这一认识得到了比较广泛的关注。

(4)任纪舜等(1997)、张国伟(2000)也持多岛洋观点，但从全球板块构造的演化和动力学过程出发，认为我国境内的所有构造带及其演化均完全受控于全球3大板块动力背景，按其性质和结构将这些陆块划分为北部亲西伯利亚陆块群、南部亲冈瓦纳陆块群和之间的古中华陆块群，测区一带主要为中华陆块群区域。

(5)潘裕生等(1998，2000)认识到了从昆仑山到喜马拉雅蛇绿岩及地质演化在时空上的方向性，划分出了自北而南的5个缝合带，提出了转送带模式的从南侧大陆裂离，向北漂移碰合增生的观点，同时认为向南俯冲形成的弧后盆地的进一步扩张产生新的洋壳盆地，认为三叠系巴颜喀拉山群堆积于残留的死洋壳盆地。

(6)陈智梁(1994)、潘桂棠(1997)提出了华夏古陆群的观点，潘桂棠（1997）又进一步发展，提出泛华夏大陆群，包括华南、华北、塔里木、羌塘、印支、马来西亚以及太平洋古陆所属的地块，以华夏植物群为特点，是独立于劳亚和冈瓦纳的世界第三大陆群，东古特提斯是包含泛华夏大陆群的广阔大洋。同时认为一个大洋的生成到消亡需要400～800Ma，特提斯洋当然也不例外，青藏高原是连续的弧碰撞造山的结果。

(7)李继亮等(其最终研究成果尚未出版，但从王宗起、周辉、方爱民、肖文交等的博士论文中已体现了出来)提出了弧增生造山带的观点，他们也认为秦-祁-昆是可以对比的，存在一个贯通的大洋，大洋向北俯冲消减，俯冲带不断向南退缩，相应弧前盆地、岩浆弧、弧后盆地等也向南迁移增生。

三、本报告观点

前人观点综合起来有“开合”、“剪刀张”、“转送带”、“弧增生”几种模式，都占有着重要的资料和理论依据，无不闪耀智慧的光芒，都对本项目的工作起了理论思想上的指导作用。从项目获取的实际资料出发，充分地从这些观点中吸取精华，对测区及相关区域地质演化进行了理性地总结归纳。

汪玉珍(1983，1987)、潘裕生(1998，2000)、邓万明(1989，1991)、丁道桂(1996)等在西昆仑新藏公路一线的工作发现并确定存在震旦到早古生代蛇绿岩和花岗岩带，从而很明确地重新提出了原特提斯洋问题，本区震旦—早古生代其曼于特蛇绿混杂岩带及柳什塔格洋岛玄武岩的发现和确定，使原特提斯洋的面貌更加清楚。

其曼于特蛇绿岩的时代为震旦—早寒武世，而具洋岛性质的柳什塔格玄武岩的时代为晚震旦世晚期到早寒武世早期，可见，原特提期洋在晚震旦世已完全成型。

测区内，其曼于特蛇绿岩所代表的洋盆规模不大，可能为与塔里木板块有关的大陆边缘小洋盆。目前的资料证明苏巴什蛇绿岩的时代为石炭纪至中二叠世，但在其北侧存在一个规模巨大的震旦到早寒武世洋岛性质的柳什塔格玄武岩，在宽达 40km 的苏巴什蛇绿岩带内的小型陆块上发育志留纪具俯冲性质的石英闪长岩和英云闪长岩，这说明苏巴什洋盆的时代可以下延到与其曼于特洋盆同时的晚震旦世，这两个洋盆是同时形成的。向西，其曼于特蛇绿岩与库地蛇绿岩相当，而苏巴什蛇绿岩则和康西瓦构造带可以连接。向东，其曼于特蛇绿岩似经阿尔金构造带中的早古生代蛇绿岩与祁连山及柴北缘的诸条蛇绿岩发生关系。苏巴什蛇绿岩向东与木孜塔格北(也发现了早古生代蛇绿岩)及阿尼玛卿蛇绿岩相连。进一步向东则与秦岭造山带相通。所以，原特提斯洋的总体规模应该很大，但其内部存在大量小型陆块和洋岛及玄武岩台地，这些小型块体的存在使原特提斯洋不可能有完整的，与其规模相适应的统一大洋板块，而是将其分隔成一系列的小洋盆，即原特提斯洋为多岛洋性质。

从原特提斯洋形成的时间分析，它的产生源于 Rodinia 超大陆的裂解。超大陆裂解的动力又是什么呢？其曼于特蛇绿岩和苏巴什蛇绿岩都具 E－MORB 性质，即与富集地幔有关，柳什塔格玄武岩则更明确地是富集地幔(热点)的产物。在秦-祁-昆造山带中的早古生代蛇绿岩多数具有与此相同或相似的特点。故我们认为：Rodinia 超大陆的裂解的动力是大型地幔柱的上涌。但是，普遍认为地幔柱只是一个传送热能和大离子元素的固态性质的能量柱和化学柱，本身的能量并不足以使岩石圈完全破裂，产生新的洋壳，所以可以推测，地幔柱的上涌掀动了软流圈的对流，使岩石圈破裂的直接动力是软流圈的对流。地幔柱在中地幔（670km）结构界面处发生显著的横向扩展，并进一步分解、分化成多个幔枝上升，所以在软流圈便产生了多个相背对流及扩张中心，致使 Rodinia 超大陆大致同时发生多处裂解，形成原特提斯多岛洋。

其曼于特蛇绿岩所代表的小洋盆可能从晚寒武世开始发生向南的俯冲消减，至晚奥陶世已彻底消失，昆北地块和昆南地块发生碰撞，形成了有规律分布的俯冲型及碰撞型花岗岩带，也发生了强烈的使下地壳冲起的厚皮逆冲叠覆构造，显然在早古生代中晚期发生了一次以其曼于特蛇绿混杂岩带为核心的碰撞造山作用。测区的早古生代(加里东期)碰撞造山作用不是局部现象，在东、西昆仑的北坡和祁连、北秦岭具有普遍性。

从测区资料分析，在早古生代造山带的南侧，苏巴什洋盆的情形与此并不完全一致，俯冲性质的早奥陶世石英闪长岩侵入了柳什塔格(洋岛)玄武岩，说明苏巴什洋壳和其曼于特洋壳大致同时发生了向北的消减俯冲，在早奥陶世，柳什塔格玄武岩洋岛已向北拼接于昆南地块南缘，洋壳的进一步俯冲使其成为岩浆弧。侵入于硫磺达坂—双雁山一线的志留纪石英闪长岩和英云闪长岩则说明俯冲消减作用一直持续到了志留纪。苏巴什洋盆的俯冲、消减作用是明显的，但却没有发现两侧陆壳发生碰撞的任何证据，沿此一线也不存在昆仑北坡广泛发育的作为碰撞造山作用的另一标志——晚泥盆世奇自拉夫组磨拉石建造。

在原特提斯洋南侧的大陆边缘——南羌塘地块上却具有比较明显的早古生代碰撞造山作用。可见，早古生代中晚期原特提斯洋的消减是普遍性的，但碰撞造山作用只发生于外围，在其大洋的中心位置仍有洋壳残留。

如何理解这种现象呢？任何事物都有生长衰亡的过程，地幔柱当然也不可例外，它的生成过程使岩石圈裂解，产生洋壳，它的衰亡的过程则使洋壳俯冲、消减，走向灭亡。随地幔柱衰减，外围的幔枝及所控制的软流圈对流也随之消失，中心位置的地幔柱及软流圈对流却仍在继续，在外围大陆板块向洋内运动和中心部位软流圈向外的相向的动力作用下，原特提斯洋中靠边部的微陆块之间及微陆块与外围板块之间发生阶段性碰撞造山。

与整个昆仑造山带相似，但似乎更具典型性，晚古生代在原特提斯残留洋的基础上发生了一次非常明显的开与合。开的过程形成了两大套建造，一是在昆北地块上发生大规模伸展作用，形成变质核杂岩，并进一步扩展成规模较大的普鲁-阿羌裂谷，大量发育双峰式火山岩和基性侵入岩。另一更重要的建造是在苏巴什原特提斯残留洋的基础上再次扩张，形成晚古生代洋盆，同时在已拼接到昆南地块上的柳什塔格玄武岩地块上侵入了狭窄的带状分布的有幔源特点的花岗岩。在苏巴什洋盆与阿羌裂谷之间的昆南地块上则形成了一套相对较浅的托库孜达坂岩群。综合各种资料分析，扩张作用比较明确的始于晚泥盆世，形成了与石炭系海相火山岩系过渡的陆相红色磨拉石建造，但在相应的构造位置——普鲁一带发育的志留纪石英闪长岩明显具有幔源分异特点，说明使晚古生代发生大规模扩张作用的深部机制在志留纪便已开始。

晚古生代扩张作用结束，转入闭合过程始于二叠纪，这一阶段形成的主要建造是苏巴什洋盆向南、北西侧俯冲消减。向南俯冲，在甜水海微陆块上形成了卡拉勒塔什岩浆弧和其南侧的阿克苏弧后盆地建造。向北俯冲使昆南地块再次成为晚古生代岩浆弧，在托库孜达坂岩群中出现较多安山岩、英安岩及火山碎屑岩，使发生于昆北地块上的普鲁-阿羌裂谷转变成弧后盆地性质，出现安山岩和中酸性小型侵入岩。至中二叠世苏巴什洋盆已完全消失，进一步挤压使苏巴什蛇绿混杂岩带和其南侧的岛弧、弧后盆地发生比较强烈的冲褶变形，并发生隆起，之上堆积了山间盆地性质的三叠系阿他木帕下组红色磨拉石建造。

原特提斯洋在早古生代中晚期便开始消亡，并形成了规模巨大的碰撞造山带，在晚古生代不进一步将消减作用进行到底，却发生了强烈的再次扩张，而这次扩张的范围更大，在塔里木板块上石炭纪和二叠纪也普遍发生了基性火山喷发。所以，只能认为进入晚古生代后残留的原特提斯洋系统构造体制在继承的同时发生了重大改变：地幔柱进一步衰弱，于中地幔处分化的侧旁小的幔枝全部消失，其能量全部集中于中部，只产生一个大规模的软流圈对流，统一的大规模的软流圈对流在晚古生代早期起主导作用，它使原特提斯残留洋盆再次发生扩张，形成古特提斯洋及边缘海槽。所以苏巴什蛇绿岩也具 E-MORB 特点，而阿羌火山岩中的大部分却更接近于 N-MORB 特点，显示其与亏损地幔有关。地幔柱的能量削弱，软流圈的对流也就随之削弱，当软流圈对流的能量已不足于使岩石圈板块进一步漂移，向外扩张的动力小于古特提斯洋周缘板块向内的动力时，古特提斯洋发生俯冲、消减，边缘海槽关闭。

地幔柱可能完全消失于晚二叠世，软流圈对流随之消失，残留的古特提斯洋不再发生沿洋脊的扩张增生，变成一个“死洋”延续到三叠纪，沉积了东、西昆仑唯一可以对比的巴颜喀拉山群。在周缘板块向内的挤压下，不能被大陆大量容纳的残留洋壳被动向两侧俯冲，残留盆地自西而东逐步关闭，同时发生褶冲成山。

形成原特提斯洋的地幔柱完全消失以后，另一个超级地幔柱继之而生，它使冈瓦纳大陆裂解，一部分向北漂移对残留的古特提斯体系施加影响，这一作用至今仍在继续，形成了现今的青藏高原。

综上所述，本报告提出“多机制、多阶段、多岛洋”的观点。

多机制：认为本区所处的特提斯洋的发生、发展、演化乃至消亡，受大型地幔柱上涌、软流圈对流、全球其他板块运动等多种机制影响，而起根本作用的是大型地幔柱上涌。地幔柱上涌启动了软流圈的对流，致使大陆裂解，产生大洋；地幔柱的规模变小、能量衰减，软流圈的对流代之对岩石圈运动起主导作用；地幔柱消失以后，软流圈对流也就失去了能源，也便逐步衰竭、消失，周围其他板块运动的影响便对这一地区的地壳运动起主导作用。

多阶段：受板块运动的动力机制所决定，震旦纪到早古生代为第一阶段，起主要作用的是地幔柱。地幔柱及在中地幔处(670km)分化成多个小型的幔枝，在软流圈产生多个对流系统，产生原特提斯多岛洋。随地幔柱衰减，外围的小幔枝及所控制的软流圈对流也随之消失，微陆块与外围板块及微陆块之间发生碰撞造山；晚古生代为第二阶段，起主要作用的是软流圈对流。地幔柱消减到分化的小地幔柱消失，其能量全部集中于中部，只产生一个较大规模的软流圈对流，使残留的洋盆再次发生扩张，随之发生俯冲、消减。晚二叠世以来为第三阶段，起主导作用的是周围板块运动。三叠纪软流圈对流完全消失，残留的洋盆不再扩张增生，在周围板块挤压背景下，它一方面发生被动的俯冲，一方面被陆缘碎屑充填。在周围板块的强烈挤压下，新生代以来发生了剧烈的快速隆升。以上所述的过程示于图 6-1。

多岛洋：多岛洋产生的动力基础是地幔柱在 670km 结构面发生分解，产生影响范围广阔的小幔枝，每个小幔枝又诱发一个小的软流圈对流，以至将原大陆板块裂解成众多的微陆块、微地块。由于这些陆块的存在，整个大洋实际上不可能是一个完整的整体，被分化成众多的小洋盆，在服从整个大洋演化的前提下，每个小洋盆应有其自身的独立性。

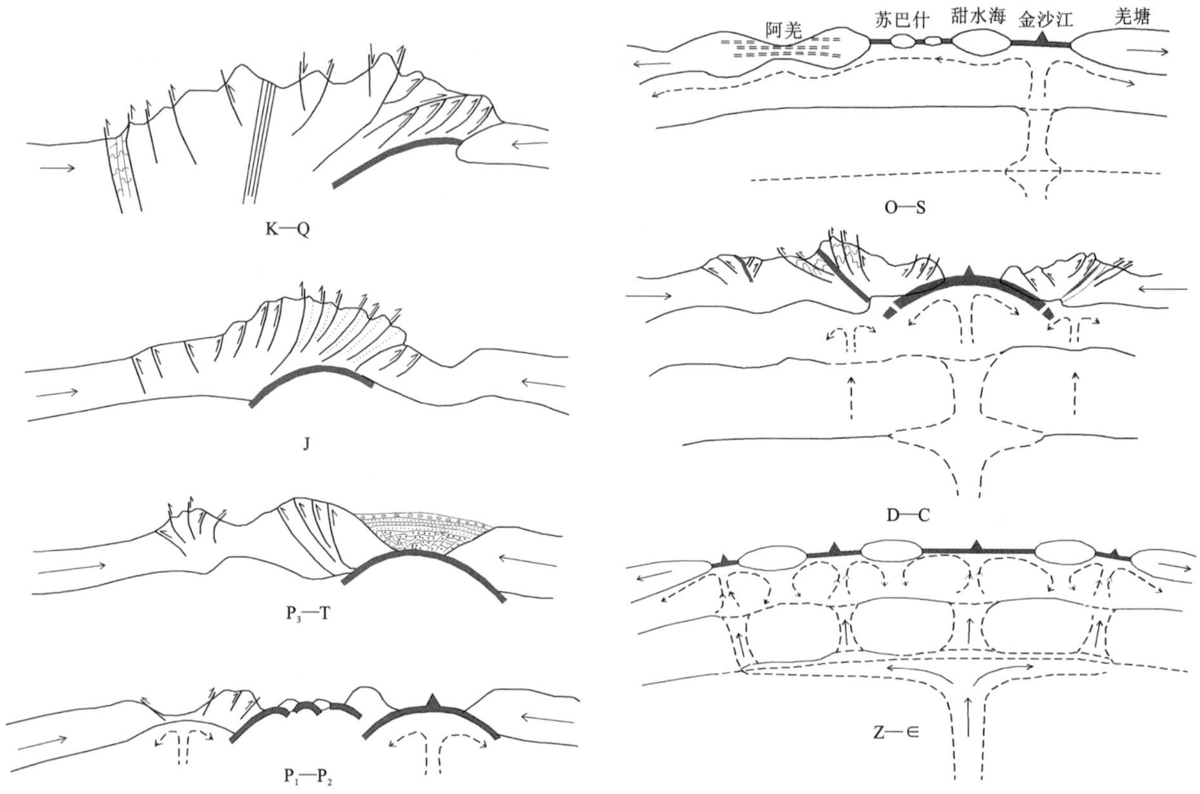

图 6-1　昆仑山-喀喇昆仑造山带演化及动力学过程示意图

第二节　前震旦纪地质演化

普遍的观点是进入元古代以后，相对刚性的岩石圈已经形成，地球的表部出现了板块构造机制。测区前震旦纪地质记录虽有部分保存，但很不完整，没有比较充分的资料能够有把握地恢复这一阶段的地质构造演化，但仍可比较清楚地分为古元古代和中、新元古代两个阶段。

一、古元古代

古元古代地质演化的根本性贡献是形成了全区可以对比的结晶基底，即：原始地壳，如《于田县幅》昆北地块上为米兰岩群、苏巴什蛇绿混杂岩带中的小型陆块基底双雁山片岩。它们为一套以沉积岩为主，含少量火山岩的中、深变质地层，岩石结晶程度很高，塑性流变构造变形清楚。其中有较多同期变质的基性和酸性深成岩体——片麻岩套，具大陆地壳结晶基底的基本特征。岩石化学及地球化学特征区别不大，与塔里木板块结晶基底相似。以后各地质时期的壳源型花岗岩的地球化学特征与此非常相似，说明昆仑地块和甜水海地块(乃至昆仑造山带)的下地壳为这套中、深变质岩系。

目前没有资料能够说明这些结晶基底是否已经构成了一个比较完整的古大陆板块，即古西域板块，还是一些互不相连的古陆核。

二、中、新元古代

区域资料显示，中、新元古代至青白口纪，测区及昆仑地区可能经历了一次比较完整的威尔逊旋回，最终成为 Rodinia 超大陆的一部分，在此过程中位于《于田县幅》的昆北地块和昆南地块显示了较大的活动性[见《于田县幅》地质报告]，但最南部的甜水海地块和北部的塔里木板块则相对稳定。甜水海地块上长城系甜水海(岩)群以陆源碎屑岩为主的沉积岩系，岩石成熟度较高，为稳定环境的产物；蓟县系为含扬子型叠层石的一套基本未变质的碳酸盐岩；缺失青白口系和震旦系。最北部的塔里木板块上的长城系赛拉加兹塔格(岩)群出现了较多细碧-角斑岩，显示它具一定的活动性，但变质程度与甜水海岩群相近，仅为低绿片岩相，变形构造也较简单，原始层理保存较好；蓟县系以碎屑岩为主夹碳酸盐岩；青白口系以紫红色碳酸盐岩为主夹碎屑岩和少量火山岩。

第三节　原特提斯地质演化

震旦纪—早古生代为原特提斯地质演化阶段，原特提斯地质更多地受大型地幔柱控制，地幔柱的形成、上升使 Rodinia 超大陆发生裂解，产生原特提斯多岛洋，地幔柱的衰弱使原特提斯洋域靠近边缘的小洋盆俯冲、消减、闭合乃至微陆块间发生阶段性碰撞造山。

震旦纪—寒武纪：扩张阶段

(一)早震旦世：裂谷阶段

这一阶段的历史并不很清楚。在塔里木板块上与冰碛层共生的一套地层中夹大量大陆溢流性质的玄武岩，应是地幔柱上升早期阶段的产物，为陆相及浅海相。区内只有阿拉叫依岩群可与之对比，含冰水沉积和基性火山成分，但为深水沉积，具被动边缘建造性质。说明塔里木板块南缘在早震旦世已伸展产生了较大的深槽。

(二)晚震旦世—寒武纪：扩张阶段

《于田县幅》的资料反映早震旦世为扩张早期的裂谷阶段，比较充分的资料说明晚震旦世已发生了显著的扩张作用，在《于田县幅》形成了其曼于特洋盆，在两图幅之间形成了苏巴什洋盆[柳什塔格洋岛玄武岩 Rb - Sr 年龄值为(563±31)Ma]，两个洋盆之间被昆南地块分隔。洋盆的扩张可能一直持续到晚寒武世。

(三)奥陶纪—志留纪：俯冲-局部碰撞阶段

奥陶纪到志留纪，原特提斯洋发生了强烈的俯冲和局部碰撞，但北部的其曼于特洋盆和南部的苏巴什洋盆的表现却并不一致。

其曼于特洋壳向南俯冲于昆南地块之下，在俯冲板块(昆南地块上)形成了岛弧性质的库拉甫河岩群，至晚奥陶世，其曼于特洋盆已消失，志留纪进一步发生逆冲叠覆造山，形成了以其曼于特蛇绿混杂岩带为核心的早古生代碰撞造山带。在此过程中形成了从南向北变新的俯冲型花岗岩(位于昆南地块)、碰撞型花岗岩带(位于结合带位置)和碰撞期后花岗岩带(位于昆北地块上)。沿其曼于特一线发生碰撞造山的另一标志是晚泥盆世奇自拉夫组红色磨拉石建造。

苏巴什洋盆开始俯冲时代与其曼于特洋盆相当，但保存的物质记录不多。柳什塔格玄武岩被俯冲性质的早奥陶世石英闪长岩所侵入，说明苏巴什洋盆向北俯冲于昆南地块之下，早奥陶世时柳什塔格玄武岩已拼接于昆南地块。发育于苏巴什蛇绿混杂岩带中的陆壳碎块上的硫磺达坂—双雁山石英闪长岩、英云闪长岩时代为志留纪(Rb - Sr 年龄值为 429Ma)，具俯冲性质，说明苏巴什洋盆至志留纪仍在俯冲，两侧陆块没有碰合，沿苏巴什一线也不存在与奇自拉夫组可对比的地层。与苏巴什洋盆俯冲相关的侵入岩规模甚小，可能说明其俯冲量并不大。

第四节　古特提斯地质演化

晚古生代为古特提斯洋地质演化阶段。晚古生代在原特提斯残留洋的基础上发生了一次非常明显的开与合。

一、泥盆纪—早二叠世:伸展扩张阶段

早古生代末,测区一带的地质格局是:南部为苏巴什早古生代残留洋盆,北部为塔里木稳定板块,中部即现在的昆仑山位置为早古生代碰撞造山带。泥盆纪在伸展构造体制下,这种格局便很快发生调整改变。大致以其曼于特蛇绿混杂岩带为界,以北的昆北地块首先发生伸展减薄,产生变质核杂岩构造,至晚泥盆世在伸展产生的盆地中沉积了陆相紫红色奇自拉夫组磨拉石建造[见《于田县幅》地质报告]。

石炭纪伸展作用加剧,其曼于特蛇绿混杂岩带以南的昆南地块也发生了明显的伸展减薄,南侧的苏巴什洋盆向北发生海侵,堆积了托库孜达坂岩群下部含砾岩的深水含炭质钙质细碎屑岩。而昆北地块在石炭纪也由陆相过渡为海相,可能已发展成比较成熟的裂谷,在裂谷系的台地上沉积了皮什盖萨依岩组灰岩、炭质板岩、粉砂岩等。而在裂谷槽内则有大量基性火山喷发(测区以西大量发育,但本区内尚未确定)。

至早二叠世,伸展作用进一步加强,在昆北地块基础上发展而成的普鲁-阿羌裂谷中开始大量堆积双峰式火山岩,同时有规模较大的与火山岩共生甚至过渡的辉长岩、辉绿岩侵入。伸展体制下的苏巴什残留洋盆再次发生扩张,继承性地形成古特提斯洋,在此过程中可能也使早古生代的弧后盆地一同发生扩张,致使古特提斯洋盆中漂浮着较多小型的陆壳型碎块(陆壳性质的小岛),这些小岛泥盆纪时露于水面之上,经受剥蚀,石炭纪被海水淹没,早石炭世沉积了塔斯坎萨依组砂岩,晚石炭世沉积了龙门沟组灰岩、生物灰岩和礁灰岩。

扩张作用的另一产物是在已拼接到昆南地块上的柳什塔格玄武岩地块上侵入了狭窄的带状分布的壳、幔浆混花岗岩(苏巴什北石炭纪花岗岩带)。

二、中二叠世 :消减挤压阶段

晚古生代扩张作用结束,转入闭合过程始于中二叠纪,这一阶段苏巴什洋盆向南、北两侧俯冲消减,在南侧的甜水海微陆块上形成了卡拉勒塔什岩浆弧和其南侧的阿克苏弧后盆地建造(黄羊岭岩群),挤压体制下的洋盆内部诸多小型陆岛发生剧烈的起伏动荡,沉积了早二叠世到中二叠世茅口期再依勒克组交互产出的礁灰岩、灰岩与河流相砂、砾岩,砂、砾岩对灰岩有急剧的侵蚀切割。向北俯冲消减,使昆南地块再度成为岩浆弧,堆积了托库孜达坂岩群含安山岩、英安岩及其凝灰岩的层位。这一时期的普鲁—阿羌裂谷则转化成弧后盆地性质,堆积了大量安山质火山岩[阿羌火山岩的上部层位见《于田县幅》地质报告],也有大量酸性小型岩体侵入,形成晚古生代最重要的构造岩浆岩带。与苏巴什洋盆的封闭时代相当,中二叠世晚期以后该弧后盆地也逐步褶冲变形并关闭,在残留海盆中沉积了晚二叠世苏克塔亚克组砾岩、砂岩及灰岩。

至中二叠世末期,苏巴什洋盆进一步缩小,残余的洋壳向陆壳碎块之下俯冲,使其变成岛弧性质,并由于向下俯冲力的作用,这些陆岛深伏水下,沉积了深水相含安山岩的卡拉孔木组。晚二叠世苏巴什洋盆已完全消失,进一步挤压使苏巴什蛇绿混杂岩带和其南侧的岛弧、弧后盆地发生比较强烈的冲褶变形,并发生隆起,之上堆积了山间盆地性质的三叠系阿他木帕下组红色磨拉石建造。

第五节 特提斯地质演化

中生代为特提斯演化阶段。晚二叠世以后,测区一带的特提斯系统构造体制再次发生重大转变,残留的洋盆(主体位于东昆仑甘孜、理塘至图区郭扎错北一带)不再产生新的洋壳,变成了一个“死洋”(图区以东巴颜喀拉山群中呈带状出露多条蛇绿岩带,但其时代都为二叠纪),残留盆地被陆源碎屑逐步充填(巴颜喀拉山群)的同时受冈瓦纳大陆裂解而来,向北漂移的板块挤压作用再次发生被动的向两侧的陆内俯冲和右旋斜冲性质的褶冲变形,三叠纪末盆地完全消失。挤压作用持续进行,侏罗纪时巴颜喀拉山群已褶冲成山,而之南的甜水海地块本部则成前陆盆地,堆积了巨厚的侏罗系(分布于区外),进一步发生向南逆冲的前陆褶冲变形。这种板内的被动俯冲,可能使大量巴颜喀拉山群碎屑岩随残留洋壳向北俯冲,在深部发生熔融,形成图区规模最大的侏罗纪昆仑山花岗岩基。

白垩纪昆仑山开始缓慢隆起[见《于田县幅》地质报告]。

第六节 昆仑山的隆升

调查区内昆仑山及喀喇昆仑山的隆升细节在第五章已作了详细叙述，但是探讨昆仑山和喀喇昆仑山的隆升机理必须从青藏高原的总体去把握，所以，我们应该重视以下几点。

①昆仑山及喀喇昆仑山在印度板块与欧亚大陆碰撞之前已隆起；

②昆仑山及喀喇昆仑山现在的高度总体高于内部；

③深部地震断面资料显示印度板块向高原之下俯冲的范围不超过雅鲁藏布江缝合带，也不存在塔里木板块向昆仑山的俯冲；

④从测区资料看，高原隆升过程中的主要变形发生于边缘地带，内部变形甚微；

⑤昆仑山、喀喇昆仑山乃至整个青藏高原隆升过程中的运动方向向北，说明高原隆升的主要构造动力来自于南部冈瓦纳大陆裂解及碎裂板（地）块向欧亚大陆的俯冲碰合。

不过，从以上各节的论述可以看出，整个青藏高原可以分北部特提斯和南部特提斯两大部分，两者以南羌塘地块为界，空间上相毗邻，时间上相衔接，但却是性质完全不同的两个体系。虽然三叠纪以后南部特提斯对北部特提斯发生了巨大的影响，但两者的地质演化并非一个有机联系的整体，不可能用一种模式解决所有问题。

当从南部冈瓦纳大陆裂离的向北运动的板（地）块向北作用于北部特提斯时，北部特提斯不是一个完整的刚性大陆板块，也不是一个已拼合但尚未焊接冷却的造山带，而是一个仍然残留有大量洋盆的“死洋”，洋盆虽主要被陆源碎屑物质充填，但由于洋壳自身性质决定，它不可能大量地长期地被大陆地壳所容纳，在南部的挤压力作用下，必然发生拆沉及“板内”的被动再俯冲。残留洋壳的俯冲、拆沉的作用有以下几个方面。

一是使大陆地壳缩短、增厚，从而在重力均衡作用下使其隆升。

二是造成大规模的幔源岩浆喷发。在北部特提斯范围内的新生代火山岩主要成带区分布于巴颜喀拉山群的两侧，具南老北新的演化趋势，说明残留洋壳先向南，然后向北俯冲。由于当时大陆地壳已非常之厚，岩浆上升过程混染、携带了大量地壳成分，而使其更具板内火山岩特点，中酸性火山岩应为地幔热能的加入使下地壳熔融的产物。

三是造成先右旋而后左旋的走滑运动。由于残留洋壳主要分布于扬子板块以西，柴达木地块以南，羌塘地块以北的三角形区域，残留洋壳最大俯冲消减量也在这一地区。如将巴颜喀拉山群恢复原貌，其范围必将非常之大，也完全可以推测，中生代时南部特提斯对北部特提斯的作用面为 NW 向，向北的挤压产生的水平分量致使两者之间发生右旋转动。进入新生代，特别是印度板块碰撞以后，向北的挤压力增强，残留洋壳的俯冲消减加剧，造成整个高原地壳物质总体向该地区运移，发生左旋走滑运动，最主要的产品则是沿北部特提斯北界发生的著名的阿尔金左旋断裂系。

第七章　矿产及其他国土资源概况

图区矿产及其他图土资源的种类、分布等特征见图 7－1。

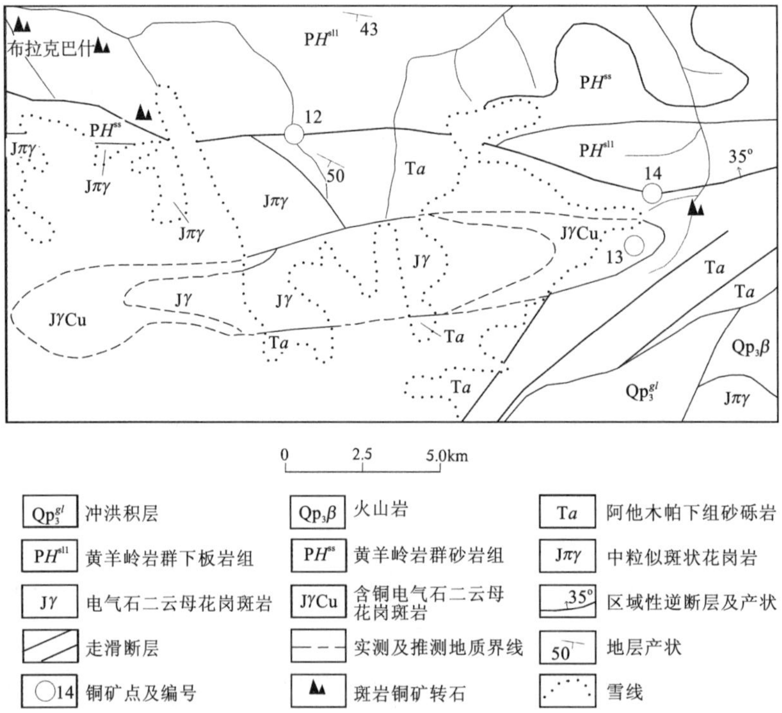

图 7－1　阿他木帕下一带斑岩型铜矿点地质略图

第一节　矿产资源概况

伯力克幅已发现的矿产有黑色金属、有色金属及非金属等 14 处矿产地。其中有赤铁矿点 2 个、铜矿点 6 个、砂金矿点 2 个，菱镁矿点、石膏矿点、硫磺矿点及石灰岩矿点各 1 个。这些矿产地由于环境恶劣，交通不便，工作程度都很低。除砂金曾经有民采以外，其他矿产尚未被利用。铜及砂金具有明显的找矿优势，尤其是斑岩型铜矿蕴藏着较大的经济价值。

各矿点综合特征详见表 7－1。

一、斑岩型铜矿成矿条件分析及成矿预测

铜矿是区内比较有优势的矿种，产地相对较多，成因类型也较为复杂。主要的矿化类型为斑岩型铜矿，其次还有产于中酸性岩体边缘或其他岩石裂隙中的中低温热液型铜矿和与海相火山岩有关的海相火山-沉积型铜矿化。后两种类型的铜矿化规模一般较小，品位也较低。斑岩型铜矿化在区内已发现 3 处矿点，规模也比较大，矿石品位稳定，还伴生有 Ag 元素，具有较广阔的找矿前景。现对斑岩型铜矿的成矿预测及成矿地质条件分析如下。

表 7-1　矿点综合特征一览表

矿种	编号	产地	地理坐标	地质概况	矿(化)体特征	规模	成因	工作程度	评价	备注
赤铁矿	2	于田县苏巴什西	东经：81°28′00″ 北纬：35°57′00″	出露地层为古元古界双雁山片岩，矿体的围岩为黄褐色大理岩夹（互）钙质片岩。矿点北部有石炭纪细粒二长花岗岩体侵入	矿体长 15m，最宽处 1m，向东西两端呈透镜状尖灭，矿石矿物成分为赤铁矿，少量黄铁矿、黄铜矿、孔雀石。品位：TFe 42.3%，S 2.56%	矿点	沉积-变质型	踏勘检查	矿体层控特征明显，附近还有其他类似矿点分布，具有进一步找矿潜力	新疆区调队 1972 年
赤铁矿	6	于田县苏巴什东	东经：82°09′38″ 北纬：36°28′13″	同上	有两层赤铁矿体呈似层状产出于大理岩中，产状与围岩一致。第一层矿体长 103m，中段厚 13m，东段厚 3.5m，西段厚 7.5m，平均品位 TFe 32.4%；第二层矿体长 18m，平均厚 2m，矿石质量不稳定，沿走向有时变为铁质石英岩	矿点，估算地质储量 83 632t	沉积-变质型	踏勘检查	矿点工作程度低，矿体规模较大，有层控特征，具有进一步找矿潜力	新疆和田地质大队 1960 年
铜	1	于田县苏巴什北	东经：81°28′30″ 北纬：35°58′30″	出露地层为震旦系柳什塔格玄武岩，铜矿化体产于玄武岩、玄武玢岩中，围岩蚀变有硅化、绢云母化等	铜矿化范围宽 50m，长 400m。矿石矿物成分为黄铜矿，偶见孔雀石。黄铁矿含量不甚均匀，为 1%～10% 经化学拣块样品分析：Cu 0.01%～0.05%	矿点	海相火山-沉积型	踏勘检查	铜矿化体品位虽然较低，但矿化规模大，层控特征明显，具有一定找矿潜力	新疆区调队 1972 年
铜	3	于田县苏巴什东	东经：81°30′10″ 北纬：35°57′34″	含矿围岩为石炭纪黑云母花岗闪长岩，岩体内有含黄铜矿的方解石-石英脉沿岩石裂隙呈网脉状产出，规模甚小	含铜矿脉宽度仅为 1～5cm，矿化面积约 $10m^2$，矿石矿物成分有黄铜矿、斑铜矿、孔雀石。 品位：Cu 0.15%	矿点	中温热液型	踏勘检查	铜矿化规模小，进一步工作的价值不大	新疆区调队 1972 年
铜	11	于田县阿克苏东	东经：81°50′07″ 北纬：35°44′41″	铜矿体产于晚古生代蛇绿混杂岩带内，围岩为蚀变安山玄武岩（钠长阳起片岩），铜矿化沿岩石裂隙及片理产出	铜矿化体宽 1～2m，断续长约 50m。矿石矿物成分有黄铜矿、黄铁矿、孔雀石。 品位：Cu 0.46%、Ag 1.3×10^{-6}	矿点	中低温热液型	踏勘	铜矿化规模较大，成矿的地质条件较好，具有一定的找矿远景	陕西地调院于田项目 2001 年
铜	12	于田县玉龙喀什河源	东经：81°39′20″ 北纬：35°33′07″	铜矿化体产于断层破碎带上：断层南盘为中—下三叠系阿他木帕下组紫红色砂岩、砂砾岩；北盘为二叠系黄羊岭岩群上板岩组。断层破碎带宽约 200m，围岩蚀变有硅化、黄铁矿化和绢云母化。南部有含铜花岗斑岩体产出	铜矿化在断层破碎带内分布不均匀，主要沿挤压面理充填，单个铜矿体一般宽 2～3m，长几十米，有 3 条矿体间隔约 50m，相互平行产出。矿石矿物成分为黄铜矿、辉铜矿、孔雀石；脉石矿物成分有石英、绢云母、绿泥石等。 品位：Cu 0.62%～0.69%、Ag 8.8×10^{-6}～15.1×10^{-6}	矿点	斑岩型	踏勘	铜矿化规模大，属于斑岩体外围受断裂构造控制的铜矿体，找矿前景好	陕西地调院于田项目 2001 年
铜	13	于田县阿特塔木达坂西	东经：81°46′30″ 北纬：35°31′07″	含铜斑岩体为侏罗纪含电气石二云母花岗斑岩，围岩为中粒似斑状花岗岩及三叠系阿他木帕下组紫红色砂岩、砂砾岩	含铜花岗斑岩体处于雪线附近，基岩露头稀少。铜矿化在岩体边部相对较好，矿石矿物成分有黄铜矿、斑铜矿、黄铁矿；次生矿物为孔雀石、褐铁矿；脉石矿物成分有石英、微斜长石、更长石、白云母、铁电气石及黑云母等。 品位：Cu 0.56%、Ag 10.3×10^{-6}	矿点	斑岩型	踏勘	含铜花岗斑岩体规模大，含铜花岗斑岩转石分布广泛，找矿前景好	陕西地调院于田项目 2001 年

续表 7-1

矿种	编号	产地	地理坐标	地质概况	矿(化)体特征	规模	成因	工作程度	评价	备注
铜	14	于田县阿克苏河源头	东经：81°47′00″ 北纬：35°32′00″	地质特征同 12 号矿点。逆断层产状：360°∠50°	含铜挤压破碎带宽 30m。黄铜矿、孔雀石沿挤压面理充填。品位：Cu 0.56%、Ag 1.5×10^{-6}	矿点	斑岩型	踏勘	铜矿化规模大，成矿地质背景好，有找矿前景	陕西地调院于田项目 2001 年
砂金	4	于田县苏巴什东克里亚代牙上游	东经：81°28′58″ 北纬：35°59′30″	沿柳什塔格南坡的克里亚代牙分布有较连续的Ⅱ级阶地砂砾石层，阶地高 10～30m。出露地层为三叠系阿他木帕下组，含砾砂岩、砂砾岩	古采金遗迹规模宏大，阶地砾石层、砂砾石层几乎被翻遍，在东西长约 10km 范围内采金的废矿堆(坑)连续。经检查，砂金含量较低，以粒状金为主，1 粒/1 盘(15kg)。尾砂以黄铁矿为主，少量磁铁矿	矿点	阶地型	踏勘	在克里亚代牙源头地仍有采坑分布，经追索砂金来源于雪线以上地区	民采
砂金	7	策勒县再依勒克	东经：81°04′00″ 北纬：35°50′50″	砂金产于现代河流的Ⅰ级和Ⅱ级阶地上，Ⅰ级阶地高 5～10m，宽 100m 左右，Ⅱ级阶地高 30～40m。出露地层为二叠系卡拉孔木组板岩夹中薄层灰岩、细砂岩	采金矿硐主要沿Ⅱ级阶地下部陡坎分布；采金浅井主要分布在Ⅰ级阶地的面上。砂金主要富集在阶地下部的基岩面附近。以粗粒、巨粒金为主，形态为粒状和片状，尾砂以磁铁矿为主	矿点	阶地型	踏勘	矿点的地质背景与 4 号矿点类似，从地貌特征分析，砂金来源较远	民采
菱镁矿	5	于田县苏巴什南	东经：81°29′00″ 北纬：35°55′30″	矿体产出于晚古生代苏巴什蛇绿岩带内的超基性岩体中。菱镁矿呈不规则的脉状沿岩石裂隙分布	矿脉宽 2～35cm，个别 40cm，长 2～20m。矿石呈纯白色致密块状，具贝壳状断口。经取样分析：CaO 0.57Ⅱ、MgO 43.48Ⅱ	矿点	岩浆型	踏勘	从样品分析结果看 MgO 含量略低。附近还见有铬铁矿转石，注意综合找矿	新疆区调队 1972 年
硫磺	10	于田县阿什库勒	东经：81°36′00″ 北纬：35°45′00″	硫磺矿体产于阿什库勒第四系辉石安山岩中，附近有区内最大的火山喷发中心	自然硫富集地段有 3 处，矿化范围分别是长约 50m，宽 20m，厚 1m 左右。矿化不均匀，自然硫风化多呈粉末状。个别地段可见硫磺产于岩石裂隙及气孔壁上。在硫磺多处采样：S31.79Ⅱ	矿点	火山喷气型	踏勘	矿体规模小，矿化不均匀，可供地方利用	新疆区调队 1972 年
石膏	9	于田县克他斯吉勒沟口东侧	东经：81°52′00″ 北纬：35°48′00″	含矿地层为古近系阿克塔什组紫红色砂砾岩、粉砂岩及砂泥岩。石膏层产于其下部的绿色砂泥岩中	石膏层厚 0.5～1.0m，有 4～5 层矿。石膏矿石质量不纯，含较高的 $CaCO_3$、NaCl 等杂质，目估可作水泥及化肥等原料	矿点	沉积型	踏勘	含矿地层分布面积小，矿石品质差。因交通闭塞，矿石尚难利用	新疆区调队 1972 年
石灰岩	8	于田县卡拉孔木达坂	东经：81°13′00″ 北纬：35°49′40″	含矿地层为二叠系再依勒克组，岩性为灰岩、生物灰岩夹板岩，偶夹砾岩	含有 3 层质量较好的石灰岩，分别厚 54.6m、197.2m和 392.7m 样品分析：CaO 55.56Ⅱ、MgO 0.63Ⅱ、SiO_2 0.40Ⅱ	矿点	沉积型	踏勘	控矿地层区域上稳定，灰岩层厚度大。因交通不便，尚难利用	于田县矿管局

（一）成矿地质条件分析

1. 围岩条件

矿区出露的地层主要为二叠系黄羊岭岩群和三叠系阿他木帕下组。阿他木帕下组上部为紫红色砾岩，岩石的分选性差，不显层理；下部为紫红色砂砾岩、砂岩、粉砂岩和泥质粉砂岩。该套岩石呈三角形分布于阿他木帕下达坂西侧，是含铜花岗斑岩岩体的主要围岩。岩石的物理性质较为刚脆，NE 及 EW 向次级断裂构造发育，为含矿岩浆的侵入及矿液运移创造了条件。黄羊岭岩群出露于花岗斑岩体外围，与阿他木帕下组呈断层接触，岩性以灰绿色板岩为主。板岩的地层厚度大，出露范围广，加之岩性致密，对矿液的运移、上升有屏障作用，有利于矿液的集中与沉淀。已知的脉状铜矿体(12 号、14 号)就产出于该套地层与阿他木帕下组之间的分界性断裂带中。

2. 岩浆岩条件

矿区位于的甜水海侵入岩为侏罗纪重熔型黑云母二长花岗岩体，规模巨大，构成了该地区昆仑山脉的主脊。区内的岩浆活动强烈，岩浆的演化序列清楚，为斑岩型铜矿的形成创造了基本条件。按照岩体的接触关系及岩石特征，划分为三个单元。

中粗粒似斑状二云母二长花岗岩：岩石呈灰白色中粗粒似斑状结构，块状构造。主要矿物成分为斜长石 35%～40%、微斜长石 30%～35%、石英 25%～30%、黑云母 3%、白云母 1%，斑晶为长 5～8cm 的板条状微斜长石，含量约 20%。岩体的规模巨大，呈岩基状产出，属于主体单元。

中—细粒似斑状二云母二长花岗岩：岩体规模小，位于主岩体边缘。岩石的矿物成分同中粗粒似斑状二云母二长花岗岩。

电气石白云母二长花岗斑岩：呈岩脉状产出于主岩体东部的边缘地带。岩石呈浅灰色全晶质斑状结构，块状及细脉浸染状构造。斑晶为微斜长石、电气石，含量不均匀，大小悬殊，大者长约 5cm，宽 1～2cm；基质较细，为全晶质，矿物成分为斜长石 30%～35%、微斜长石 30%、石英 25%、电气石 2%～3%、白云母 2%～5%、黑云母 1%～3%。岩石的钾化蚀变强烈，并普遍含有少量的黄铜矿、斑铜矿及黄铁矿。

3. 构造条件

该区位于阿克苏晚古生代弧后盆地的南部，即位于其冲起构造部位，该冲起构造与三叠—侏罗纪向南的逆冲推覆及侏罗纪花岗岩侵入作用有关，在该冲起构造的北缘中生代—新生代断裂构造极为发育，控制了这一带分布的中生代上叠盆地，又进一步将其改造破坏。断裂构造，按其走向可以分为 NE、EW 及 SN 向三组。断裂构造的发育既为岩体就位提供了空间，也为矿液运移和矿体就位提供了通道或空间。

（二）成矿预测

斑岩型铜矿的成矿预测区位于于田县阿他木帕下—布拉克巴什一带。在成矿区内，含铜二云母花岗斑岩体分布面积大，已知的三个斑岩型铜矿点也全部分布于成矿区内。自奈勒湖向东经布拉克巴什、克孜拉沙依一带的玉龙喀什河源头和阿克苏河源头等地，外貌呈孔雀绿色的斑岩型铜矿转石非常普遍，越向上游矿石转石愈多，个体愈大，大者直径达 3m。尽管成矿区内大部分被冰雪覆盖，但从成矿的地质背景和大面积连续分布的铜矿转石等情况分析，该成矿区应具有形成大型或超大型斑岩铜矿的地质背景。

二、砂　金

区内，砂金矿主要集中分布在图区西北角的再依勒克—苏巴什以北的柳什塔格一带。砂金具有粒度粗、含矿层位稳定及矿化规模大和沿河流阶地集中产出的特点。

（一）成矿地质条件分析

砂金的含矿层为第四系更新统上部冲积砾石层、砂砾石层。含矿层一般分布于主流水系上游支沟内的Ⅱ、Ⅲ级阶地上，砂金主要富集在基岩层上面的砾石层底部。现在河流冲积的砾石层、砂砾石层一般不含金，地层控矿的特征比较明显。从现有砂金矿点的地质资料初步分析认为，砂金来源于再依勒克及苏巴什以北的柳什塔格主脊上。根据砂金颗粒粗大，具有压扁磨损的特征以及含矿层位稳定且矿点全部位于水系源头地附近的特点，可以认为区内砂金的形成具有再次搬运的地质背景。推测其砂金源可能是冰川作用形成的砂金矿体随着昆仑山不断隆升及河流的延伸被快速剥蚀并且再沉积形成的砂金矿床。

区内，砂金分布有很强的规律性。与晚古生代苏巴什蛇绿混杂岩带相毗邻的韧脆性断裂带是区内重要的金成矿带。该带自再依勒克北侧的柳什塔格起向 NEE 80°方向经苏巴什北侧，到柳什塔格山以东，有已知的砂金矿点以及大量的古采金遗迹分布。从区域地质背景分析，阿尔金断裂带在图区内虽然向南偏转，但是著名的阿尔金金成矿带却呈 SWW 向直线延伸。

(二)成矿预测

金成矿预测区位于再依勒克—苏巴什以北的柳什塔格山一带，已知的砂金矿点均沿柳什塔格山南北两侧分布。柳什塔格山的南坡有克里雅代牙(支流)4 号砂金矿点和再依勒克 7 号砂金矿点；北坡有库拉甫河砂金矿点。预测区处于苏巴什蛇绿岩带的北侧，韧脆性断裂发育，岩浆活动强烈，为金矿的形成提供了有利条件。按照已知砂金矿点的分布规律预测，在苏巴什—再依勒克之间的柳什塔格主脊两侧还应该有砂金矿体存在。

自苏巴什沿柳什塔格主脊向东(于田县幅)，在其北坡的皮什盖河源一带，经区调路线证实，在柳什塔格北坡的河流阶地上也发现了大量的采金矿硐及废矿堆。在东部与之相毗邻的民丰县和于田县交界处的库吾尔尕以南(索尔尕克)曾经是于田县和民丰县历史上著名的黄金产地。可以认为，呈 NEE 向展布的柳什塔格山是区内重要的产金带。该带在民丰县境内与阿尔金金成矿带相衔接；在再依勒克以西有可能沿玉龙喀什河北岸进入策勒县境内。

第二节　其他国土资源概况

一、国土及生物资源

区内大部分地段是地处海拔 5 000m 以上的高寒山区，干冷少雨，自然环境严酷，土地类型以裸岩高寒荒漠为主。在图区南部的昆仑山主脊南侧，由于降水量及湿度相对较大，植被的覆盖度也就相应较高，高寒稀疏冻土植被是该地区主要的植被类型。在图区北部的阿什库勒盆地内，土地类型结构分别为湖沼、戈壁和高山荒漠，自湖沼向外总体有同心圆状分布特征。盆地内气候干燥，降水稀少，植被覆盖率较低。在砂砾质戈壁上，大部分地带寸草不生，无植被覆盖。在中部的湖泊附近有成片的垫状驼绒藜和紫花针茅分布，这里也是野生牦牛和岩羊的天然乐园。

区内自然条件严酷，野生动植物资源稀少。植被以高寒草原和高寒草甸为主，生物区系的组成相对贫乏，高等植物种类百余种，大型兽类 10 余种。常见的草本植物有扁果草(*Isopyrum anemonoides*)和数种点地梅(*Androsace flavescens* A. O. rcz - imikovii)。青藏高原特有的植物成分有紫花针茅(*S. subsessiliflora*)、青藏硬叶苔草(*Carex moorcroftii*)、垫状驼绒藜(*Ceratoides compacta*)、风毛菊属(*Saussuria*)以及茄科的尿泡(*Przewalskii tangutica*)和禾本科针茅属(*Stipa*)的一些种。

野生动物中的大型兽类有野牦牛(*Poephagus mutus*)、藏野驴(*Asinus kiang*)、藏羚羊(*Pantholops hodgsoni*)、岩羊(*Pseudois nayaur*)、盘羊(*Ovisammon*)、雪豹(*Pantheraunica*)及狼、狐(红狐)等。鸟类主要有藏雪鸡(*Tetraegollus tibetanus*)、西藏毛腿沙鸡(*Syrrhaptes tibetanus*)、石鸡(*Alectoris graeca*)、褐背拟地鸦(*Pseudopodoces hnmilis*)、褐翅云雀(*Calaudrella rafecens*)、绿头鸭(*A. plaeiyrhynchos*)及斑头雁等。

区内野生动植物的种类虽然较少，但是被列入国家一、二类保护的动物就有近 10 种。大型兽类中的野牦牛、藏羚羊、岩羊等动物的种群数量相对较大。但是随着人类活动范围的扩大和自然环境的不断恶化，数量锐减，生存领地也在逐渐缩小。藏野驴、盘羊的种群数量较少，雪豹则更为稀少，已濒临绝迹的境地。鸟类中的石鸡、鸦雀类数量相对较多，藏雪鸡较少。斑头雁主要栖息在阿什库勒盆地附近的湖泊中，绿头鸭分布在奈勒湖、郭扎错等地。

二、水资源

测区地处昆仑山的主脊，是玉龙喀什河和克里雅河的发源地。冰川资源是区内水资源的主要组成部分，其次还有大气降水、河流径流等。

大气降水总体呈现垂直分带的特点，在海拔 5 200～5 300m 的高山荒漠地带年降水量为 311.7mm（郭扎错，1987），海拔 6 000m 处的崇测冰川年降水量为 412mm。因大气环流受到山脉的阻挡或地形的影响，局部不同的地段降水量变化依然差别较大。在图区北部的阿什库勒盆地，虽然海拔也比较高，但由于盆地受南北两面高山对大气环流的阻挡，年降水量仅为 50mm 左右。

区内冰川资源储量丰富，冰川主要分布在图区中部的昆仑山主脊及乌斯腾塔格一带。冰川分布的面积为 2 500km^2，储量约 350km^3。冰川类型以大型的山谷型冰川和平顶冰川为主，大于 80km^2 的大型冰川有 5 条，较著名的有玉龙冰川、布拉克巴什冰川、阿拉克沙依冰川、崇测冰川、郭扎错冰川以及我国最大的冰帽——古里雅冰帽（平顶冰川）。冰川最高海拔为 6 962m（琼木孜塔格），最低 4 940m（东多峰冰川）。冰川每年以大量的冰川融水补给河流，区内河川径流的水量也主要由冰川融水径流组成，冰川融水的资源总量约为 13.4m^3，占总流量的 80%。

冰川资源是塔里木盆地南缘干旱农牧业生产稳定发展的重要因素，也是沙漠地区绿洲经济的生命之源。现代化工业、农牧业的快速发展对淡水资源的需求将日益增多。因此，合理开发利用冰川融水资源，对干旱区工农（牧）业生产发展和西部大开发有着重要的现实意义。

三、旅游资源

区内虽然交通闭塞，自然环境较差，但是潜在的旅游景观资源还比较丰富。著名的旅游资源有阿什库勒现代火山群、玉龙喀什河与克里雅河源头地附近的大型冰川群以及西昆仑山东段著名的高峰——琼木孜塔格山（6 962m）。此外，还有解放军进驻西藏时修筑的新藏旧公路遗址和风光旖旎的高原湖泊、火山堰塞湖等景点，在沙格斯库勒一带还有鬼斧神工的雅丹地貌。

阿什库勒火山群又称卡尔达西火山群。卡尔达西维吾尔族语意为着了火的石头，该火山群是我国仅有的几处著名火山群之一，也是我国唯一的现代火山群。区内火山锥林立，熔岩被、熔岩丘分布面积达 200km^2。受火山锥及熔岩流的阻塞，在火山群南侧及西侧分别形成了乌鲁克库勒和阿什库勒两个面积较大的火山堰塞湖，在靠近熔岩被西侧的阿什库勒盆地中心还点缀着多处面积相对较小的沙格斯库勒湖群。位于阿什库勒湖南侧的 1 号火山锥曾于 1951 年 5 月 27 日上午 9 时再次喷发，该火山锥也是区内保存最为完整的一座火山锥。

经本次区调工作资料证实，1 号火山锥位于阿什库勒盆地的南部，地理坐标：东经 81°34′46″、北纬 35°41′52″（火山口西缘）。火山锥最高海拔为 4 940m，西缘略低为 4 925m，锥底海拔 4 808m，相对高差为 132m。火山口呈圆形漏斗状负地形，直径 160m，火山口深约 56m，南侧有一处 20 余米深的豁口。火山锥主要由颜色和成分截然不同的两种岩石组成。锥体由深灰色层状辉石安山岩垒叠而成，属火山早期喷发的产物；锥体上部及表面覆盖一层疏松的紫红色玄武质浮岩集块和火山角砾等碎屑物质，在火山锥顶部还可以看到火山爆发时从深部携带到地表被烧烤成紫红色的石榴斜长粒岩的围岩碎块，它们是该火山最晚期爆发的产物。尽管火山锥表面的爆发物质疏松，火山锥喷发后的原始形态不容易保存，但是由于阿什库勒盆地干旱少雨，加之人类活动罕至，火山锥表面的喷发物质至今还基本上保持着当时喷发后原始的着地状态。该处十分完整的火山锥，不仅具有极高的观赏价值而且也是地质科学研究难得的素材。

位于阿什库勒盆地南部的西昆仑山主脊是玉龙喀什河和克里雅河的源头地，这里雪山连绵、冰峰林立，是现代大型冰川的王国。大于 80km^2 现代冰川有 5 条，国内最大的冰帽——古里雅冰帽也是玉龙喀什河与克里雅河的分水岭。这些冰川雄伟壮观、形态各异、晶莹剔透、景致俏丽，是旅游观光的好去处。

新藏旧公路自翻越硫磺达坂后进入阿什库勒盆地。途经阿什库勒、乌鲁克库勒湖畔溯阿克苏河向南到达阿塔木达坂脚下，全长 80 多千米。公路大部分地段至今仍然平坦笔直，路面宽阔规整。该公路虽然最终因为库拉甫河峡谷的地形险恶被废弃另建，但它给区内的旅游和科学考察创造了条件，同时也为神秘的阿什库勒现代火山景区增添了一道亮丽的人文景观。

区内潜在的旅游资源比较丰富，景观的知名度也很高，但是景区内荒无人烟，又远离城市，交通极度不便，尚不具备全面开发的条件。目前仅有少量游客自普鲁经硫磺达坂进入景区进行探险旅游或者在琼木孜塔格一带进行登山旅游活动。相信在不久的将来随着西部大开发工作的进一步实施和民丰经克里雅山口至西藏公路的开通，将会给以阿什库勒现代火山群为中心的旅游景区带来新的发展机遇。

第三节　环境概况

一、地势及地貌概况

测区地处昆仑山腹地，地势上总体表现为中部高、南北两边相对较低的地形特点。南部属于藏北高原区，平均海拔较高，相对高差较小，海拔高度一般在 5 200～5 500m。典型的地貌类型有湖泊、河流（河床、河流阶地）、高山荒漠及断层构造地貌（断块山）等。中部是昆仑山的主脊部分，大部分地带常年被皑皑冰雪覆盖，是冰川地貌和冻土地貌的主要分布区。海拔高度一般在 6 000m 以上，最高处海拔为 6 962m（琼木孜塔格）。在奈勒湖一带，还有由于热融作用形成的热喀斯特地貌。北部是昆仑山主脊与柳什塔格山脉之间的过渡地带，平均海拔相对较低，俗称二台子。该带的西部地区是阿什库勒盆地，地形相对平坦；东部是基岩山区，地形切割强烈。最低处的海拔高度仅 3 800m（克里雅河床），与琼木孜塔格山的最大高差为 3 162m。阿什库勒盆地位于图区的西北部，盆底海拔高度为 4 700～4 800m。盆地西起策勒县的卡拉孔木达坂附近，东到于田县的阿克苏河口，东西长 60km，南北宽 10～15km，面积约 800km^2。盆地西部以荒漠地貌类型为主，由砾质及砂砾质戈壁构成；东部为典型的火山地貌区。主要的火山地貌类型有火山锥、熔岩被、熔岩丘及火山堰塞湖等。在盆地中心的沙格斯库勒一带，还有古湖积物经季节性水流侵蚀和风蚀作用切割形成块状的“雅丹”地貌。

二、河流概况

区内的主要河流均发源于昆仑山主脊附近。昆仑山主脊以南的河流属于高原内陆河流，流程较短，汇水面积多在 70～80km^2。主要的河流有甜水河、崇测河、多叉河及黄羊沟等，一般自北向南汇聚，注入郭扎错、邦达错等高原内陆湖泊。昆仑山主脊以北的河流大部分属于克里雅河和玉龙喀什河上游的支流水系，仅有少部分水系注入阿什库勒盆地。克里雅河在图区内的支流水系较多，汇水面积达 4 700km^2。主要的支流有阿特他木河、阿克苏河、克他斯吉勒干河、阿克他塞代牙，还有数条长度数十千米的支流也统称其为克里雅代牙。主河道发源于克里雅山口附近，向北经伯力克，在柳什塔格山附近流出图幅，区内河流长约 180km。玉龙喀什河发源于阿拉克沙依冰川附近，主要的支流有再依勒克和克孜拉萨依等河流，主河道近 EW 向推进，全长约 100km。区内水系的形态较为复杂多样，比较常见的水系形态有稀疏的树枝状水系、羽状水系，在阿什库勒盆地周围还可有环状水系、放射状水系、平行水系以及倒钩状水系等比较特殊的类型。河谷的形态以“V”型谷为主，在阿克苏河及克他斯吉勒干河口以东的阿什库勒盆地边缘，还发育有河道深切的“U”型河谷，表明河流的下切或向上游推进的速度目前还有继续加快的趋势。在盆地东南角还见有数千米长的古河道遗迹。这些复杂的水系形态及河流特征包涵了昆仑山环境演化大量的地质信息，也为我们进行高原环境分析提供了重要证据。

三、主要环境地质问题及防治措施

图区地处西昆仑山主脊的东段，是我国冰川的主要分布区之一，常年冰雪的覆盖面积达 2 500km^2。在海拔 5 500m 雪线以下的广大冻土区内，是干旱寒冷的冰缘环境。区内的自然环境严酷，生态系统极度脆弱。尽管区内荒无人烟，但是有潜在丰富的矿产资源、水资源及旅游资源，将随着西部大开发和我国经济的快速发展被逐渐开发利用。如果在开发时不能充分考虑本地区特殊的环境地质背景，势必将会给这脆弱的生态系统造成难以弥补的损失或灾难。

（一）工程施工造成的环境问题

新藏旧公路遗址是在区内冰缘区曾经施过工的一处大型工程，公路沿库拉甫河峡谷穿越柳什塔格山后进入阿什库勒盆地。从工程的进展情况分析，公路已经打通了进入西藏最为关键的部位——库拉甫河峡谷和柳什塔格山。但是，公路在通过柳什塔格山的冰川及冰缘地带时破坏了冻土层及植被，使维持生态环境、调节热量、水量及山体平衡的重要因素遭到破坏，引起了洪水、泥石流瀑发和山体大面积滑坡，致使该处新建的新藏公路最终被放弃另建。由于生态系统的破坏在很长时间内难以恢复，在柳什塔格山北坡旧公路旁的大滑坡地带，至今还不断有巨型石块坠下或有新的滑坡体产生。

（二）资源开发引起的环境问题

经区调工作证实，区内的金矿资源比较丰富，历史上曾经存在大规模的掘金活动。在苏巴什东侧的克里雅代牙（支流）源头地附近和再依勒克河流域，分别见有长 10 余千米、宽数百米的大规模古采金遗迹。遗迹上采矿坑、井、硐遍布，千疮百孔，一片狼藉。部分采坑直径达百余米，深度 10 余米；在再依勒克河中游的一些支冲沟口，不到 0.1km^2 的土地上就分布有数十口深达 10 余米的竖采矿井。由于矿产地处于高海拔的冰缘区，乱采乱挖不仅破坏了有限的矿产资源，而且也破坏了维持该区脆弱生态平衡的植被和土被，造成了冻土层及冰层的融化，使环境变的更加恶化。至今该产金地仍然寸草不生。从最终没有能走出采金地的遇难者所留下来的一堆堆白骨中，可以看到人们在破坏了自然环境后所付出的惨痛代价。

（三）防治措施

随着社会的发展，人类活动的范围在不断扩大，由此引起新的环境问题也在日趋严重，有些已经达到了怵目惊心的程度。图幅南部的羌塘高原边缘本应就是野生动物的天然乐园，但是在兽形湖、郭扎错等地到处都有游牧者的身影。人类的频繁活动，迫使这些大型兽类动物常年躲藏在地形恶劣人迹罕至的克他斯吉勒干及玉龙喀什河上游的一些支冲沟内，已经到了无路可退的地步。区内几乎到处都可以看到被猎杀的野牦牛、盘羊及藏羚羊的尸骨。对野生动物的保护应该首先是对环境的保护，要恢复或创造一个更加适合野生动物生存的良好环境，除了要加强依法对偷猎者进行严厉打击之外，还应该让游牧者逐渐退出理应就属于野生动物生活的家园。

位于阿他木帕下西侧新发现的斑岩型铜矿带是一处非常有找矿远景的成矿带。但是，该矿带地处 5 500m的雪线附近，也是大型冰川的集中分布区和克里雅河及玉龙喀什河的源头地。在进行矿产普查勘探及矿产开发时，应充分注意保护自然环境，防止两河水源污染和高寒植被以及冻土层的损坏给人民生命财产造成不必要的损失。

第八章 结 语

《于田县幅》和《伯力克幅》1：25 万区调连测项目组组建于 1999 年底至 2000 年初，同时开始着手收集工作区及相关地区的地质、矿产、地理、环境、人文等前人成果和资料。2000 年 4 月底赴野外开始实地调查工作。2001 年基本完成了区内野外面积性填图和剖面测制工作，2002 年进行了少量野外补充、检查后，全面转入资料综合整理和报告编写。和同期开展的其他项目一起于 2000 年 11 月在成都牧马山庄通过项目总体设计评审，被评为良好(89.7 分)，2001 年 7—8 月，地调局西北项目办组织专家对各项目进行了野外资料检查，本项目(两个图幅)获优秀(93 分)，2002 年 4 月，地调局委托西北项目办对项目进行了野外资料验收，本图幅获优秀(90.21 分)。

第一节 取得的主要成果、认识及意义

《伯力克幅》前人工作程度很低，经过我们艰辛的努力，取得了一大批成果，并因图区所处极重要的构造位置，以下 6 个方面的成果对进一步研究中央造山带、特提斯地质构造演化和青藏高原隆升具有重大意义。

一、对苏巴什蛇绿混杂岩带的组成、时代及演化进行了深入地解剖研究

苏巴什蛇绿混杂岩带南北跨越《伯力克幅》和《于田县幅》，宽达 20～40km，但其主体是陆壳性质的破碎块体(由深变质基底和盖层两部分组成)，这些块体被蛇绿岩带所镶嵌、环绕。蛇绿岩带又可分出蛇绿岩、与蛇绿岩共生相关的远洋沉积岩、弧前复理石增生楔体和小型的陆壳块体。该蛇绿混杂岩带向东可与康西瓦构造带相连，向西与牧孜塔格北蛇绿岩相连。

与蛇绿岩共生的远洋沉积岩中放射虫时代为石炭纪—中二叠世，陆壳上沉积盖屋的大化石时代也为石炭纪—早、中二叠世，说明苏巴什蛇绿岩所代表的洋盆历史结束于中二叠世。但是，蛇绿混杂岩带中陆壳性块体上有志留纪俯冲型石英闪长岩、英云闪长岩。晚古生代蛇绿混杂岩带之北有一规模巨大的震旦纪玄武岩(柳什塔格玄武岩)，具洋岛及大洋玄武岩台地性质，说明苏巴什洋盆的历史可以上溯到震旦纪，与《于田县幅》发现的其曼于特洋盆同时形成。

苏巴什蛇绿岩的岩石化学和地球化学特征与早古生代其曼于特蛇绿岩相似，都为 E－MORB 型，说明从原特提斯洋到古特提斯洋具有继承性。但大离子亲石元素和轻稀土元素较其曼于特蛇绿岩低。

二、对阿尔金断裂的研究有重大突破

(1) 查明了阿尔金断裂左旋活动与青藏高原隆升有关，包括《于田县幅》在内，工作区几乎均处于阿尔金断裂系。

(2) 阿尔金断裂系进入西昆仑后表现为转换断层性质，方向平行塔里木板块的南界向 NW 偏转，性质上由简单的左旋走滑转换为左旋斜冲。阿尔金南缘断裂经区外库牙克段进入图区后追踪苏巴什蛇绿混杂岩带延至康西瓦以西，区内该断裂向北陡倾，并以此为核心，以北的新生代断裂向北逆冲，以南的断裂向南逆冲，为一正花状构造体系，这也是昆仑-喀喇昆仑新生代隆升及构造变形的基本体制。

(3) 阿尔金断裂沿苏巴什蛇绿混杂岩带向 NW 转换，没有进一步向南延伸，首次提出该断裂在地质上不具分隔东、西昆仑的作用和意义。

(4) 结合区域资料分析，阿尔金(南缘)断裂的活动历史可以追溯到原特提斯洋形成时的震旦纪，一直

为转换性质。

三、生物化石和沉积岩石特征显示测区在石炭纪—二叠纪均为暖水型沉积

本图区内石炭系—二叠系含大量生物化石和较稳定型浅水碳酸盐岩沉积，比较集中地见于郭扎错断裂以南的甜水海地块本部和苏巴什蛇绿混杂岩带中的陆壳性质的碎块(应是洋中的陆壳性质的小岛)上，它们的生物组合面貌虽然不同，但都为暖水型。

在苏巴什蛇绿混杂岩带中的陆块上的灰岩极纯，大量出现生物灰岩和礁灰岩，生物的丰度和分异度之高极为罕见，其中在下—中二叠系中发现了 3 个䗴及非䗴有孔虫新种。

四、建立了测区岩石地层系统和与构造格架一致的地层分区

由于测区一带前人研究程度不高，本图区新建和对比新建的地层单位有以下几种。

(一)苏巴什地层分区

1. 双雁山片岩

前人将这一带出露的陆块基底划归前震旦系，为一套角闪岩相副变质岩系，其中的大理岩中夹变质沉积型铁矿，又有同变质的花岗岩。昆南地块上未见可对比的地层，而其沉积盖层与甜水海微陆块极相似，可能为甜水海地块上的碎块，但甜水海陆块上的长城系甜水海群为一套成熟度较高的浅变质碎屑岩，故将其时代划归古元古代，建立了非正式构造岩石地层单位——双雁山片岩。

2. 柳什塔格玄武岩

位于昆南地块和苏巴什晚古生代蛇绿混杂岩带之间，宽达 40km，以各种低绿片岩相变质的玄武岩为主，夹少量安山岩和粗安岩，上部为厚度不大的变硅质岩、薄层灰岩、砂岩等。地层组成结构和岩石化学、地球化学特征反映其具大洋玄武岩台地及洋岛玄武岩性质。前人将其划归震旦纪—寒武纪，本次区调获 Sm - Nd 年龄值为 563Ma，被奥陶纪和石炭纪花岗岩类侵入，仍划归震旦纪—寒武纪。

3. 塔斯坎萨依组

为陆块基底最底部地层，浅变质砂岩夹少量灰岩，灰岩中含早石炭世珊瑚，时代划归早石炭世。

4. 龙门沟组

为一套灰岩、生物灰岩、礁灰岩，含大量晚石炭世—早二叠世化石，时代划归晚石炭世—早二叠世。

5. 再依勒克组

为一套灰岩、生物灰岩、礁灰岩，有的地方夹大量河流相砾岩、砂岩，砾石为灰岩。生物化石极丰富，剖面控制均为中二叠世栖霞期—茅口期，可能因断层破坏出露不全。将其时代延至早二叠世。

6. 卡拉孔木组

为一套灰色、灰绿色砂岩、粉砂岩、凝灰岩、安山岩、硅质岩夹薄层灰岩，含少量浮游生物化石。半深水沉积，岛弧环境。时代为中二叠世。

7. 硫磺达坂砂岩

为一套含少量砾岩的陆源碎屑复理石沉积岩，变质极浅，以构造块体夹于蛇绿岩带之中，经常与蛇绿岩强烈混杂难以区分，其性质应为弧前复理石增生楔，共生的蛇绿岩时代为早中二叠世，结合地质背景，将其时代划归早—中二叠世。

8. 阿他木帕下组

角度不整合于苏巴什蛇绿混杂岩带之上，为河湖相紫红色砾岩、砂砾岩、砂岩、粉砂岩，砾石成分反映其来源于附近，为晚古生代造山后的山间盆地沉积。《伯力克幅》可见它被侏罗纪花岗岩侵入，时代划归三叠纪。

（二）羌塘地层分区

1. 浅粒岩组

以很小的断块夹于黄羊岭岩群之中，高绿片岩相副变质地层可能属于甜水海地块上的长城系，出露面积太小，面貌不清，故建非正式岩石地层单位，时代暂归长城纪。

2. 卡拉勒塔什岩群

前人将紧邻苏巴什蛇绿混杂岩带南侧出露的这套火山岩地层划为震旦系—寒武系，与蛇绿岩带之北的柳什塔格玄武岩相对比。以玄武安山岩、安山岩和英安岩为主，夹大量陆源碎屑沉积岩和凝灰岩，为典型的岛弧环境钙碱性火山岩，与柳什塔格玄武岩显然不同，分 2 个岩组，时代为二叠纪。

3. 黄羊岭岩群

前人将其划为寒武系黑黑孜群，但它与东邻图区有化石依据的黄羊岭岩群完全可以对比。为安山质、英安质火山碎屑与陆源碎屑以不同比例相混合的一套火山-沉积复理石，夹英安质火山岩及次火山岩，为典型弧后盆地建造，分 4 个岩组，时代为二叠纪。

4. 巴颜喀拉山群

前人将其划归早石炭世，并建古里雅群，但它与区域上广泛分布的巴颜喀拉山群特征完全相似，故对比为巴颜喀拉山群。区域上它与二叠系可见过渡关系，故将时代划归三叠纪。

5. 邦达错组

分布于郭扎错断裂以南的甜水海地块本部，平行不整合于早—中二叠世空喀山口组之上，下部为杂色泥灰岩、砂质灰岩和灰质砂岩，上部为灰、浅灰色泥（质）灰岩，浅海-潮坪相，双壳类化石极丰富，时代为早三叠世。区域上岩性可以对比的地层为林济塘组，但林济塘组的时代为晚三叠世。

五、建立了构造-岩浆岩带，进一步划分了不同成因类型的岩石组合

分 4 个不同时代的构造岩浆岩带。

（一）硫磺达坂—双雁山志留纪花岗岩带

岩石组合为石英闪长岩、英云闪长岩，以后者为主，俯冲型（原特提斯洋俯冲）。

（二）苏巴什北石炭纪花岗岩带

侵入于柳什塔格玄武岩偏南部，呈狭窄的带状。岩石为二长花岗岩，含大量浆混作用产生的暗色包体，地球化学特征也反映其有幔源因素，与晚古生代的扩张作用有关，时代为早石炭世。

（三）二叠纪—三叠纪花岗岩带

主体侵入于卡拉勒塔什火山弧上，岩性组合为英云闪长岩、二长花岗岩、花岗岩，俯冲-碰撞型（古特提斯洋向南俯冲）。

(四)昆仑山侏罗纪花岗岩带

沿昆仑山主脊一线分布,规模巨大,岩性为似斑状黑云二长花岗岩、似斑状二云二长花岗岩,晚期小岩体含大量电气石,内蚀变带大范围铜矿化。与其南部的三叠系巴颜喀拉山群褶冲成矿作用有关。

六、查明了图区昆仑-喀喇昆仑造山带的组成、结构,建立了构造格架

本图区可分4个二级构造单元,由北向南具极清晰的变新的构造迁移特征。

1. 昆南地块(略)

2. 柳什塔格地块(略)

3. 苏巴什晚古生代蛇绿混杂岩带

(1)蛇绿混杂岩带(小混杂带)
(2)陆壳碎块
(3)弧前复理石楔

4. 羌塘地块

(1)卡拉勒塔什岩浆弧(略)
(2)阿克苏弧后盆地

从苏巴什蛇绿岩带到阿克苏弧后盆地构成了一个完整的沟-弧-盆构造体系。石炭纪苏巴什洋盆在原特提斯洋的基础上扩张形成了古特提斯洋,二叠纪向南俯冲,中二叠世末洋盆消失,两侧地块碰合成山,之后在这几个构造带上堆积了三叠系阿他木帕下组磨拉石沉积。

(3)克里雅三叠纪褶冲带(略)
(4)郭扎错侏罗纪前陆褶冲带(略)

七、深入研究了地质构造演化及大陆动力学过程,提出了全新的昆仑造山带演化模式

以本项目所取得的大量实际资料为主要依据,吸收相关地区的工作成果和前人的观点精华,我们提出了源于巨型地幔柱的"多机制、多阶段、多岛洋"的观点。

八、发现了一个规模巨大的斑岩型Cu-Ag矿化区,为区域成矿作用研究和矿产勘查提供了重要线索

控矿条件:①侏罗纪壳源似斑状二长花岗岩,晚期含电气石小型岩体、岩株成矿;②同岩浆侵入的断裂带。

矿化特征:硅化蚀变,规模大,品位低(略高于工业品位)。

地质背景:北部特提斯洋最终封闭,与向北陆内俯冲消减作用有关,残余洋壳向北俯冲所携带的巴颜喀拉山群可能是主要物源。

找矿前景:同时代、同地质背景、同矿化特点的岩体在东、西昆仑绵延数千千米,前景巨大。

研究意义:在我国急需加强对壳源斑岩型铜矿的成矿条件、矿产勘查评价等的研究。

第二节 存在的问题及今后工作的建议

(1) 将苏巴什蛇绿混杂岩带的历史下延到震旦纪,依据为北侧存在洋岛型玄武岩,内部有志留纪俯冲

型花岗岩,除此之外缺乏其他更直接的证据。在蛇绿岩带中可见很小的安山岩夹凝灰质碎屑岩块体,变形甚强,与蛇绿岩格格不入,但未作进一步的工作。今后应设专题研究从消减中的原特提斯洋如何转化演变为古特提斯洋。

(2) 现划于黄羊岭岩群的砂岩组集中地分布于该岩群的南部且规模较大,与巴颜喀拉山群相接。它是一套成分成熟度较高的陆源碎屑浊积岩,也夹少量与黄羊岭岩群一致的火山质成分,与黄羊岭岩群的主体似有联系,但它总体上反映了较稳定环境的被动边缘建造性质,与主体显示了很大的不合谐,可能不属于黄羊岭岩群,且时代较老,但缺乏时代依据。

这套砂岩的出露位置是一个重要的构造转换地带,以北(古生代)构造面倾向南,以南(中生代)构造面倾向北,现今表现为冲起构造。侏罗纪含矿岩体主要侵入该砂岩。查明该地层的时代、属性具重要的地质及找矿意义。

(3) 本图区以铜为主的成矿条件比较成熟,但因地形限制,工作程度不够。

沿苏巴什蛇绿混杂岩带北部一线——也是阿尔金南缘断裂追踪活动的主要位置,呈狭窄的带状负地形,阶地上富含砂金,带状基本贯通全区,显示沿该带具很好的寻找金矿的前景,对此现象认识较晚,工作不够。

一个较长的时期内,在本图区再次开展面积性基础地质工作的可能性不大,而其构造位置极为重要,建议在区调成果的基础上,今后应对存在的问题设立科研项目,深化研究。

参考文献

丁道桂等. 西昆仑造山带与盆地. 北京:地质出版社,1996.

王登红. 地幔柱及其成矿作用. 北京:地震出版社,1998.

王志洪等. 西昆仑库地蛇绿岩地质、地球化学及其成因研究. 地质科学,2000,5(2):151—160.

王元龙等. 西昆仑库地蛇绿岩的地质特征及其形成环境. 长春地质学院学报,1997,27(3):304—309.

王志超. 西昆仑山更新世冰川作用与环境演变. 见:中国西部第四纪冰川与环境(论文集). 北京:科学出版社,1991,33—37.

文世宣等. 喀喇昆仑山—昆仑山地区古生物. 北京:科学出版社,1998.

方锡廉,汪玉珍. 西昆仑山加里东期花岗岩类浅识. 新疆地质,1990,8(2):153—158.

方爱民等. 西昆仑库地西北依萨克群首次发现放射虫化石. 地质科学,1998,33(3):384.

文世宣等. 喀喇昆仑山—昆仑山地区古生物. 北京:科学出版社,1993.

邓万明. 喀喇昆仑山—西昆仑地区基性—超基性岩初步考察. 自然资源学报,1989,5(3):1—11.

邓万明. 西昆仑蛇绿岩研究的新进展,中国西部特提斯构造演化及成矿作用. 北京:电子科技出版社,1991.

尹集祥. 青藏高原及邻区冈瓦纳相地层地质学. 北京:地质出版社,1997.

任纪舜等. 中国及邻区大地构造图及说明书. 北京:地质出版社,1997.

刘训等. 塔里木板块周缘的沉积-构造环境. 新疆:新疆科技卫生出版社,1997.

西藏地质矿产局. 西藏自治区区域地质志. 北京:地质出版社,1993.

西藏地质矿产局. 西藏自治区岩石地层. 武汉:中国地质大学出版社,1997.

杨树锋. 西昆仑山库地蛇绿岩的特征及其构造意义. 地质科学,1999, 34(3):281—288.

肖文交,侯泉林,李继亮,等. 西昆仑大地构造相解剖及其多岛增生过程. 地球科学,2000,30(增刊):22—28.

肖庆辉等. 花岗岩研究思维与方法. 北京:地质出版社,2002.

许荣华等. 西昆仑北部早古生代构造岩浆岩带的发现. 地质科学,1994,29(4):313—328.

肖序常,李廷栋. 青藏高原的构造演化与隆升机制. 广州:广东科技出版社,2000.

许靖华. 大地构造与沉积作用. 北京:地质出版社,1985.

潘裕生等. 喀喇昆仑山—昆仑山地区地质演化. 北京:科学出版社,2000.

高锐,肖序常等. 西昆仑-塔里木-天山岩石圈深地震控测综述. 地质通报,2002,21(1):25—29.

何国琦等. 中国新疆古生代地壳演化及成矿. 新疆:新疆人民出版社,1994.

汪玉珍. 西昆仑依萨克群的时代及其构造意义. 新疆地质,1983,1(1):1—8.

汪玉珍,方锡廉. 西昆仑山、喀喇昆仑山花岗岩类时空分布规律初步探讨. 新疆地质,1987,5(1):15—25.

张国伟等. 秦岭造山带与大陆动力学. 北京:科学出版社,2001.

张旗. 蛇绿岩研究中的几个问题. 岩石学报,1995,11(增刊):228—240.

张旗. 蛇绿岩与地球动力学研究. 北京:地质出版社,1996.

周志毅等. 塔里木盆地各纪地层. 北京:科学出版社,2001.

郑本兴等. 西昆仑山第四纪冰川与环境变迁. 见:中国西部第四纪冰川与环境(论文集). 北京:科学出版社,1991,15—23.

周辉等. 库地蛇绿混杂岩带中早古生代放射虫的发现及其构造意义. 科学通报,1998,3(22):2 448—2 451.

苏珍等. 喀喇昆仑山—昆仑山地区冰川与环境. 北京:科学出版社,1998.

姚檀栋等. 从古里雅冰芯与祁连山树轮记录看过去 2000 年气候变化. 第四纪研究,2001,21(6):514—519.

贾群子. 西昆仑块状硫化物矿床成矿条件和成矿预测. 北京:地质出版社,1999.

姜春发等. 昆仑开合构造. 北京:地质出版社,1992.

姜春发等. 中央造山带开合构造. 北京:地质出版社,2000.

姜耀辉等. 西昆仑山加里东期花岗岩的类型及其大地构造意义. 岩石学报,1999,15(1):105—115.

陈哲夫等. 新疆开合构造与成矿. 新疆:新疆科技卫生出版社,1997.

崔军文等. 阿尔金断裂系. 北京:地质出版社,1999.

程裕淇. 中国区域地质概论. 北京:地质出版社,1994.

成都矿产地质研究所. 1∶150 万青藏高原及邻区地质图. 北京:地质出版社,1997.

新疆矿产地质研究所,新疆第一区调大队. 新疆古生界(上、下册). 新疆:新疆人民出版社,1990.

新疆地质矿产局. 新疆维吾尔自治区岩石地层. 武汉:中国地质大学出版社,2008.

董光荣等. 塔克拉玛干南缘新生代古风成砂. 见:中国西部第四纪冰川与环境(论文集). 北京:科学出版社,1991,164-170.

缪长泉. 新疆昆仑山和阿尔金山前寒武系及叠层石. 新疆:新疆科技卫生出版社,1993.

新疆地质矿产局. 新疆维吾尔族自治区区域地质志. 北京:地质出版社,1993.

潘裕生. 昆仑山区构造区划初探. 自然资源学报,1989,4(3):196-203.

潘裕生. 西昆仑山构造特征与演化. 地质科学,1990(3):224-232.

潘桂棠等. 东特提斯组成与地质演化. 北京:地质出版社,2000.

滕志宏等. 塔里木盆地及周缘地区上第三系—第四系地层及晚新生代构造期次划分. 西安:西北大学出版社,1994.

Sengor A M. 板块构造与造山运动—特提斯例析. 丁晓等译. 上海:复旦大学出版社,1992.

Bhatia M R. Rare earth element geochemistry of Australian Palaeozoic graywackes and provenance and tectonics. Sedimentary Geology,1985(45):97-113.

Dewey J F, Burke K C A. Tibetan Variwan and basement reactivation products of continental collision. Jounal of Geology, 1973(81):673-682.

Coward M P, Rise A C. Collision tectonics. London:Geol. Soc. Pub. ,1986.

Dewey J F, Pitma W C,Ryan W B F,Bonnin J. Plate tectonic and the evolution of the alpine system. Geol. Sec. Am. Bull. , 1973,3 137-3 180.

Cater N L,Uyeda. Collision tectonics:deformation of continental litho-sphere. Tectonophysics,1985:199.

Sengor A M C. The palaeotethys suture a line of demarcation between two fundamentally different architectural stytle in the structure of Asia. Island Arc,1992(1):78-91.

Phinny A,*et al*. Continental Dynamics: A national research project of USA. 1989.

Hsu K J. The concept of tectonic facies. Bull. Tech . Univ. Istanbul,1991(44):25-42.

Arculus R J,Powell R. Source component mixing in the region of arc magma generation . J. Geophys. Res. ,1986(91):5 931-5 926.

Sengor A M C. The tethyside orogenic system: An introduction. In: Sengor A M C(ed). Tectonic Evlotion of the Tethyan Region. Istanbul University Faculty of Mines,1989,1-22.

Sengor A M C. Plate Tectonics and Research after 25 Year:A Tethyan Perspective. Earth - science Reviews,1990(27):1-201.

Steinmann G. Geologische Beobachtungen in den Alpen(Ⅱ). Die Schardtsche berfaltungstheorie und die geologische Bedeutung der Tiefseeabsatz und der Ophiolithischen Massengesteine. Ber. Nartf. Ges. Freibergi. B. ,1906(16):1-49.

Steinmann G. Die Ophiolithichen Zonen in dem mediterrance Kettengebirge, 14th Inter. Geol. Cong. Madirid,1927(2):683-667.

Coleman R G. Ophiolite-Ancient Oceanic Lthosphere. Berline: Springer-Verlag,1997.

Coleman R G. Oman Ophiolite. J. Geophys. Res,1981,86(B4):1-2 782.

图版说明及图版

图版Ⅰ

1. 邦达错组(T_1b)钙质泥岩中的波痕构造
2. 黄羊岭岩群(PH)之上板岩中重荷模构造
3. 再依勒克组($P_{1-2}z$)砂岩的基本层序
4. 阿他木帕下组(Ta)中的斜层理构造
5. 再依勒克组($P_{1-2}z$)灰岩中鲢化石
6. 电气石花岗岩($J\pi\eta\gamma$)岩石特征

图版Ⅱ

1. 阿什库勒火山岩区 1 号火山口宏观特征
2. 阿什库勒火山岩区 2 号火山口宏观特征
3. 阿他木帕下第四纪火山岩与中生代花岗岩不整合关系($Q_p^3\beta/J\pi\eta\gamma$)
4. 阿他木帕下第四纪火山岩流动及气孔构造
5. 崇测冰川远景(冰碛物中有较多磨圆极好的河流相砾石)
6. 崇测冰川冰舌近景

图版Ⅲ

1. 苏巴什蛇绿岩中辉绿岩墙群
2. 苏巴什蛇绿岩中的破碎蚀变橄榄岩
3. 再依勒克组($P_{1-2}z$)发育的同斜褶皱
4. 黄羊岭岩群(PH)中剪切带变形特征
5. 卡拉孔木组(P_2k)之上龙门沟组推覆体(再依勒克)
6. 卡拉孔木组(P_2k)之上龙门沟组推覆体(阿克苏河北)

图版Ⅳ(显微照片)

1. 阿克苏河南硫磺达坂砂岩(Pl^{ss})中放射虫硅质岩(×40),单偏光,隐晶石英中的放射虫介壳
2. 阿克苏河卡拉勒塔什岩群(PK)中斜长绢云千枚岩(×40),正交偏光,千枚状构造
3. 邦达错北邦达错组(T_1b)亮晶鲕粒灰岩(×40),正交偏光,鲕粒及亮晶胶结物
4. 顺利达坂巴颜喀拉山群(TB)杏仁状玄武岩(×40),正交偏光,杏仁状构造(方解石)
5. 片石山巴颜喀拉山群(TB)粉砂绢云母板岩(×40),正交偏光,面理置换
6. 片石山巴颜喀拉山群(TB)粉砂绢云母板岩(×40),正交偏光,“w”型面理置换形式
7. 阿什库勒盆地第四纪气孔状辉石安山岩(×40),单偏光,斜长石斑晶及气孔构造
8. 阿什库勒盆地第四纪火山岩浮岩(×40),单偏光,气孔构造

图版 I

图版 II

图版III

1

2

3

4

5

6

图版Ⅳ